技工院校数控类专业教材（高级技能层级）

数 控 编 程

（第二版）

韩鸿鸾　主编

中国劳动社会保障出版社

简介

本书主要内容包括：数控编程基础、FANUC 系统数控车床编程、SIEMENS 系统数控车床编程、FANUC 系统数控铣床与加工中心编程、SIEMENS 系统数控铣床与加工中心编程、数控电加工机床编程、用于数控机床上下料的工业机器人编程。

本书由韩鸿鸾主编，董文敏、李明根任副主编，陈文昀、刘祥坤、孙正斌参加编写，沈建峰审稿。

图书在版编目（CIP）数据

数控编程 / 韩鸿鸾主编 . --2 版 . -- 北京：中国劳动社会保障出版社，2025. --（技工院校数控类专业教材）. -- ISBN 978-7-5167-7027-6

Ⅰ. TG659

中国国家版本馆 CIP 数据核字第 2025VV1842 号

数控编程（第二版）

SHUKONG BIANCHENG

中国劳动社会保障出版社出版发行

（北京市惠新东街 1 号　邮政编码：100029）

*

北京市鑫霸印务有限公司印刷装订　　新华书店经销

787 毫米 × 1092 毫米　16 开本　21.5 印张　454 千字

2025 年 6 月第 2 版　2025 年 6 月第 1 次印刷

定价：49.00 元

营销中心电话：400-606-6496

出版社网址：https://www.class.com.cn

https://jg.class.com.cn

前言

为了更好地适应技工院校数控类专业的教学要求，全面提升教学质量，我们组织有关学校的骨干教师和行业、企业专家，在充分调研企业生产和学校教学情况，广泛听取教师对教材使用反馈意见的基础上，对技工院校数控类专业高级技能层级的教材进行了修订。

本次教材修订工作的重点主要体现在以下几个方面：

第一，更新教材内容，体现时代发展。

根据数控类专业毕业生所从事岗位的实际需要和教学实际情况的变化，合理确定学生应具备的能力与知识结构，对部分教材内容及其深度、难度做了适当调整。

第二，反映技术发展，涵盖职业技能标准。

根据相关工种及专业领域的最新发展，在教材中充实新知识、新技术、新设备、新工艺等方面的内容，体现教材的先进性。教材编写以国家职业技能标准为依据，内容涵盖数控车工、数控铣工、加工中心操作工、数控机床装调维修工、数控程序员等国家职业技能标准的知识和技能要求，并在配套的习题册中增加了相关职业技能等级认定模拟试题。

第三，精心设计形式，激发学习兴趣。

在教材内容的呈现形式上，较多地利用图片、实物照片和表格等将知识点生动地展示出来，力求让学生更直观地理解和掌握所学内容。针对不同的知识点，设计了许多贴近实际的互动栏目，以激发学生的学习兴趣，使教材“易教易学，易懂易用”。

第四，采用 CAD/CAM 应用技术软件最新版本编写。

在 CAD/CAM 应用技术软件方面，根据最新的软件版本对 UG、Creo、Mastercam、CAXA、SolidWorks、Inventor 进行了重新编写。同时，在教材中不局限于介绍相关的软件功能，而是更注重介绍使用相关软件解决实际生产中的问题，以培养学生分析和解决问题的综合职业能力。

第五，开发配套资源，提供教学服务。

本套教材配有习题册和方便教师上课使用的多媒体电子课件，可以通过登录技工教育网（https://jg.class.com.cn）下载。另外，在部分教材中使用了二维码技术，针对教材中的教学重点和难点制作了动画、视频、微课等多媒体资源，学生使用移动终端扫描二维码即可在线观看相应内容。

本次教材的修订工作得到了河北、辽宁、江苏、山东、河南等省人力资源和社会保障厅及有关学校的大力支持，在此我们表示诚挚的谢意。

目 录

第一章 数控编程基础 …………………………………………………（1）

第一节 数控编程概述 …………………………………………………（1）
第二节 数控机床坐标系 ………………………………………………（3）
第三节 数控加工程序的组成与格式 …………………………………（8）
第四节 数控机床的主要功能 …………………………………………（13）
第五节 刀具补偿功能 …………………………………………………（21）
第六节 手工编程的数值计算 …………………………………………（31）

第二章 FANUC 系统数控车床编程 ……………………………………（36）

第一节 概述 ……………………………………………………………（36）
第二节 常用功能指令 …………………………………………………（40）
第三节 固定循环 ………………………………………………………（47）
第四节 螺纹加工 ………………………………………………………（58）
第五节 用户宏程序 ……………………………………………………（66）

第三章 SIEMENS 系统数控车床编程 …………………………………（75）

第一节 概述 ……………………………………………………………（75）
第二节 常用功能指令 …………………………………………………（81）
第三节 固定循环 ………………………………………………………（88）
第四节 螺纹加工 ………………………………………………………（100）
第五节 R 参数编程………………………………………………………（109）

第四章 FANUC 系统数控铣床与加工中心编程 ………………………（117）

第一节 常用功能指令 …………………………………………………（117）
第二节 固定循环 ………………………………………………………（127）
第三节 极坐标编程与坐标变换 ………………………………………（139）

第五章　SIEMENS 系统数控铣床与加工中心编程 …………（153）
第一节　常用功能指令 …………（153）
第二节　孔加工循环 …………（164）
第三节　轮廓加工循环 …………（194）
第四节　极坐标编程与坐标变换 …………（226）
第六章　数控电加工机床编程 …………（242）
第一节　数控线切割机床编程 …………（242）
第二节　数控电火花成形机床编程 …………（258）
第七章　用于数控机床上下料的工业机器人编程 …………（271）
第一节　认识工业机器人的编程 …………（271）
第二节　工业机器人编程的基础 …………（284）
第三节　工业机器人上下料程序的编制 …………（301）

第一章　数控编程基础

第一节　数控编程概述

一、数控编程的概念

在普通机床上加工零件，一般先要对零件图样进行工艺分析，制定出零件加工工艺规程（工序卡）。在工艺规程中规定加工工序以及使用的机床、刀具、夹具等内容，机床操作者则根据工序卡的要求，在加工过程中操作机床，按照工艺规程选定的切削用量、进给路线和工序内的工步安排等，不断地改变刀具与工件的相对运动轨迹和运动参数（如位置、速度等），使刀具对工件进行切削加工，从而得到所需要的合格零件。

数控机床则是按照事先编制好的加工程序，自动地对工件进行加工。通常把工件的加工工艺路线、工艺参数、刀具的运动轨迹、位移量、切削用量（切削速度、进给量、切削深度）以及辅助功能（换刀、主轴正转和反转、切削液开和关等），按照数控机床规定的指令代码及程序格式编写成加工程序，然后将其输入数控机床的数控装置中，从而控制机床进行加工。通常把从零件图样的分析到生成数控程序的全过程称为数控编程。

数控机床严格执行加工程序，自动加工零件。区别于数控系统的内部程序（系统程序），通常把从外部输入的直接用于加工的程序称为数控加工程序，简称数控程序。

数控系统的种类繁多，它们使用的数控程序的语言规则和格式也不尽相同，应该严格按照机床编程手册中的规定进行程序编制。

二、数控编程的步骤

数控编程的步骤主要包括分析零件图样及确定加工工艺过程、数值计算、编写程序、制备控制介质（若有需要）、程序校验及首件加工，如图 1–1 所示。

数控编程的具体步骤与要求如下：

1. 分析零件图样及确定加工工艺过程

在拿到零件图样后，首先应准确地识读零件图样表述的各种信息，主要包括零件的材料、形状、尺寸、精度、批量、毛坯形状和热处理要求等，通过分析，确定该零件是否适合在数控机床上加工，或适宜在哪种数控机床上加工，甚至还要确定零件的哪几道工序在数控机床上加工。

在分析零件图样的基础上进行工艺分析，选定机床、刀具和夹具，确定零件加工的工艺路线、工步顺序以及切削用量等工艺参数，制定出零件的加工工艺规程。

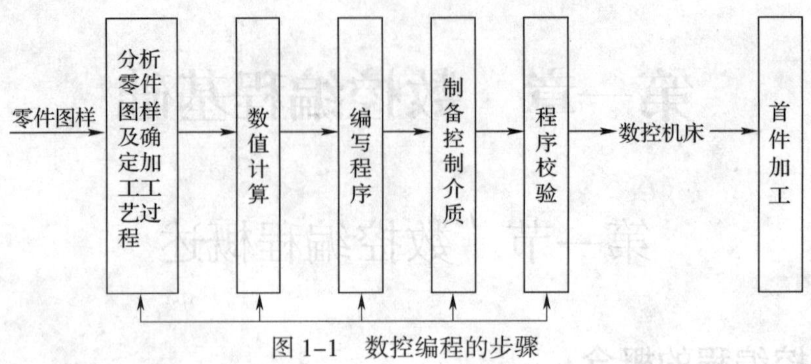

图 1-1 数控编程的步骤

2. 数值计算

在完成工艺处理的工作之后，下一步需根据零件的几何尺寸、加工路线和刀具半径补偿方式计算刀具运动轨迹，以获得刀位数据。

3. 编写程序

在完成工艺处理和数值计算后，编程员使用数控系统的程序指令，按照程序格式规范，逐段编写零件加工程序。

4. 制备控制介质

制备控制介质，即把编制好的程序单上的内容记录在控制介质上，作为数控装置的输入信息。此步骤可省略。

5. 程序校验与首件加工

数控加工程序必须经过校验和试切加工才能正式使用。校验的方法是直接将数控程序输入数控装置中，让机床空运转，通过数控机床上的显示器，模拟刀具运动轨迹，但这些方法只能检验出机床的运动是否正确，不能查出被加工零件的加工精度。因此，有必要进行零件的首件加工。当发现有加工误差时，应分析误差产生的原因，找出问题所在，并加以修正。

从以上内容来看，作为一名编程员，不但要熟悉数控机床的结构、数控系统的功能及相关标准，而且还必须是一名好的工艺人员，要熟悉零件的加工工艺、装夹方法、刀具、切削用量的选择等方面的知识。

三、数控编程的方法

数控编程方法分为手工编程和自动编程两种。

1. 手工编程

手工编程是指主要由人工来完成数控机床程序编制各个阶段的工作。手工编程过程如图 1–2 所示。由工艺员分析零件图样，编制加工工艺规程；由编程员按照零件的加工工艺规程，参考机床的编程手册，完成零件加工程序的编制。

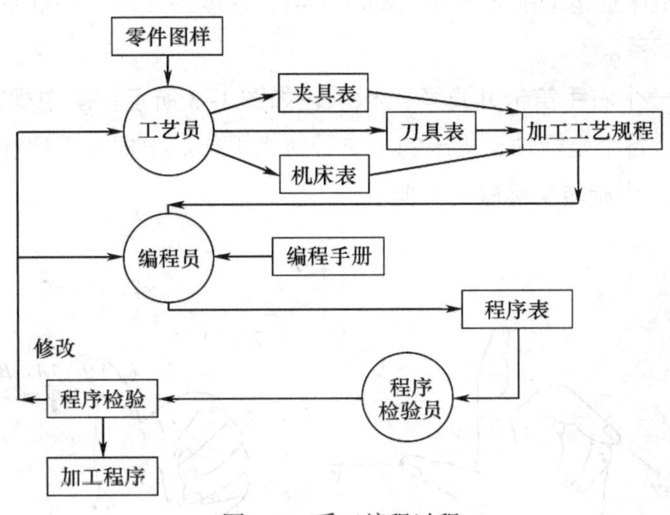

图 1–2　手工编程过程

当被加工零件形状较为简单且程序较短时，可以采用手工编程的方法。

2. 自动编程

自动编程是指数控机床的程序编制工作的大部分或全部由计算机完成。自动编程是指借助数控语言编程系统或图形编程系统，由计算机来自动生成零件加工程序的过程。

编程人员只需根据加工对象及工艺规程要求，借助数控语言编程系统规定的数控编程语言或图形编程系统提供的图形菜单功能，对加工过程与要求进行较简单的描述，而由编程系统自动计算出加工运动轨迹，并输出零件数控加工程序。由于在计算机上可自动地绘出所编程序的图形及进给轨迹，所以能及时检查程序是否有错，并进行修改，从而得到正确的程序。

第二节　数控机床坐标系

为了便于编程时描述机床的运动，简化程序的编制及保证所记录数据的互换性，数控机床的坐标和运动的方向均已标准化。

一、坐标系的确定

坐标和运动方向的命名原则如下：

1. 刀具相对于静止工件而运动

这一原则使编程人员在不知道是刀具移近工件还是工件移近刀具的情况下，就可根据零件图样确定机床的加工过程。

2. 机床坐标系是一个右手笛卡儿直角坐标系

在数控机床上，机床的动作是由数控装置来控制的，为了确定机床上的成形运动和辅助运动，必须先确定机床上运动的方向和运动的距离，这就需要一个坐标系才能实现，这个坐标系就称为机床坐标系。

机床坐标系是一个右手笛卡儿直角坐标系，如图 1–3 所示，图中规定了 *X*、*Y*、*Z* 三个直角坐标轴的方向，各个坐标轴与机床的主要导轨相平行。根据右手螺旋法则，可以很方便地确定出 *A*、*B*、*C* 三个旋转坐标轴的方向。

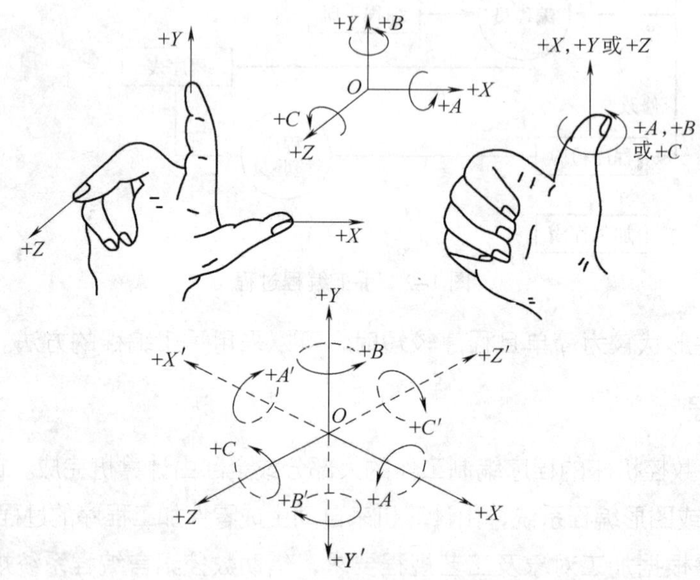

图 1–3　右手笛卡儿直角坐标系

二、运动方向的确定

机床上运动部件的运动正方向为增大工件与刀具之间距离的方向。

1. *Z* 坐标的运动

Z 坐标的运动由传递切削力的主轴所决定，与主轴轴线平行的坐标轴即为 *Z* 坐标轴，如图 1–4、图 1–5、图 1–6 所示。若机床没有主轴（如刨床等），则 *Z* 坐标轴垂直于工件装夹面，如图 1–7 所示。若机床有若干个主轴，可选择一个垂直于工件装夹面的主要轴作为主轴，并以它确定 *Z* 坐标轴。

Z 坐标的正方向是增加刀具和工件之间距离的方向。如在钻削、镗削加工中，钻入或镗入工件的方向是 *Z* 坐标轴的负方向。

2. *X* 坐标的运动

X 坐标的运动是水平的，它平行于工件装夹面，是刀具或工件定位平面内运动的主要坐标，如图 1–8、图 1–9 所示。

在没有回转刀具和回转工件的机床上（如牛头刨床），*X* 坐标平行于主要切削方向，以该方向为正方向，如图 1–7 所示。

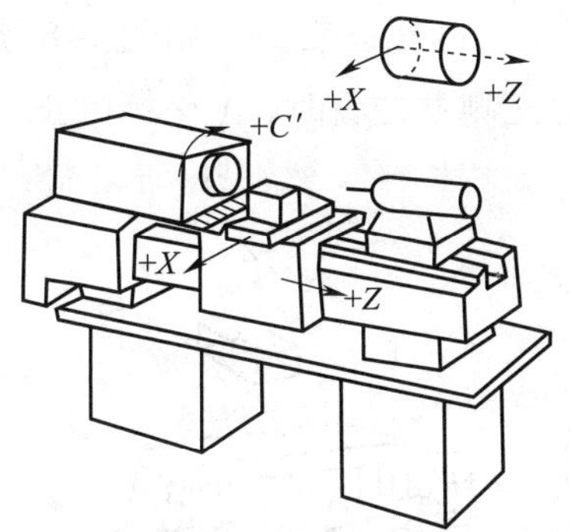

图 1–4　卧式车床的 Z 坐标轴

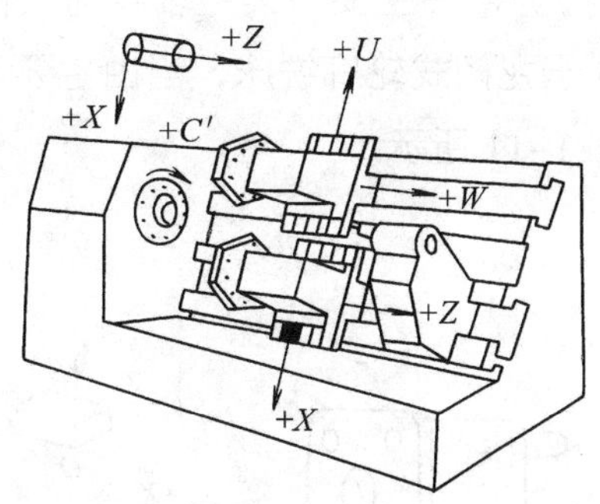

图 1–5　双刀架车床的 Z 坐标轴

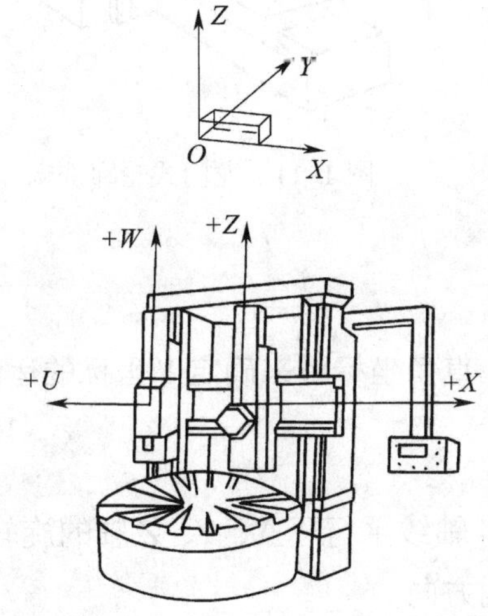

图 1–6　立式转塔车床的 Z 坐标轴

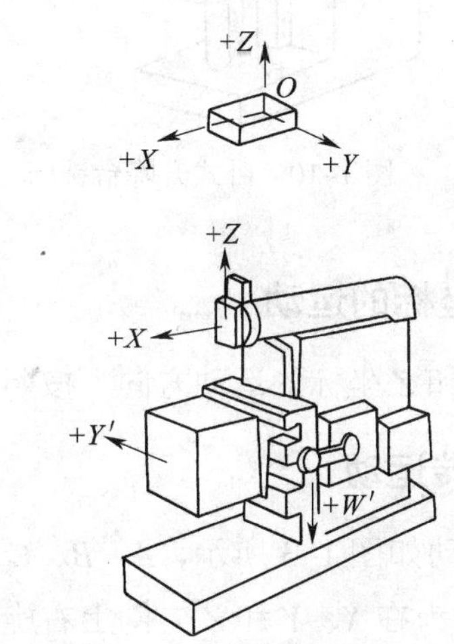

图 1–7　牛头刨床的 Z 坐标轴

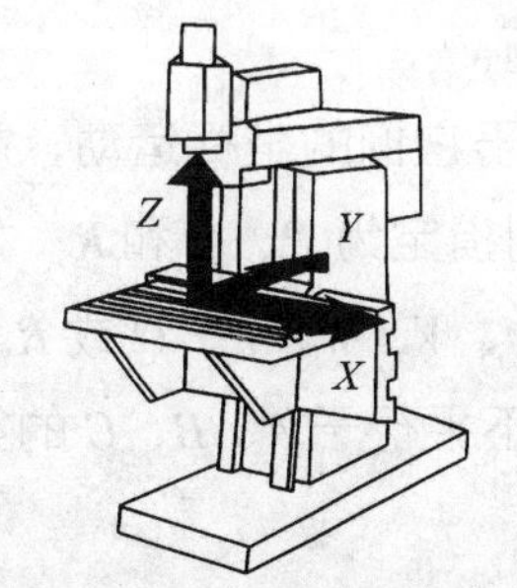

图 1–8　立式铣床的 X 坐标轴

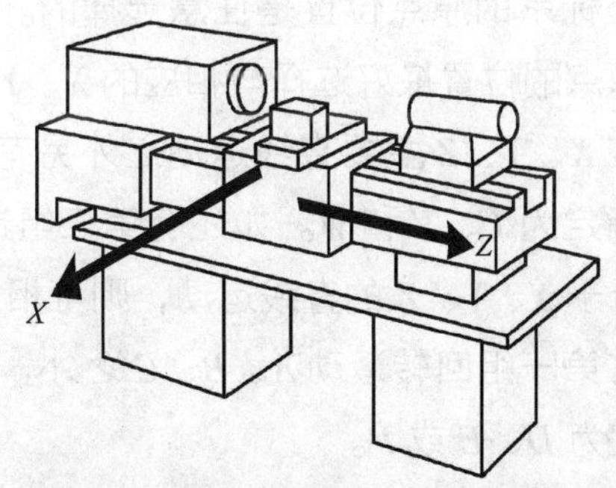

图 1–9　卧式车床的 X 坐标轴

在有回转工件的机床上，如车床、磨床等，X 运动方向是径向的，而且平行于横向滑座，X 坐标的正方向是安装在横向滑座的主要刀架上的刀具离开工件回转中心的方向，如图 1–9 所示。

在有刀具回转的机床上（如铣床），若 Z 坐标是水平的（主轴是卧式的），当由主要刀具的主轴看向工件时，X 坐标的正方向指向右方，如图 1–10 所示；若 Z 坐标是垂直的（主轴是立式的），当由主要刀具主轴看向立柱时，X 坐标正方向指向右方，如图 1–8 所示的立式铣床。对于龙门式轮廓铣床，当由主要刀具的主轴向左侧立柱看时，X 坐标的正方向指向右方，如图 1–11 所示。

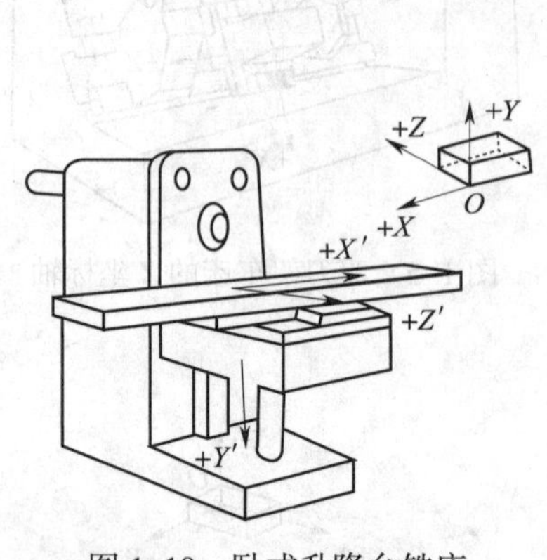

图 1–10　卧式升降台铣床

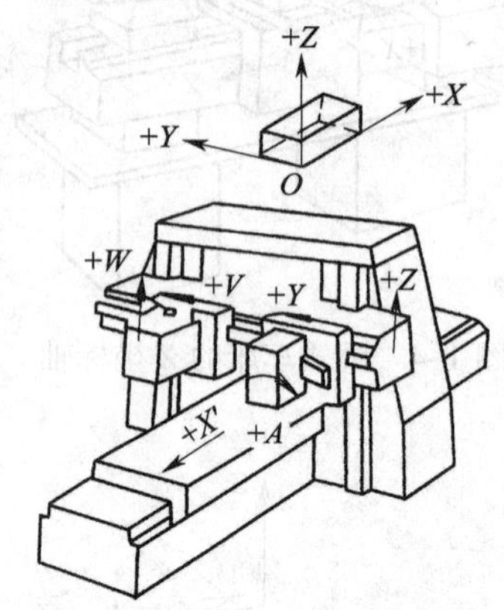

图 1–11　龙门式轮廓铣床

3. Y 坐标的运动

根据 X 和 Z 坐标的运动方向，按照右手笛卡儿直角坐标系来确定 Y 坐标的运动方向。

4. 旋转运动

旋转运动如图 1–3 所示，A、B、C 分别表示其轴线平行于 X、Y、Z 轴的旋转运动。A、B、C 的正向为在 X、Y 和 Z 方向上右旋螺纹前进的方向。

5. 机床坐标系的原点及附加坐标

机床坐标系的原点位置是任意选择的。A、B、C 的原点（0° 的位置）也是任意的，但 A、B、C 原点的位置最好选择与相应的 X、Y、Z 坐标平行。

如果在 X、Y、Z 主要直线运动之外另有第二组平行于它们的坐标运动，就称为附加坐标，分别指定为 U、V 和 W。如还有第三组运动，则分别指定为 P、Q 和 R；如有不平行或可以不平行于 X、Y、Z 的直线运动，则可相应地规定为 U、V、W、P、Q 或 R。

如果在第一组回转运动 A、B、C 之外，还有平行或不平行于 A、B、C 的第二组回转运动，可指定为 D、E 或 F。

6. 工件的运动

对于移动部分是工件而不是刀具的机床，必须将前面所介绍的移动部分是刀具的各项规定在理论上作相反的安排。此时，用带“′”的字母表示工件正向运动，如 $+X'$、$+Y'$、$+Z'$ 表示工件相对于刀具正向运动的指令，$+X$、$+Y$、$+Z$ 表示刀具相对于工件正向运动的指令，两者所表示的运动方向恰好相反。

三、数控机床的相关点

在数控机床中，刀具的运动是在坐标系中进行的。在一台机床上，存在多种坐标系与零点。理解它们对使用、操作机床以及编程非常重要。

1. 机床原点

机床原点是指在机床上设置的一个固定的点，即机床坐标系的原点。它在机床装配、调试时就已确定下来，是数控机床进行加工运动的基准参考点。在数控车床上，一般取在卡盘端面与主轴中心线的交点处，如图 1–12 所示，图中 O_1 即为机床原点。在数控铣床上，机床原点一般取在 X、Y、Z 三个直线坐标轴正方向的极限位置上。如图 1–13 所示，图中 O_1 即为立式数控铣床的机床原点。

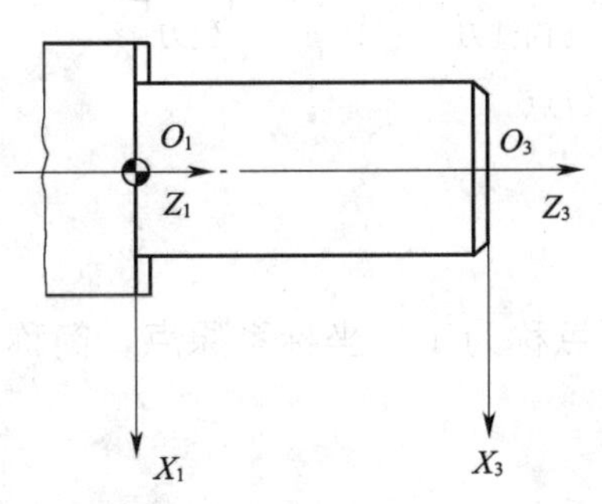

图 1–12 数控车床上的相关点

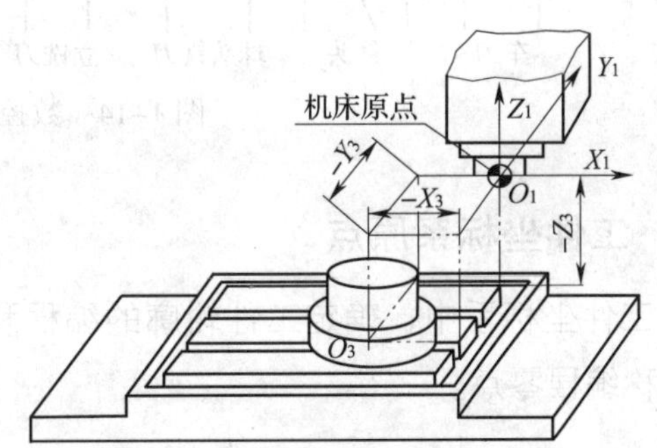

图 1–13 立式数控铣床的机床原点

2. 机床参考点

许多数控机床（全功能型及高档型）都设有机床参考点，该点至机床原点在其进给坐标轴方向上的距离在机床出厂时已准确确定，使用时可通过“返回参考点操作”方式进行确认。它与机床原点相对应，有的机床参考点与原点重合。它是机床制造商在机床上借助行程开关设置的一个物理位置，与机床原点的相对位置是固定的，机床出厂之前由机床制造商精密测量后确定。一般来说，加工中心的参考点为机床的自动换刀位置，有的数控机床可以设置多个参考点，其中第一参考点与机床参考点一致，其他参考点（固定点）与机床参考点的距离利用参数事先设置。接通电源后，必须先进行第一参考点的返回，否则不能进行其他操作。

3. 装夹原点

有的机床还有一个重要的原点，即装夹原点，用 C 表示。装夹原点常见于带回转（或摆动）工作台的数控机床，一般是机床工作台上的一个固定点，例如，回转中心与机床参考点的偏移量可通过测量后存入计算机数控（CNC）系统的原点偏置存储器中，供 CNC 系统原点偏移计算使用。

4．刀位点

在数控编程过程中，为了方便编程，通常将数控刀具假想成一个点，该点称为刀位点或刀尖点。因此，刀位点既是用于表示刀具特征的点，也是对刀和加工的基准点，如图 1–14 所示。车刀的刀位点通常指刀具的刀尖，钻头的刀位点通常指钻尖，球头铣刀的刀位点指球头顶部中心，立铣刀、面铣刀和铰刀的刀位点指刀具底面的中心。

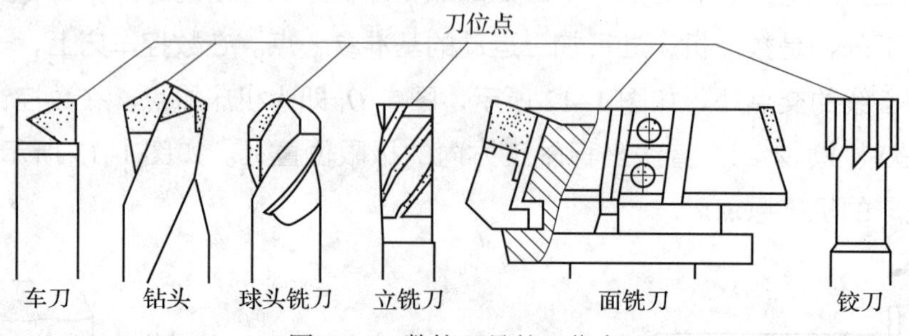

图 1–14 数控刀具的刀位点

5．工件坐标系原点

在工件坐标系中，确定工件轮廓的编程和计算原点称为工件坐标系原点，简称工件原点，也称编程零点。

第三节 数控加工程序的组成与格式

一、程序组成

数控加工程序由程序开始部分、程序内容、程序结束部分三部分组成。例如：

程序开始部分 O0001；

程序内容
```
N10 G92 X0 Y0 Z0；
N20 G90 G00 X20 Y30 T01 S800 M03；
N30 G01 X50 Y10 F200；
N40 X0 Y0；
```

程序结束部分 N50 M02；

1．程序开始部分

常用程序号表示程序开始，每一个存储在系统存储器中的程序都需要指定一个程序号以相互区别，这种用于区别零件加工程序的代号称为程序名。程序名是加工程序开始部分的识别标记，同一数控系统中的程序名不能重复。程序名写在程序的最前面，必须单独占一行。

（1）FANUC 系统的程序号

FANUC 系统程序号的书写格式为 O××××，其中 O 为地址符，其后为四位数字，数值从 0000 到 9999，在书写时其数字前的零可以省略不写，如 O0020 可写为 O20。

（2）SIEMENS 系统的程序号

1）开始的两个符号必须是字母，其后的符号可以是字母、数字或下划线。

2）有的系统规定最多为 16 个字符，不得使用分隔符。

例如：ZLX1__1。

3）子程序中还可以使用地址符 L__，其中的值可以有 7 位（只能为整数）。地址符 L 之后的每个零均有意义，不可省略。例如，L169 并非 L0169 或 L00169。以上表示 3 个不同的子程序。L6 为专门用于更换刀具的子程序名。

4）在程序输入过程中，主程序扩展名“.MPF”可以自动输入，而子程序扩展名“.SPF”必须与文件名一起输入。

2. 程序内容

程序内容是整个程序的核心部分，由若干程序段组成，表示数控机床要完成的全部动作。一个程序段表示零件的一段加工信息，若干个程序段的集合则完整地描述一个零件加工的所有信息。

3. 程序结束部分

1）程序结束部分由程序结束指令构成，它必须写在程序的最后。

2）可以作为程序结束标记的 M 指令有 M02 和 M30，它们代表零件加工程序的结束，通常要求 M02 和 M30 单独占一行。

3）FANUC 系统中用 M99 表示子程序结束后返回主程序。对于子程序结束指令 M99，不一定要单独占一行，如子程序中最后两行写成“G91 G28 Z0 M99；”也是允许的。

4）SIEMENS 系统中通常用 M17、M02 或字符“RET”作为子程序的结束标记。

二、程序段格式

所谓程序段，就是为了完成某一动作要求所需的程序字的组合。每一个程序字都是一个控制机床的具体指令。

1. 程序字、地址及符号

在数控加工程序中，位于程序字头的字符和字符组称为地址，也称为地址符，它用以识别其后的数据；在传递信息时，它表示其出处或目的地。

在程序段中表示地址的英文字母可分为尺寸字地址和非尺寸字地址两种。表示尺寸字地址的有 X、Y、Z、U、V、W、P、Q、I、J、K、A、B、C、D、E、R、H 共 18 个英文字母。表示非尺寸字地址的有 N、G、F、S、T、M、L、O 共 8 个英文字母。其地址的含义见表 1–1。

表 1–1　地址的含义

地址	功能	含义	地址	功能	含义
A	坐标字	绕 X 轴旋转	P		暂停或程序中某功能的开始使用的顺序号
B	坐标字	绕 Y 轴旋转			
C	坐标字	绕 Z 轴旋转	Q		固定循环终止段号或固定循环中的定距
D	补偿号	刀具半径补偿指令			
E		第二进给功能	R	坐标字	固定循环中定距离或圆弧半径的指令
F	进给速度	进给速度的指令			
G	准备功能	指令动作方式	S	主轴功能	主轴转速的指令
H	补偿号	补偿号的指定	T	刀具功能	刀具编号的指令
I	坐标字	圆弧中心 X 轴方向的坐标	U	坐标字	与 X 轴平行的附加轴增量坐标值或暂停时间
J	坐标字	圆弧中心 Y 轴方向的坐标			
K	坐标字	圆弧中心 Z 轴方向的坐标	V	坐标字	与 Y 轴平行的附加轴增量坐标值
L	重复次数	固定循环及子程序的重复次数	W	坐标字	与 Z 轴平行的附加轴增量坐标值
M	辅助功能	机床开、关指令等	X	坐标字	X 轴的坐标值或暂停时间
N	顺序号	程序段顺序号	Y	坐标字	Y 轴的坐标值
O	程序号	程序号、子程序号的指定	Z	坐标字	Z 轴的坐标值

程序中有时还会用到一些符号，它们的含义见表 1–2。

表 1–2　程序中所用符号及其含义

符号	含义	符号	含义
HT 或 TAB	分隔符	(	控制暂停
LF 或 NL	程序段结束	)	控制恢复
%	程序开始	+	正号
–	负号	BS	返回
/	跳过任意程序段	DEL	注销
:	对准功能		

2. 程序段格式

程序段格式有多种，如固定程序段格式、使用分隔符的程序段格式、使用地址符的程序段格式（也称字地址程序段格式）。目前应用最广泛的是使用地址符的程序段格式，见表 1–3。

表 1–3　　程序段格式

1	2	3	4	5	6	7	8	9	10	11
N__	G__	X__ U__	Y__ V__	Z__ W__	I__ J__ K__ R__	F__	S__	T__	M__	LF
顺序号	准备功能	坐标尺寸字				进给功能	主轴转速	刀具功能	辅助功能	结束符号

在程序段中，顺序号表示顺序，程序中可以在程序段前任意设置顺序号，可以不写，也可以不按顺序编号，或只在重要程序段前按顺序编号，以便于检索，如在用不同刀具加工时给出不同的顺序号。顺序号也叫程序段号或程序段序号，顺序号位于程序段之首，它的地址符是 N，后续数字一般为 2 ～ 4 位。顺序号可以用在主程序、子程序和宏程序中。

（1）顺序号的作用

首先，顺序号可用于对程序的校对、检索和修改。其次，在加工轨迹图的几何节点处标上相应程序段的顺序号，就可直观地检查程序。顺序号还可作为条件转移的目标。更重要的是，标注了程序段号的程序可以进行程序段的复归操作，这是指操作可以回到程序的（运行）中断处重新开始，或加工从程序的中途开始的操作。

（2）顺序号的使用规则

数字部分应为正整数，一般最小顺序号是 N1。顺序号的数字可以不连续，也不一定从小到大顺序排列，如第一段用 N1、第二段用 N20、第三段用 N10。对于整个程序，可以每个程序段都设顺序号，也可以只在部分程序段中设顺序号，还可在整个程序中全不设顺序号。一般将第一程序段冠以 N10，以后以间隔 10 递增的方法设置顺序号，这样，在调试程序时如需要在 N10 与 N20 之间加入两个程序段，就可以用 N11、N12。

三、子程序

在编制加工程序中，有时会遇到一组程序段在一个程序中多次出现，或者在几个程序中都要使用它。这个典型的加工程序可以做成固定程序，并单独加以命名，这组程序段就称为子程序。

子程序一般不可以作为独立的加工程序使用，它只能通过调用，实现加工中的局部动作。子程序执行结束后能自动返回调用的程序中。

1. 子程序的调用

（1）FANUC 系统子程序调用

在 FANUC 系统中，子程序的调用可通过辅助功能代码 M98 指令进行，且在调用格式中将子程序的程序号地址改为 P，其常用的子程序调用格式有两种。

1）M98　P××××　L××××；

其中，地址 P 后面的四位数字为子程序号，地址 L 后面的数字表示重复调用的次数，子程序号及调用次数前的 0 可省略不写。如果只调用子程序一次，则地址 L 及其后的数字可省略。M98P200L3 表示调用子程序 O200 三次，而 M98P100 表示调用子程序 O100 一次。

2）M98　P××××××××；

在地址 P 后面的八位数字中，前四位表示调用次数（省略时为调用一次），后四位表示子程序号，采用此种调用格式时，调用次数前的 0 可以省略不写，但子程序号前的 0 不可省略。如"M98 P50010"表示调用子程序 O0010 五次，而"M98 P0510"则表示调用子程序 O0510 一次。

利用跳读功能调用程序段时，要用 N×××× 指令调用程序段。其编程方法如下：

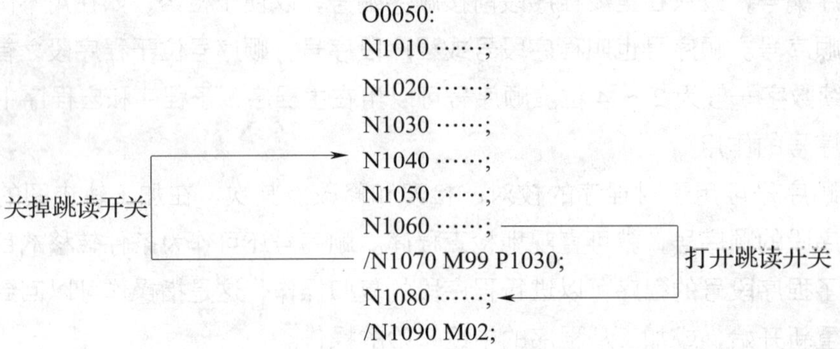

可以"M99 P××××"指令返回"P××××"程序段（即返回 N×××× 段）。

（2）SIEMENS 系统子程序调用

在 SIEMENS 系统中，一个程序（主程序或子程序）可以直接用程序名调用子程序。子程序调用要求占用一个独立的程序段。

例如：

N10 L789　　　　调用子程序 L789

N20 LFAME6　　　调用子程序 LFAME6

2. 子程序重复调用次数及嵌套

主程序可以多次重复调用某一子程序，重复调用时 FANUC 系统用 L 及后面的数字指示调用次数，SIEMENS 系统用 P 及后面的数字指示。例如，"N10 L789 P3；"表示调用子程序 L789，运行 3 次。子程序重复调用方式如图 1–15 所示。子程序还可以调用另外的子程序，称为子程序嵌套，不同的数控系统所规定的嵌套次数是不同的。一般情况下，在 FANUC–0i 及 SIEMENS 802D 系统中，子程序可以嵌套 4 级，有的系统可嵌套 8 级，如图 1–16 所示。

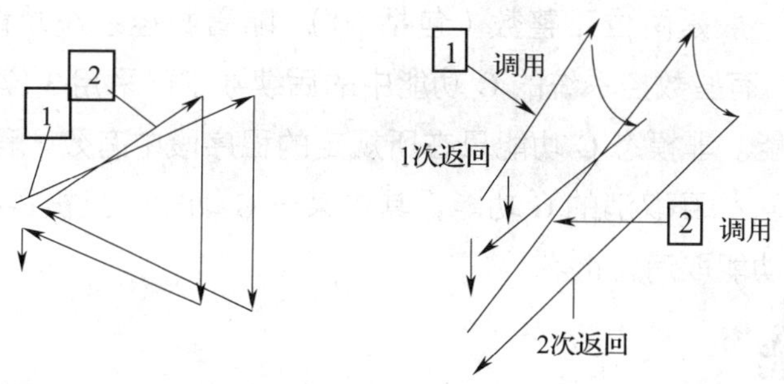

图 1–15　子程序重复调用方式

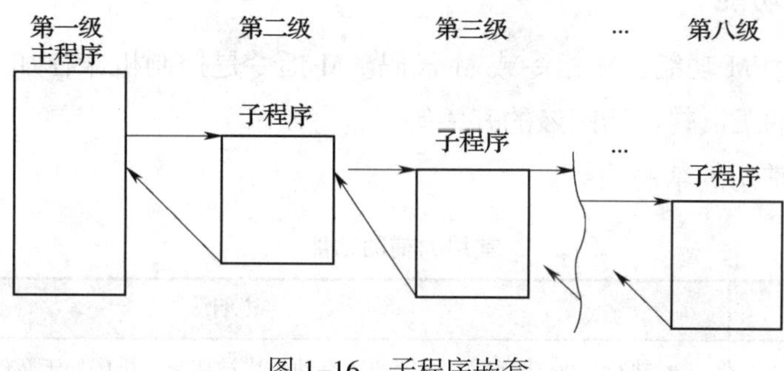

图 1–16　子程序嵌套

3. 子程序的应用

（1）同平面内多个相似轮廓形状工件的加工

在一次装夹中，若要完成多个相似轮廓形状工件的加工，编程时只编写一个轮廓形状的加工程序，然后用主程序来调用子程序。

（2）实现零件的分层切削

在数控铣削加工中，当零件在 Z 方向上的总铣削深度比较大时，需采用分层切削方式进行加工。实际编程时先编写该轮廓加工的刀具轨迹了程序，然后通过子程序调用方式来实现分层切削。

（3）实现程序的优化

数控机床的程序往往包含许多独立的工序，为了优化加工顺序，通常将每一个独立的工序编写成一个子程序，主程序只有换刀和调用子程序的命令，从而实现优化程序的目的。

第四节　数控机床的主要功能

一、准备功能

准备功能的地址符是 G，又称为 G 功能、G 指令或 G 代码。它的作用是建立数控机床工作方式，为数控系统插补运算、刀补运算、固定循环等做好准备。

G 功能中的数字一般是两位正整数（包括 00）。随着数控系统功能的增加，从 G00 到 G99 已不够用，因此，有些数控系统的 G 功能中的后续数字已采用 3 位数。G 功能分为模态 G 功能和非模态 G 功能。非模态 G 功能只在所规定的程序段中有效，程序段结束时被取消；模态 G 功能是指一组可相互取消的 G 功能，其中某一 G 功能一旦被执行，则一直有效，直到被同一组的另一 G 功能取消为止。

二、辅助功能

1. 常用辅助功能

辅助功能也称为 M 功能、M 指令或 M 代码。M 指令是控制机床在加工时做一些辅助动作的指令，如主轴的正反转、切削液的开关等。

表 1–4 列出了常用的辅助功能。

表 1–4　常用的辅助功能

指令	解释	说明
M00	程序暂停	● 执行 M00 功能后，机床的所有动作均被切断，机床处于暂停状态。重新按下程序启动按钮后，系统将继续执行后面的程序段 ● 如进行尺寸检验、排屑或插入必要的手动操作时，用此功能很方便 ● M00 须单独设一程序段 ● 如在 M00 状态下按复位键，则程序将回到开始位置
M01	选择停止	● 在机床的操作面板上有一“任选停止”开关，当该开关转到“ON”位置时，程序中如遇到 M01 指令，其执行过程与 M00 相同；当上述开关转到“OFF”位置时，数控系统对 M01 指令不予响应 ● 此功能通常用来进行尺寸检验，而且 M01 应作为一个程序段单独设定
M02	程序结束	● 主程序结束，切断机床所有动作，并使程序复位 ● 必须单独作为一个程序段设定
M03	主轴正转	主轴正转
M04	主轴反转	主轴反转

续表

指令	解释	说明
M05	主轴停止	旋转方向 M04 M03 M04 M03 M04 M03 车削中心上主轴旋转方向
M06	换刀	有的数控系统中此代码表示对刀仪摆出
M07	1# 切削液开	M00、M01 和 M02 也可以将切削液关掉
M08	2# 切削液开	
M09	切削液关	
M10	卡盘夹紧	卡盘夹紧 卡盘松开 ● 般在装有棒料输送机、工件收集器及上下料机械手时用 ● 单件加工时应用手动方式夹持工件
M11	卡盘松开	
M11	卡盘松开	● 单段运行时在开关“ON”的状态下，读到 M11 指令时机械停止 ● M10、M11 为单独程序指令，下一程序使用 G04 暂停指令，可使卡爪的静止动作时间延长，以增加其安全性 ● 使用卡盘夹紧工件，卡爪应调整至适当位置 ● 工件长度大于直径 7 倍时应使用尾座顶持 ● 夹持大工件或重切削时应适度调大卡盘夹紧力，夹紧力不足易使工件脱落 ● 不同材质工件应使用不同的夹紧力

2. 第二辅助功能

第二辅助功能也称为 B 功能，它是用来指令工作台进行分度的功能。B 功能用地址 B 及其后面的数字来表示。

三、进给速度功能

进给速度是指刀具向工件进给的相对速度，单位一般为 mm/min。当进给速度与主轴转速有关时（如用车床车削螺纹），单位为 mm/r，称为每转进给量。进给速度用地址符 F 及其后面的数字来表示。

1. 每分钟进给

用 F 指令表示刀具每分钟的进给量，如图 1–17a 所示。在 FANUC 系统数控车床上常用 G98 指令表示，在 FANUC 系统加工中心与铣床上常用 G94 指令表示。在 SIEMENS 系统的数控机床上也常用 G94 指令表示。

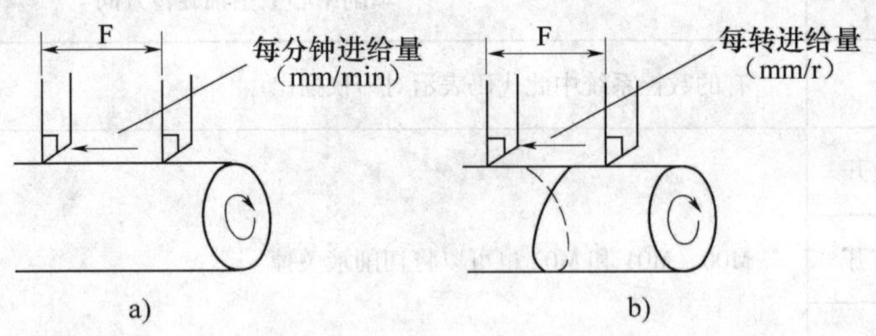

图 1–17　车削进给模式设置
a）每分钟进给模式　b）每转进给模式

2. 每转进给

用 F 指令表示主轴每转的进给量（见图 1–17b），在 FANUC 系统数控车床上常用 G99 指令表示，在 FANUC 系统加工中心与铣床上常用 G95 指令表示。在 SIEMENS 系统的数控机床上也常用 G95 指令表示。

每转进给量与每分钟进给量的关系式为：

$$f_m=f_r n$$

式中　f_m——每分钟进给量，mm/min；

f_r——每转进给量，mm/r；

n——主轴转速，r/min。

四、主轴转速功能

主轴转速功能用来指定主轴的转速，单位为 r/min，地址符使用 S。现代数控机床的转速可以直接指令，即用 S 后加数字直接表示每分钟主轴转速。例如，要求主轴转速为 1 300 r/min，就指令 S1300。主轴转向一般由 M03、M04 确定，具体见机床 M 功能表。

1. 恒线速功能

通过 G96 设定恒线速度加工功能。G96 功能生效后，主轴转速随着当前加工工件直径（横向坐标轴）的变化而变化，从而始终保证刀具切削点处执行的切削线速度为编程设定的常数，即主轴转速 × 直径 = 常数，如图 1–18 所示。数控装置依刀架在 X 轴的位置计算出主轴的转速，自动而连续地控制主轴转速，使之始终达到由 S 功能所指定的切削速度。在使用 G96 指令前必须正确地设定工件坐标系。

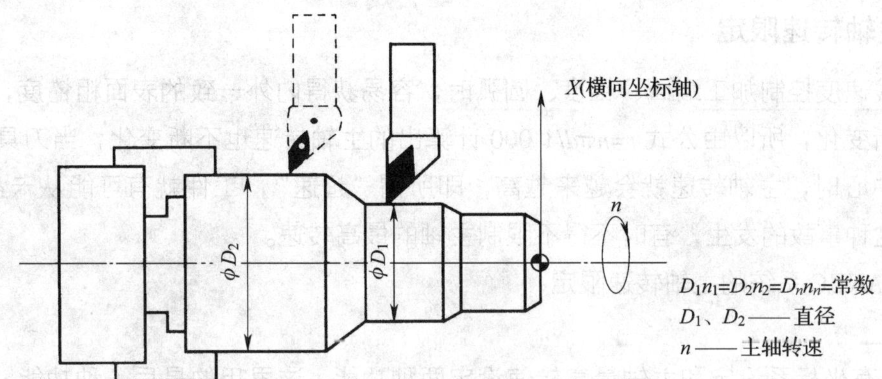

图 1–18 G96 恒线速度切削

从 G96 程序段开始，地址 S 中的数值作为切削线速度处理。G96 为模态指令，直到被同组中其他 G 指令（G94/G98、G95/G99、G97）替代为止。

（1）FANUC 系统的书写格式

G96 S__；

（2）SIEMENS 系统的书写格式

G96 S__ LIMS=__ F__；

SIEMENS 系统的恒线速度切削指令说明见表 1–5，此处进给速度始终为 G95 旋转进给速度，单位为 mm/r。如果在此之前为 G94 有效而非 G95 有效，则必须重新写入一个合适的地址 F 值。

表 1–5 SIEMENS 系统的恒线速度切削指令说明

指令	说明
S	切削速度，单位为 m/min
LIMS	主轴转速上限，单位为 r/min，只在 G96 中生效
F	旋转进给速度，单位为 mm/r，与 G95 中一样

传统的恒转速加工根据刀具和工件材料性能等确定切削速度，然后按最大加工直径计算主轴转速。这样带来的问题是：当刀具加工到小直径处时性能得不到充分发挥，从而影响了实际加工生产率。同时，在不同直径处表面质量会有较大的差异。恒线速度加工较好地解决了上述问题，因此，当加工零件直径变化较大时，应尽可能选择恒线速度编程加工。

2. 恒转速功能

用 G97 指令取消恒线速功能。如果 G97 生效，则地址 S 下的数值又恢复为 r/min。如果没有重新写入地址 S，则主轴以原 G96 功能生效时的转速旋转。G96 功能也可以用同一组 G 功能取消。在这种情况下，如果没有写入新的地址 S，则主轴按在此之前最后编程的主轴转速旋转。

3. 主轴转速限定

用恒线速度控制加工端面、锥度、圆弧时，容易获得内外一致的表面粗糙度，但由于 X 坐标值不断变化，所以由公式 $v=n\pi d/1\,000$ 计算出的主轴转速也不断变化，当刀具逐渐移近工件旋转中心时，主轴转速就会越来越高，即所谓“超速”，工件就有可能从卡盘中飞出，为了防止这种事故的发生，有时不得不限制主轴的最高转速。

（1）FANUC 系统的主轴转速限定

G50 S__；

G50 具有坐标系设定和主轴最高转速设定两种功能，这里用的是后一种功能。用 S 指定的数值设定主轴每分钟的最高转速。例如，“G50 S2000；”表示主轴最高转速为 2 000 r/min。

（2）SIEMENS 系统的主轴转速限定

1）用“LIMS=____”限制。

2）G25、G26 主轴转速极限。

五、刀具功能

刀具功能用于指令加工中所用刀具编码号及自动补偿编组号，地址符为 T。其自动补偿内容主要指刀具的刀位偏差或刀具长度补偿及刀具半径补偿。

1. 车床数控系统刀具功能

车床数控系统的地址符 T 的后续数字有以下两种规定。

（1）两位数的规定

在经济型车床数控系统中普遍采用两位数的规定，首位数字一般表示刀具（或刀位）的编码号，常用 0 ~ 8 共 9 个数字，其中，“0”表示不换刀；末位数字表示刀具补偿（不包括刀尖圆弧半径补偿）的编组号，常用 0 ~ 8 共 9 个数字，其中，数字“0”表示补偿量为零，即撤销其补偿。

（2）四位数的规定

对全功能车床等刀具数较多的数控机床，其数控系统一般规定其后续数字中的前两位数为刀具编码号，后两位数为刀具位置补偿的编组号，或同时为刀尖圆弧半径补偿的编组号。

2. FANUC 系统加工中心的自动换刀

（1）自动换刀的基本动作

1）刀具的选择。将刀库上某个刀位的刀具转到换刀的位置，为下次换刀做好准备。刀具选择指令可在任意程序段内执行。为了节省换刀时间，通常在加工过程中同时执行 T 指令。

指令格式：T__；

如“T01；”“T13；”等。

2）刀具交换前的准备

①主轴回到换刀点。换刀点通常位于靠近 Z 向机床原点（机床参考点）的位置。为了在换刀前接近该换刀点，通常采用以下指令来实现：

G91 G28 Z0； 返回 Z 向原点

G49 G53 G00 Z0； 取消刀具长度补偿，并返回机床坐标系 Z 向原点

②主轴准停。主轴准停的作用是使主轴上的两个凸起对准刀柄的两个卡槽。FANUC 系统主轴准停通常通过 M19 指令来实现。

3）刀具的交换。在 FANUC 系统中，采用 M06 指令来指定刀具的交换过程，该指令还包含了换刀前的所有准备动作，即返回换刀点、切削液关、主轴准停。

指令格式：M06；

（2）自动换刀的程序

FANUC 系统加工中心常用换刀程序有两种，具体如下。

1）带机械手的换刀程序

① N×××× G28 Z__ T××；

……

N×××× M06；

……

执行该程序段后，T×× 号刀由刀库中转至换刀位置，做换刀准备，此时执行 T 指令的辅助时间与机动时间重合。本次所交换的为上一次换刀指令执行后转至换刀位置的刀具，而本次换刀后指定的 T×× 号刀在下一次刀具交换时使用。

②程序格式：

T×× M06；

T 指令在前，表示选择刀具；M06 指令在后，表示通过机械手执行主轴中刀具与刀库中刀具的交换。

例：

……

G40 G01 X20.0 Y30.0； （XY 平面内取消刀补）

G49 G53 G00 Z0； （刀具返回机床坐标系 Z 向原点）

T05 M06； （选择 5 号刀具，主轴准停，切削液关，刀具交换）

M03 S600 G54； （开启主轴转速，选择工件坐标系）

……

2）不带机械手的换刀程序

①程序格式：

M06 T××；

该程序中的 M06 指令在前，T 指令在后，且指令中的 M06 指令和 T 指令不可以前后调换位置，否则在指令执行过程中将产生程序出错报警。

②换刀动作：先自动完成换刀前的准备动作，再执行 M06 指令，主轴上的刀具放入当前刀库中处于换刀位置的空刀位；然后刀库转位寻刀，将所需刀具（如 7 号刀具）转换到当前换刀位置，再次执行 M06 指令，将 7 号刀具装入主轴。因此，这种换刀方式每次换刀过程要执行两次刀具交换。

（3）子程序换刀

1）子程序号通常为 O8999。

O8999；	立式加工中心换刀子程序
M05 M09；	主轴停转，切削液关
G80；	取消固定循环
G91 G28 Z0；	*Z* 轴返回机床原点
G49 M06；	取消刀具长度补偿，刀具交换
M99；	返回主程序

2）调用格式：

T06 M98 P8999；

3. SIEMENS 系统加工中心的自动换刀

（1）用 T 指令编程

用 T 指令编程有两种方法来执行：一种是用 T 指令直接更换刀具；另一种是仅用 T 指令进行刀具的预选，换刀还必须由 M06 执行。具体用哪一种方法，由机床参数确定。

1）指令格式：

T__　　刀具号为 1 ~ 32000，T0 表示没有刀具

2）指令说明：系统中最多同时存储 32 把刀具。

3）编程示例：

①不用 M06 更换刀具。

N10 T1	刀具 1
……	
N70 T558	刀具 558

②用 M06 更换刀具。

N10 T14	预选刀具 14
N15 M06	执行刀具更换，然后 T14 有效

（2）子程序换刀

换刀子程序号通常为 L6，内容与 FANUC 系统换刀子程序类似。

有的数控系统有刀具使用寿命管理功能，即可预先置入刀具使用寿命，该刀具的实际切削时间可由计算机累加，达到使用寿命时提示更换锋利的刀具或自动更换刀库中的备用刀具。

第五节　刀具补偿功能

一、数控车削刀具补偿功能

车削刀具的补偿主要包括刀具位置补偿、刀尖圆弧半径补偿和刀具磨损补偿。

1. FANUC 系统车削刀具的补偿

（1）刀具位置补偿

当采用不同尺寸的刀具加工同一轮廓尺寸的零件，或同一名义尺寸的刀具因换刀重调、磨损以及切削力使工件、刀具、机床变形引起工件尺寸变化时，为加工出合格的零件必须进行刀具位置补偿。

1）指令格式。

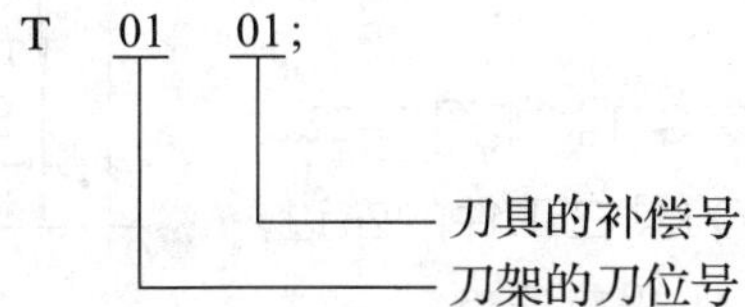

在字母 T 后面用 4 位数字来表示 T 功能，前两位数表示刀架的刀位号，后两位数表示刀具的补偿号。

2）指令说明。加工完成后要将刀补取消，刀补号 00 为取消刀具位置补偿。例如，T △△ 00 表示取消△△号刀上的刀具位置补偿。

（2）刀尖圆弧半径补偿

对于数控车削加工，车刀的刀尖通常是一段半径很小的圆弧，而假设的刀尖点（一般是通过对刀仪测量出来的）并不是刀尖圆弧上的一点，如图 1–19 所示。因此，在车削锥面、圆弧面或进行倒角时，可能会造成切削残留（欠切削）或切削过量（过切削）的现象。图 1–20 所示为切削时由于刀尖圆弧的存在所引起的加工误差。

因此，当使用车刀来车削锥面时，必须将假设的刀尖点的路径做适当的修正，使车削出来的工件能获得正确的尺寸，这种修正方法称为刀尖圆弧半径补偿。

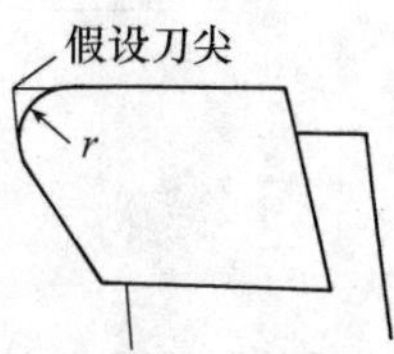

图 1–19　车刀的假设刀尖及刀尖圆弧

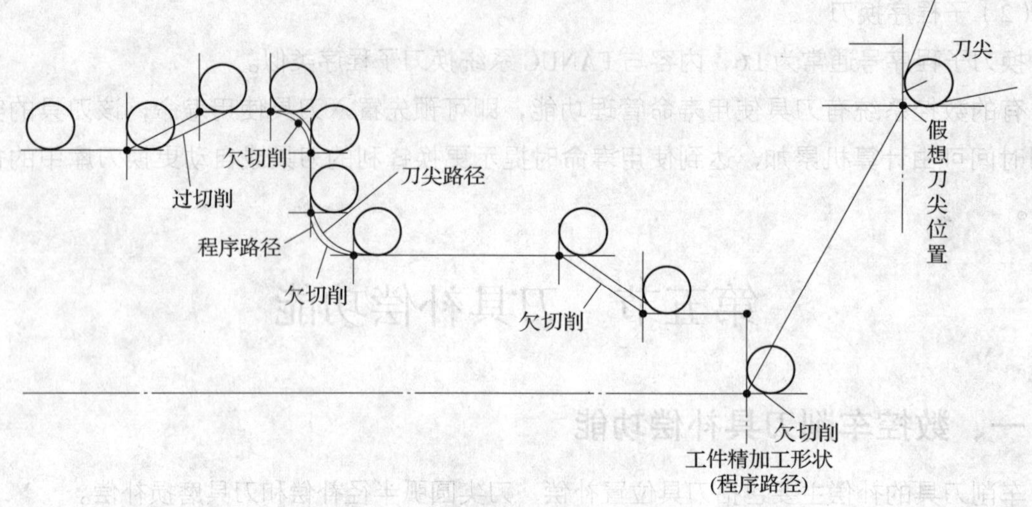

图 1–20　加工误差（过切削及欠切削现象）

1）车刀形状和位置。车刀形状和位置是多种多样的，车刀形状决定刀尖圆弧在什么位置。因此，车刀形状和位置必须输入计算机中。

车刀形状和位置共有九种，如图 1–21 所示。车刀的形状和位置分别用参数 T1 ~ T9 输入刀具数据库中。

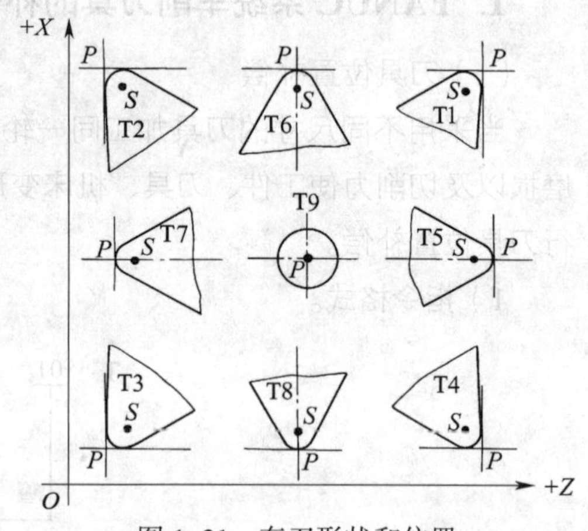

图 1–21　车刀形状和位置

2）刀尖圆弧半径补偿指令

①刀尖圆弧半径左补偿指令 G41。如图 1–22a、b 所示，顺着刀具运动方向看，刀具在工件的左边，称为刀尖圆弧半径左补偿，用 G41 代码编程。

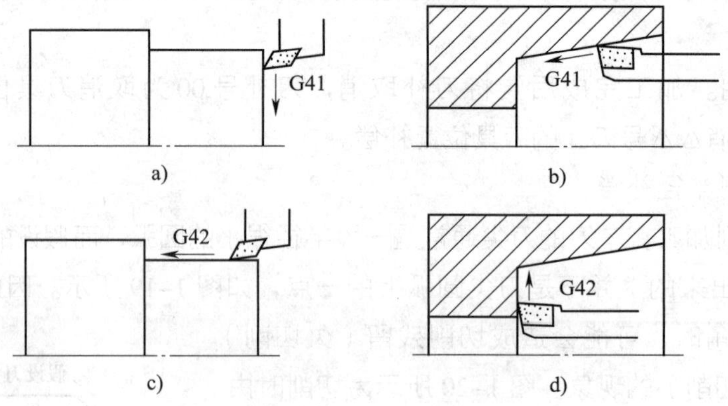

图 1–22　刀尖圆弧半径左、右补偿

a、b）左补偿　c、d）右补偿

②刀尖圆弧半径右补偿指令 G42。如图 1–22c、d 所示，顺着刀具运动方向看，刀具在工件的右边，称为刀尖圆弧半径右补偿，用 G42 代码编程。

③取消刀尖圆弧半径补偿指令 G40。如需要取消刀尖圆弧半径补偿，可编入 G40 代码。这时，车刀按理论刀尖轨迹运动。

3）刀尖圆弧半径补偿的编程方法及其作用。无刀尖圆弧半径补偿时，车刀按理论刀尖轨迹移动，如图 1–23a 所示，产生表面形状误差 δ。如程序段中编入 G42 指令，车刀实际运行轨迹如图 1–23b 所示，无表面形状误差。比较图 1–23a、b 中的 P_1，也可看出当编入 G42 指令到达 P_1 点时，车刀多走一个刀尖圆弧半径的距离。

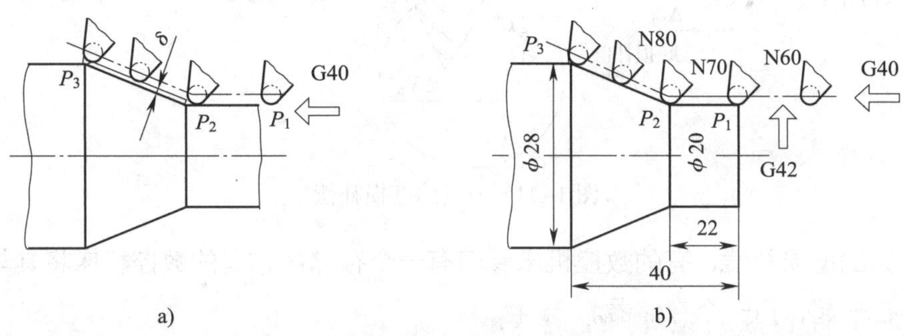

图 1–23 刀尖圆弧半径补偿

a）无刀尖圆弧半径补偿 b）刀尖圆弧右补偿

使用刀尖圆弧半径补偿指令车削如图 1–23b 所示的工件，编程方法如下：

N0050 G40 G00 X20.0 Z5.0；

N0060 G42 G01 X20.0 Z0.0 T0101；

N0070 Z–22.0；

N0080 X28.0 Z–40.0；

N0090 G00 X32.0；

4）刀尖圆弧半径补偿的编程规则

① G40、G41、G42 只能与 G00、G01 结合编程。不允许与 G02、G03 等其他指令结合编程，否则产生报警。

②在编入 G40、G41、G42 的 G00 与 G01 前、后两个程序段中，X、Z 值至少有一个值变化，否则产生报警。

③在调用新的刀具前必须取消刀具圆弧半径补偿，否则产生报警。

④采用刀尖圆弧半径补偿指令编程加工时会产生残留面积，应注意清除残留面积。

（3）刀具磨损补偿

系统对刀具长度或半径是按计算得到的最终尺寸（总和长度、总和半径）进行补偿的，如图 1–24 所示。当一把刀具用过一段时间有一定的磨损后，实际尺寸发生了变化，此时可以直接修改补偿基本尺寸，也可以加入一个磨损量，使最终补偿量与实际刀具尺寸一致，从而仍能加工出合格的零件。

在零件试加工过程中，当出现超差现象时，如果超差尚有余量，也可以采用磨损补偿修正。

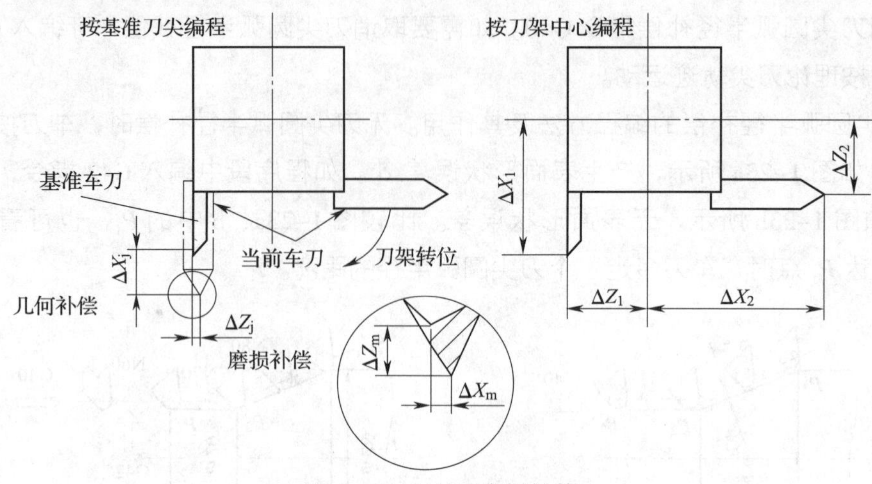

图 1–24　刀具的磨损补偿

对于刀具的磨损补偿，有的数控机床专门有一个存储器，有的数控机床将其与刀具的位置补偿合并在一起，用一个存储器。

2. SIEMENS 系统车削刀具的补偿

SIEMENS 系统车削刀具的补偿与 FANUC 系统类似，采用 D 及其相应的序号代表补偿存储器号，即刀具补偿号。刀具补偿号可以赋给一个专门的切削刃。一把刀具可以匹配 1 ～ 9 共 9 个不同的补偿数据组（用于多个切削刃）。系统中最多可以存储 30 个刀具补偿号，对应存储 30 个刀具补偿数据组，各刀具可自由分配 30 个刀具补偿号，如图 1–25 所示。其编程示例如下：

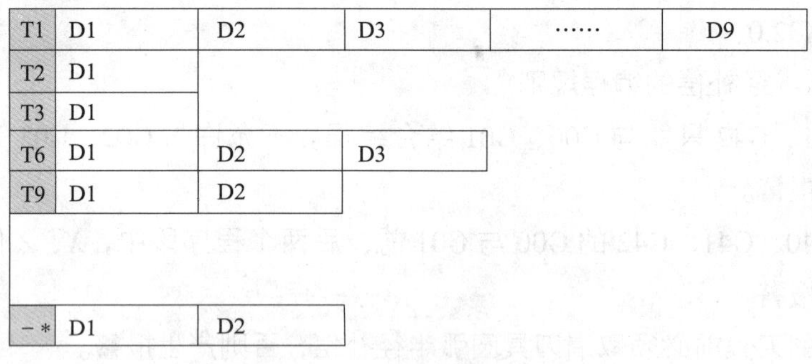

T1	D1	D2	D3	……	D9
T2	D1				
T3	D1				
T6	D1	D2	D3		
T9	D1	D2			
－*	D1	D2			

图 1–25　刀具补偿号匹配

编程示例：

N10 T1　　　　　更换刀具 1，刀具 1 的 D1 值自动生效

N20 G00 X__Z__　　长度补偿生效

……

N80 T6　　　　　更换成刀具 6，刀具 6 的 D1 值自动生效

……

N200 G00 Z__D2　　刀具 6 的 D2 值生效

……

刀具调用后，刀具长度补偿立即自动生效；如果没有编写 D 号，则 D1 自动生效。如果编写 D0，则刀具补偿值无效，即表示取消刀具长度和半径补偿。先编程的坐标长度补偿先执行，对应的坐标轴也先运行。

二、数控铣削刀具补偿功能

铣削刀具的补偿主要包括刀具长度补偿与刀具半径补偿。

1. FANUC 系统铣削刀具的补偿

（1）刀具长度补偿

为了简化零件的数控加工编程，现代数控系统采用刀具长度补偿功能编程，使数控程序与刀具形状和刀具尺寸尽量无关。刀具长度补偿使刀具垂直于进给平面（如 *XY* 平面，由 G17 指定）偏移一个刀具长度修正值，因此，在数控编程过程中一般无须考虑刀具长度。

有的数控机床补偿的是刀具的实际长度与标准刀具长度的差，如图 1–26a 所示。

有的数控机床补偿的是刀具相对于相关点的长度，如图 1–26b、c 所示，其中图 1–26c 是圆球形刀的情况。

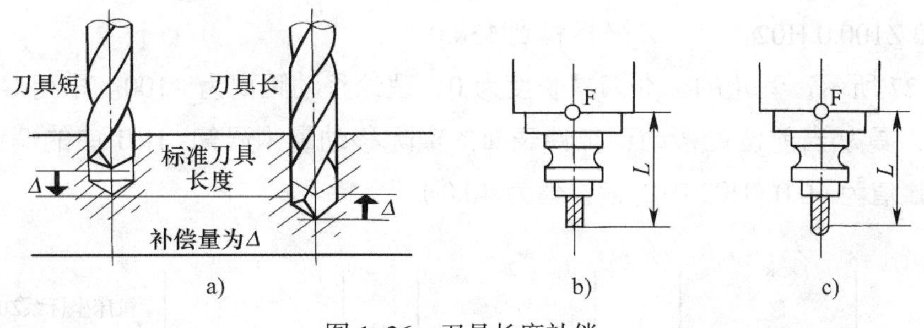

图 1–26 刀具长度补偿

1）刀具长度补偿的建立。

$\left.\begin{array}{l}\text{G43}\\ \text{G44}\end{array}\right\}$Z__ H__；或 $\left.\begin{array}{l}\text{G43}\\ \text{G44}\end{array}\right\}$H__；

根据上述指令，把 *Z* 轴移动指令的终点位置加上（G43）或减去（G44）补偿存储器内设定的补偿值。由于把编程时设定的刀具长度和实际加工时所使用的刀具长度的差设定在补偿存储器中，所以无须变更程序便可以对刀具长度的差进行补偿。

由 G43、G44 指令补偿方向，由 H 代码指定设定在补偿存储器中的补偿量。

2）补偿方向。

G43：+ 侧补偿

G44：– 侧补偿

无论是绝对值指令还是增量值指令，采用 G43 指令时，程序中 *Z* 轴移动指令终点的坐标（设定在补偿存储器中）加上用 H 代码指定的补偿量，其最终计算结果为终点坐标值。

Z 轴的移动被省略时，可认为是下述指令：补偿值的符号为“+”时，G43 指令是在“+”方向移动一个补偿量，G44 指令是在“-”方向移动一个补偿量。

G43
G44 } Z0 H __ ；

补偿值的符号为负时，分别变为反方向。G43、G44 为模态 G 代码，直到同一组的其他 G 代码出现之前均有效。

3）指定补偿量。由 H 代码指定补偿号。程序中 *Z* 轴的指令值减去或加上与指定补偿号相对应（设定在补偿存储器中）的补偿量。

补偿量与补偿号相对应，由 CRT/MDI 操作面板预先输入存储器中。与补偿号 00 即 H00 相对应的补偿量始终意味着零。不能设定与 H00 相对应的补偿量。

4）取消刀具长度补偿。指令 G49 或者 H00 取消补偿。一旦设定了 G49 或者 H00，立刻取消补偿。

变更补偿号及补偿量时，仅变更新的补偿量，并不把新的补偿量加到旧的补偿量上。

H01……；　　　　　　补偿量为 20.0

H02……；　　　　　　补偿量为 30.0

G90 G43 Z100.0 H01；　　*Z* 坐标移到 120.0

G90 G43 Z100.0 H02；　　*Z* 坐标移到 130.0

如图 1-27 所示，假定的标准刀具长度为 0，理论移动距离为 -100。采用 G43 指令进行编程，计算刀具从当前位置移动至工件表面的实际移动量（已知：H01 中的偏置值为 20.0，H02 中的偏置值为 60.0；H03 中的偏置值为 40.0）。

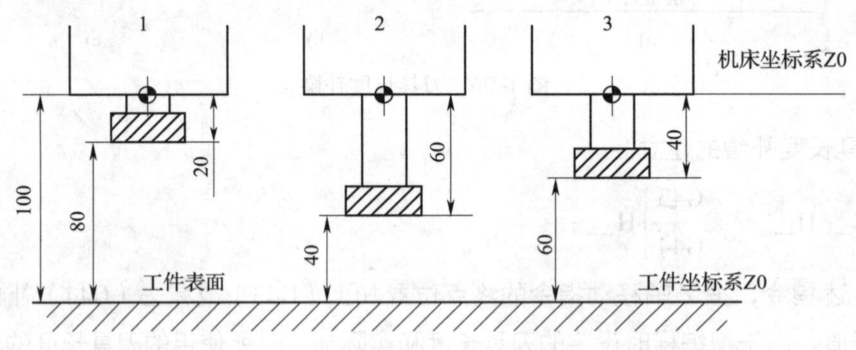

图 1-27　刀具长度补偿示例

刀具 1：G43 G01 Z0 H01 F100；刀具的实际移动量 =-100+20=-80，刀具向下移 80 mm。

刀具 2：G43 G01 Z0 H02 F100；刀具的实际移动量 =-100+60=-40，刀具向下移 40 mm。

刀具 3：如果采用 G44 编程，则输入 H03 中的偏置值应为 -40.0，其编程指令为“G44 G01 Z0 H03 F100；”，刀具的实际移动量 =-100-（-40）=-60，刀具向下移 60 mm。

（2）刀具半径补偿

刀具半径补偿仅在指定的二维进给平面内进行，进给平面由 G17（*XY* 平面）、G18（*ZX*

平面）和 G19（*YZ* 平面）指定，刀具半径值则通过调用相应的刀具半径补偿存储器号码（用 H 或 D 代码指定）来获得。

1）刀具半径补偿的目的。在数控铣床上进行轮廓的铣削加工时，由于刀具半径的存在，刀具中心（刀心）轨迹和工件轮廓不重合。如果数控系统不具备刀具半径自动补偿功能，则只能按刀心轨迹进行编程，即在编程时给出刀具中心运动轨迹，如图 1–28 所示的点画线轨迹，其计算相当复杂，尤其是当刀具磨损、重磨或换新刀而使刀具直径变化时，必须重新计算刀心轨迹，修改程序，这样既烦琐，又不易保证加工精度。当数控系统具备刀具半径补偿功能时，数控编程只需按工件轮廓进行，如图 1–28 中的粗实线轨迹，数控系统会自动计算刀心轨迹，使刀具偏离工件轮廓一个半径值，即进行刀具半径补偿。

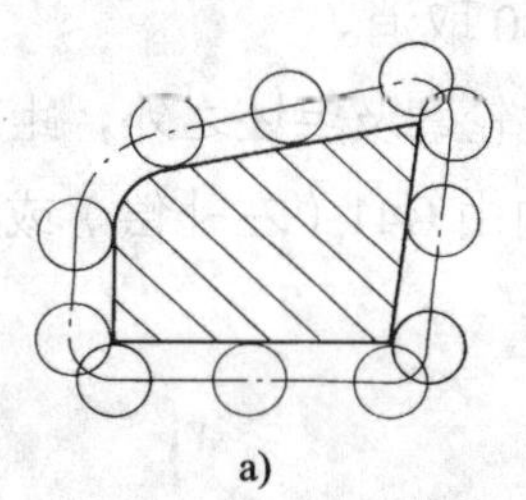

a)

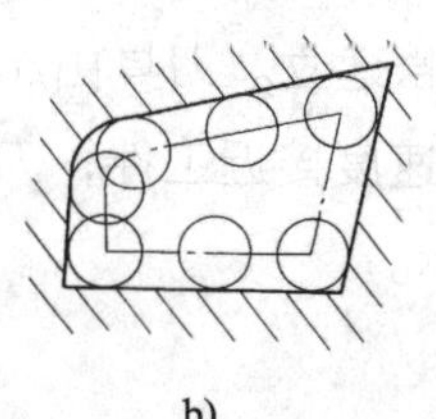

b)

图 1–28　刀具半径补偿

a）外轮廓加工　b）内轮廓加工

2）刀具半径补偿功能的应用

①刀具因磨损、重磨、换新刀而引起刀具半径改变后，不必修改程序，只需在刀具参数设置中输入变化后的刀具半径。如图 1–29 所示，1 为未磨损刀具，2 为磨损后刀具，两者半径不同，只需将刀具参数表中的刀具半径 r_1 改为 r_2，即可使用同一程序。

②用同一程序、同一尺寸的刀具，利用刀具半径补偿，可进行粗、精加工。如图 1–30 所示，已知刀具半径为 *r*、精加工余量为 Δ。粗加工时，输入刀具半径 $D=r+\Delta$，则加工出虚线轮廓；精加工时，用同一程序，同一刀具，但输入刀具半径 $D=r$，则加工出实线轮廓。

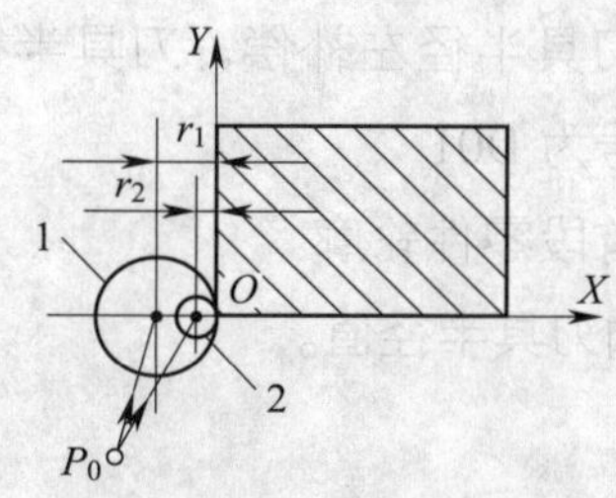

图 1–29　刀具半径变化，加工程序不变

1—未磨损刀具　2—磨损后刀具

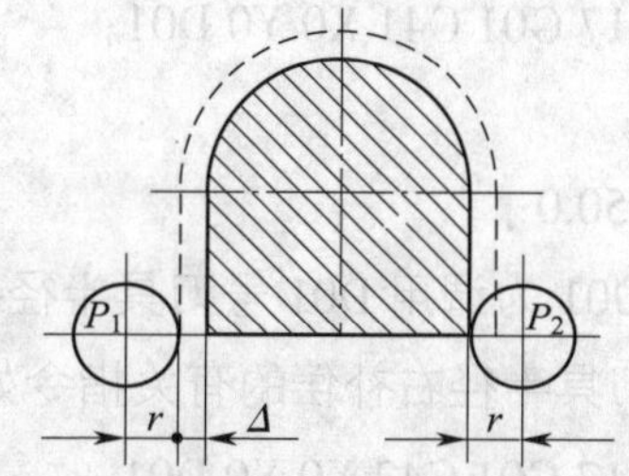

图 1–30　利用刀具半径补偿进行粗、精加工

P_1—粗加工刀心位置　P_2—精加工刀心位置

③采用同一程序段，加工同一公称直径的凹、凸型面。如图 1–31 所示，对于同一公称直径的凹、凸型面，内外轮廓编写成同一程序，在加工外轮廓时，将偏置值设为 $+D$，刀具

中心将沿轮廓的外侧切削；当加工内轮廓时，将偏置值设为 $-D$，这时刀具中心将沿轮廓的内侧切削。这种编程与加工方法在模具加工中运用较多。

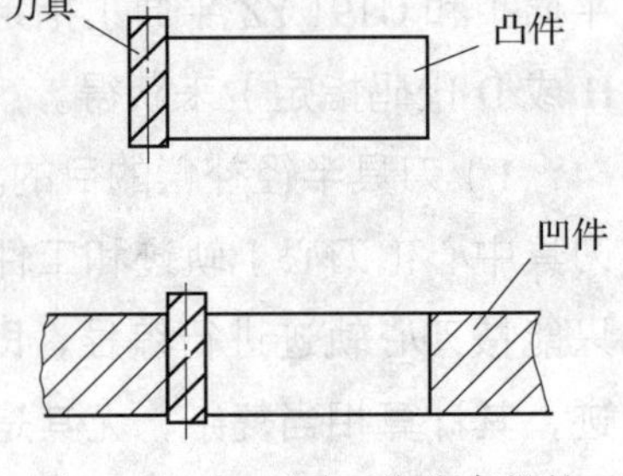

图 1–31 加工同一公称直径的凹、凸型面

3）刀具半径补偿的方法。铣削加工刀具半径补偿分为刀具半径左补偿（用 G41 定义）和刀具半径右补偿（用 G42 定义）。使用非零的 D 代码选择正确的刀具半径补偿存储器号。根据 ISO 标准，在补偿平面外垂直于补偿平面的那根轴的正方向，沿刀具的移动方向看，当刀具处在切削轮廓左侧时，称为刀具半径左补偿；当刀具处在切削轮廓的右侧时，称为刀具半径右补偿，如图 1–32 所示。当不需要进行刀具半径补偿时，用 G40 取消。

①刀具半径补偿建立。刀具由起刀点（位于零件轮廓及毛坯之外，距离加工零件轮廓切入点较近）以进给速度接近工件，刀具半径补偿方向由 G41（左补偿）或 G42（右补偿）确定，如图 1–33 所示。

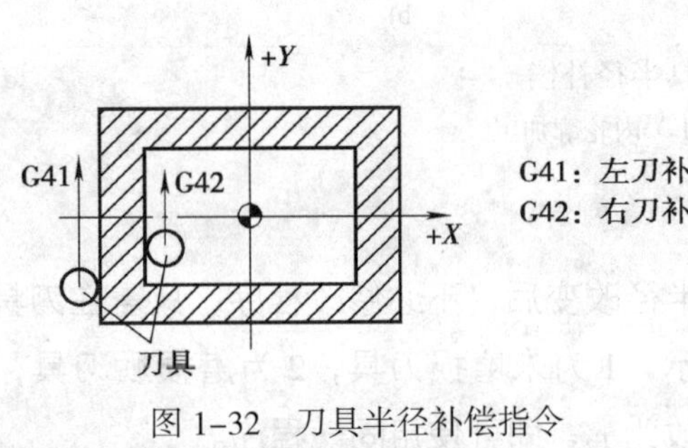

图 1–32 刀具半径补偿指令

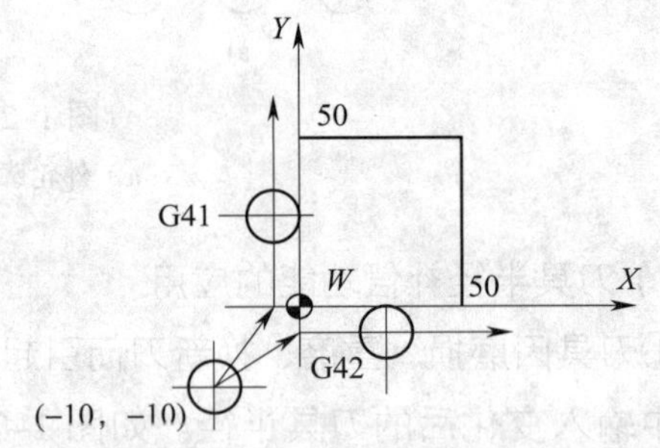

图 1–33 建立刀具半径补偿

在图 1–33 中，建立刀具半径左补偿的有关指令如下：

N10 G90 G00 X–10.0 Y–10.0 Z0；	定义编程原点，起刀点坐标为（X–10，Y–10）
N20 S900 M03；	启动主轴
N30 G17 G01 G41 X0 Y0 D01；	建立刀具半径左补偿，刀具半径补偿存储器号为 D01
N40 Y50.0；	定义首段零件轮廓

其中 D01 为调用 D01 号刀具半径补偿存储器中存放的刀具半径值。

建立刀具半径右补偿的有关指令如下：

N30 G17 G01 G42 X0 Y0 D01；
N40 X50.0；

②刀具半径补偿取消。刀具撤离工件，回到退刀点，取消刀具半径补偿。与建立刀具半径补偿过程类似，退刀点也应位于零件轮廓之外，退刀点距离加工零件轮廓较近，可与起刀点相同，也可以不相同。如图 1–33 所示，若退刀点与起刀点相同，其刀具半径补偿取消过

程的命令如下：

N100 G01 X0 Y0；　　　　　　加工到工件原点

N110 G01 G40 X−10.0 Y−10.0；　　　　取消刀具半径补偿，退回到起刀点

N110 也可以写成“N110 G01 G41 X−10.0 Y−10.0 D00；”或

“N110 G01 G42 X−10.0 Y−10.0 D00；”，因为 D00 中的补偿量永远为 0。

③为了防止在刀具半径补偿建立与取消过程中刀具产生过切现象（见图 1−34a 中的 *OM* 和图 1−34b 中的 *AM*），刀具半径补偿建立与取消程序段的起始位置和终点位置最好与补偿方向在同一侧（见图 1−34a 中的 *OA* 和图 1−34b 中的 *AN*）。

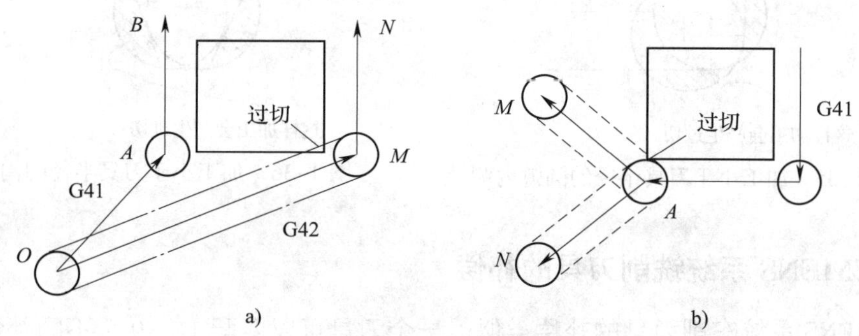

图 1−34　刀补建立与取消时的起始位置和终点位置

a）建立刀补进刀　b）取消刀补退刀

④补偿的一般注意事项

a. 补偿量号码用 H 或 D 代码指定，如果是从开始取消补偿方式移到刀具半径补偿方式以前，H 或 D 代码在任何地方指令都可以。若进行一次指令后，只要在中途不变更补偿量，则不需要重新指定。

b. 从取消补偿方式移向刀具半径补偿方式时的移动指令必须是点位（G00）或者是直线插补，不能用圆弧（G02、G03）插补。

c. 从刀具半径补偿方式移向取消补偿方式时的移动指令必须是点位（G00）或者是直线插补，不能用圆弧（G02、G03）插补。

d. 从左向右或者从右向左切换补偿方向时，通常要经过取消补偿方式。

e. 补偿量的变更通常是在取消补偿方式换刀时进行的。

f. 若在刀具半径补偿中进行刀具长度补偿，刀具半径的补偿量也被变更。

g. 在刀具补偿模式下，一般不允许存在连续两段以上的非补偿平面内移动指令，否则刀具也会出现过切等危险动作。非补偿平面内移动指令包括只有 G、M、S、F、T 代码的程序段（如 G90、M05 等），程序暂停程序段（如 G04 X10.0 等），G17（G18、G19）平面内的 *Z*（*Y*、*X*）轴移动指令等。

⑤刀具半径补偿中产生过切的情况

a. 加工小于刀具半径的圆弧内侧（见图 1−35）。指令的圆弧半径小于刀具半径时，内侧

补偿会产生过切，因此，在其前面的程序段开始之后报警并停止。但是在单段运行时，当最前面的程序段单段停止时，因为移动到了其程序段的终点，所以可能会产生过切。

b. 加工小于刀具半径的沟槽（见图 1–36）。由刀具半径补偿获得的刀具中心轨迹与编程轨迹的方向相反时，会产生过切，因此，在其前面的程序段开始之后报警并停止。

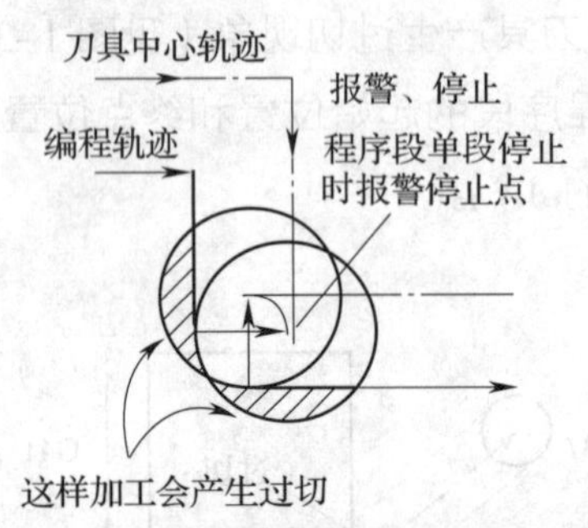

图 1–35 加工小于刀具半径的圆弧内侧

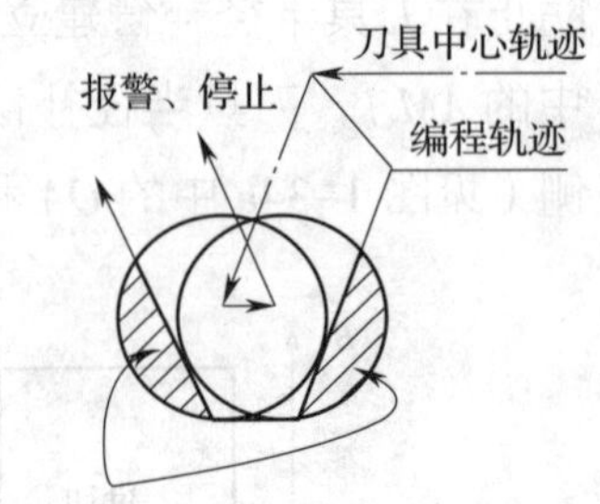

图 1–36 加工小于刀具半径的沟槽

2. SIEMENS 系统铣削刀具的补偿

与 SIEMENS 系统车削刀具的补偿类似，一个刀具可以匹配 1 ～ 9 个不同补偿的数据组（用于多个切削刃），如图 1–25 所示。用 D 及其相应的序号可以编制一个专门的切削刃。如果没有编写 D 指令，则 D1 值自动生效；如果编写成 D0，则刀具补偿无效。

指令格式：

D 刀具补偿号（1 ～ 9）

D0（补偿值无效）

指令说明：刀具更换后，程序中调用的刀具长度补偿、半径补偿立即生效。先编程的长度补偿先执行，对应的坐标轴也先运行。

系统中最多可以同时存储 64 个刀具补偿数据组。刀具半径补偿必须与 G41、G42 一起执行。与 FANUC 系统不同的是，SIEMENS 系统没有专门的刀具长度补偿指令。

（1）几何尺寸

几何尺寸由基本尺寸和磨损尺寸组成。控制器处理这些尺寸，计算并得到最后尺寸（如长度总和及半径总和）。由刀具类型指令和 G17、G18、G19 指令确定如何在坐标轴中计算出这些尺寸。如图 1–37 所示为三维刀具长度补偿有效。

（2）刀具类型

由刀具类型（铣刀或钻头）可以确定需要哪些几何参数以及怎样进行计算。如图 1–38 所示为铣刀所要求的补偿参数，图 1–39 所示为钻头所要求的补偿参数。

刀具的特殊情况：在铣刀和钻头中，长度 2 和长度 3 的参数仅用于特殊情况，如弯头结构的多尺寸长度补偿。

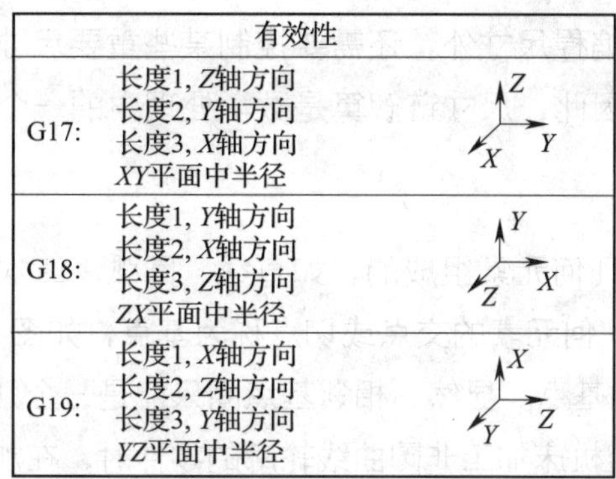

有效性	
G17:	长度1, *Z*轴方向 长度2, *Y*轴方向 长度3, *X*轴方向 *XY*平面中半径
G18:	长度1, *Y*轴方向 长度2, *X*轴方向 长度3, *Z*轴方向 *ZX*平面中半径
G19:	长度1, *X*轴方向 长度2, *Z*轴方向 长度3, *Y*轴方向 *YZ*平面中半径

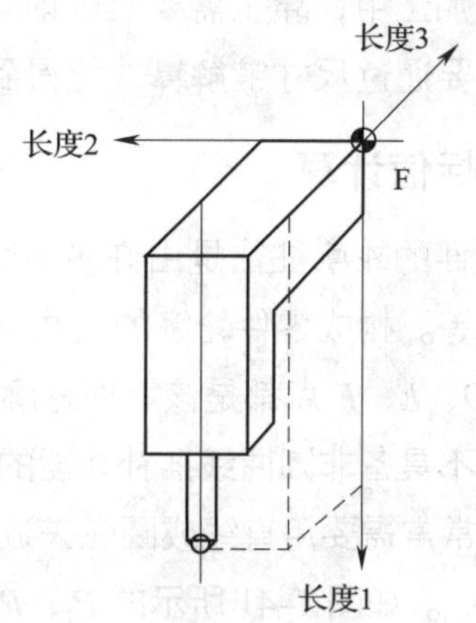

刀具为钻头时不考虑半径
F—刀具相关点

图 1–37　三维刀具长度补偿有效（特殊情况）

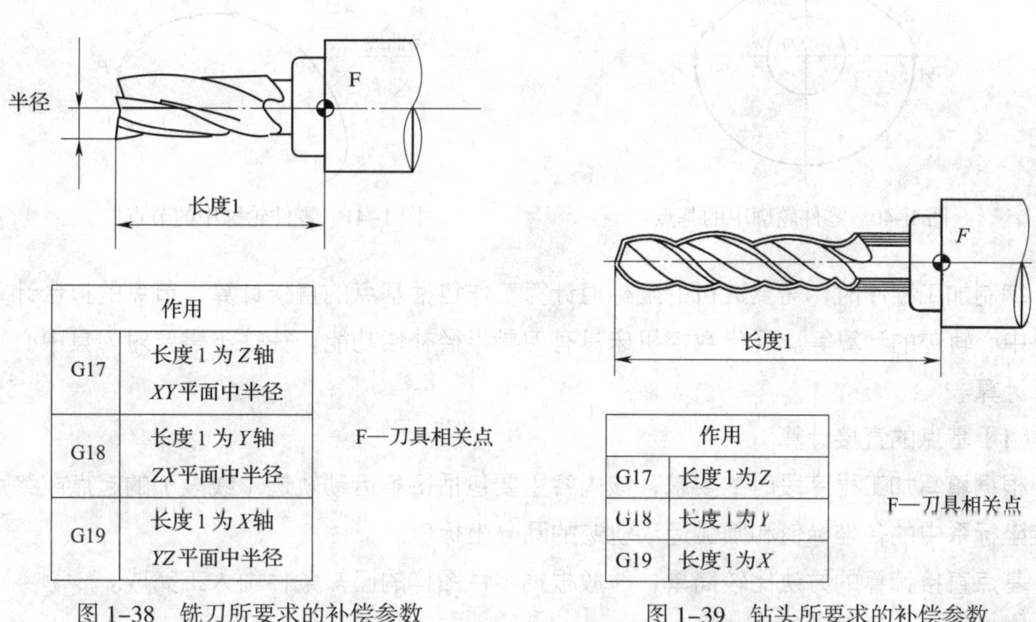

作用	
G17	长度 1 为 *Z* 轴 *XY* 平面中半径
G18	长度 1 为 *Y* 轴 *ZX* 平面中半径
G19	长度 1 为 *X* 轴 *YZ* 平面中半径

图 1–38　铣刀所要求的补偿参数

作用	
G17	长度1为*Z*
G18	长度1为*Y*
G19	长度1为*X*

图 1–39　钻头所要求的补偿参数

第六节　手工编程的数值计算

一、数值计算的内容

1. 数值换算

（1）标注尺寸换算

图样上的尺寸基准与编程所需要的尺寸基准不一致时，应将图样上的尺寸换算为工件坐标系中的尺寸，再进行下一步数学处理工作。

（2）尺寸链解算

在数控加工中，除了需要准确地得到编程尺寸外，还需要控制某些重要尺寸的允许变动量，这就需要通过尺寸链解算才能得到，因此，尺寸链解算是数学处理中的一个重要内容。

2. 坐标值计算

一个零件的轮廓往往是由许多不同的几何元素组成的，如直线、圆弧、二次曲线以及其他解析曲线等。构成零件轮廓的这些不同几何元素的交点或切点称为基点，如图 1–40 所示的 A、B、C、D、E、F 点都是该零件轮廓上的基点。显然，相邻基点间只能是一个几何元素。

当采用不具备非圆曲线插补功能的数控机床加工非圆曲线轮廓的零件时，在加工程序的编制工作中，常常需要用直线或圆弧去近似代替非圆曲线，称为拟合处理。拟合线段的交点或切点就称为节点。如图 1–41 所示的 P_1、P_2、P_3、P_4、P_5 点为用直线拟合非圆曲线时的节点。

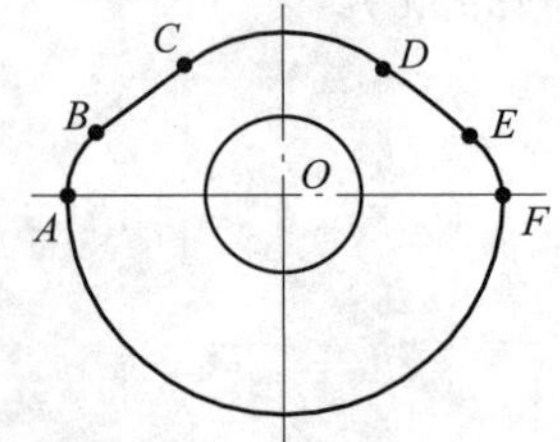

图 1–40 零件轮廓中的基点

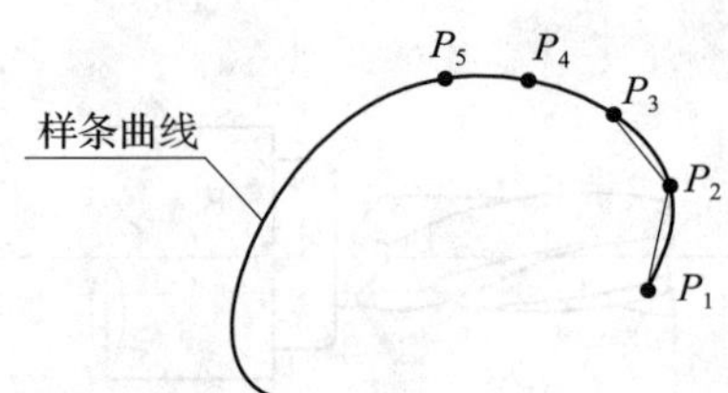

图 1–41 零件轮廓中的节点

编制加工程序时，需要进行的坐标值计算工作包括基点的直接计算、节点的拟合计算及刀具中心轨迹的计算等。现代数控机床具有刀具半径补偿功能，往往不需要对刀具中心轨迹进行计算。

（1）基点的直接计算

根据填写加工程序段时的要求，该内容主要包括每条运动轨迹（线段）的起点或终点在选定坐标系中的各坐标值和圆弧运动轨迹的圆心坐标值。

基点直接计算的方法比较简单，一般根据零件图样的已知条件由人工完成。

（2）节点的拟合计算

节点拟合计算的难度及工作量都较大，故宜通过计算机完成；有时也可由人工计算完成，但对编程者的数学处理能力要求较高。拟合结束后，还必须通过相应的计算对每条拟合段的拟合误差进行分析。

二、基点计算方法

常用的基点计算方法有解析法、三角函数计算法、CAD 绘图分析法等。

1. 解析法

运用相关解析曲线（包括直线）的方程计算直线和圆弧等曲线的端点、交点、切点的坐标。

2. 三角函数计算法

三角函数计算法简称三角计算法。在手工编程工作中，三角函数计算法是进行数值计算时应重点掌握的方法之一。

3. CAD 绘图分析法

（1）CAD 绘图分析基点与节点坐标

通过 CAD 绘图分析基点与节点坐标时，首先应学会一种 CAD 软件的使用方法，然后用该软件绘制出二维零件图并标出相应尺寸（通常是基点与工件坐标系原点间的尺寸），最后根据坐标系的方向及所标注的尺寸确定基点的坐标。

采用这种方法分析基点坐标时，要注意以下几方面的问题：

1）绘图要细致、认真，不能出错。

2）绘制图形时应严格按 1∶1 的比例进行。

3）尺寸标注的精度单位要设置正确，通常为小数点后三位。

4）标注尺寸时找点要精确，不能捕捉到无关的点上去。

（2）CAD 绘图分析法的特点

采用 CAD 绘图分析法可以避免大量复杂的人工计算，操作方便，基点分析精度高，出错概率小。因此，建议尽可能采用这种方法来分析基点与节点坐标。这种方法的不利之处是对技术工人又提出了新的学习要求，同时还增加了设备的投入。

【例 1–1】 计算用四心法加工 a=150 mm、b=100 mm 的近似椭圆所用数值。

（1）数值计算的基础

用四心法加工椭圆工件时，一般选椭圆的中心为工件坐标系原点，如图 1–42 所示。

用四心法加工椭圆工件时，数值计算的基础就是用四心法做近似椭圆，如图 1–43 所示。

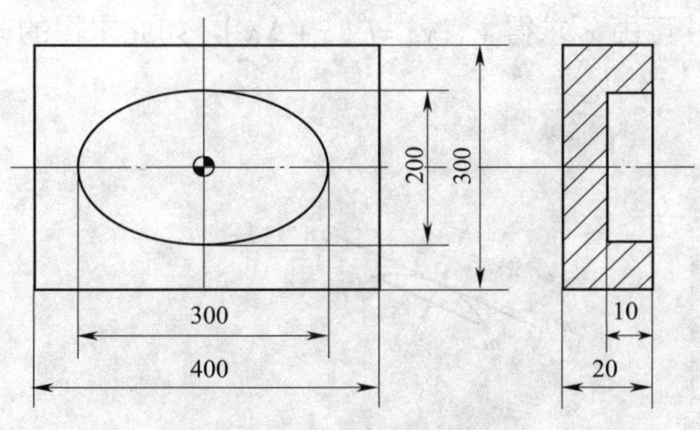

图 1–42　工件坐标系原点

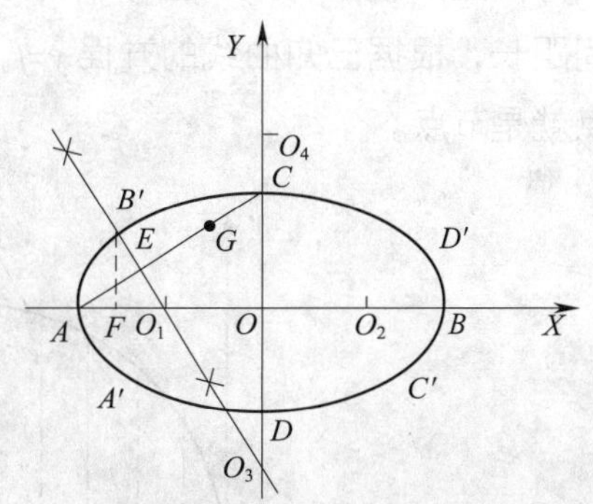

图 1–43　椭圆的近似作法

1）做相互垂直平分的线段 AB 与 CD 交于 O，其中 $AB=2a$=300 mm 为长轴，$CD=2b$=200 mm 为短轴。

2）连接 AC，取 $CG=AO-OC$=50 mm。

3）作 AG 的垂直平分线，交 AG、AO 于 E 和 O_1 点，交 OD 的延长线于 O_3 点。

4）作 O_1、O_3 的对称点 O_2 和 O_4。

5）分别以 O_1、O_2、O_3、O_4 为圆心，O_1A、O_2B、O_3C、O_4D 为半径作圆，分别相切于 B'、A'、D'、C'，即得一近似椭圆。

（2）数值计算（略）

三、非圆曲线在变量编程中的节点计算

非圆曲线包括解析曲线与非解析曲线（如列表曲线），对于手工编程来说，一般解决的是解析曲线的加工问题，为此，这里主要对解析曲线的加工原理进行分析。解析曲线的数学表达式可以是以 $y=f(x)$ 的直角坐标形式给出，也可以是以 $\rho=\rho(\theta)$ 的极坐标形式给出，还可以参数方程的形式给出。通过坐标变换，后两种形式的数学表达式可以转换为直角坐标表达式。这类零件以数控机床上加工的各种以非圆曲线为母线的回转体零件为主。其编程方法如下：

首先应决定是采用直线段逼近非圆曲线，还是采用圆弧段逼近非圆曲线。若采用直线段逼近非圆曲线，各直线段间连接处存在尖角，在尖角处刀具不能连续地对零件进行切削，零件表面会出现硬点或切痕，使加工表面质量变差。若采用圆弧段逼近非圆曲线，可以大大减少程序段的数目，采用这种形式又分为两种情况，一种为相邻两圆弧段间彼此相交；另一种则采用彼此相切的圆弧段来逼近非圆曲线。后一种方法由于相邻圆弧段彼此相切，一阶导数连续，工件表面整体光滑，从而有利于提高加工表面质量。但无论哪种情况都应使误差 $\delta \leqslant \delta_{允}$（允许误差）。在实际的手工编程中主要采用直线逼近法。用直线段逼近非圆曲线，目前常用的有等间距法、等步距法和等插补误差法。

1. 等间距法

等间距法就是将某一坐标轴划分成相等的间距。如图 1-44 所示，沿 X 轴方向取 Δx 为等间距长，根据已知曲线的方程 $y=f(x)$，可由 x_i 求得 y_i，$y_{i+1}=f(x_i+\Delta x)$。如此求得的一系列点就是节点。

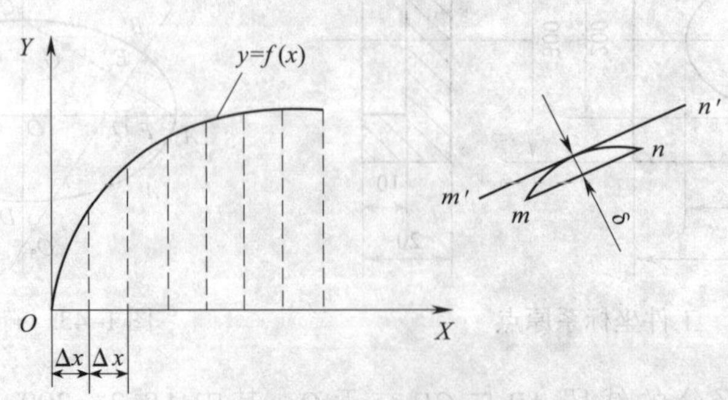

图 1-44 等间距法直线段逼近

2. 等步距法

等步距法就是使每个程序段的线段长度相等。如图 1–45 所示，由于零件轮廓曲线 $y=f(x)$ 的曲率各处不等，因此，首先应求出该曲线的最小半径 R_{min}，由 R_{min} 及步距确定 $\delta_{允}$。

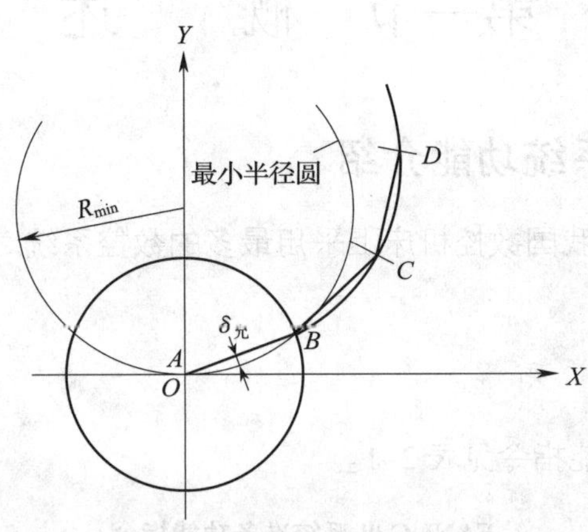

图 1–45　等步距法直线段逼近

3. 等插补误差法

等插补误差法是使各插补段的误差相等（见图 1–46），且都小于实际误差，一般为实际误差的 1/3 ~ 1/2，而插补段长度不等，可大大减少插补段数，可以用最少的插补段数完成对曲线的插补工作。

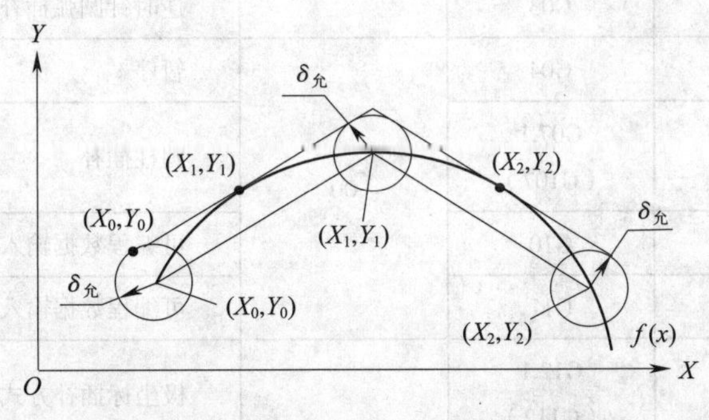

图 1–46　等插补误差法节点的计算

第二章　FANUC 系统数控车床编程

第一节　概　　述

一、FANUC 0i 系统功能介绍

FANUC 0i 系统为目前我国数控机床上采用最多的数控系统之一，在数控车床上的应用具有一定的代表性。

1. 准备功能指令

FANUC 0i 系统准备功能指令见表 2–1。

表 2–1　　FANUC 0i 系统准备功能指令

<table>
<tr><th colspan="3">G 代码</th><th rowspan="2">组</th><th rowspan="2">功能</th></tr>
<tr><th>A</th><th>B</th><th>C</th></tr>
<tr><td>▲ G00</td><td>▲ G00</td><td>▲ G00</td><td rowspan="4">01</td><td>定位（快速）</td></tr>
<tr><td>G01</td><td>G01</td><td>G01</td><td>直线插补（切削进给）</td></tr>
<tr><td>G02</td><td>G02</td><td>G02</td><td>顺时针圆弧插补</td></tr>
<tr><td>G03</td><td>G03</td><td>G03</td><td>逆时针圆弧插补</td></tr>
<tr><td>G04</td><td>G04</td><td>G04</td><td rowspan="4">00</td><td>暂停</td></tr>
<tr><td>G07.1
（G107）</td><td>G07.1
（G107）</td><td>G07.1
（G107）</td><td>圆柱插补</td></tr>
<tr><td>▲ G10</td><td>G10</td><td>G10</td><td>可编程数据输入</td></tr>
<tr><td>G11</td><td>G11</td><td>G11</td><td>可编程数据输入方式取消</td></tr>
<tr><td>G12.1
（G112）</td><td>G12.1
（G112）</td><td>G12.1
（G112）</td><td rowspan="2">21</td><td>极坐标插补方式</td></tr>
<tr><td>▲ G13.1
（G113）</td><td>▲ G13.1
（G113）</td><td>▲ G13.1
（G113）</td><td>极坐标插补方式取消</td></tr>
<tr><td>G17</td><td>G17</td><td>G17</td><td rowspan="3">16</td><td>XpYp 平面选择</td></tr>
<tr><td>▲ G18</td><td>▲ G18</td><td>▲ G18</td><td>ZpXp 平面选择</td></tr>
<tr><td>G19</td><td>G19</td><td>G19</td><td>YpZp 平面选择</td></tr>
<tr><td>G20</td><td>G20</td><td>G70</td><td rowspan="2">06</td><td>英制输入</td></tr>
<tr><td>G21</td><td>G21</td><td>G71</td><td>米制输入</td></tr>
</table>

续表

G 代码			组	功能
A	B	C		
▲ G22	▲ G22	▲ G22	09	存储行程检查接通
G23	G23	G23		存储行程检查断开
▲ G25	▲ G25	▲ G25	08	主轴转速波动检测断开
G26	G26	G26		主轴转速波动检测接通
G27	G27	G27	00	返回参考点检查
G28	G28	G28		返回参考点位置
G30	G30	G30		返回第 2、第 3 和第 4 参考点
G31	G31	G31		跳转功能
G32	G33	G33	01	螺纹切削
G34	G34	G34		变螺距螺纹切削
G36	G36	G36	00	自动刀具补偿 *X*
G37	G37	G37		自动刀具补偿 *Z*
▲ G40	▲ G40	▲ G40	07	刀尖圆弧半径补偿取消
G41	G41	G41		刀尖圆弧半径左补偿
G42	G42	G42		刀尖圆弧半径右补偿
G50	G92	G92	00	坐标系设定或最大主轴转速设定
G50.3	G92.1	G92.1		工件坐标系预置
▲ G50.2（G250）	▲ G50.2（G250）	▲ G50.2（G250）	20	多边形车削取消
G51.2（G251）	G51.2（G251）	G51.2（G251）		多边形车削
G52	G52	G52	00	局部坐标系设定
G53	G53	G53		机床坐标系设定
▲ G54	▲ G54	▲ G54	14	选择工件坐标系 1
G55	G55	G55		选择工件坐标系 2
G56	G56	G56		选择工件坐标系 3
G57	G57	G57		选择工件坐标系 4
G58	G58	G58		选择工件坐标系 5
G59	G59	G59		选择工件坐标系 6
G65	G65	G65	00	宏程序调用
G66	G66	G66	12	宏程序模态调用
▲ G67	▲ G67	▲ G67		宏程序模态调用取消

续表

G代码			组	功能
A	B	C		
G70	G70	G72	00	精加工循环
G71	G71	G73		粗车外圆
G72	G72	G74		粗车端面
G73	G73	G75		多重车削循环
G74	G74	G76		排屑钻端面孔
G75	G75	G77		外径、内径及钻孔循环
G76	G76	G78		多线螺纹循环
▲G80	▲G80	▲G80	10	固定钻孔循环取消
G83	G83	G83		钻孔循环
G84	G84	G84		攻螺纹循环
G85	G85	G85		正面镗循环
G87	G87	G87		侧钻循环
G88	G88	G88		侧攻螺纹循环
G89	G89	G89		侧镗循环
G90	G77	G20	01	外径、内径车削循环
G92	G78	G21		螺纹切削循环
G94	G79	G24		端面车削循环
G96	G96	G96	02	恒表面切削速度控制
▲G97	▲G97	▲G97		恒表面切削速度控制取消
G98	G94	G94	05	每分钟进给
▲G99	▲G95	▲G95		每转进给
	▲G90	▲G90	03	绝对值编程
	G91	G91		增量值编程
	G98	G98	11	返回起始平面
	G99	G99		返回 R 平面

注：1. G代码有A、B和C三种系列。

2. 当电源接通或复位时，数控系统进入清零状态，此时的开机默认代码在表中以符号“▲”表示。但此时原来的G21或G20保持有效。

3. 除了G10和G11以外的00组G代码都是非模态G代码。

4. 当指定了没有在列表中的G代码时，显示P/S010报警。

5. 不同组的G代码在同一程序段中可以指定多个。如果在同一程序段中指定了多个同组的G代码，仅执行最后指定的G代码。

6. 如果在固定循环中指定了01组的G代码，则固定循环取消，该功能与指令G80相同。

7. G代码按组号显示。

2. 辅助功能指令

系统的辅助功能代码见第一章。

二、FANUC 系统数控编程

1. 小数点编程

进行数控编程时，数字单位以米制为例分为两种：一种以毫米为单位，另一种以脉冲当量即机床的最小输入单位为单位。现在大多数机床常用的脉冲当量为 0.001 mm/ 脉冲。

对于数字的输入，有些系统可省略小数点，有些系统则可以通过系统参数来设定是否可以省略小数点，而大部分系统小数点则不可省略。对于不可省略小数点编程的系统，当使用小数点进行编程时，数字以 mm（英制为 in，角度为 °）为输入单位；当不用小数点编程时，则以机床的最小输入单位作为输入单位。在应用小数点编程时，数字后边可以写“.0”，如 X50.0；也可以直接写“.”，如 X50.。

2. 米制、英制编程 G21/G20

坐标功能字使用米制还是英制，多数系统用准备功能字来选择，FANUC 系统采用 G21/G20 指令来进行米制 / 英制的切换，其中 G21 指令表示米制，G20 指令表示英制。

3. 平面选择指令 G17/G18/G19

当机床坐标系及工件坐标系确定后，对应地就确定了三个坐标平面，即 *XY* 平面、*ZX* 平面和 *YZ* 平面，可分别用 G17（*XY* 平面）、G18（*ZX* 平面）和 G19（*YZ* 平面）指令表示这三个平面，如图 2-1 所示。

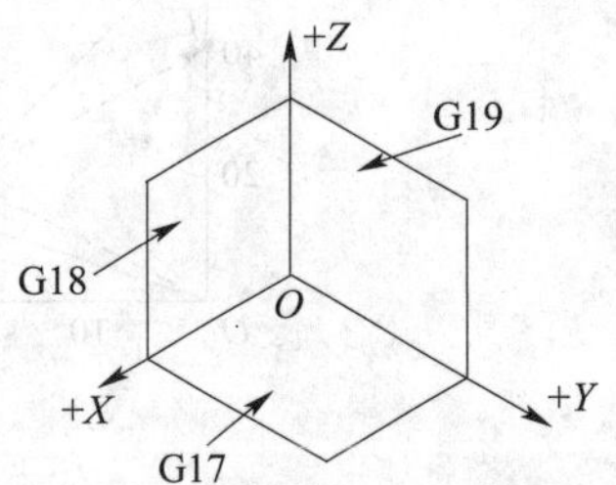

图 2-1　平面选择指令

4. 绝对坐标与增量坐标

在 FANUC 车床系统及部分国产系统中，一般情况下直接以地址符 X、Z 组成的坐标功能字表示绝对坐标，而用地址符 U、W 组成的坐标功能字表示增量坐标。绝对值编程时，坐标地址符后的数值表示工件原点至该点间的矢量值；增量值编程时，坐标地址符后的数值表示轮廓上前一点到该点的矢量值。

5. 直径编程

在数控车床中 *X* 坐标值表示直径，如图 2-2 所示。

数控程序中 *X* 轴的坐标值为零件图上的直径值。例如，在图 2-2 中 *A* 点和 *B* 点的坐标分别为 *A*（30.0，80.0）、*B*（40.0，60.0）。

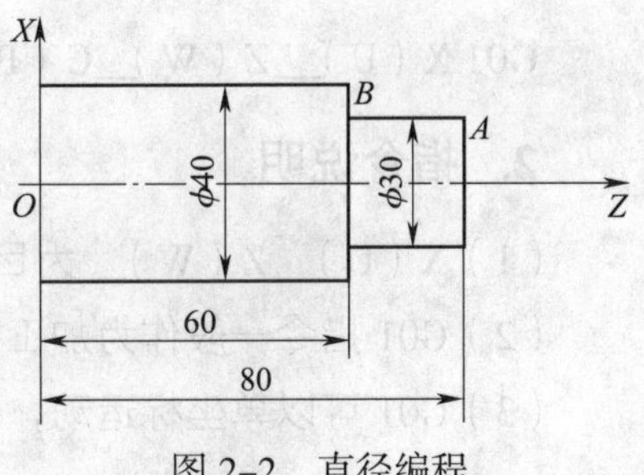

图 2-2　直径编程

第二节　常用功能指令

一、快速点定位 G00

1. 指令格式

G00 X（U）__ Z（W）__；

2. 指令说明

（1）X（U）__ Z（W）__为目标点坐标。

（2）G00 指令一般作为空行程。

（3）G00 可以单坐标运动，也可以两坐标运动，两坐标运动时刀具先 1∶1 两坐标联动，然后单坐标运动，如图 2–3a 所示。

（4）G00 指令后不需给定进给速度，进给速度由参数设定。

（5）G00 的实际速度受机床面板上的倍率开关控制。

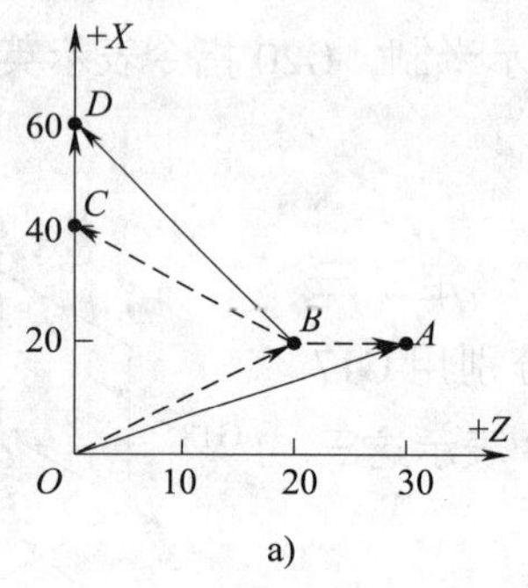

a）

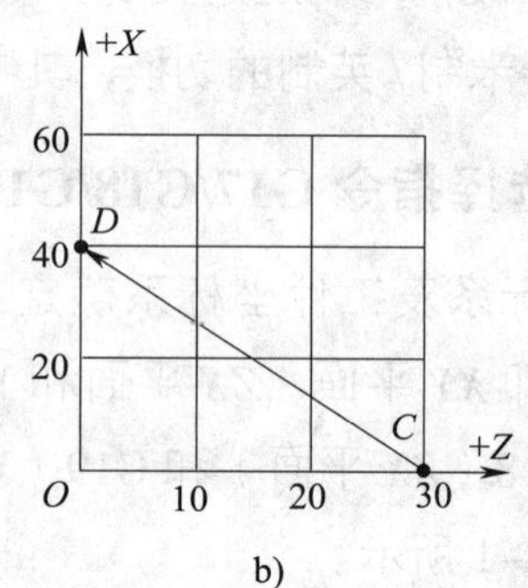

b）

图 2–3　G00/G01 指令

a）G00 运动轨迹　b）G01 运动轨迹

二、直线插补 G01

1. 指令格式

G01 X（U）__ Z（W）__C（R）__ F__；

2. 指令说明

（1）X（U）__ Z（W）__ 为目标点坐标。

（2）G01 指令一般作为加工行程。

（3）G01 可以单坐标运动，也可以两坐标联动，如图 2–3b 所示。

3. 倒角/倒圆编程

使用倒角功能可以简化倒角程序。

（1）45° 倒角格式

G01 Z（W）__ C（ ±*i*）; *Z* → *X*，如图 2–4a 所示。

G01 X（U）__ C（ ±*k*）; *X* → *Z*，如图 2–4b 所示。

b 点的移动可用绝对或增量指令，进给路线为 *A* → *D* → *C*。

（2）1/4 圆角倒圆格式

G01 Z（W）__ R（ ±*r*）; *Z* → *X*，如图 2–4c 所示。

G01 X（U）__ R（ ±*r*）; *X* → *Z*，如图 2–4d 所示。

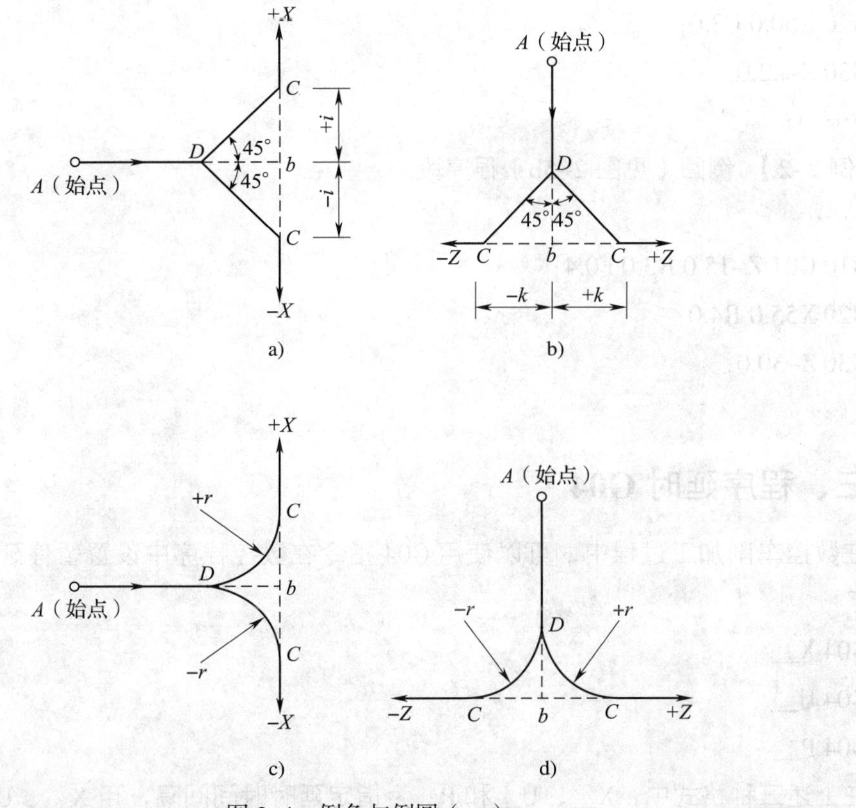

图 2–4 倒角与倒圆（一）

b 点的移动可用绝对或增量指令，进给路线为 *A* → *D* → *C*。

值得注意的是，有的 FANUC 系统（如 FANUC–TB）在倒角与倒圆时都要求输入正值，并在前面写上一个“,”，其进给方向由数控系统确定。这种情况下的程序见例 2–1 和例 2–2。

【例 2–1】 倒角（见图 2–5a）程序段。

……

N10 G01 Z–12.0 C2.0 F0.4;

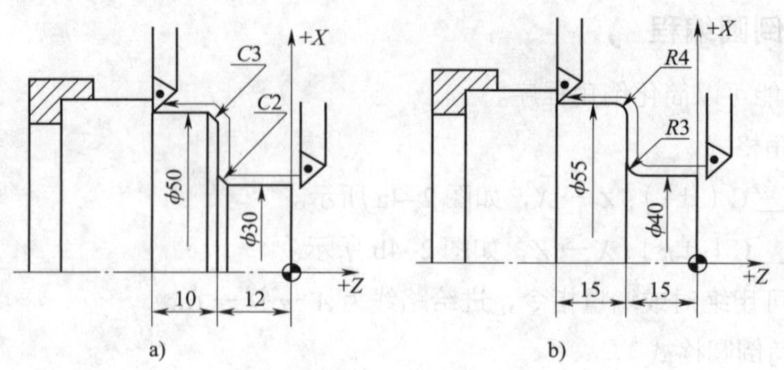

图 2–5　倒角与倒圆（二）

a）G01 指令倒角　b）G01 指令倒圆

N20 X50.0 C3.0；

N30 Z–22.0；

……

【例 2–2】 倒圆（见图 2–5b）程序段。

……

N10 G01 Z–15.0 R3.0 F0.4；

N20 X55.0 R4.0；

N30 Z–30.0；

……

三、程序延时 G04

在数控车削加工过程中，可以使用 G04 指令在数控程序中设置暂停延时时间，指令格式如下：

G04 X__；

G04 U__；

G04 P__；

在上述三种格式中，X__、U__和 P__为指定延时时间间隔，用 X__、U__时可用整数或小数点指定延时时间，用 P__时只能用整数指定延时时间。采用整数指定延时时间的单位为 ms，采用小数点指定时单位为 s。

（1）程序延时的应用

1）钻孔加工到达孔底部时应设置延时时间，以保证孔底的钻孔质量。

2）钻孔加工中途退刀后设置延时，以保证孔中切屑充分排出。

3）车孔加工到达孔底部时应设置延时时间，以保证孔底的车孔质量。

4）车削加工在加工要求较高的零件轮廓终点设置延时，以保证该段轮廓的车削质量。如车槽、车端面等场合，以提高表面质量。

5）在其他情况下设置延时，如自动棒料送料器送料时延时，以保证送料到位。

（2）注意事项

延时指令 G04 和刀具补偿指令 G41/G42 不能在同一程序段中指定。

四、圆弧程序的编制

1. 圆弧插补指令

数控车床上的圆弧插补指令 G02、G03 是圆弧运动指令。它是用来指定刀具在给定平面内以 F 进给速度做圆弧插补运动（圆弧切削）的指令。G02、G03 是模态指令。

（1）指令格式

$$\begin{Bmatrix} \text{G02} \\ \text{G03} \end{Bmatrix} \text{X（U）\_Z（W）\_} \begin{Bmatrix} \text{I\_K\_F\_} \\ \text{R\_F\_} \end{Bmatrix};$$

（2）指令说明

在指令格式中，I、K 为圆弧中心地址，R 为圆弧半径，其他内容及字符的含义见表 2–2。

表 2–2　　G02、G03 指令格式内容及字符的含义

项目	指定内容		命令	含义
1	进给方向		G02	顺时针圆弧插补 CW
			G03	逆时针圆弧插补 CCW
2	绝对值	终点位置	X_Z_	工件坐标系中的终点坐标（位置）
	增量值		U_W_	终点相对于起点的增量距离（有符号）
3	圆心位置		I_K_	圆心相对于起点的增量距离（有符号）
	圆弧半径		R_	圆弧半径（半径指定）
4	进给速度		F_	沿圆弧的进给速度

2. 顺时针与逆时针的判别

在使用 G02 或 G03 指令之前，需要判别刀具在加工零件时是沿什么路径做圆弧插补运动，是按顺时针还是按逆时针方向路线前进，其判别方法如图 2–6 所示。对于 *XZ* 平面，先由 *X*、*Z* 轴判断 *Y* 轴（虽然大多数数控车床无 *Y* 轴），然后逆着 *Y* 轴的正方向看，顺时针圆弧加工用 G02，逆时针圆弧加工用 G03。

用 X、Z 或 U、W 指定圆弧的终点，分别表示用绝对值或增量值指定圆弧的终点。当用绝对值编程时，X、Z 后续数字为圆弧终点在工件坐标系中的坐标值；当采用增量值编程时，U、W 后续数字为起点到终点的距离（见图 2–7）。

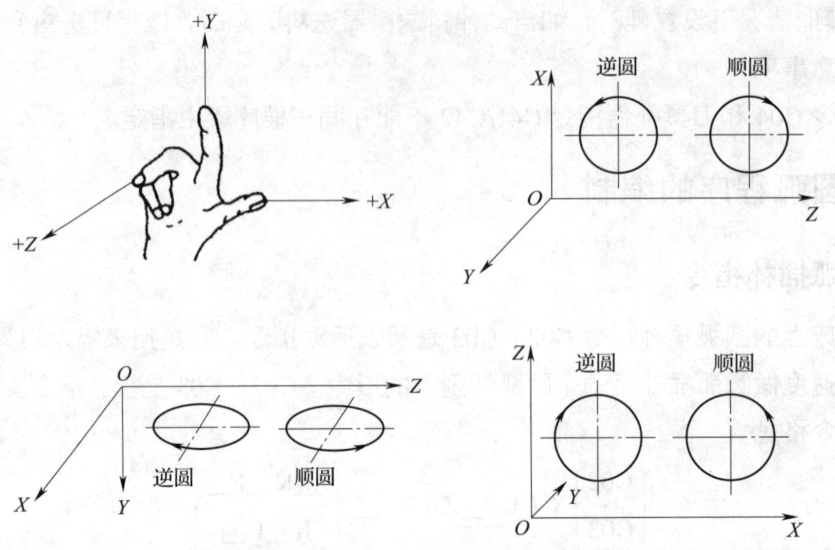

图 2–6 顺时针与逆时针的判别方法

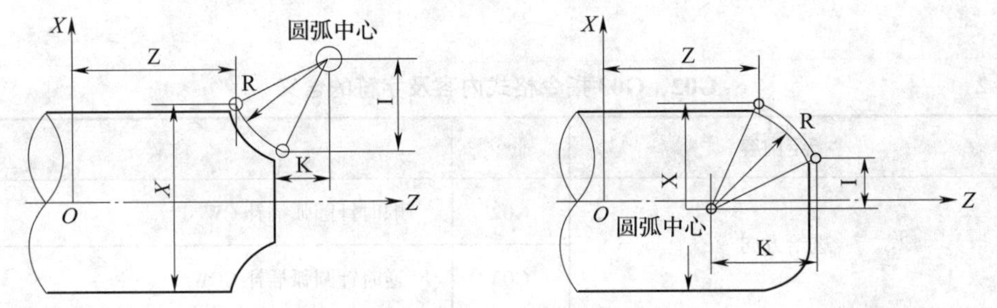

图 2–7 圆弧终点坐标

3. 圆弧中心坐标 I、K 的确定

圆弧中心坐标是用地址 I、K 表示圆弧起点到圆弧中心矢量值在 *X*、*Z* 方向的投影值。I 为圆弧起点到圆弧中心在 *X* 方向的距离（用半径表示）。K 为圆弧起点到圆弧中心在 *Z* 方向上的距离。

I、K 是增量值，并带"+、–"号。I、K 方向是从圆弧起点指向圆心，其正负取决于该方向与坐标轴方向的同异，相同为正，反之为负，如图 2–8 所示。

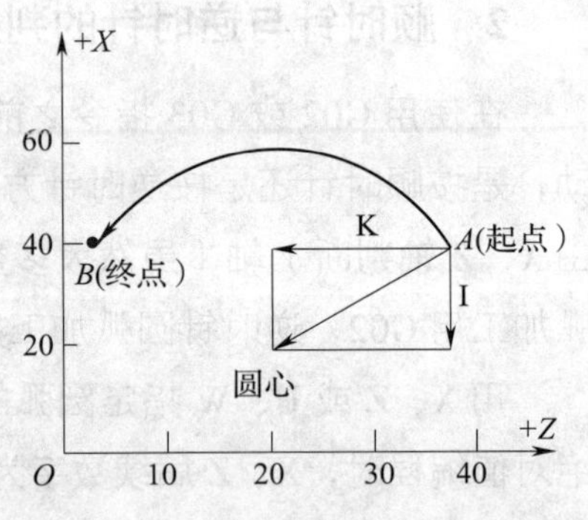

图 2–8 圆弧编程中的 I、K 值

4. 圆弧半径的确定

圆弧半径 R 有正值与负值之分。当圆弧圆心角小于或等于 180°（见图 2–9 中圆弧 1）时，程序中的 R 用正值表示。当圆弧圆心角大于 180° 并小于 360°（见图 2–9 中圆弧 2）时，R 用负值表示。通常情况下，数控车床上所加工的圆弧的圆心角小于 180°。

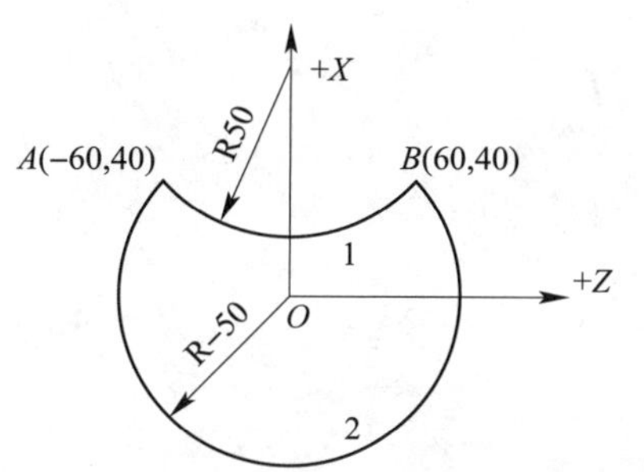

图 2-9 圆弧半径正负值的判断

【例 2-3】 精车图 2-10 所示手柄的圆弧段 *AE*，已知圆弧段节点 *X*、*Z* 坐标值分别为 *A*（0，160）、*B*（17.143，155.151）、*C*（23.749，78.815）、*D*（31.874，37.083）、*E*（40，25），圆弧段 *AB*、*BC*、*CD*、*DE* 的圆心 *X*、*Z* 坐标值分别为（0，150）、（−120，113.945）、（95.623，61.250）、（0，25）。试编制精加工程序，3 号刀为精车刀。

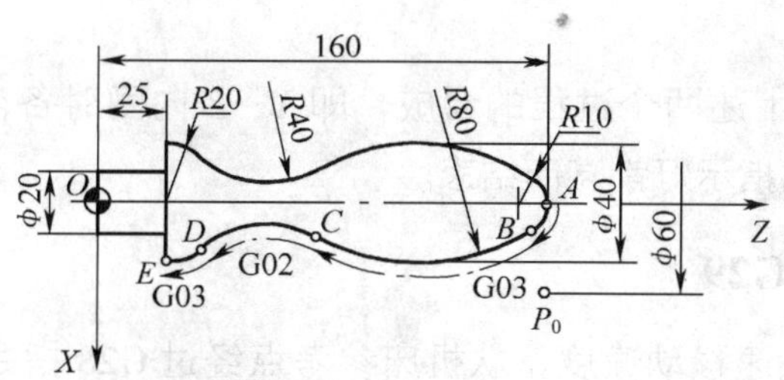

图 2-10 圆弧插补编程示例

编程如下：

```
O0010；
N10 G50 X100.0 Z320.0；
N20 M03 S800 T0303；
N30 G42 G01 X0 Z170.0；
N40 G96 S400；
N50 G50 S3000；
N60 G01 X0 Z160.0；
N70 G03 X17.143 Z155.151 R10.0（或 K−10.0）；
N80 X23.749 Z78.815 R80.0（或 I−137.143 K−41.206）；
N90 G02 X31.874 Z37.083 R40.0（或 I71.874 K−17.565）；
N100 G03 X40.0 Z25.0 R20.0（或 I−31.874 K−12.083）；
N110 G40 G00 X100.0；
N120 G28 U0 W0 T0300；
N130 M05；
N140 M30；
```

五、返回参考点指令

1. 返回参考点 G28

自动返回参考点时需要用到以下指令：

G28 X__；　　　X 向回参考点

G28 Z__；　　　Z 向回参考点

G28 X__ Z__；　刀架回参考点

其中，X、Z 坐标设定值为指定的某一中间点，但此中间点不能超过参考点，如图 2–11 所示。该点可以用绝对值方式写入，也可以用增量值方式写入。

系统在执行“G28 X__；”时，X 向以快速向中间点移动，到达中间点后，再以快速向参考点定位，到达参考点时，X 向参考点指示灯亮。

“G28 Z__；”的执行过程与 X 向回参考点完全相同，只是 Z 向到达参考点时 Z 向参考点的指示灯亮。

“G28 X__Z__；”是上述两个过程的合成，即 X、Z 向同时各自回其参考点，最后以 X 向参考点与 Z 向参考点的指示灯都亮而结束。

2. 从参考点返回 G29

G29 指令使刀具以快速移动速度，从机床参考点经过 G28 指令设定的中间点，快速移动到 G29 指令设定的终点，其指令格式如下：

G29 X__ Z__；

其中，X、Z 值可以用绝对值的方式写入，也可以用增量值的方式写入。当然，在从参考点返回时，可以不用 G29 而用 G00 或 G01，但此时，不经过 G28 设置的中间点，而直接运动到终点。G28 与 G29 的关系如图 2–12 所示。

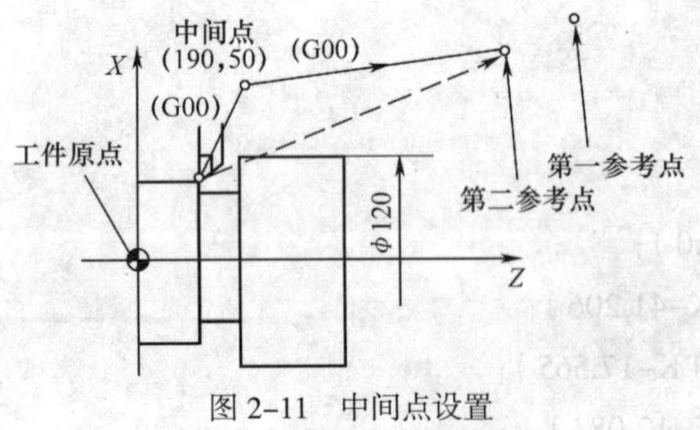

图 2–11　中间点设置

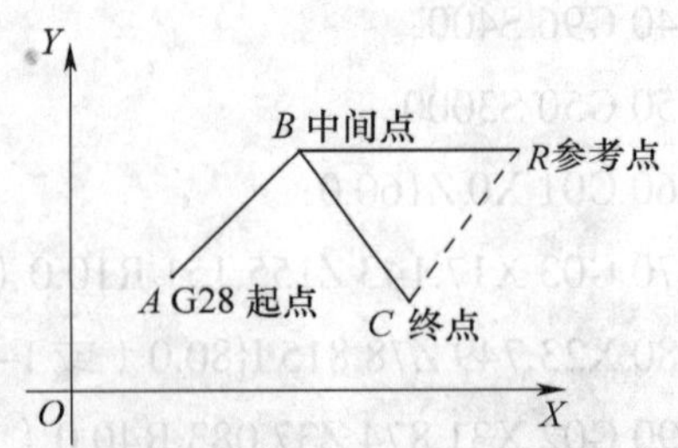

图 2–12　G28 与 G29 的关系

G28 的轨迹是 $A \rightarrow B \rightarrow R$；G29 的轨迹是 $R \rightarrow B \rightarrow C$；
若用 G01 返回 G29 的终点，其轨迹是 $R \rightarrow C$

在铣削类数控机床上，G28、G29 后面可以跟 X、Y、Z 中的任意一轴或任意两轴，也可以三轴都跟，其意义与以上介绍的相同。

六、设定工件坐标系指令

在数控机床上 G50 指令与 G54 ~ G59 指令都是用于设定工件坐标系的，但它们在使用中是有区别的。G50 指令是通过程序来设定工件坐标系的，G54 ~ G59 指令是通过 CRT/MDI 在设置参数方式下设定工件坐标系的，一经设定，工件坐标系原点在机床坐标系中的位置是不变的，它与刀具的当前位置无关，除非再通过 CRT/MDI 方式更改。G50 指令程序段只设定工件坐标系，而不产生任何动作；G54 ~ G59 指令程序段则可以与 G00、G01 指令组合在选定的工件坐标系中产生位移。

图 2–13 所示给出了用 G54 ~ G59 确定工件坐标系的方法。

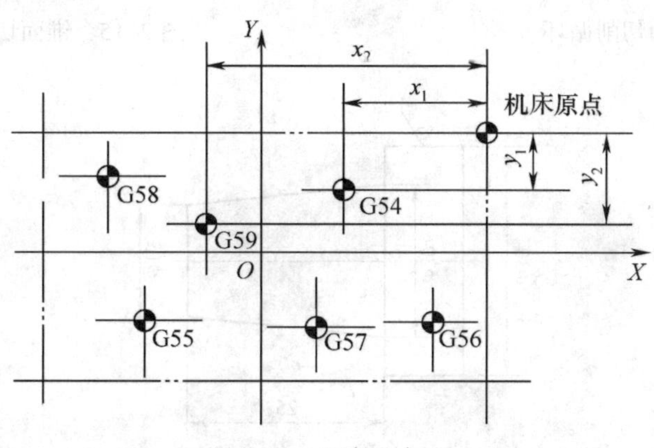

图 2–13 工件坐标系

第三节 固 定 循 环

一、单一固定循环切削 G90、G94

1. 外圆切削循环 G90

（1）切削圆柱面的指令格式

G90 X（U）__ Z（W）__ F__ ；

如图 2–14 所示，刀具从循环起点开始按矩形循环，最后又回到循环起点。图中虚线表示按 R 快速移动，实线表示按 F 指定的工件进给速度移动。*X*、*Z* 为圆柱面切削终点的坐标值；*U*、*W* 为圆柱面切削终点相对于循环起点的坐标分量。

（2）切削锥面的指令格式

G90 X（U）__ Z（W）__ R__F__ ；

如图 2–15 所示，R 代表被加工锥面大小端直径差的 1/2，即表示单边量锥度差值。

【例 2–4】 试编程加工图 2–16 所示的零件。

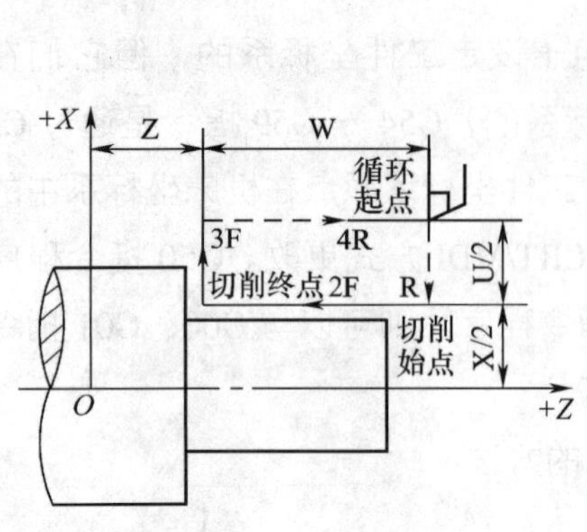

图 2-14　外圆切削循环

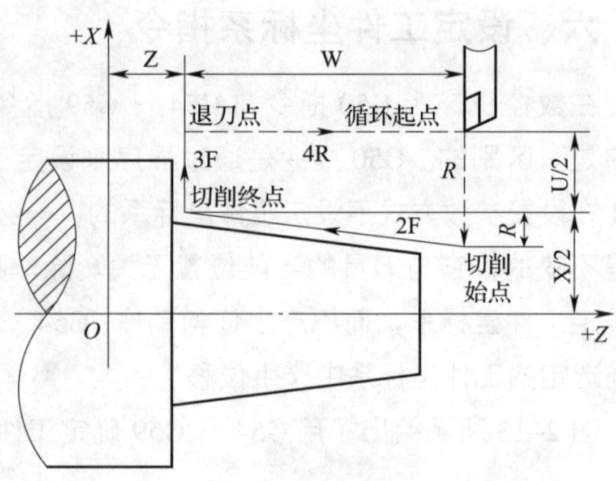

图 2-15　锥面切削循环

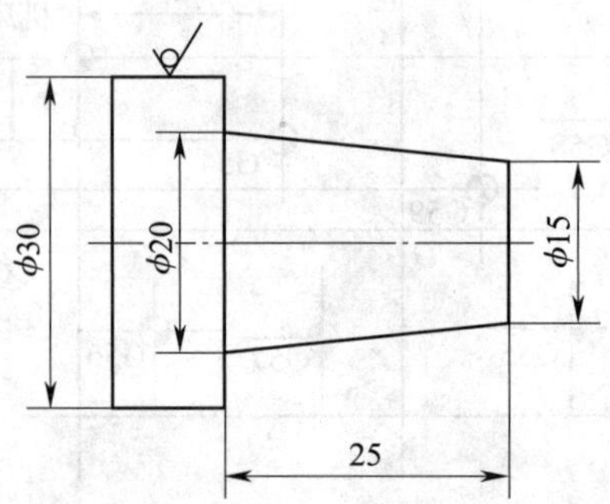

图 2-16　G90 外锥度加工示例

加工程序如下：

O4004；	
N10 G54 G99 T0101；	
N20 G00 X32.0 Z0.5 S500 M03；	刀具定位
N30 G90 X26.0 Z-25.0 R-2.5 F0.15；	粗加工
N40 X22.0；	
N50 X20.5；	留精加工余量双边 0.5 mm
N60 G00 Z0 S800 M03；	
N70 G90 X20.0 Z-25.0 R-2.5 F0.1；	
N80 G28 X100.0 Z100.0；	
N90 M05；	
N100 M02；	

2. 端面切削循环 G94

（1）切削端面的指令格式

G94　X（U）__ Z（W）__ F__ ；

如图 2–17 所示，X__、Z__为端面切削终点坐标值，U__、W__为端面切削终点相对于循环起点的坐标分量。

（2）切削锥面的指令格式

G94　X（U）__ Z（W）__ R__ F__；

如图 2–18 所示，R__为端面切削始点至终点位移在 Z 轴方向的坐标增量。

本指令主要用于加工长径比较小的盘类工件，它的车削特点是利用刀具的端面切削刃作为主切削刃。G94 区别于 G90，它是先沿 Z 方向快速进刀，再车削工件，退刀光整，再快速退刀回循环起点。按刀具进给方向，第一刀为 G00 方式快速进刀；第二刀切削工件；第三刀沿 Z 向退刀切削工件外圆；第四刀为 G00 方式快速退刀回循环起点，如图 2–17、图 2–18 所示。

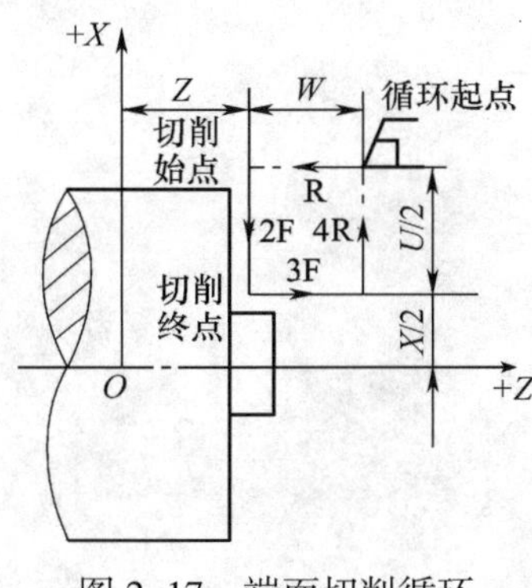

图 2–17　端面切削循环

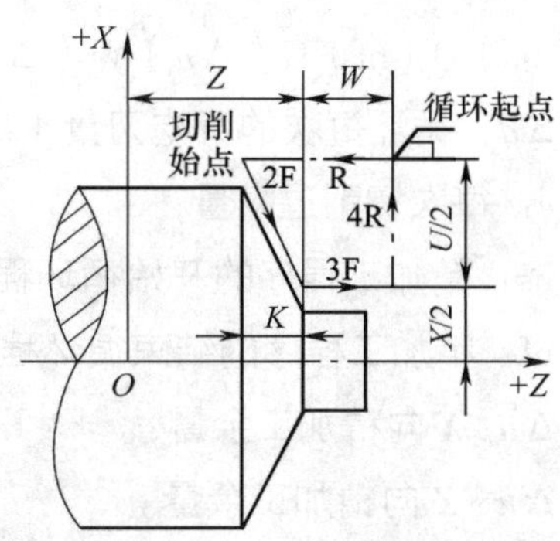

图 2–18　带锥度的端面切削循环

用 G94 和 G90 指令加工锥度轴的意义有所区别，G94 是在工件的端面上形成斜面，而 G90 是在工件的外圆上形成锥度。指令中 R 表示圆台的高度。圆台直径左大右小，R 值为负；圆台直径左小右大，则 R 值为正，一般只在内孔中出现此结构，但用内孔车刀沿 X 向进给车削并不妥当。

如图 2–19 所示零件的加工程序如下：

G94 X15.0 Z33.48R–3.48 F30.0；　　$A \to B \to C \to D \to A$

Z31.48；　　$A \to E \to F \to D \to A$

Z28.78；　　$A \to G \to H \to D \to A$

二、复合循环

1. 精车固定循环指令 G70

（1）指令格式

G70 P（ns）Q（nf）；

（2）指令说明

G70 指令用于在 G71、G72、G73 指令粗车工件后进行精车

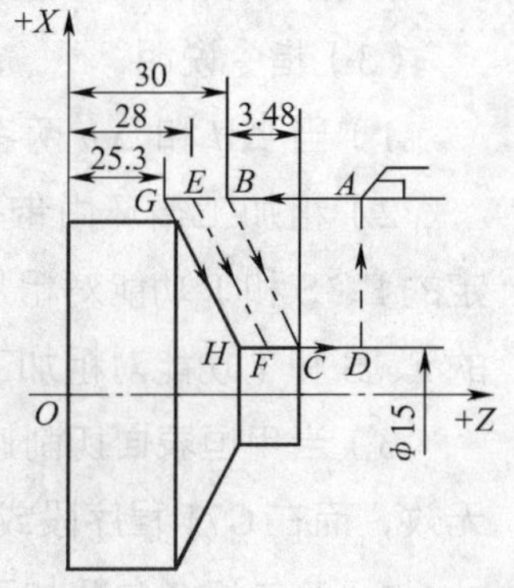

图 2–19　带外圆的锥循环

循环。在 G70 状态下，在指定的精车描述程序段中的 F、S、T 有效。若不指定，则维持粗车前指定的 F、S、T 状态。G70 ~ G73 中 ns 到 nf 间的程序段不能调用子程序。当 G70 指令循环结束时，刀具返回起点并执行下一个程序段。

关于 G70 指令的详细应用参见 G71、G72 和 G73 指令部分。

2. 外径粗车循环指令 G71

G71 指令称为外径粗车循环指令，它适用于毛坯粗车外圆和内孔。在 G71 指令后描述零件的精加工轮廓，数控系统根据加工程序所描述的轮廓形状和 G71 指令内的各个参数自动生成加工路径，将粗加工待切除余料切削完成。

（1）指令格式

G71 U（Δd）R（e）；

G71 P（ns）Q（nf）U（Δu）W（Δw）F__S__T__；

其中，Δd：循环每次的背吃刀量（半径值、正值）；

e：每次切削退刀量；

ns：精加工程序的开始循环程序段序号；

nf：精加工程序的结束循环程序段序号；

Δu：X 向精加工余量；

Δw：Z 向精加工余量。

（2）G71 指令段内部参数的含义

数控装置首先根据用户编写的精加工轮廓，在预留出 X 和 Z 向精加工余量 Δu 和 Δw 后计算出粗加工实际轮廓的各个坐标值。刀具按层切法将余量去除（刀具向 X 向进刀 Δd；切削外圆后按 e 值沿 45° 退刀；循环切削直至粗加工余量被切除）。此时工件斜面和圆弧部分形成台阶状表面，然后再按精加工轮廓光整表面最终形成在工件 X 向留有 Δu 大小的余量、Z 向留有 Δw 大小余量的轴。粗加工结束后可使用 G70 指令将精加工完成，如图 2–20 所示。

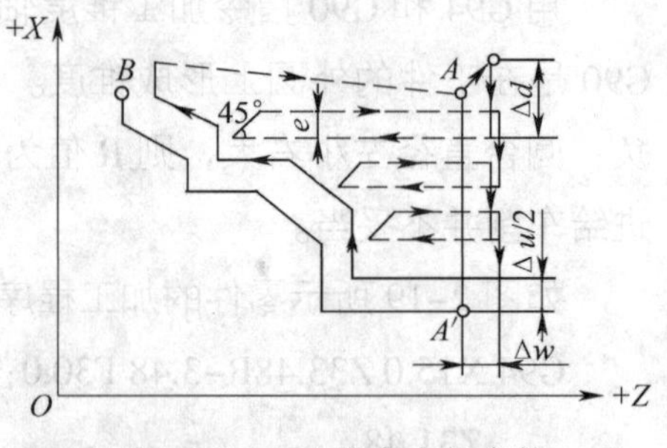

图 2–20　G71 指令内部参数

（3）指令说明

1）当 Δd 和 Δu 两者都由地址 U 指定时，其意义由地址 P 和 Q 决定。

2）粗加工循环由带有地址 P 和 Q 的 G71 指令实现。在 A 点和 B 点间的运动指令中指定的 F、S 和 T 功能对粗加工循环无效，对精加工有效；在 G71 程序段或前面程序段中指定的 F、S 和 T 功能对粗加工有效。

3）当用恒表面切削速度控制时，在 A 点和 B 点间的运动指令中指定的 G96 或 G97 指令无效，而在 G71 程序段或前面程序段中指定的 G96 或 G97 指令有效。

4）X 向和 Z 向精加工余量 Δu、Δw 符号的确定如图 2–21 所示。

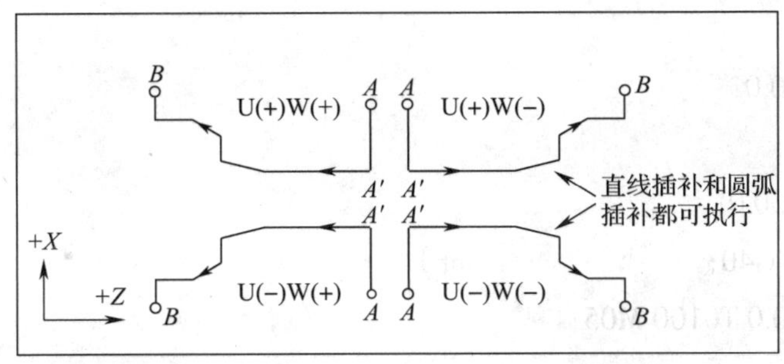

图 2–21　G71 指令中 Δu、Δw 符号的确定

5）有别于 0 系统其他版本，0i/0i MATE 系统中的 G71 指令可用来加工有内凹结构的工件。

6）G71 指令可用于加工内孔，Δu、Δw 的符号如图 2–21 所示。

7）第一刀进给必须有 X 方向进给动作。

8）循环起点的选择应在接近工件处，以缩短刀具行程和避免空行程。

【例 2–5】 在图 2–22 中，试按图示尺寸编写粗车循环加工程序。

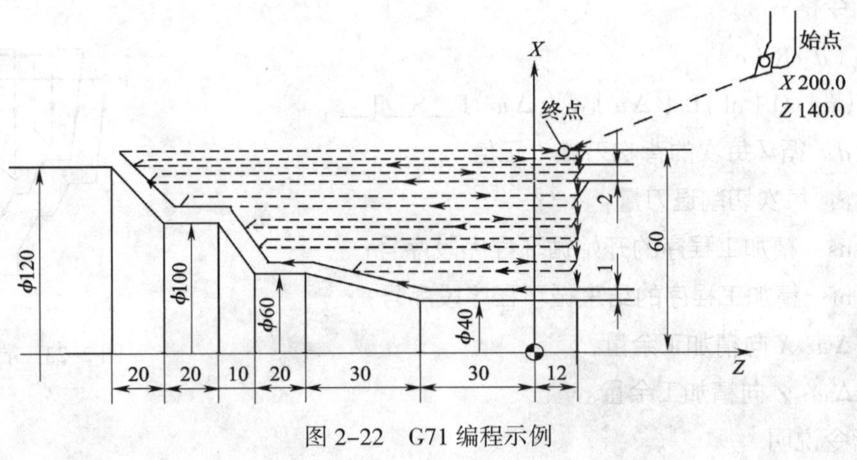

图 2–22　G71 编程示例

加工程序如下：

O0001；

N10 G54 T0101；

N20 G40 G97 S240 M03；

N30 G00 G42 X120.0 Z10.0 M08；

N40 G96 S120；

N45 G50 S2000；

N50 G71 U2.0 R0.1；

N60 G71 P70 Q140 U2.0 W2.0；

N70 G00 X40.0；　　　　（ns）

N80 G01 Z–30.0 S150；

N90 X60.0 Z–60.0；

N100 Z-80.0；

N110 X100.0 Z-90.0；

N120 Z-110.0；

N130 X120.0 Z-130.0；

N140 G00 X125.0 G40；　　　　　（nf）

N150 X200.0 Z140.0 T0100 M05；

N160 M02；

3．端面粗车循环 G72

端面粗车循环 G72 指令的含义与 G71 指令类似，不同之处是刀具平行于 X 轴方向切削，如图 2-23 所示。它是从外径方向往轴线方向切削端面的粗车循环，该循环方式适于对长径比较小的盘类工件端面方向粗车。与 G94 指令一样，对 93° 外圆车刀，其端面切削刃为主切削刃。

（1）指令格式

G72 W（d）R（e）；

G72 P（ns）Q（nf）U（Δu）W（Δw）F__S__T__；

其中，d：循环每次的背吃刀量（正值）；

e：每次切削退刀量；

ns：精加工程序的开始循环程序段序号；

nf：精加工程序的结束循环程序段序号；

Δu：X 向精加工余量；

Δw：Z 向精加工余量。

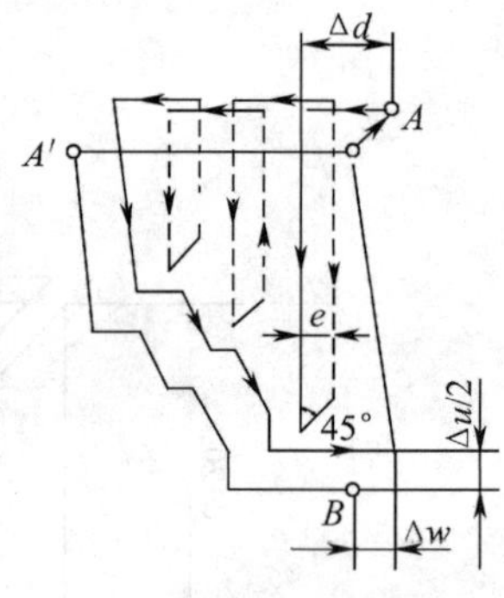

图 2-23　端面粗车循环

（2）指令说明

在 A′ 和 B 之间的刀具轨迹沿 X 和 Z 方向都必须单调变化。沿 AA′ 切削是 G00 方式还是 G01 方式由 A 和 A′ 之间的指令决定。X、Z 向精加工余量 Δu、Δw 的符号取决于顺序号"ns"与"nf"间程序段所描述的轮廓形状，如图 2-24 所示。

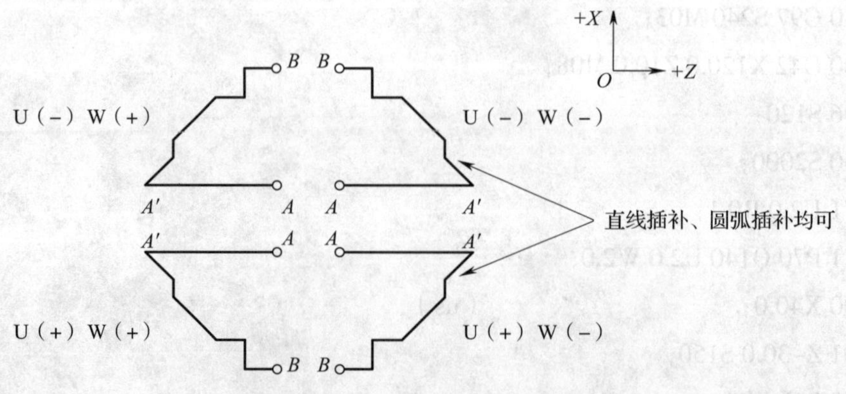

图 2-24　G72 指令段内 Δu、Δw 的符号

【例 2–6】 在图 2–25 中，试按图示尺寸编写粗车循环加工程序。

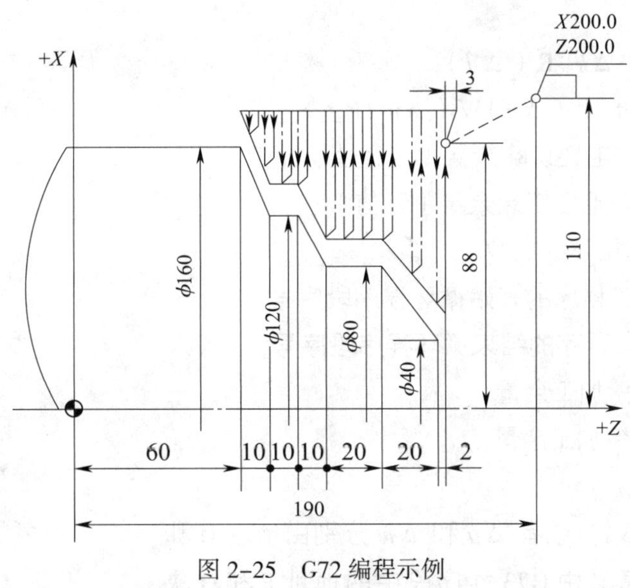

图 2–25　G72 编程示例

加工程序如下：

O10；

N10 G54 T0101；

N20 G40 G97 S220 M03；

N30 G00 G41 X176.0 Z2.0 M08；

N40 G96 S120；

N45 G50 S2000；

N50 G72 U3.0 R0.1；

N60 G72 P70 Q120 U2.0 W0.5；

N70 G00 X160.0 Z60.0；　　　（ns）

N80 G01 X120.0 Z70.0 S150；

N90 Z80.0；

N100 X80.0 Z90.0；

N110 Z110.0；

N120 X36.0 Z132.0；　　　（nf）

N130 G00 G40 X200.0 Z200.0 T0100 M05；

N140 M02；

4. 成形（仿形）加工复合循环 G73

成形加工复合循环也称为固定形状粗车循环，它适用于加工铸件、锻件毛坯。某些轴类零件为节约材料、提高工件的力学性能，往往采用锻造等方法使零件毛坯尺寸接近工件的成品尺寸，其形状已经基本成形，只是外径、长度比成品大一些。此类零件的加工适合采用

G73 指令。当然 G73 指令也可用于加工普通未切除余料的棒料毛坯，但空行程太多。

（1）指令格式

G73 U（Δi）W（Δk）R（Δd）;

G73 P（ns）Q（nf）U（Δu）W（Δw）F__ S__ T__ ;

其中，Δi: X 方向毛坯切除余量（半径值、正值）;

Δk: Z 方向毛坯切除余量（正值）;

Δd: 粗车循环的次数;

ns: 精加工程序的开始循环程序段序号;

nf: 精加工程序的结束循环程序段序号;

Δu: X 向精加工余量;

Δw: Z 向精加工余量。

（2）指令说明

1）当值 Δi 和 Δk，或者 Δu 和 Δw 分别由地址 U 和 W 规定时，它们的意义由 G73 程序段中的地址 P 和 Q 决定。当 P 和 Q 没有指定在同一个程序段中时，U、W 分别表示 Δi 和 Δk；当 P 和 Q 指定在同一个程序段中时，U、W 分别表示 Δu 和 Δw。

2）有 P 和 Q 的 G73 指令执行循环加工时，不同进刀方式（共有 4 种）的 Δu、Δw 和 Δk、Δi 的符号不同（见图 2-26、图 2-27），应予以注意。加工循环结束时，刀具返回 A 点。

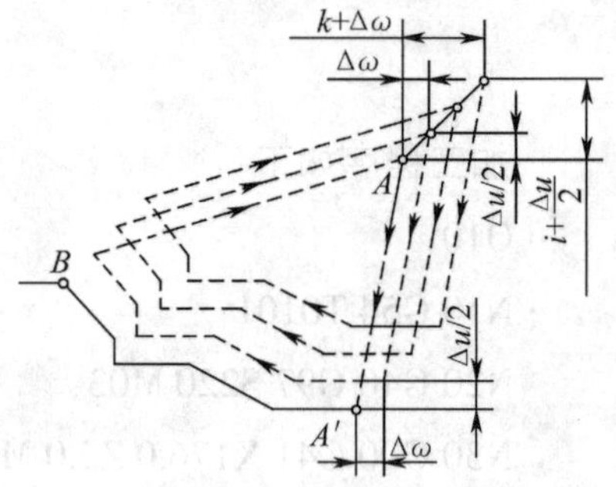

图 2-26　G73 切削循环

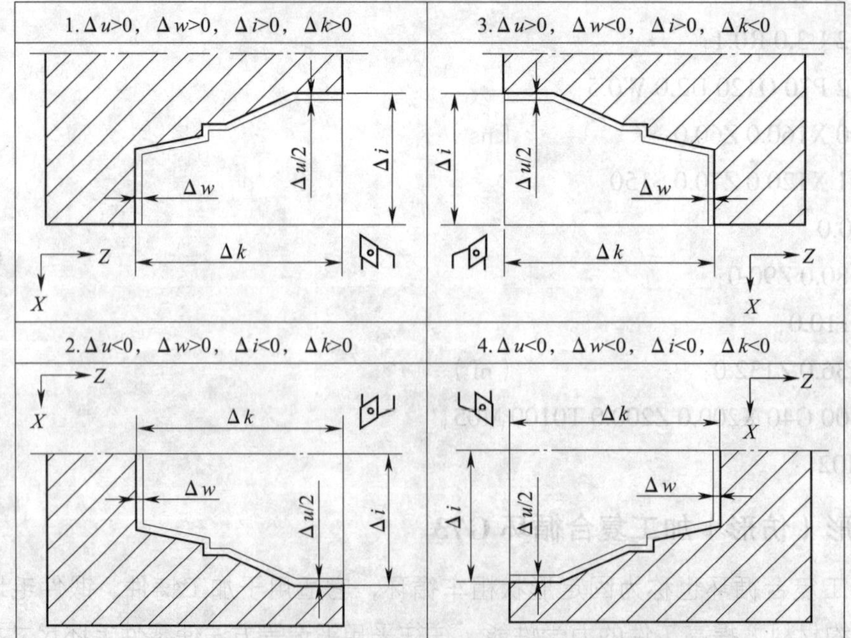

图 2-27　G73 指令中 Δu、Δw、Δk、Δi 的符号

【例 2-7】 试编写加工图 2-28 所示零件的程序。

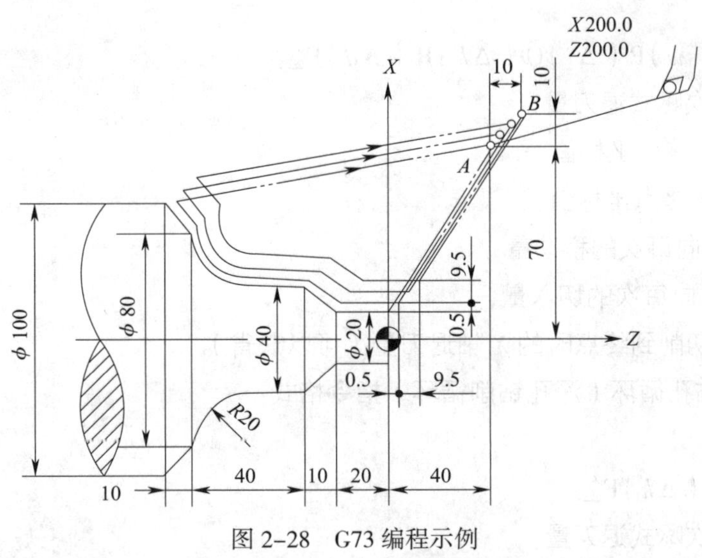

图 2-28 G73 编程示例

加工程序如下：

O1101；

N10 G54 T0101；

N20 G97 G40 S200 M03；

N30 G00 G42 X140.0 Z40.0 M08；

N40 G96 S120；

N45 G50 S3000；

N50 G73 U9.5 W9.5 R3.0；

N60 G73 P70 Q130 U1.0 W0.5；

N70 G00 X20.0 Z0；　　　　（ns）

N80 G01 Z-20.0 S150；

N90 X40.0 Z-30.0；

N100 Z-50.0；

N110 G02 X80.0 Z-70.0 R20.0；

N120 G01 X100.0 Z-80.0；

N130 X105.0；　　　　（nf）

N140 G00 X200.0 Z200.0 G40 T0100 M05；

N150 M02；

5. 端面切槽循环 G74

G74 指令可实现端面切槽加工，Z 向切进一定的深度，再反向退刀一定的距离，实现断屑。若不指定 X 轴地址和 X 轴向移动量，则为端面深孔钻削加工。

（1）镗孔循环指令格式

G74 R（e）；

G74 X（u）Z（w）P（Δi）Q（Δk）R（Δd）F__；

其中，e：每次啄式退刀量；

u：X 向终点坐标值；

w：Z 向终点坐标值；

Δi：X 向每次的移动量；

Δk：Z 向每次的切入量；

Δd：切削到终点时的 X 轴退刀量（可以缺省）。

（2）对啄式钻孔循环（深孔钻削循环）指令格式

G74 R（e）；

G74 Z（w）Q（Δk）F__；

其中，e：每次啄式退刀量；

w：Z 向终点坐标值（孔深）；

Δk：Z 向每次的切入量（啄钻深度）。

G74 指令的动作及参数如图 2–29 所示。

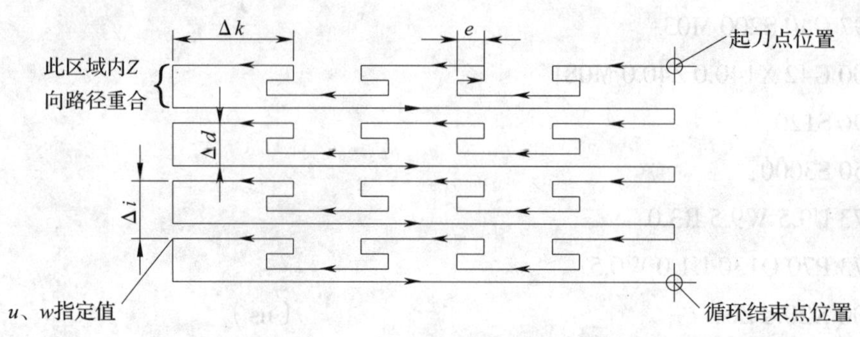

图 2–29　G74 指令的动作及参数

（3）端面槽加工指令格式

与孔加工指令一样。

【例 2–8】 试编程加工图 2–30 所示的端面均布槽。

加工程序如下：

O0012；

N10 T0303；端面车槽刀，刃口宽 4 mm

N20 S300 M03；

N30 G00 X60.0 Z2.0；

N40 G74 R1.0；

N50 G74 X100.0 Z–3.0 P10000 Q2000 F0.1；

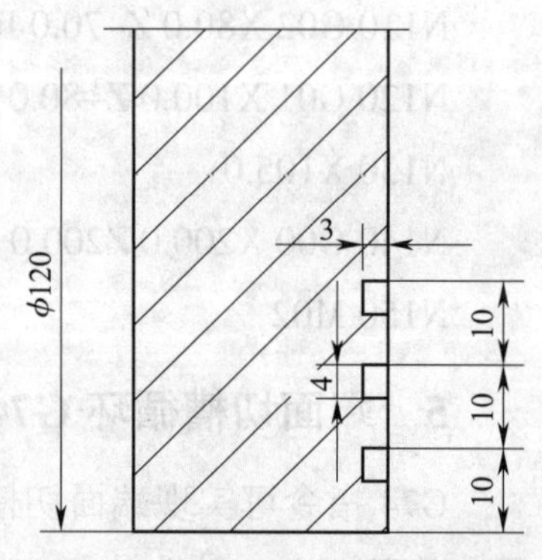

图 2–30　G74 编程示例（一）

N60 G00 Z100.0;

N70 X100.0 M05;

N80 M30;

6. 径向切槽循环 G75

G75 指令用于内孔、外圆车槽或钻孔，其用法与 G74 指令大致相同（见图 2–31）。

（1）指令格式

G75 R（e）;

G75 X（u）Z（w）P（Δi）Q（Δk）R（Δd）F__ ;

其中，e：分层切削每次退刀量；

u：X 向终点坐标值；

w：Z 向终点坐标值；

Δi：X 向每次的切入量；

Δk：Z 向每次的移动量；

Δd：切削到终点时的退刀量（可以缺省）。

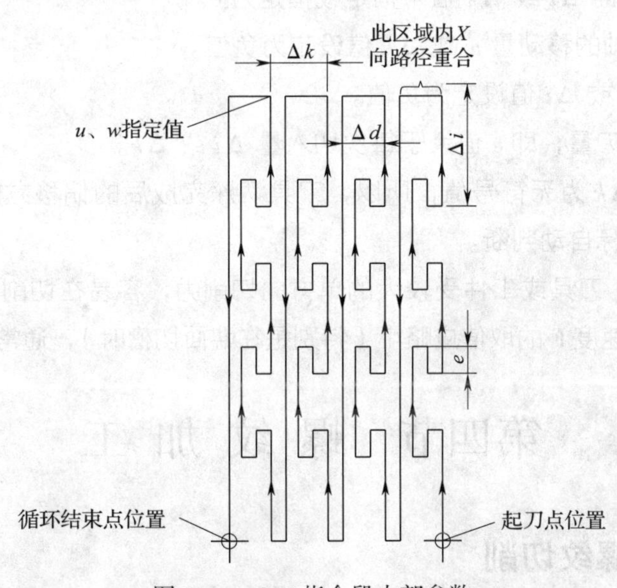

图 2–31 G75 指令段内部参数

【例 2–9】 试编程加工图 2–32 所示的零件。

加工程序如下：

O0011;

N10 G54 T0202; 车槽刀，刃口宽 4 mm

N20 S300 M03;

N30 G00 X42.0 Z–10.0;

N40 G75 R1.0;

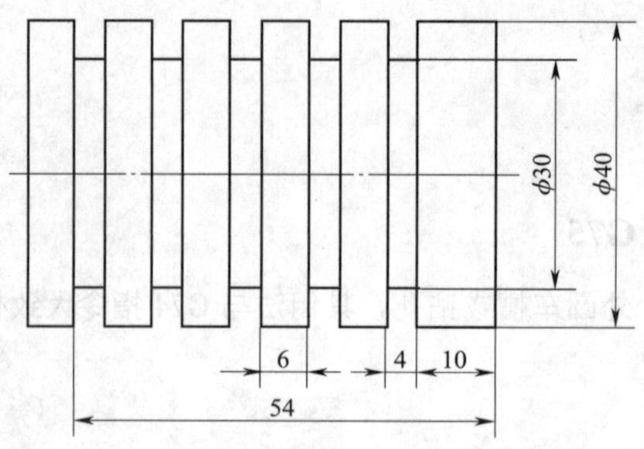

图 2-32 G75 编程示例

N50 G75 X30.0 Z-50.0 P3000 Q10000 F0.1；

N60 G00 X100.0 Z100.0 M05；

N70 M30；

（2）使用切槽循环时的注意事项

1）在 FANUC 系统中，当出现以下情况而执行切槽循环指令时，将会出现程序报警。

①u 或 w 指定，而 Δi 或 Δk 值未指定或指定为 0。

②Δk 值大于 Z 轴的移动量 w 或 Δk 值设定为负值。

③Δi 值大于 $u/2$ 或 Δi 值设定为负值。

④退刀量大于进刀量，即 e 值大于每次切入量 Δi 或 Δk。

2）由于 Δi 和 Δk 为无符号值，所以，刀具切深完成后的偏移方向由系统根据刀具起刀点及切槽终点的坐标自动判断。

3）切槽过程中，刀具或工件受较大的单方向切削力，容易在切削过程中产生振动，因此，切槽加工中进给速度 F 的取值应略小（特别是在端面切槽时），通常取 50 ~ 100 mm/min。

第四节 螺纹加工

一、单行程螺纹切削

1. 等螺距螺纹切削指令 G32

G32 X（U）__ Z（W）__ F__ Q__；

螺纹导程用 F 指定。对锥螺纹（见图 2-33），其斜角 $\alpha \leqslant 45°$ 时，螺纹导程以 Z 轴方向的值指定；$45°<\alpha<90°$ 时，螺纹导程以 X 轴方向的值指定。Q 为螺纹起始角。该值为不带小数点的非模态值，其单位为 0.001°。

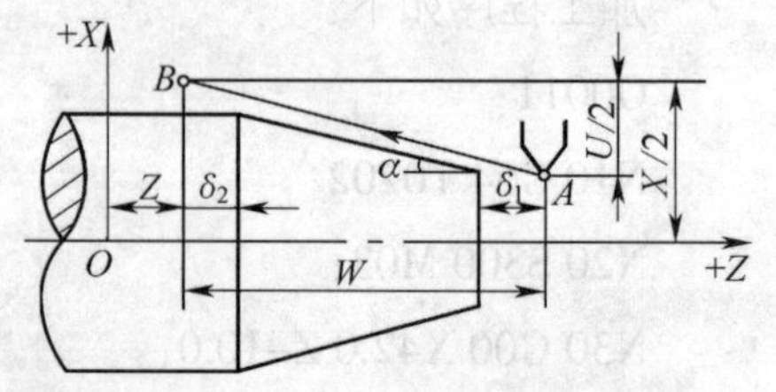

图 2-33 螺纹切削 G32

切削圆柱螺纹时，X（U）指令省略。其格式为：

G32　Z（W）__F__ Q__；

切削端面螺纹时，Z（W）指令省略。其格式为：

G32　X（U）__ F__ Q__；

当螺纹收尾处没有退刀槽时，可按 45° 退刀收尾，如图 2–34 所示。

【例 2–10】 加工如图 2–35 所示的 M45×1.5 圆柱螺纹，螺纹外径已加工完成，起刀点定在（X100.0，Z100.0）位置，利用单一螺纹指令（G32）编写加工程序。

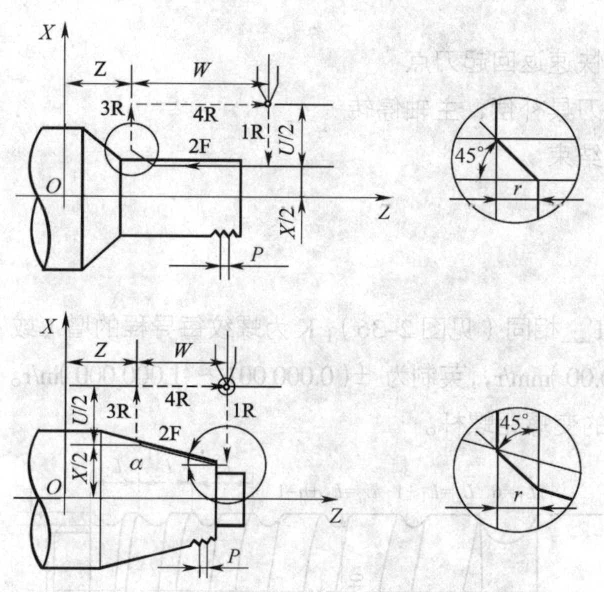

图 2–34　在没有退刀槽时退刀收尾

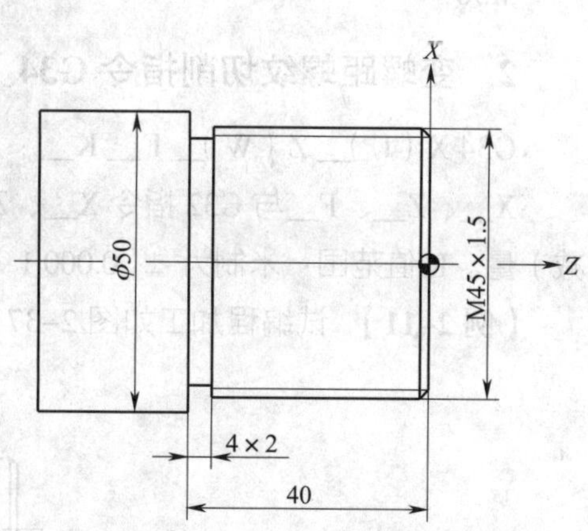

图 2–35　圆柱螺纹加工示例

G50 X100.0 Z100.0；	设定工件坐标系
G97 S300；	设定主轴转速 300 r/min
T0101 M03；	选择 1 号刀 1 号刀补，主轴正转
G00 X44.2 Z5.0；	快速到达第一进刀点
G32 Z–38.0 F1.5；	第一次切削螺纹
G00 X46.0；	提刀
Z5.0；	定位
X43.5；	快速到达第二进刀点
G32 Z–38.0；	第二次切削螺纹
G00 X46.0；	提刀
Z5.0；	定位
X43.1；	快速到达第三进刀点
G32 Z–38.0；	第三次切削螺纹
G00 X46.0；	提刀
Z5.0；	定位

```
X43.05;               快速到达第四进刀点
G32 Z-38.0;           第四次切削螺纹
G00 X46.0;            提刀
Z5.0;                 定位
X43.05;               快速到达第五进刀点
G32 Z-38.0;           第五次切削螺纹（无进给光整）
G00 X46.0;            提刀
X100.0 Z100.0;        刀具快速返回起刀点
T0100 M05;            取消刀具补偿，主轴停转
M30;                  程序结束
```

2. 变螺距螺纹切削指令 G34

G34 X（U）__ Z（W）__ F__ K__；

X__、Z__、F__与 G32 指令 X__、Z__、F__相同（见图 2-36）；K 为螺纹每导程的增（或减）量。K 值范围：米制为 ±（0.000 1 ~ 100.00）mm/r，英制为 ±（0.000 001 ~ 1.000 000）in/r。

【例 2-11】 试编程加工如图 2-37 所示的变螺距螺杆。

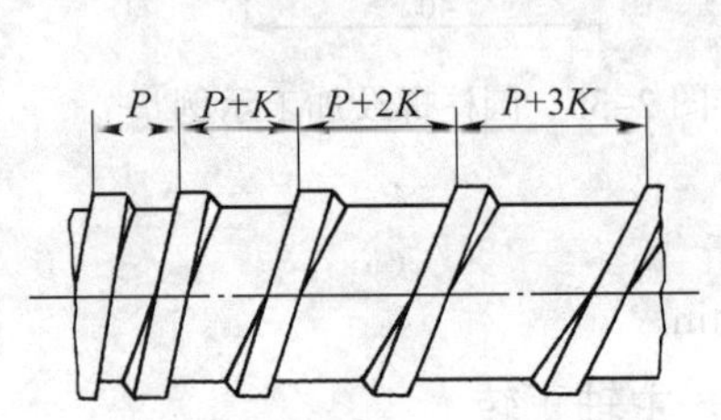

图 2-36 变螺距螺纹切削

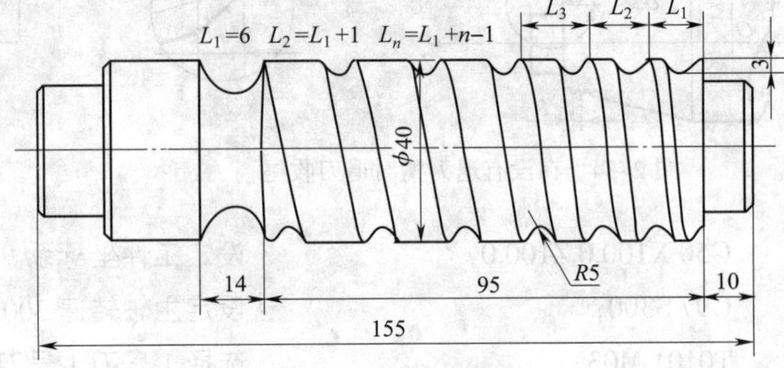

图 2-37 变螺距螺杆零件图

根据变螺距螺杆零件图，选用 $R5$ mm 球头车刀，车两次。应用 G34 指令编制加工程序。

```
O0011;
N10 T0101 S100 M04;           选择 1 号球头车刀（R5 mm）及 1 号刀补，
                              启动主轴
N20 G00 X60.0 Z3.0 M08;       快速接近螺纹车削起始点
N30 G01 X36.0 F0.3;
N40 G34 Z-114.0 F6.0 K1.0;    车削第一刀
N50 G00 X60.0;
N60 Z3.0;
N70 X34.0;
N80 G34 Z-114.0 F6.0 K1.0;    车削第二刀
```

N90 G00 X100.0 Z100.0 T0100 M09;　　快速返回换刀点，取消 1 号刀补
N100 M05;　　主轴停转
N110 M02;　　程序结束

二、螺纹切削单次循环指令 G92

螺纹切削单次循环指令可切削锥螺纹和圆柱螺纹，如图 2–38 所示。切削锥螺纹时，刀具从循环起点开始按梯形循环，最后又回到循环起点。图中虚线表示按 R 快速移动，实线表示按 F 指令的工件进给速度移动；X__、Z__为螺纹终点坐标值，U__、W__为螺纹终点相对于循环起点的坐标分量，R__为锥螺纹始点与终点的半径差。切削圆柱螺纹时 R 值为零，可省略。其格式为：

G92　X（U）__ Z（W）__ R__ F__；

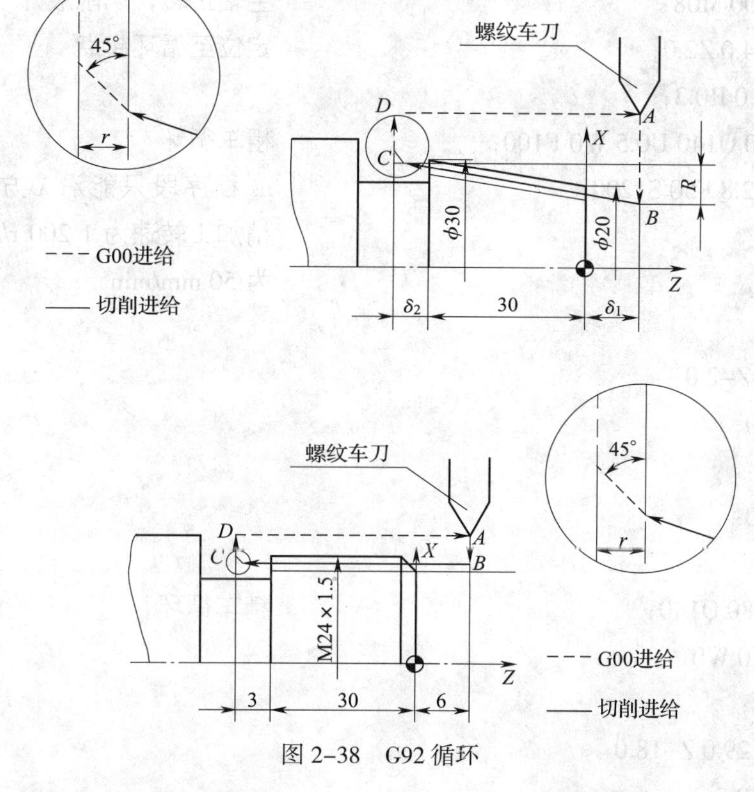

图 2–38　G92 循环

【例 2–12】 加工图 2–39 所示的工件，毛坯尺寸为 ϕ42 mm×56 mm，试编写其数控加工程序。

刀具　1 号：93° 外圆车刀；2 号：车槽刀；3 号：螺纹车刀。

O0012;　　工件右端加工程序
N10 G99 G40 G21;　　程序初始化
N20 G28 U0 W0;　　回参考点
N30 T0101;　　换 1 号刀，取 1 号刀具长度补偿

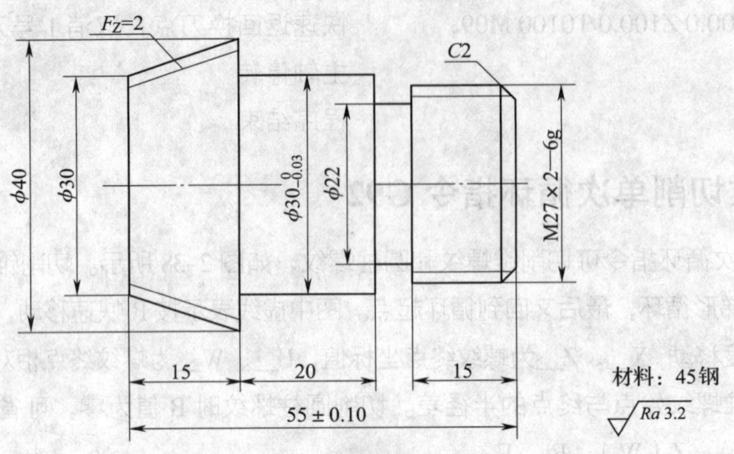

图 2-39　普通螺纹零件图

程序	说明
N40 M03 S500 M08；	主轴正转，切削液开
N50 G00 X44.0 Z2.0；	定位至循环起点
N60 G71 U1.0 R0.3；	
N70 G71 P80 Q140 U0.5 W0 F100；	粗车循环
N80 G01 X22.8 F50 S1200；	ns 程序段只能沿 *X* 方向进刀，确定精加工转速为 1 200 r/min，进给速度为 50 mm/min
N90 Z0.0；	
N100 X26.8 Z–2.0；	
N110 Z–20.0；	
N120 X30.0；	
N130 Z–40.0；	
N140 X44.0；	
N145 G70 P80 Q140；	精车循环
N150 G28 U0 W0；	
N160 T0202；	
N170 G00 X29.0 Z–18.0；	
N180 G75 R0.5；	
N190 G75 X22.0 Z–20.0 P1500 Q2000 F50；	车槽循环
N200 G28 U0 W0；	
N210 T0303；	换刀后刀具定位
N220 G00 X29.0 Z2.0；	
N230 G92 X25.8 Z–17.0 F2.0；	加工右端圆柱外螺纹
N240 X25.1；	
N250 X24.7；	

N260 X24.5；
N270 X24.4；
N280 G28 U0 W0；
N290 M05 M09；　　程序结束部分
N300 M30；
O0020；　　工件左端加工程序
……　　程序开始部分及轮廓加工
N90 G00 X32.0 Z2.0；　　刀具定位至循环起点
N100 G92 X39.8 Z-16.5 F2.0 R6.0；　　加工圆锥螺纹
N110 X39.1 R6.0；
N120 X38.7 R6.0；
N130 X38.5 R6.0；
N140 X38.4 R6.0；
……　　程序结束部分

三、螺纹切削多次循环指令 G76

1. 指令格式

使用螺纹切削多次循环时，一段指令就可以完成螺纹切削循环加工程序。指令格式如下：

G76 P（m）（r）（α）Q（Δd_{min}）R（d）；

G76 X（U）Z（W）R（i）P（k）Q（Δd）F（f）；

其中，m：精加工最终重复次数（1 ~ 99）；

r：倒角量；该值的大小可设置在（0.01 ~ 9.9）P_h 之间，系数应为 0.01 的整数倍，用 00 ~ 99 之间的两位整数表示，P_h 为导程；

α：刀尖角度，可以选择 80°、60°、55°、30°、29°、0° 六种，其角度数值用两位数指定；m、r、α 可用地址一次指定，如 m=2，r=1.2P_h，α=60° 时可写成"P021260；"；

Δd_{min}：最小切入量；

d：精加工余量；

X（U）、Z（W）：终点坐标；

i：螺纹部分半径差（i=0 时为圆柱螺纹）；

k：牙型高度（用半径值指定 X 轴方向的距离）；

Δd：第一次切入量（用半径值指定）。

f：螺纹的导程（与螺纹切削指令 G32 中相同）。

螺纹切削多次循环与进刀法如图 2-40 所示。

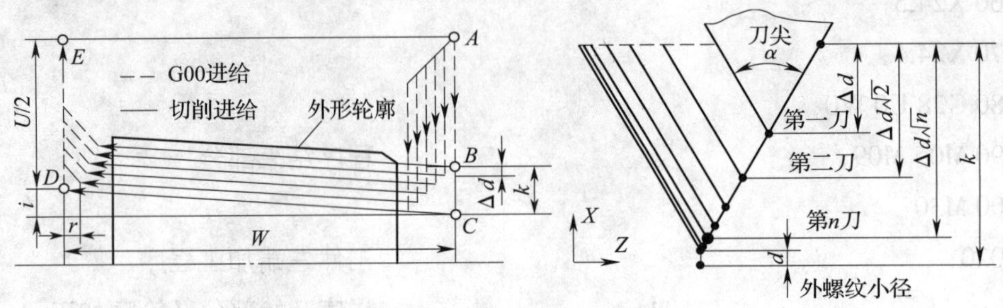

图 2-40　螺纹切削多次循环与进刀法

2. 使用螺纹复合循环指令时的注意事项

（1）G76 指令可以在 MDI 方式下使用。

（2）在执行 G76 循环时，如按下循环暂停键，则刀具在螺纹切削后的程序段暂停。

（3）G76 指令为非模态指令，必须每次指定。

（4）在执行 G76 指令时，如要进行手动操作，刀具应返回循环操作停止的位置。如果没有返回循环停止位置就重新启动循环操作，手动操作的位移将叠加在该条程序段停止时的位置上，刀具轨迹就多移动了一个手动操作的位移量。

【例 2-13】 加工图 2-41 所示的工件，毛坯为 ϕ50 mm×82 mm 的 45 钢棒料，试编写车螺纹的加工程序。

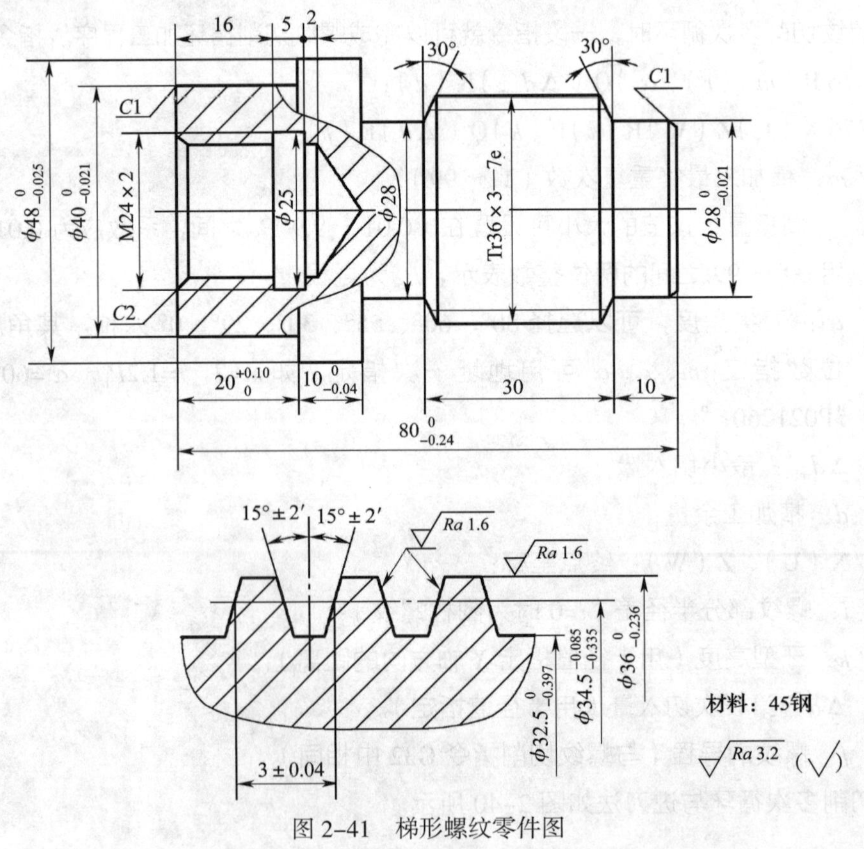

图 2-41　梯形螺纹零件图

（1）加工梯形螺纹时 Z 向刀具偏置值的计算

在梯形螺纹的实际加工中，刀尖宽度并不等于牙槽底宽，在经过一次 G76 切削循环后，仍无法正确控制螺纹中径等各项尺寸。为此，可经刀具 Z 向偏置后，再次进行 G76 循环加工，即可解决以上问题。为了提高加工效率，最好只进行一次偏置加工，故必须精确计算 Z 向的偏置量。Z 向偏置量的计算方法如图 2–42a 所示，其计算过程如下：

设 $M_{实测}-M_{理论}=2AO_1=\delta$，则 $AO_1=\delta/2$；

在图 2–42b 中，O_1O_2CE 为平行四边形，则 $\triangle AO_1O_2\cong\triangle BCE$，$AO_2=BE$；$\triangle CEF$ 为等腰三角形，则 $EF=2EB=2AO_2$。

$$AO_2=AO_1\times\tan\angle AO_1O_2=\delta/2\times\tan15°$$

$$Z\text{ 向偏置量 }EF=2AO_2=\delta\tan15°=0.268\delta$$

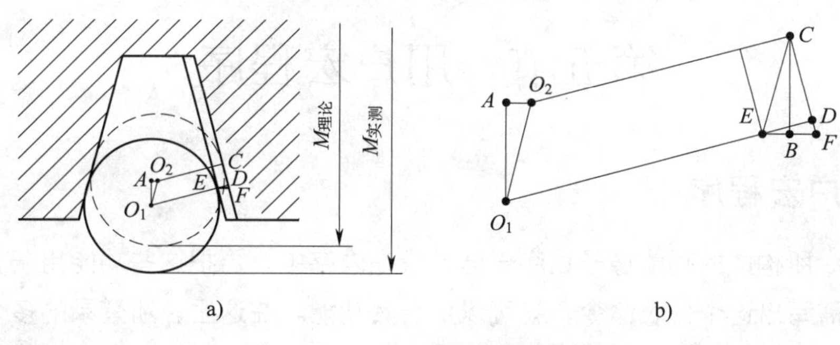

图 2–42 Z 向刀具偏置值的计算

实际加工时，在一次循环结束后，用三针测量法实测 M 值，计算出刀具 Z 向偏置量，然后在刀具长度补偿或磨耗存储器中设置 Z 向刀具偏置值，再次用 G76 循环加工就能一次性精确控制中径等螺纹参数值。

（2）程序编制

刀具：1 号刀具，外圆车刀；4 号刀具，螺纹车刀。

O0060；	加工内螺纹程序
……	
N40……；	程序开始部分
N50 G00 X21.0 Z2.0；	快速定位至循环起点
N60 G92 X23.0 Z–18.0 F2.0；	用 G92 指令加工内螺纹，分五层切削，考虑了内螺纹的公差
N70 X23.6；	
N80 X24.0；	
N90 X24.1；	
N100 X24.18；	
N110 G28 U0 W0；	

N120 M30；	程序结束部分
O0080；	加工梯形螺纹的程序，宜采用单独的程序段，以便于修改 Z 向刀具偏置后重新进行加工
N20 G98 G40 G21 M08；	程序初始化，切削液开
N30 T0404 M03 S600；	换螺纹车刀（硬质合金）
N40 G00 X37.0 Z–4.0；	快速点定位至循环起点
N50 G76 P020530 Q50 R0.08；	
N60 G76 X32.3 Z–43.5 P1750 Q500 F3.0；	复合固定循环加工梯形螺纹
N70 G00 X150.0 Z30.0 M09；	退刀时注意顶尖的位置，切削液关
N80 M30；	程序结束

第五节　用户宏程序

一、用户宏程序

将多个命令所构成的功能像子程序一样登录在内存中，再把这些功能用一个命令作为代表，执行时只需写出这个代表命令，就可以执行其功能。在这里，所登录的多个命令称为用户宏程序或用户宏主体，这个代表命令称为用户宏命令，也称为宏调用命令。

用户宏程序与普通程序相比较，普通程序的程序字为常量，一个程序只能描述一个几何形状，缺乏灵活性和适用性。而在用户宏程序中可以使用变量进行编程，还可以用宏指令对这些变量进行赋值、运算等处理。

1. 变量

使用用户宏程序时可以用变量代替具体数值，因而在加工同类零件时，只需将实际值赋予变量即可，而不需要对每一个零件都编一个程序。

按变量号码不同可将变量分为空变量、局部变量、公共变量、系统变量。

（1）空变量 #0

空变量总是空的，不能赋值给该变量。

（2）局部变量 #1 ~ #33

所谓局部变量，就是在用户宏程序中局部使用的变量。换句话说，在某一时刻调出的用户宏程序中所使用的局部变量 #*i* 和另一时刻调用的用户宏程序（无论与前一个用户宏程序相同还是不同）中所使用的 #*i* 是不同的。因此，在多重调用中，当用户宏程序 *A* 调用用户宏程序 *B* 时，也不会将 *A* 中的变量破坏。

（3）公共变量

公共变量是在主程序以及调用的子程序中通用的变量。公共变量分为保持型变量（#500 ~ #999）和操作型变量（#100 ~ #199），操作型（非保持型）变量断电后就被清零，保持型变量断电后仍被保存。在某个用户宏程序中运算得到的公共变量的结果 #i 可以用到别的用户宏程序中。

（4）系统变量

系统变量是根据用途而被固定的变量，见表 2–3。

表 2–3　　系统变量

变量号码	用途	变量号码	用途
#1000 ~ #1035	接口信号 DI	#3007	镜像
#1100 ~ #1135	接口信号 DO	#4001 ~ #4018	G 代码
#2000 ~ #2999	刀具补偿量	#4107 ~ #4120	D、E、F、H、M、S、T 等
#3000 ~ #3006	P/S 报警，信息	#5001 ~ #5006	各轴程序段终点位置
#3001，#3002	时钟	#5021 ~ #5026	各轴当前位置
#3003，#3004	单步，连续控制	#5221 ~ #5315	工件偏置量

2. 用户宏程序的特征及类型

用户宏程序的特征有以下几个方面：

（1）可以在用户宏程序中使用变量。

（2）可以进行变量之间的运算。

（3）可以用用户宏命令对变量进行赋值。

用户宏程序分为 A、B 两类。通常情况下，FANUC 0T 系统采用 A 类宏程序，而 FANUC 0i 系统采用 B 类宏程序。

二、B 类宏程序

B 类宏程序常用的指令有以下几种。

1. 控制指令

用以下控制指令可以控制用户宏程序的程序流程。

（1）条件转移

1）IF< 条件式 >GOTO *n*（*n*= 顺序号）

< 条件式 > 成立时，从顺序号为 *n* 的程序段执行；< 条件式 > 不成立时，执行下一个程序段。< 条件式 > 种类见表 2–4。

2）WHILE< 条件式 >　DO *m*（*m*= 标号）

　　⋮

END *m*

< 条件式 > 成立时，从 DO *m* 的程序段到 END *m* 的程序段重复执行；< 条件式 > 不成立

表 2–4 <条件式>种类

变量	符号	变量	意义
#j	EQ	#k	=
#j	NE	#k	≠
#j	GT	#k	>
#j	LT	#k	<
#j	GE	#k	≥
#j	LE	#k	≤

时，则从 END *m* 的下一个程序段执行。DO 后的号和 END 后的号是指定程序执行范围的标号，标号为 1、2、3。若用 1、2、3 以外的值会产生 P/S 报警№ .126。

3）IF<条件式>THEN

如果条件满足，执行预先决定的宏程序语句。只执行一个宏程序语句。

例如，若 #1 和 #2 的值相同，0 赋给 #3，可用下列语句表示：

IF［#1 EQ #2］THEN #3=0

（2）无条件转移（GOTO *n*）

无条件转移到顺序号 *n*，再往下执行。例如，“GOTO10”表示转移到 N10 程序段。

2. 运算指令

在变量之间、变量与常量之间可以进行各种运算。常用的运算符见表 2–5。

表 2–5 常用的运算符

运算符	定义	举例	运算符	定义	举例
=	定义	#i=#j	TAN	正切	#i=TAN［#j］
+	加法	#i=#j+#k	ATAN	反正切	#i=ATAN［#j］
–	减法	#i=#j–#k	SQRT	平方根	#i=SQRT［#j］
*	乘法	#i=#j*#k	ABS	绝对值	#i=ABS［#j］
/	除法	#i=#j/#k	ROUND	舍入	#i=ROUND［#j］
SIN	正弦	#i=SIN［#j］	FIX	上取整	#i=FIX［#j］
ASIN	反正弦	#i=ASIN［#j］	FUP	下取整	#i=FUP［#j］
COS	余弦	#i=COS［#j］	LN	自然对数	#i=LN［#j］
ACOS	反余弦	#i=ACOS［#j］	EXP	指数函数	#i=EXP［#j］
OR	或运算	#i=#j OR #k	BIN	十 / 二进制转换	#i=BIN［#j］
XOR	异或运算	#i=#jXOR #k	BCD	二 / 十进制转换	#i=BCD［#j］
AND	与运算	#i=#j AND #k			

3. 引数赋值

（1）引数赋值 Ⅰ

除去地址符 G、L、N、O、P 以外都可作为引数赋值的地址符，大部分无顺序要求，但对 I、J、K 则必须按字母顺序排列，对没使用的地址可省略。引数赋值 Ⅰ 所指定的地址和用户宏程序内所使用变量号码的对应关系见表 2–6。

表 2–6　　引数赋值 Ⅰ 的地址和变量号码的对应关系

引数赋值 Ⅰ 的地址	变量号码	引数赋值 Ⅰ 的地址	变量号码
A	#1	Q	#17
B	#2	R	#18
C	#3	S	#19
D	#7	T	#20
E	#8	U	#21
F	#9	V	#22
H	#11	W	#23
I	#4	X	#24
J	#5	Y	#25
K	#6	Z	#26
M	#13		

（2）引数赋值 Ⅱ

I、J、K 作为一组引数，最多可指定 10 组。引数赋值 Ⅱ 的地址和用户宏程序内所使用变量号码的对应关系见表 2–7。

表 2–7　　引数赋值 Ⅱ 的地址和变量号码的对应关系

引数赋值 Ⅱ 的地址	变量号码	引数赋值 Ⅱ 的地址	变量号码
A	#1	……	……
B	#2	……	……
C	#3	……	……
I_1	#4	……	……
J_1	#5	……	……
K_1	#6	……	……
I_2	#7	I_{10}	#31
J_2	#8	J_{10}	#32
K_2	#9	K_{10}	#33

注：表中的下标只表示顺序，并不写在实际命令中。

（3）引数赋值Ⅰ、Ⅱ的混用

在 G65 程序段的引数中，可以同时用表 2–6 及表 2–7 中的两组引数赋值。但当对同一个变量Ⅰ、Ⅱ两组的引数都赋值时，只有后一引数赋值有效，如图 2–43 所示。

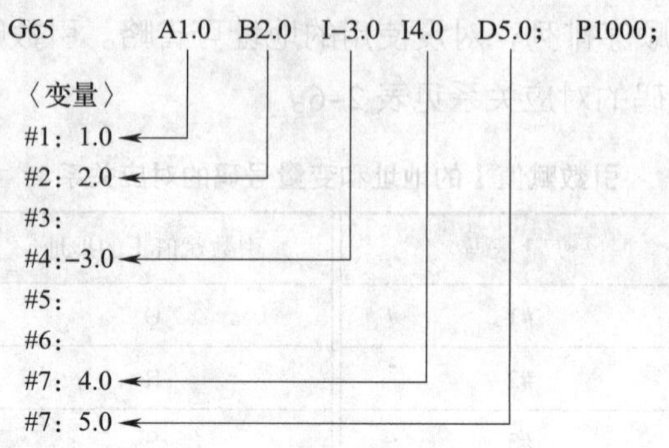

图 2–43 引数赋值Ⅰ、Ⅱ的混用

在图 2–43 中对变量 #7，用 I4.0 及 D5.0 这两个引数赋值时，只有后边的 D5.0 才是有效的。

4. 用户宏程序的调用

（1）单纯调用

通常用户宏程序是由下列形式进行一次性调用的，也称为单纯调用。

调用格式：G65 P（程序段号）< 引数赋值 >;

G65 是宏调用代码，P 之后为用户宏程序的程序段号。< 引数赋值 > 是由地址符及数值构成的，由它给用户宏程序中所使用的变量赋予实际数值。

（2）模态调用

调用格式：G66 P（程序段号）L（循环次数）< 引数赋值 >;

在这一调用状态下，当程序段中有移动指令时，则先执行完这一移动指令后再调用用户宏程序，因此又称为移动调用指令。

取消用户宏程序用 G67。

（3）G 代码调用

调用格式：G× ×< 引数赋值 >;

三、非圆曲线零件的加工

【例 2–14】 加工图 2–44 所示的零件，毛坯为 ϕ50 mm×65 mm 的 45 钢棒料，采用 B 类宏程序编写椭圆和双曲线的加工程序。

加工程序如下：

O0221;

G98 G97 G40 G21;

M03 S800;

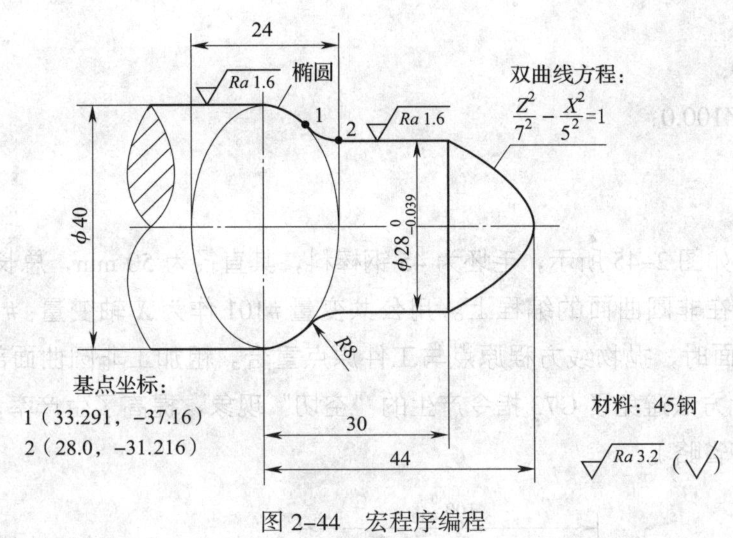

图 2-44　宏程序编程

```
    T0101;                                          换菱形刀片，外圆车刀
    G00 G42 X80.0 Z5.0;
    G73 U20.0 R20.0;
    G73 P10 Q40 U0.3 W0.0 F100.0;
N10 G01 X0.0 F80 S1000;
    Z0.0;
    #101=0.0;                                       加工双曲线轮廓
N20 #102=-1.4*SQRT [ 25+#101*#101 ];
    G01 X [ #102*2.0 ] Z [ #102+7.0 ] F100.0;
        #101=#101+0.1;
    IF [ #101LE14 ] GOTO20;
    G01 X28.0 Z-14.0;
        Z-31.216;
    G02 X33.291 Z-37.16 R8.0;
        #105=6.652;                                 加工椭圆轮廓
N30 #106=SQRT [ 12.0*12.0-#105*#105 ] 20.0/12.0;
        #107=#105-6.65;
        #108=#106*2.0;
    G01 X#108 Z [ #107-37.16 ];
        #105=#105-0.1;
    IF [ #105GE0.0 ] GOTO30;
    G01 X40.0 Z-44.0;
        Z-60.0;
```

```
N40 G01 X45.0;
    G70 P10 Q40;
    G00 X100.0 Z100.0;
    M05;
    M30;
```

【例 2–15】 如图 2–45 所示，毛坯为 45 钢棒料，其直径为 50 mm，总长为 102 mm。加工该零件的难点在非圆曲面的编程上。用公共变量 #101 作为 *X* 轴变量；#100 作为 *Z* 轴变量；加工非圆曲面时，抛物线方程原点与工件原点重合。粗加工非圆曲面部分刀具路径如图 2–46 所示。此方法避免了 G73 指令产生的“空切”现象，提高了生产率，有一定的特色（加工左端的程序省略）。

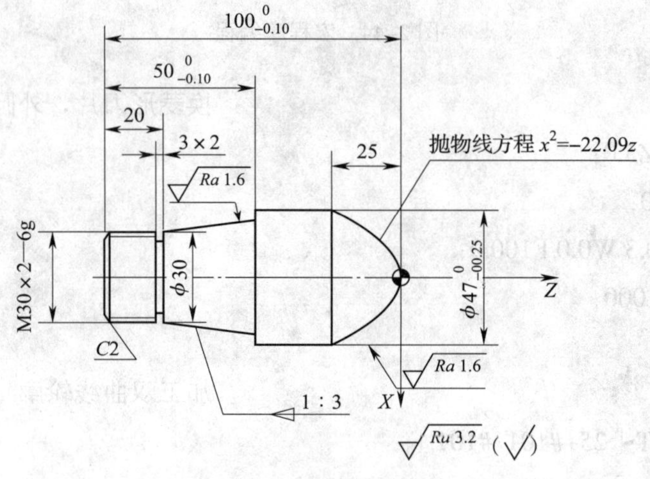

图 2–45 零件图

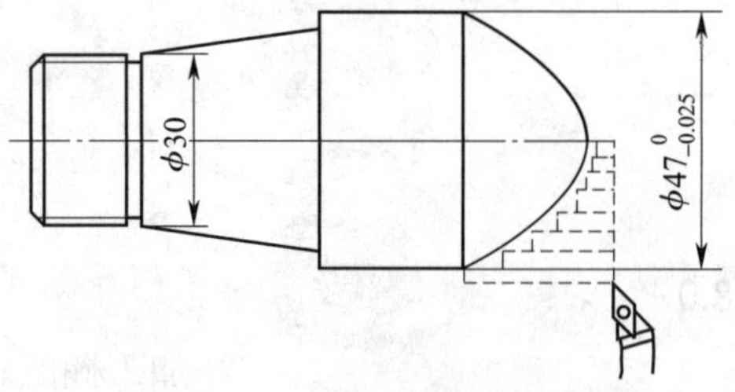

图 2–46 粗加工非圆曲面部分刀具路径

右端的加工程序如下：

```
O1000;
G54 G21;
T0101;
M03 S800;
G96 S120;                    以 120 m/min 的恒线速度切削
G50 S1000;                   限制主轴最高转速为 1 000 r/min
```

程序	说明
G99 G00 X55 Z0 M08;	快速定位，进给量单位为 mm/r
G01 X0 Z0 F0.1;	以 0.1 mm/r 的速度车端面
G00 Z5;	
G00 X50 Z5;	设定循环起点
N20;	此部分为粗加工抛物面部分程序
#101=23.5;	#101 为 X 轴变量，置初始值为 23.5
#102=1.5;	#102 为 X 方向的步距值变量，设为 1.5 mm
#103=0;	
WHILE [#101GT#103] DO1;	如果 #101 中的值大于 #103 中的值，则程序在 WHILE 和 END1 之间循环执行，否则执行 END1 之后的语句
#101=#101–#102;	X 方向减去一个步距
IF [#101LT#103] THEN#101=#103;	当 X 轴变量在循环的最后一次小于 0 时，将 X 变量置 0
#104= [#101*#101/22.09];	计算 Z 变量
G01 Z2 F1;	Z 方向进给退回加工起点
G42 X [2*#101] F0.12;	X 方向进给
G01 Z [–#104+0.5];	Z 方向进给，留 0.5 mm 精加工余量
G40 U1;	沿 X 方向退刀 1 mm，取消刀补
END1;	
G00 X100 Z100 T0100;	
N30;	此部分为精加工抛物面部分程序
T0202;	
G96 S120;	
G50 S1200;	
G00 X0 Z1;	精加工抛物面的起刀点
#106=0;	#106 为 X 坐标值变量，置初始值为 0
#107=0.1;	#107 为 X 方向的步距值变量，设为 0.1 mm
#108=23.5;	抛物线的最大开口值
WHILE [#106LE#108] DO2;	如果 #106 中的值小于等于 #108 中的值，则程序在 WHILE 和 END2 之间循环执行，否则执行 END2 之后的语句
#105= [#106*#106/22.09];	计算 Z 变量
G01 G42 X [2*#106] Z [–#105] F0.1;	直线插补进给，加刀尖圆弧半径补偿
#106=#106+#107;	X 方向坐标值增加一个步距

```
END2；
G01 G40 X52 F1；          取消刀补
G00 X100 Z100 T0200；
M05 M09；
M30；
```

第三章　SIEMENS 系统数控车床编程

第一节　概　　述

SIEMENS 数控车削系统的种类很多，但其编程差异不大，本章在兼顾其他系统的情况下，主要以 SIEMENS 802D 数控车削系统为主进行介绍。

一、SIEMENS 802D 系统功能介绍

SIEMENS 802D 系统准备功能指令见表 3–1。

表 3–1　SIEMENS 802D 系统准备功能指令

G 指令	组别	功能	程序格式及说明
G00	01（模态）	快速点定位	G00 X__ Z__
G01*		直线插补	G01 X__ Z__ F__
G02		顺时针圆弧插补	G02 X__ Z__ CR=__ F__ G02 X__ Z__ I__ K__ F__ G02 AR=__ I__ K__ F__ G02 AR=__ X__ Z__ F__ G03 指令格式与 G02 相同
G03		逆时针圆弧插补	
G04	02（非模态）	暂停	G04 F__ G04 S__
G74		返回参考点	G74 X1=0 Z1=0
G75		返回固定点	G75 X1=0 Z1=0
CIP	01（模态）	通过中间点的圆弧	CIP X__ Z__ I1__ K1__ F__
CT		带切线过渡圆弧	N10…… N20 CT X__ Z__ F__
G17	06（模态）	选择 *XY* 平面（TRANSMIT 铣削时用）	G17
G18*		选择 *ZX* 平面（标准车削加工）	G18
G19		选择 *YZ* 平面（TRACYL 铣削时用）	G19
G25	03（非模态）	主轴转速下限或工作区域下限	G25 S__ G25 X__ Z__

续表

G 指令	组别	功能	程序格式及说明
G26	03（非模态）	主轴转速上限或工作区域上限	G26 S__ G26 X__ Z__
TRANS		可编程偏置	TRANS X__ Z__
SCALE		可编程比例系数	SCALE X__ Z__
ROT		可编程旋转	ROT RPL=__
MIRROR		可编程镜像功能	MIRROR X0
ATRANS		附加轴的编程偏置	ATRANS X__ Z__
ASCALE		附加轴的可编程比例系数	ASCALE X__ Z
AROT		附加轴的可编程旋转	AROT RPL=____
AMIRROR		附加轴的可编程镜像功能	AMIRROR X0
G33	01（模态）	恒螺距螺纹切削	G33 Z__ K__ SF=__ G33 X__ I__ SF=__ G33 Z__ X__K__ SF=__ G33 Z__ X__I__ SF=__
G34		变螺距，螺距增大	G33 Z__ K__ SF=__ G34 Z__ K__ F__
G35		变螺距，螺距减小	G33 Z__ K__ SF=__ G35 Z__ K__ F__
G331		螺纹插补	N10 SPOS=__ N20 G331 Z__ K__ S__
G332		螺纹插补退刀	G332 Z__ K__
G40*	07（模态）	刀尖圆弧半径补偿取消	G40
G41		刀尖圆弧半径左补偿	G41 G01 X__ Z__
G42		刀尖圆弧半径右补偿	G42 G01 X__ Z__
G53*	09（非模态）	取消零点偏置	G53
G153		按程序段取消零点偏置，包括基本框架	G153
G500*	08（模态）	取消零点偏置	G500
G54 ~ G59		第一 ~ 第六可设定零点偏置	G54 或 G55 等
G64	10（模态）	连续路径加工	G64
G60*		准确定位	G60
G09	11（非模态）	准确定位	G09
G601*	12（模态）	在 G60 和 G09 方式下精准确定位	G601
G602		在 G60 和 G09 方式下粗准确定位	G602

续表

G 指令	组别	功能	程序格式及说明
G70	13（模态）	英制	G70
G71*		米制	G71
G700		英制，也用于 F	G700
G710		米制，也用于 F	G710
G90*	14（模态）	绝对值编程	G90 G01 X__ Z__ F__
AC			G91 G01 X__ Z=AC（ ）F__
G91		增量值编程	G91 G01 X__ Z__ F__
IC			G90 G01 X=IC（ ）Z__ F__
G94		每分钟进给	mm/min
G95*		每转进给	mm/r
G96		恒线速度	G96 S500 LIMS= （500 m/min）
G97		取消恒线速度	G97 S__
G450*	18（模态）	圆角过渡拐角方式	G450
G451		尖角过渡拐角方式	G451
BRISK*	21（模态）	轨迹跳跃加速	
SOFT		轨迹平滑加速	
FFWOF*	24（模态）	预控关闭	
FFWON		预控打开	
WALIMON*	28（模态）	工作区域限制生效	
WALIMOF		工作区域限制取消	
DIAMOF	29（模态）	半径量方式	DIAMOF
DIAMON*		直径量方式	DIAMON
G290*	47（模态）	西门子方式	
G291		外部方式（不适用于 802D bi）	
CYCLE82	孔加工固定循环	钻孔、锪孔循环	CYCLE8×（RTP，RFP，SDIS，DP，DPR，……）
CYCLE83		深孔加工循环	
CYCLE84		刚性攻螺纹循环	
CYCLE840		柔性攻螺纹循环	
CYCLE85		铰孔循环	
CYCLE86		精镗孔循环	
CYCLE88		镗孔循环	

续表

G 指令	组别	功能	程序格式及说明
CYCLE93	车削循环	切槽切削	CYCLE9×（ ）
CYCLE94		退刀槽（E 型和 F 型）切削	
CYCLE95		毛坯切削	
CYCLE96		螺纹退刀槽切削	
CYCLE97		螺纹切削	
TRACYL	铣削循环	外圆铣削加工（不适用于 802D bi）	TRACYL（ ）
TRANSMIT		端面铣削加工（不适用于 802D bi）	TRANSMIT 或 TRANSMIT（1）
TRAFOOF		关闭铣削加工（不适用于 802D bi）	TRAFOOF

注：1．表中带“*”的功能在程序启动时生效。

2．802D 系统有很多指令与 802C/S 系统不同，在编程过程中要特别注意两种系统的不同之处。

3．不同组的 G 指令在同一程序段中可以指令多个。如果在同一程序段中指令了多个同组的 G 指令，仅执行最后指定的那一个。

SIEMENS 802D 系统的辅助功能代码参见第一章。

二、工件坐标系

1. 返回参考点

（1）返回参考点 G74

用 G74 指令实现数控程序中返回参考点功能，每个轴的方向和速度存储在机床数据中。G74 指令要求一独立程序段，并按程序段方式有效。在 G74 指令之后的程序段中，原“插补方式”组中的 G 指令（G00、G01、G02 等）将再次生效。

1）指令格式：

G74 X0 Z0

2）指令说明：G74 指令中的 X__、Z__坐标后面的数字没有实际意义。对于经济型系统（步进系统）机床，由于各种因素的影响，可能会引起步进电动机丢步并累积，从而产生较大的误差。此时可在程序中插入 G74 程序段，以自动返回参考点。校验机床原点位置后，重新以机床原点为基准计量运行坐标位置，以消除累积误差。

（2）返回固定点 G75

用 G75 指令可以返回到机床中某个固定点，如换刀点。固定点位置通过设置与机床原点的偏移量确定，它是固定地存储在机床数据中的，不会产生偏移。采用 G75 指令返回固定点时，每个轴的返回速度就是其快速移动速度。G75 指令要求一独立程序段，并按程序段方式有效。在 G75 指令之后的程序段中，原“插补方式”组中的 G 指令（G00、G01、G02

等）将再次生效。

1）指令格式：

G75 X0 Z0

2）指令说明：G75 指令中的 X__、Z__坐标后面的数字没有实际意义。返回固定点一般常用于换刀，但要注意的是，这里的固定点是以机床坐标系为基准设定的，使用时必须明确其实际位置。固定点不能适应不同大小的工件，这样容易引起干涉，使用时应慎重，可代之以“G00 X__ Z__”，此时 X__、Z__是在相应的工件坐标系中的数据，可以适应不同长度的工件。

2. 工件坐标系设定

与工件坐标系有关的指令有 G54 ~ G59、G500、G53、G153 等。

可设定的零点偏置给出了工件原点在机床坐标系中的位置（工件原点以机床原点为基准偏移），如图 3-1 所示。当工件装夹到机床上后求出偏移量，并通过操作面板预置输入规定的偏置存储器（如 G54 ~ G59）中。程序可以通过选择相应的 G54 ~ G59 偏置存储器激活预置值，从而确定工件原点的位置，建立工件坐标系。

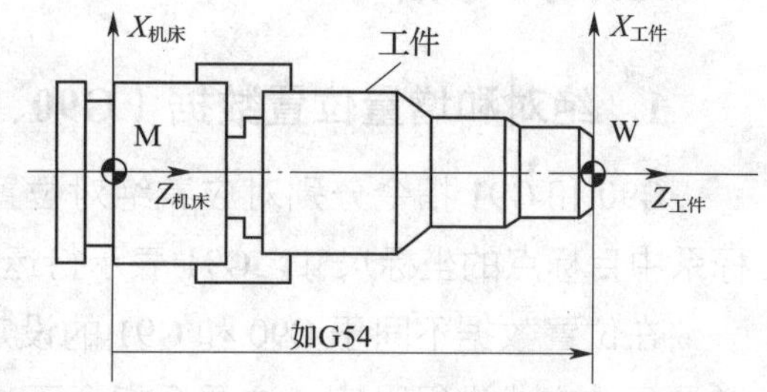

图 3-1　可设定零点偏置

G500 为取消零点偏置，模态有效；G53、G153 为取消零点偏置，程序段有效，可编程的零点偏置也一起取消，从而转变为直接按机床坐标系编程，这种情况较少使用。

3. 坐标变换编程

在 SIEMENS 系统中，为达到简化编程的目的，规定了一些特殊的坐标变换指令。常用的坐标变换指令有坐标平移（可编程的零点偏置）、坐标系旋转、坐标缩放（比例缩放）、坐标镜像（可编程镜像）等。在数控车床中一般只采用坐标平移指令，现介绍如下。

（1）指令格式

TRANS X__ Z__ 可编程坐标平移

ATRANS X__ Z__可编程附加坐标平移

TRANS 或 ATRANS 取消坐标平移

例如，TRANS X10 Z2

（2）指令说明

坐标平移指令的编程示例如图 3-2 所示。通过将工件坐标系偏移一个距离，从而给程序选择一个新的坐标系。

TRANS 为可编程的零点偏置，它的参考基准是当前的有效工件坐标系原点，即使用 G54 ~ G59 设定的工件坐标系。

ATRANS 为附加编程零点偏置，它的参考基准为当前设定的或最后编程的有效工件原点。

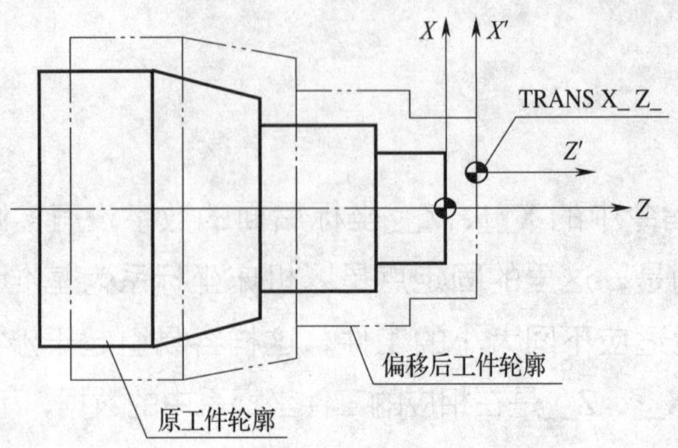

图 3-2　坐标平移指令的编程示例

TRANS 或 ATRANS 指令后面如果没有轴移动参数而单独使用，则表示取消所有坐标变换指令，保留原工件坐标系。

三、尺寸指令

1. 绝对和增量位置数据（G90、G91、AC、IC）

G90 和 G91 指令分别对应着绝对位置数据输入和增量位置数据输入。其中 G90 表示坐标系中目标点的坐标尺寸，G91 表示待运行的位移量。G90 和 G91 指令适用于所有坐标轴。

在位置数据不同于 G90 和 G91 的设定时，可以在程序段中通过 AC 和 IC 以绝对尺寸或增量尺寸方式进行设定。这两个指令不决定到达终点位置的轨迹，轨迹由 G 功能组中的其他 G 功能指令决定（如 G00、G01、G02、G03 等）。

（1）指令格式

G90　　　　　绝对尺寸

G91　　　　　增量尺寸

X=AC（____）　某轴以绝对尺寸输入，这里为 *X* 轴程序段方式

X=IC（____）　某轴以增量尺寸输入，这里为 *X* 轴程序段方式

（2）编程示例

N10 G90 X20 Z90　　　　　绝对尺寸

N20 X75 Z=IC（–32）　　　*X* 仍然是绝对尺寸，*Z* 是增量尺寸

……

N180 G91 X40 Z20　　　　转换为增量尺寸

N190 X–12 Z=AC（17）　　*X* 仍然是增量尺寸，*Z* 是绝对尺寸

2. 米制尺寸 / 英制尺寸（G71、G70、G710、G700）

工件所标注尺寸的尺寸系统可能不同于系统设定的尺寸系统（英制或米制），但这些尺寸可以直接输入程序中，系统会完成尺寸的转换工作。

（1）指令格式

G70　　　　　英制尺寸

G71　　　米制尺寸

G700　　　英制尺寸，也适用于进给速度 F

G710　　　米制尺寸，也适用于进给速度 F

（2）指令说明

系统根据所设定的状态把所有的几何值转换为米制尺寸或英制尺寸（这里刀具补偿值和可设定零点偏置值也作为几何尺寸）。同样，进给速度 F 的单位分别为 mm/min 或 in/min。基本状态可以通过机床数据设定。

用 G70 或 G71 编写所有与工件直接相关的几何数据，例如，在 G00、G01、G02、G03、G33、CIP、CT 功能下的位置数据（X、Z）、插补参数（I、K）、螺距、圆弧半径 CR 以及可编程的零点偏置（TRANS、ATRANS）。所有其他与工件没有直接关系的几何数值，如进给率、刀具补偿、可设定的零点偏置等，它们与 G70/G71 的编写无关。

G700/G710 用于设定进给速度的尺寸系统（in/min 或者 mm/min）。

3. 半径 / 直径数据尺寸（DIAMOF、DIAMON）

在车床上加工零件时，通常把 *X* 轴（横向坐标轴）的位置数据作为直径数据编程，控制器把所输入的数值设定为直径尺寸，这仅限于 *X* 轴。程序中在需要时也可以转换为半径尺寸。

（1）指令格式

DIAMOF　　　半径数据尺寸

DIAMON　　　直径数据尺寸

（2）编程示例

```
N10 DIAMON X44 Z30        X 轴直径数据方式
N20 X48 Z25               DIAMON 继续有效
N30 Z10
……
N110 DIAMOF X22 Z30       X 轴开始转换为半径数据方式
N120 X24 Z25
N130 Z10
……
```

第二节 常用功能指令

一、直线插补 G01

SIEMENS 系统的直线插补指令 G01 与 FANUC 系统的类似，现以示例的形式介绍其应用。

【例 3–1】 编写如图 3–3 所示圆柱 / 圆锥类零件的加工程序，毛坯尺寸为 ϕ50 mm×100 mm。

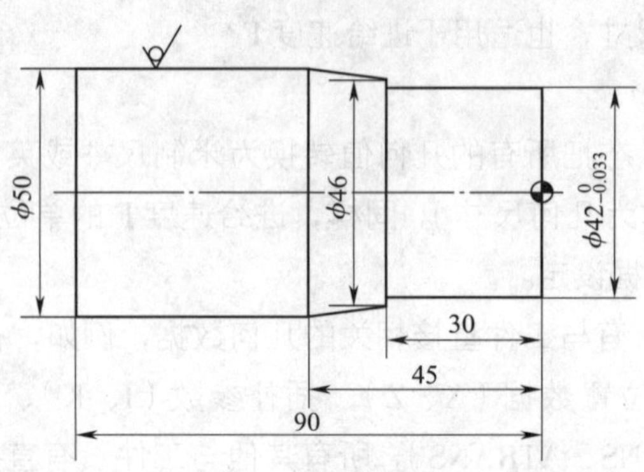

图 3–3 圆柱 / 圆锥类零件的编程

刀具：1 号，90° 外圆车刀。

程序	说明
MAIN001.MPF	工件右端加工程序
N10 G94 G71 G40 G90	程序初始化
N20 T1D1	换 1 号刀，取 1 号刀具长度补偿
N30 M03 S600 M08	主轴正转，切削液开
N40 G00 X100 Z50	进刀至安全位置
N50 X52 Z2	快进至切削起点
N60 G01 X47 F150	
N70 Z–30	第一刀粗加工
N80 G00 X52	
N90 G00 Z2	
N100 G00 X45	
N110 G01 Z–30	第二刀粗加工
N120 X46.2	
N130 X50.2 Z–45	
N140 G00 X52	
N150 Z2	
N160 X42.3	
N170 G01 Z–30	第三刀粗加工
N180 G00 X100	
N190 Z50	
N200 M05 M09	测量工件，并根据测量结果修正刀具长度补偿。如有必要也可换刀进行精车

```
N210 M00
N220 T1D1
N230 G00 X52 Z2
N240 M03 S1000 M08
N250 X42
N260 G01 Z-30 F50                工件精加工
N270 X46
N280 X50 Z-45
N290 G00 X100
N300 Z100
N310 M05 M09                     程序结束部分
N320 M02
```

二、暂停 G04

通过在两个程序段之间插入一个 G04 程序段，可以使进给加工中断给定的时间，程序暂时停止运行，刀架停止进给，但主轴继续旋转。G04 程序段（含地址 F 或 S）只对自身程序段有效。

1. 指令格式

G04 F__　暂停 F 地址指定的时间，单位为 s

G04 S__　暂停主轴转过地址 S 指定的转数所消耗的时间（仍然是进给停）

2. 指令说明

“G04 S__”只有在受控主轴情况下才有效（当转速给定值同样通过 S 功能编程时）。

三、倒角 CHF、倒圆 RND

在一个轮廓拐角处可以插入倒角或倒圆指令，与加工拐角的轴运动指令一起写入程序段中，可以实现拐角处的自动倒角或倒圆过渡，即在直线轮廓之间、圆弧轮廓之间以及直线轮廓和圆弧轮廓之间插入直线或圆弧过渡，如图 3-4 所示。

1. 指令格式

CHF=____插入倒角，数值等于倒角长度

RND=____插入倒圆，数值等于倒圆半径

2. 指令说明

轮廓的直线和圆弧可以利用直线插补指令 G01 或圆弧插补指令 G02、G03 直接编程，

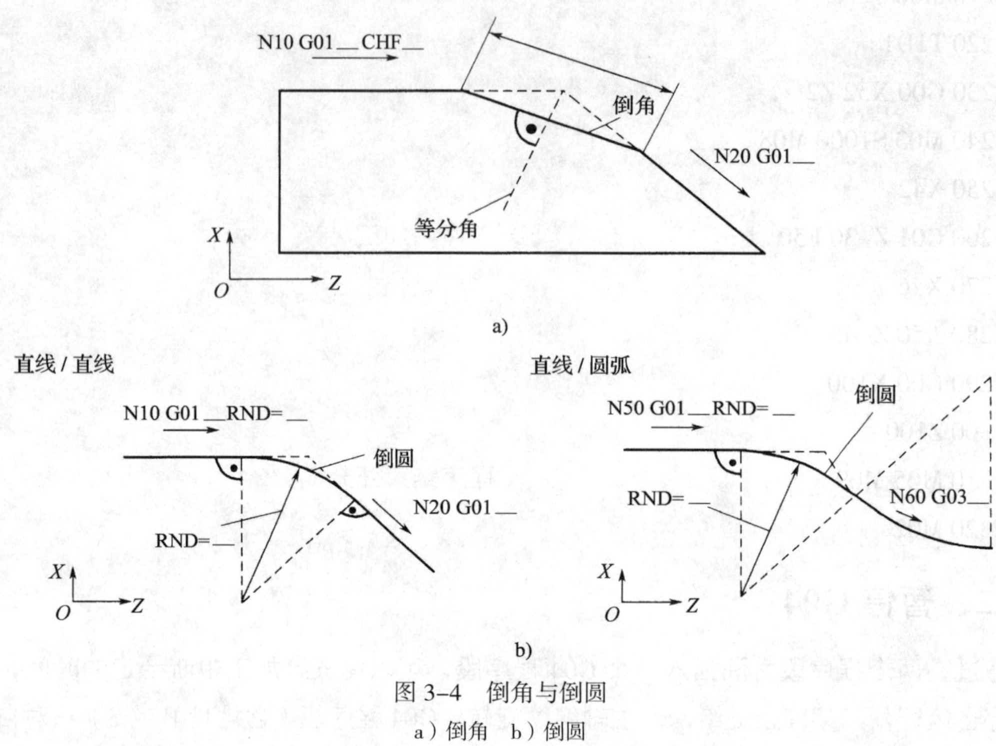

图 3-4　倒角与倒圆
a）倒角　b）倒圆

但需要知道倒角线段/倒圆圆弧与轮廓的交点坐标。若利用 CHF 或 RND 编程，只需知道未倒角/倒圆轮廓的交点坐标，符合图样尺寸标注习惯。当进行 CHF 或 RND 编程加工时，如果其中一个程序段的轮廓长度不够，则在倒角或倒圆时会自动削减编程值。如果几个连续的程序段中有不含坐标轴移动指令的程序段，则不可以进行倒角/倒圆编程。

四、圆弧插补 G02/G03

刀具以圆弧轨迹从起点移动到终点，方向由指令确定。G02 为顺时针圆弧插补指令，G03 为逆时针圆弧插补指令。

1. 指令格式

圆弧可按以下方式编程。

G02/G03 X__Z__I__K__F__	终点坐标和圆心坐标（见图 3-5a）
G02/G03 X__Z__CR=__F__	终点坐标和半径（见图 3-5b）
G02/G03 AR=__I__K__F__	张角和圆心坐标（见图 3-5c）
G02/G03 AR=__X__Z__F__	张角和终点坐标（见图 3-5d）
CIP X__ Z__ I1=__ K1=__	圆弧终点和中间点
CT X__ Z__	切线过渡

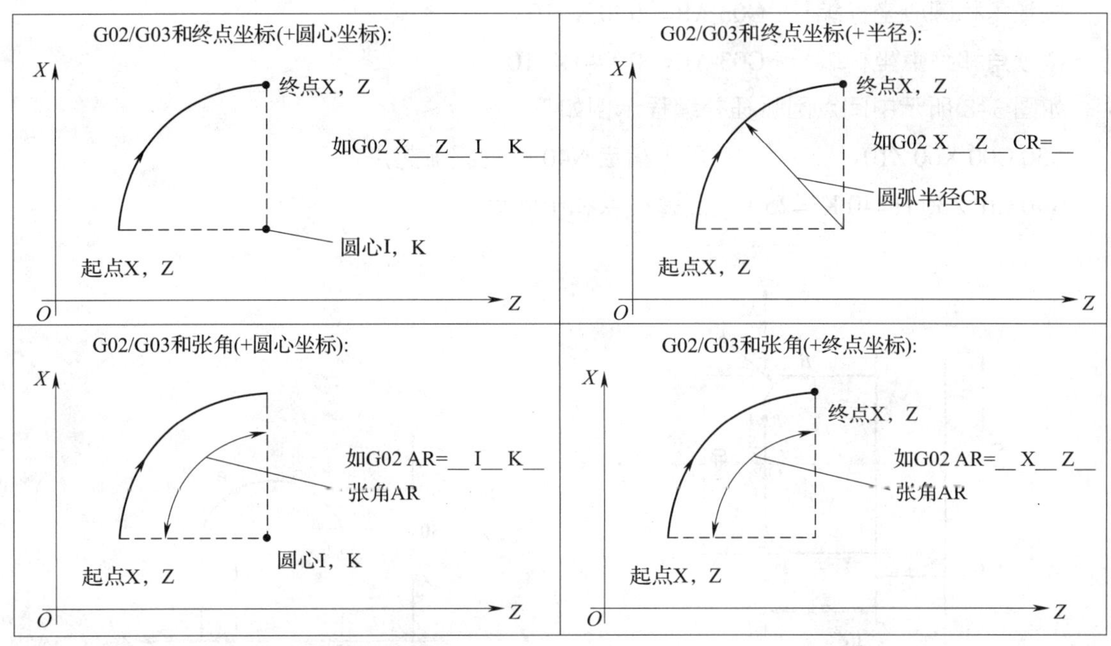

图 3–5　圆弧编程的方式

2. 指令说明

圆弧插补指令共有以上六种形式，X__、Z__为圆弧的终点坐标；I__、K__为圆心坐标，它不管是在绝对值编程方式下还是在增量值编程方式下，永远是圆心相对于圆弧起点的增量坐标。CR 是圆弧的半径，AR 是圆弧对应的圆心角。G02/G03 指令都是模态指令，一旦使用一直有效，直到被同组中其他 G 指令取代为止。I1 为圆弧上任一中间点在 *X* 坐标轴上的半径量，K1 为圆弧上任一中间点的 *Z* 向坐标值。

3. 编程示例

如图 3–6 所示，*BC* 为一段 1/4 的顺圆弧，编程零点设在工件右端面与中心线的交点上，其加工程序如下：

按终点坐标和圆心坐标编程：G02 X50 Z–25 I10 K0

按终点坐标和半径编程：G02 X50 Z–25 CR=10

按张角和圆心坐标编程：G02 AR=90 I10 K0

按张角和终点坐标编程：G02 AR=90 X50 Z–25

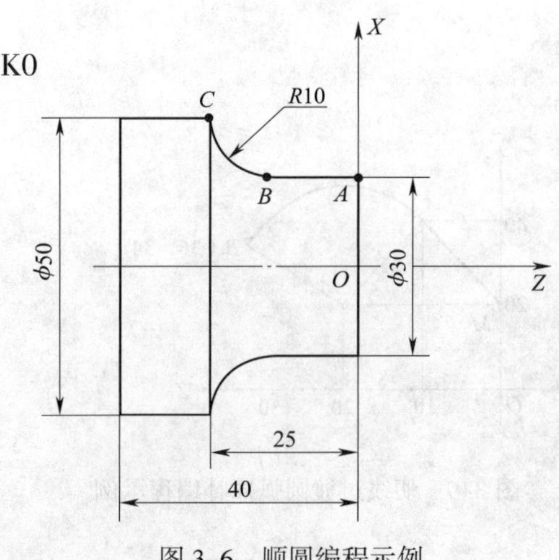

图 3–6　顺圆编程示例

如图 3–7 所示的 *AB* 为一段 1/4 的逆圆弧，其加工程序如下：

按终点坐标和圆心坐标编程：G03 X40 Z–10 I0 K–10

按终点坐标和半径编程：G03 X40 Z–10 CR=10

按张角和圆心坐标编程：G03 AR=90 I0 K-10

按张角和终点坐标编程：G03 AR=90 X40 Z-10

如图 3-8 所示中间点圆弧插补编程示例如下：

N30 G00 X60 Z10　　　　　用于指定 N40 段的圆弧起点

N40 CIP Z30 I1=40 K1=25　　　圆弧终点和中间点

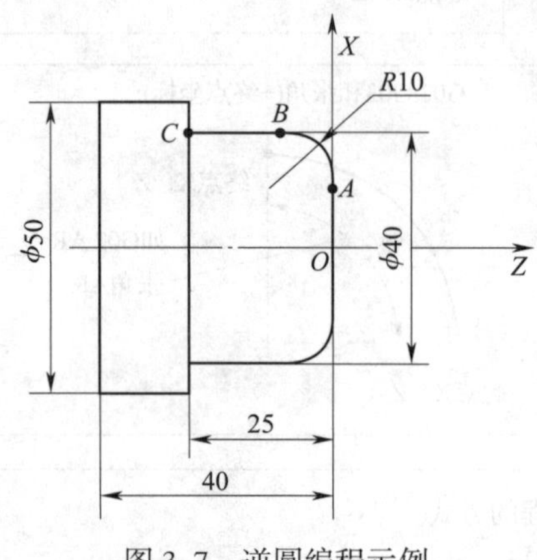

图 3-7　逆圆编程示例

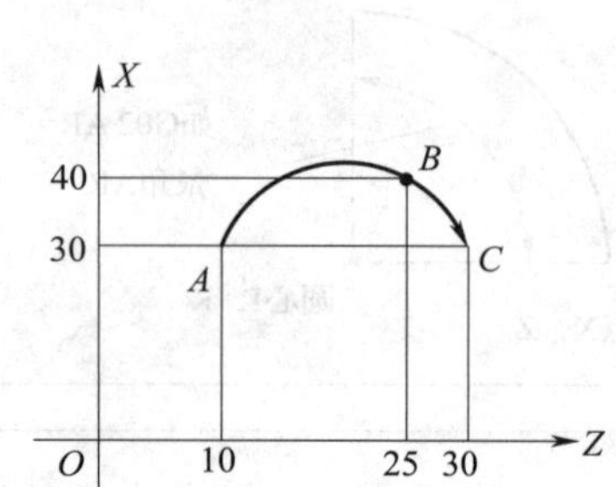

图 3-8　中间点圆弧插补编程示例

说明：该指令是根据“不在一条直线上的三个点可确定一个圆”的数学原理，由系统自动计算其圆弧的半径及圆心位置并进行插补运行的。

如图 3-9 所示切线过渡圆弧插补编程示例如下：

G01 X40 Z10　　　　　　圆弧起点和切点

CT X36 Z34　　　　　　圆弧终点

说明：该指令由圆弧终点和切点（圆弧起点）来确定圆弧半径的大小。

【例 3-2】 编写如图 3-10 所示工件的圆弧加工程序，毛坯沿用例 3-1 的工件。

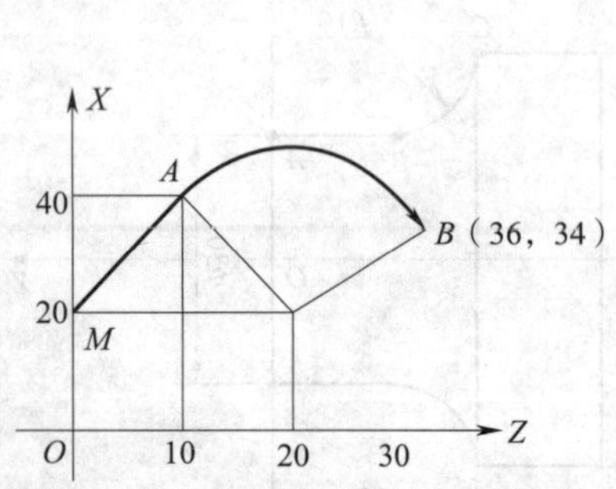

图 3-9　切线过渡圆弧插补编程示例

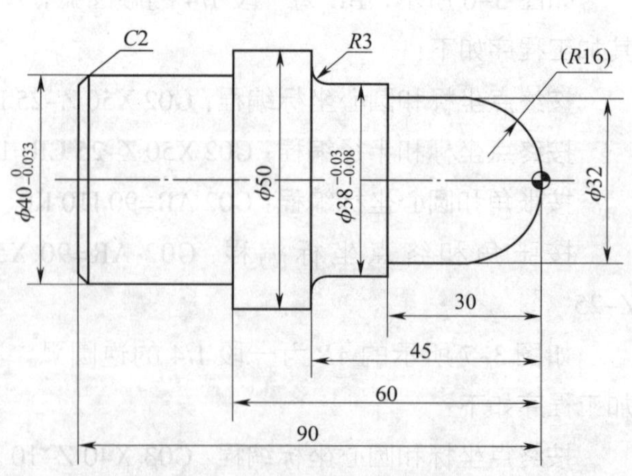

图 3-10　圆弧工件的编程

刀具：1 号，90° 外圆车刀。

```
MAIN002.MPF                     圆弧工件加工程序
N10 G94 G71 G40 G90             程序初始化
N20 T1D1                        换 1 号刀，取 1 号刀具长度补偿
N30 M03 S600 M08                主轴正转，切削液开
N40 G00 X100 Z50                进刀至安全位置
N50 X52 Z2                      快进至切削起点
N60 G01 X42 F150
N70 Z-43                        第一刀粗加工，车掉 R3 mm 圆弧处余量
N80 G00 X52
N90 G00 Z2
N100 G00 X38.2
N110 G01 Z-42                   第二刀粗加工，注意 Z 值，防止过切
N120 G00 X52
N130 Z2
N140 X35
N150 G01 Z-30                   第三刀粗加工
N160 G00 X40
N170 Z2
N180 X32.2
N190 G01 Z-30                   第四刀粗加工
N200 G00 X35
N210 Z6
N220 X0
N230 G03 X32 Z-10 CR=16         用圆弧偏置法粗车 φ32 mm 的圆弧
N240 G00 X35
N250 Z3
N260 X0
N270 G03 X32 Z-13 CR=16
N280 G00 X35
N290 Z0.3
N300 X0
N310 G03 X32 Z-15.7 CR=16
N320 G00 X100
N330 Z50
```

```
N340 M05 M09                测量工件，并根据测量结果修正刀具长度补偿
N350 M00
N360 T1D1
N370 G00 X52 Z2
N380 M03 S1000 M08
N390 G01 X0 Z0 F80
N400 G03 X32 Z-16 CR=16     工件精加工
N410 G01 Z-30
N420 G01 X38
N430 Z-42
N440 G02 X44 Z-45 CR=3
N450 G00 X100
N460 Z50
N470 M05 M09                程序结束部分
N480 M02
```

第三节　固 定 循 环

一、毛坯切削循环指令 CYCLE95

1. 指令格式

CYCLE95（NPP，MID，FALZ，FALX，FAL，FF1，FF2，FF3，VARI，DT，DAM，VRT）

各参数说明见表 3-2。

表 3-2　SIEMENS 802D 系统 CYCLE95 的参数说明

参数	说明
NPP	轮廓子程序名称
MID	粗加工最大背吃刀量，无符号输入
FALZ	*Z* 向的精加工余量，无符号输入
FALX	*X* 向的精加工余量，无符号输入，半径量
FAL	沿轮廓方向的精加工余量
FF1	非退刀槽加工的进给速度
FF2	进入凹凸切削时的进给速度
FF3	精加工时的进给速度

续表

参数	说明
VARI	加工方式：用数值 1 ~ 12 表示
DT	粗加工时用于断屑的停顿时间
DAM	因断屑而中断粗加工时所经过的路径长度
VRT	粗加工时从轮廓退刀的距离，*X* 向为半径，无符号输入

2. 加工方式与切削动作

毛坯切削循环的加工方式用参数 VARI 表示，按其形式分为三类 12 种：第一类为纵向加工与横向加工，第二类为外部加工与内部加工，第三类为粗加工、精加工与综合加工。毛坯切削循环加工方式见表 3–3。

表 3–3　毛坯切削循环加工方式

数值（VARI）	纵向 / 横向	外部 / 内部	粗加工 / 精加工 / 综合加工
1	纵向	外部	粗加工
2	横向	外部	粗加工
3	纵向	内部	粗加工
4	横向	内部	粗加工
5	纵向	外部	精加工
6	横向	外部	精加工
7	纵向	内部	精加工
8	横向	内部	精加工
9	纵向	外部	综合加工
10	横向	外部	综合加工
11	纵向	内部	综合加工
12	横向	内部	综合加工

（1）纵向加工和横向加工

1）纵向加工。纵向加工方式是指沿 *X* 轴方向切深进给，而沿 *Z* 轴方向切削进给的一种加工方式，纵向加工的切削动作如图 3–11 所示。

①刀具定位至循环起点（刀具以 G00 方式定位到循环起点 *C*）。

②轨迹 11：以 G01 方式沿 *X* 方向根据系统计算出的参数 MID 值进给至 *E* 点。

③轨迹 12：以 G01 方式按参数 FF1 指定的进给速度进给至交点 *J*。

④轨迹 13：以 G01/G02/G03 方式按参数 FF1 指定的进给速度沿着轮廓 + 精加工余量粗

加工到最后一点 *K*。

⑤轨迹 14、轨迹 15：以 G00 方式退刀至循环起点 *C*，完成第一刀切削加工循环。

⑥重复以上过程，完成切削循环（如此重复以上过程，完成第二刀切削加工循环，轨迹 21 ~ 25 等）。

2）横向加工。横向加工方式是指沿 *Z* 轴方向切深进给，而沿 *X* 轴方向切削进给的一种加工方式。

横向加工的切削动作如图 3–12 所示，与纵向加工切削动作相似，不同之处在于纵向加工是沿 *X* 轴方向进行多刀循环切削的，而横向加工是沿 *Z* 轴方向进行多刀循环切削的。其进给路线为：进刀（*CD*，轨迹 11）→ *X* 向切削（轨迹 12）→沿工件轮廓切削（轨迹 13）→退刀（轨迹 14 和 15）→重复以上动作（轨迹 21 ~ 25 等）。

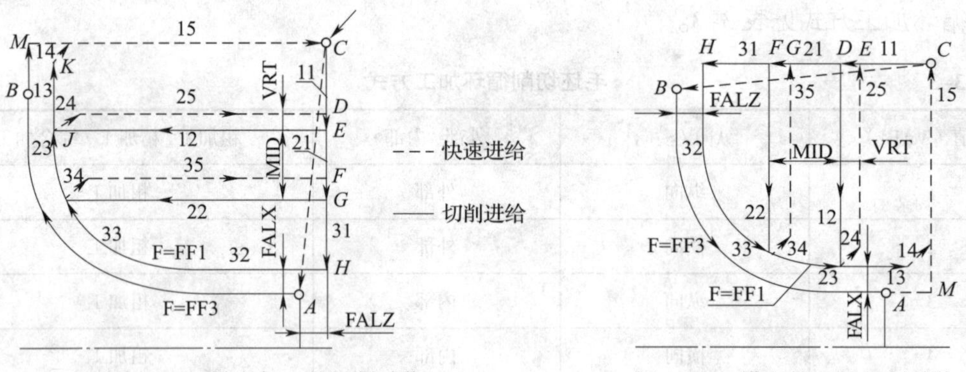

图 3–11 纵向加工的切削动作　　图 3–12 横向加工的切削动作

（2）外部加工和内部加工

1）纵向加工方式中的外部与内部加工。在纵向加工方式中，当毛坯切削循环刀具的切深方向为 –*X* 向时，则该加工方式为纵向外部加工方式（VARI=1/5/9），如图 3–13a 所示；反之，当毛坯切削循环刀具的切深方向为 +*X* 向时，该加工方式为纵向内部加工方式（VARI=3/7/11），如图 3–13b 所示。

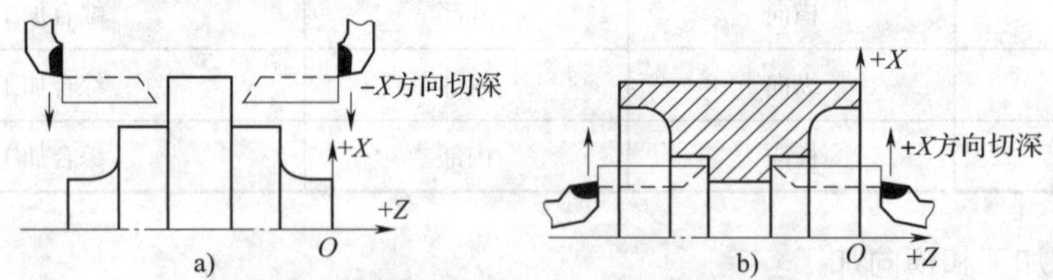

图 3–13 纵向加工方式中的外部与内部加工
a）外部加工 b）内部加工

2）横向加工方式中的外部与内部加工。横向加工方式中的外部与内部加工如图 3–14 所示，当毛坯切削循环刀具的切深方向为 –*Z* 向时，则该加工方式为横向外部加工方式（VARI=2/6/10）；反之，当毛坯切削循环刀具的切深方向为 +*Z* 向时，该加工方式为横向内部加工方式（VARI=4/8/12）。

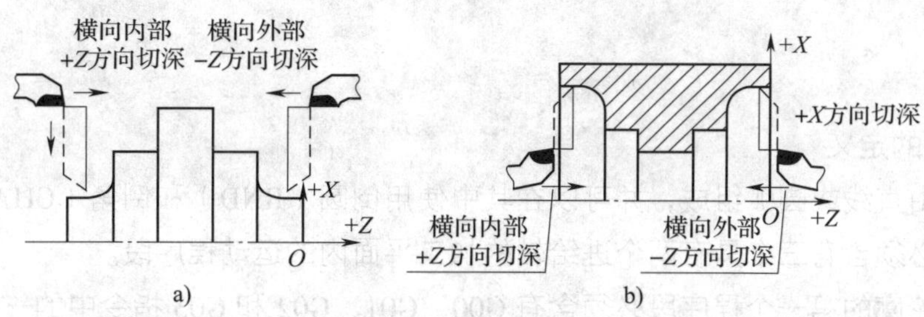

图 3-14　横向加工方式中的外部与内部加工

（3）粗加工、精加工和综合加工

1）粗加工。粗加工（VARI=1/2/3/4）是指采用分层切削的方式切除余量的一种加工方式，粗加工完成后保留精加工余量。

2）精加工。精加工（VARI=5/6/7/8）是指刀具沿轮廓轨迹一次性进行加工的一种加工方式。精加工循环时，系统将自动启用刀尖圆弧半径补偿功能。

3）综合加工。综合加工（VARI=9/10/11/12）是粗加工和精加工的合成。执行综合加工时，先进行粗加工，再进行精加工。

3. 轮廓的调用与定义

（1）轮廓的调用

轮廓调用的方法有两种，一种是将工件轮廓编写在子程序中，在主程序中通过参数 NPP 对轮廓子程序进行调用，参见例 3-3。另一种是用“ANFANG：ENDE”表示，其加工程序直接跟在主程序循环调用指令后，参见例 3-4。

【例 3-3】

```
MAIN1.MPF
……
CYCLE95（“SUB2”，……）
……
M02
SUB2.SPF
……
RET
```

【例 3-4】

```
MAIN1.MPF
……
CYCLE95（“ANFANG：ENDE”，……）
ANFANG：
……                    定义轮廓
ENDE：
```

……

M02

（2）轮廓的定义

1）轮廓由直线或圆弧组成，并可以在其中使用倒圆（RND）和倒角（CHA）指令。

2）轮廓必须含有三个具有两个进给轴的加工平面内的运动程序段。

3）定义轮廓的第一个程序段必须含有 G00、G01、G02 和 G03 指令中的一个。

4）轮廓子程序中不能含有刀尖圆弧半径补偿指令。

4. 轮廓的切削步骤

SIEMENS 802D 系统的毛坯切削循环不仅能加工单调递增或单调递减的轮廓，还可以加工内凹的轮廓以及超过 1/4 圆的圆弧。内凹轮廓的切削步骤如图 3–15 所示，按（一）、（二）、（三）的顺序进行。

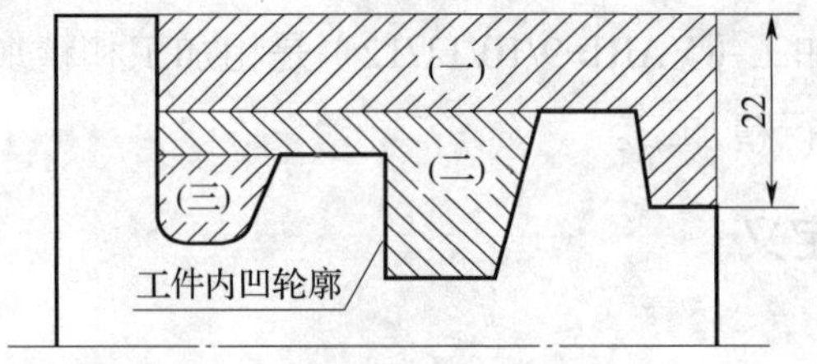

图 3–15 内凹轮廓的切削步骤

5. 循环起点的确定

循环起点的坐标值根据工件加工轮廓、精加工余量、退刀量等因素由系统自动计算，具体计算方法如图 3–16 所示。

刀具定位及退刀至循环起点的方式有两种。粗加工时，刀具两轴同时返回循环起点；精加工时，刀具分别返回循环起点，且先返回刀具切削进刀轴。

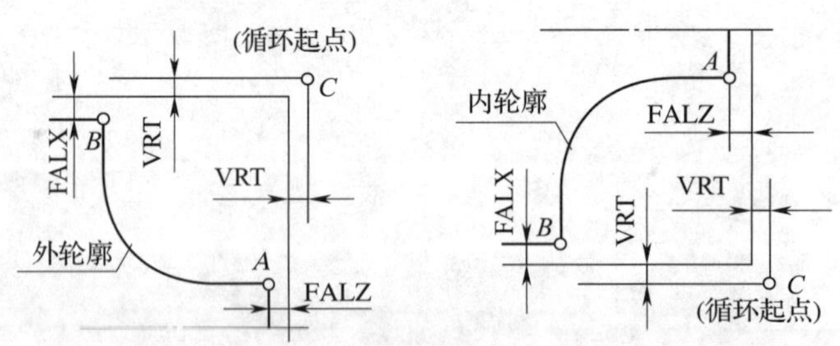

图 3–16 循环起点的计算

6. 粗加工进刀深度

参数 MID 定义的是粗加工最大可能的进刀深度，实际切削时的进刀深度由循环自动计算得出，且每次进刀深度相等。计算时，系统根据最大可能的进刀深度和待加工的总深度计算出总的进刀次数，再根据进刀次数和待加工的总深度计算出每次粗加工进刀深度。

例如，图 3–15 中步骤（一）的总切深量为 22 mm，参数 MID 中定义的值为 5 mm，则系统先计算出总的进刀次数为 5 次，再计算出实际加工过程中的进刀深度为 4.4 mm。

7. 精加工余量

在 SIEMENS802D 系统中，分别用参数 FALX、FALZ 和 FAL 定义 *X* 轴、*Z* 轴和根据轮廓确定的精加工余量，*X* 方向的精加工余量以半径值表示。

【例 3–5】 试按 SIEMENS 802D 系统的规定编写图 3–17 所示机床垫铁柱的加工程序。

本示例工件直径较大，而 *Z* 向切削余量相对较小，所以采用横向外部综合加工方式（VARI=10）编程较为合适。编程时，要注意子程序中的轮廓起点为 *A* 点，终点是 *B* 点。

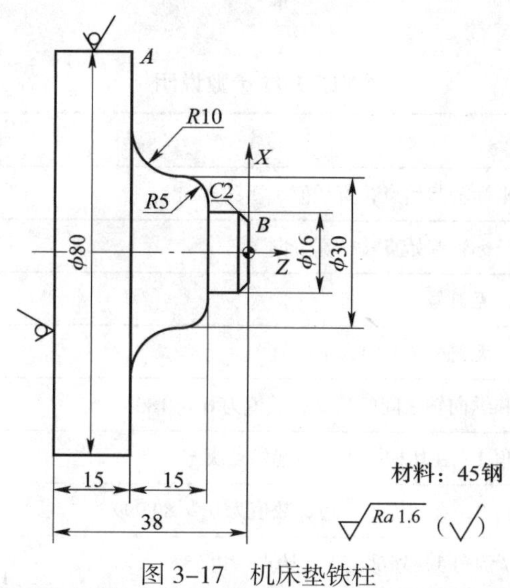

图 3–17　机床垫铁柱

```
AA502.MPF
G90 G94 G40 G71
T1D1
M03 S600 F100
G00 X180 Z2
CYCLE95（"ANFANG：ENDE"，1.5，0.2，0.05，，150，80，80，10，，，0.5）
ANFANG：                        轮廓定义放在毛坯切削循环之后
G00 X82 Z–23
G01 X50
G03 X30 Z–13 CR=10
G02 X20 Z–8 CR=5
G01 X16
Z–2
X12 Z0
```

ENDE:

G74 X0 Z0

M30

二、一般切槽循环指令 CYCLE93

1. 指令格式

CYCLE93（SPD，SPL，WIDG，DIAG，STA1，ANG1，ANG2，RCO1，RCO2，RCI1，RCI2，FAL1，FAL2，IDEP，DTB，VARI）

各参数说明见表 3–4。

表 3–4　CYCLE93 参数说明

参数	说明
SPD	横向坐标轴起始点，直径值（槽深方向）
SPL	纵向坐标轴起始点（槽宽方向）
WIDG	槽宽，无符号
DIAG	槽深，无符号（*X* 向为半径值）
STA1	轮廓和纵向轴之间的角度，数值为 0 ~ 180
ANG1	侧面角 1，在切槽一边，由起始点决定
ANG2	侧面角 2，在切槽另一边，数值为 0 ~ 89.999
RCO1	半径 / 倒角 1，外部位于起始点一边
RCO2	半径 / 倒角 2，外部位于起始点的另一边
RCI1	半径 / 倒角 1，内部位于起始点一边
RCI2	半径 / 倒角 2，内部位于起始点的另一边
FAL1	槽底面精加工余量
FAL2	槽侧面精加工余量
IDEP	切入深度，无符号（*X* 向为半径值）
DTB	槽底停留时间
VARI	加工方式，数值为 1 ~ 8

例如：CYCLE93（50，–10.36，8，5，0，10，10，1，1，1，1，0.3，0.3，3，1，1）

2. 加工方式与切削动作

切槽循环的加工方式用参数 VARI 表示，分成三类共 8 种，第一类为纵向加工与横向加工，第二类为外部加工与内部加工，第三类为起始点位于槽左侧或右侧。切槽的加工方式见表 3–5。

表 3–5　切槽的加工方式

数值	纵向 / 横向	外部 / 内部	起始点位置
1	纵向	外部	左侧
2	横向	外部	左侧
3	纵向	内部	左侧
4	横向	内部	左侧
5	纵向	外部	右侧
6	横向	外部	右侧
7	纵向	内部	右侧
8	横向	内部	右侧

（1）纵向加工与横向加工

1）纵向加工。纵向加工是指槽的深度方向为 *X* 方向、槽的宽度方向是 *Z* 方向的一种加工方式。以纵向外部槽为例，其切槽循环参数如图 3–18a 所示，其切削动作如图 3–18b 所示。

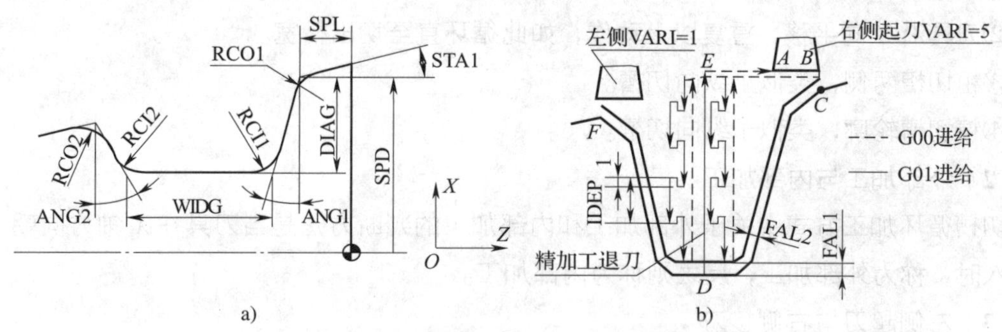

图 3–18　纵向切槽加工的参数与切削动作
a）切槽循环参数　b）切削动作

纵向外部加工方式中的刀具切削动作说明如下：

①刀具定位到循环起点后，沿深度方向（*X* 轴方向）切削，每次切深 IDEP 指令值后，回退 1 mm，再次切深，如此循环直至切深至距轮廓为 FAL1 指令值处，*X* 向快退至循环起点 *X* 坐标处。

②刀具沿 *Z* 方向平移，重复以上动作，直至 *Z* 方向切出槽宽。

③分别用刀尖（*A* 点和 *B* 点）对左右槽侧各进行一次槽侧的粗切削，槽侧切削后各留 FAL2 值的精加工余量。

④用刀尖（*B* 点）沿轮廓 *CD* 进行精加工并快速退回 *E* 点，然后用刀尖（*A* 点）沿轮廓 *FD* 进行精加工并快速退回 *E* 点。

⑤退回循环起点，完成全部切槽动作。

2）横向加工。横向加工是指槽的深度方向为 Z 方向、槽的宽度方向是 X 方向的一种加工方式。以横向右侧槽为例，其切槽循环参数如图 3-19a 所示，其切削动作如图 3-19b 所示。

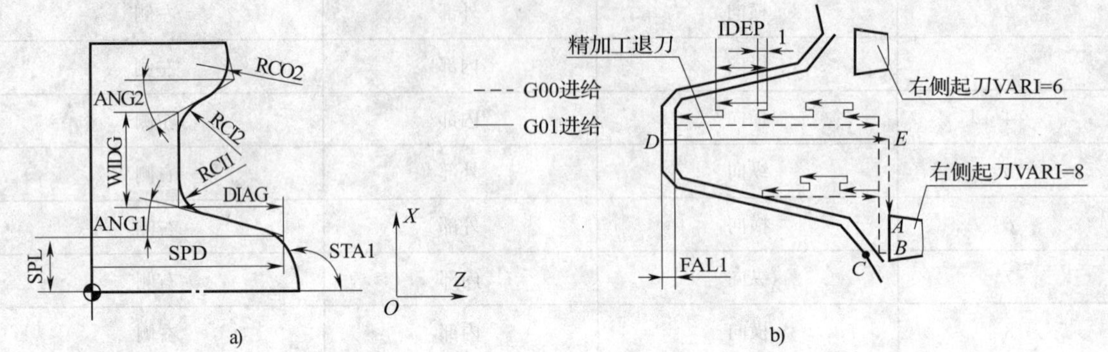

图 3-19　横向切槽加工的参数与切削动作

a）切槽循环参数　b）切削动作

横向右侧加工方式中的刀具切削动作说明如下：

①刀具定位至循环起点，刀具先沿 $-Z$ 方向分层切深至距离轮廓 FAL1 指令值处，再沿 $+Z$ 方向快速回退至循环起点 Z 坐标处。

②刀具沿 X 向平移，重复以上动作，如此循环直至切出槽宽。

③粗切槽两侧，类似于纵向切槽。

④精切槽轮廓，类似于纵向切槽。

（2）外部加工与内部加工

切槽循环加工方式中关于外部加工和内部加工的判断方法是当刀具在 X 轴方向朝 $-X$ 方向切入时，称为外部加工，反之则称为内部加工。

（3）左侧起刀与右侧起刀

切槽循环加工方式中关于左侧起刀和右侧起刀的判断方法是站在操作者位置观察刀具，不管是纵向切槽还是横向切槽，当循环起点位于槽的右侧时，称为右侧起刀，反之称为左侧起刀。

切槽加工方式的判断如图 3-20 所示。

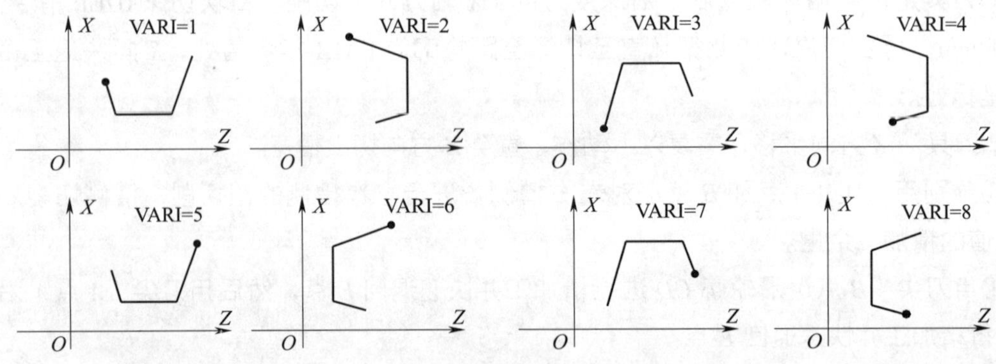

图 3-20　切槽加工方式的判断

3. 刀宽的设定

SIEMENS 802D 系统的切槽循环中，没有用于设定刀具宽度的参数。实际所用刀具宽度是通过该切槽刀的两个连续的刀沿号中设定的偏置值由系统自动计算得出的。因此，在加工前必须对切槽刀的两个刀尖进行对刀，并将对刀值设定在该刀具的连续两个刀沿号中。加工编程时，只需激活第一个刀沿号。

刀宽必须小于槽宽，否则会产生刀具宽度定义错误的报警。

4. 使用切槽循环（SIEMENS 802D 系统）编程时的注意事项

（1）参数 STA1 用于指定槽的斜线角，取值范围为 0 ~ 180，且始终用于纵向轴。

（2）参数 RCO 与 RCI 可以指定倒圆，也可以指定倒角。当指定倒圆时，参数用正值表示；当指定倒角时，参数用负值表示。

（3）切槽加工中的刀具分层切深进给后，刀具回退量为 1 mm。

（4）在切槽加工过程中，经一次切深后刀具在左右方向平移量的大小是根据刀具宽度和槽宽由系统自行计算的，每次平移量在不大于 95% 的刀宽基础上取较大值。

（5）参数 DTB 中设定的槽底停留时间的最小值至少为主轴旋转一周的时间。

【例 3-6】 用 SIEMENS 802D 系统的切槽循环指令编写图 3-21 所示工件的数控程序。

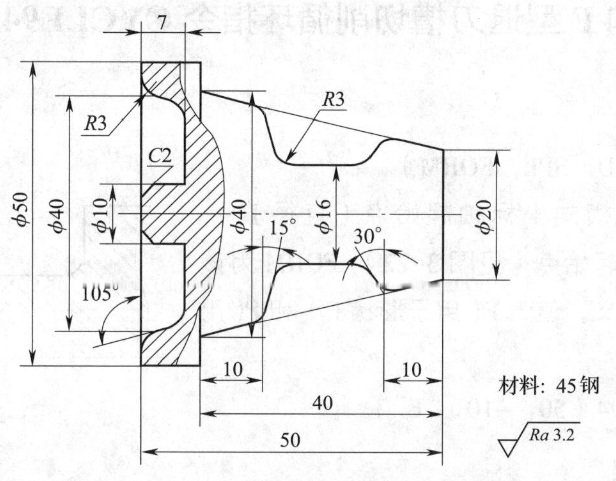

图 3-21 切槽固定循环编程示例

刀具：1 号刀具，外圆车槽刀；2 号刀具，端面车槽刀；3 号刀具，外圆车刀（外圆程序略）。

AA518.MPF	外圆槽加工程序
N10 G90 G94 G40 G71	程序开始部分
N20 T1D1	换 1 号刀，激活 1 号刀沿
N30 M03 S400 F100	主轴正转
N40 G00 X27 Z-10	快速定位

N50 CYCLE93（25，-10，14.86，4.5，165.95，30，15，3，3，3，3，0.2，0.3，3，1，5）	纵向外部右侧切槽加工
N60 G74 X0 Z0	程序结束
N70 M30	

AA520.MPF	端面槽加工程序
N10 G90 G94 G40 G71	程序开始部分
N20 T2D1	换 2 号刀，激活 1 号刀沿
N30 M03 S400 F100	主轴正转
N40 G00 X40 Z2	快速定位
N50 CYCLE93（10，0，12.12，7，90，0，15，-2，0，3，3，0.2，0.3，3，1，8）	横向内部右侧切槽加工
N60 G74 X0 Z0	程序结束
N70 M30	

三、E 型和 F 型退刀槽切削循环指令 CYCLE94

1. 指令格式

CYCLE94（SPD，SPL，FORM）

其中，SPD 为横向坐标轴起始点（直径值）；SPL 为纵向坐标轴起始点（见图 3-22）；FORM 为该参数用于形状的定义，值为 E（用于形状 E）和 F（用于形状 F）。

例如：CYCLE94（50，-10，“E”）

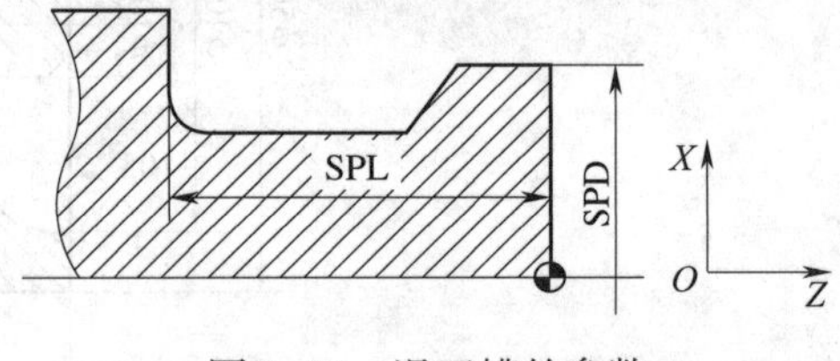

图 3-22　退刀槽的参数

2. 指令说明

E 型和 F 型退刀槽为 DIN509 标准（该标准为德国国家标准）系列槽，其形状如图 3-23 所示，槽宽及槽深等参数均采用标准尺寸，加工这类槽时只需确定槽的位置（程序中用参数 SPD 和 SPL 确定）即可。

该循环的执行过程如下：

（1）刀具以 G00 方式移动至循环开始前的起点。

（2）根据当前刀沿号，选择刀尖圆弧半径补偿，按照循环调用前指定的进给速度沿退刀槽的轮廓进行切削加工。

（3）刀具以 G00 方式返回起始点，并取消刀尖圆弧半径补偿。

在调用 CYCLE94 循环前，必须激活刀具补偿，而且定义的刀沿号必须为 1 ~ 4，如图 3-24 所示；否则会在执行过程中出现程序出错报警。

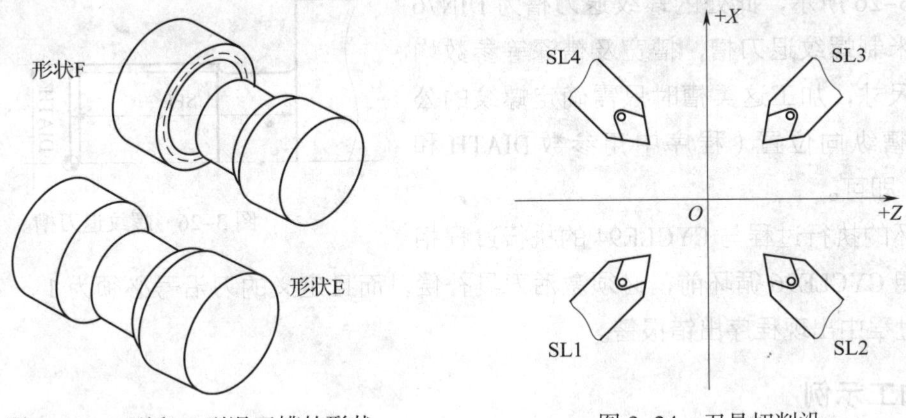

图 3-23 E 型和 F 型退刀槽的形状　　图 3-24 刀具切削沿

3. 加工示例

【例 3-7】 加工 E 型退刀槽（SPD=36，SPL=-40），试编写其加工程序。

加工程序如下：

```
AA333.MPF
T1D1 M03 S400 G94 F100
G00 X50 Z2
CYCLE94（36，-40，"E"）
```

四、螺纹退刀槽指令 CYCLE96

1. 指令格式

CYCLE96（DIATH，SPL，FORM）

其中，DIATH 为螺纹的公称直径；SPL 为纵向坐标轴起始点；FORM 用于形状的定义，其值为 A、B、C 和 D（分别用于定义 A、B、C 和 D 型螺纹退刀槽，见图 3-25）。

例如：CYCLE96（36，-30，"A"）

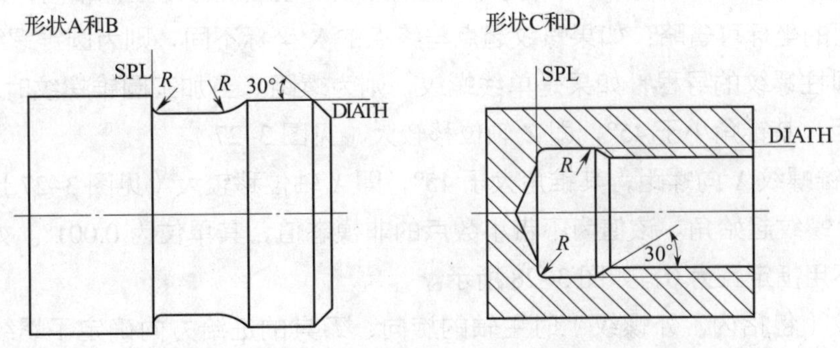

图 3-25 螺纹退刀槽的形状

2. 指令说明

如图 3–26 所示，此处的螺纹退刀槽为 DIN76 标准系列米制螺纹退刀槽，槽宽及槽深等参数均采用标准尺寸，加工这类槽时只需确定螺纹的公称直径及槽纵向位置（程序中用参数 DIATH 和 SPL 确定）即可。

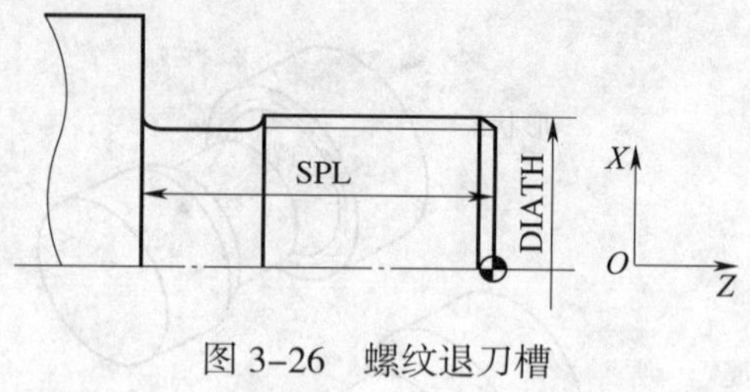

图 3–26 螺纹退刀槽

该循环的执行过程与 CYCLE94 的执行过程相同。在调用 CYCLE96 循环前，必须激活刀具补偿，而且定义的刀沿号必须为 1 ~ 4；否则会在执行过程中出现程序出错报警。

3. 加工示例

加工 A 型螺纹退刀槽（DIATH=36，SPL=–40），试编写其加工程序。

加工程序如下：

```
AA334.MPF
T1D3 M03 S400 G94 F100
G00 X50 Z2
CYCLE96（36，–40，“A”）
```

第四节 螺 纹 加 工

一、等距螺纹切削指令 G33

1. 指令格式

```
G33 Z__ K__ SF=__
G33 X__ Z__ K__
G33 X__ Z__ I__
```

其中，X__ Z__ 为螺纹的终点坐标。如果螺纹终点与起点的 X 坐标相同，则该螺纹为圆柱螺纹，相同的坐标可省略；如果螺纹起点与终点的 X 坐标不同，则为圆锥螺纹。

K__ 为圆柱螺纹的导程，如果是单线螺纹，则为螺距。当加工圆锥螺纹时，K__为圆锥螺纹 *Z* 向螺距，其锥角小于 45°，即 *Z* 轴位移较大（见图 3–27）。

I__ 为圆锥螺纹 *X* 向螺距，其锥角大于 45°，即 *X* 轴位移较大（见图 3–27）。

SF=__ 为螺纹起始角。该值为不带小数点的非模态值，其单位为 0.001°。如果是单线螺纹，则该值不用指定且为 0，如图 3–28 所示。

车削螺纹（包括内、外螺纹）时主轴的旋向、刀具的进给方向确定了螺纹的旋向，如图 3–29 所示为车削左旋或右旋螺纹。

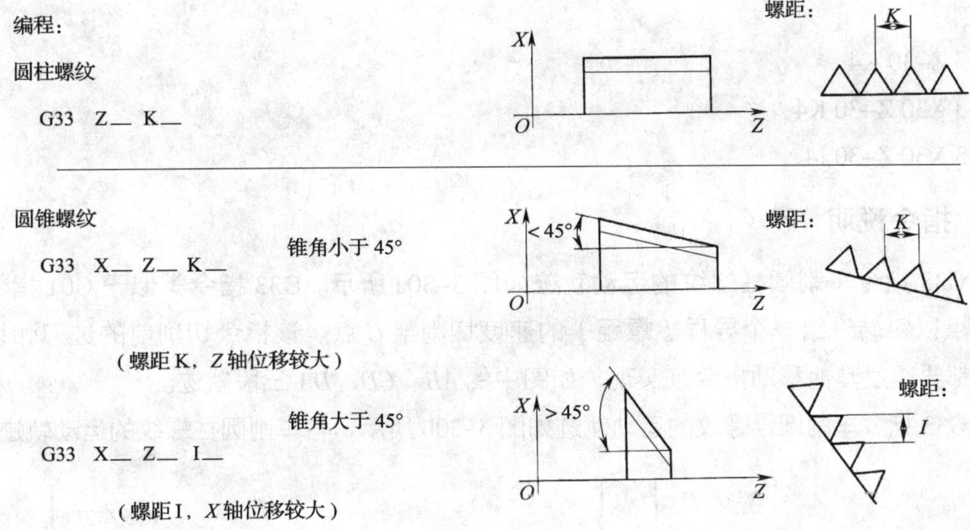

图 3–27　螺纹编程的不同情况

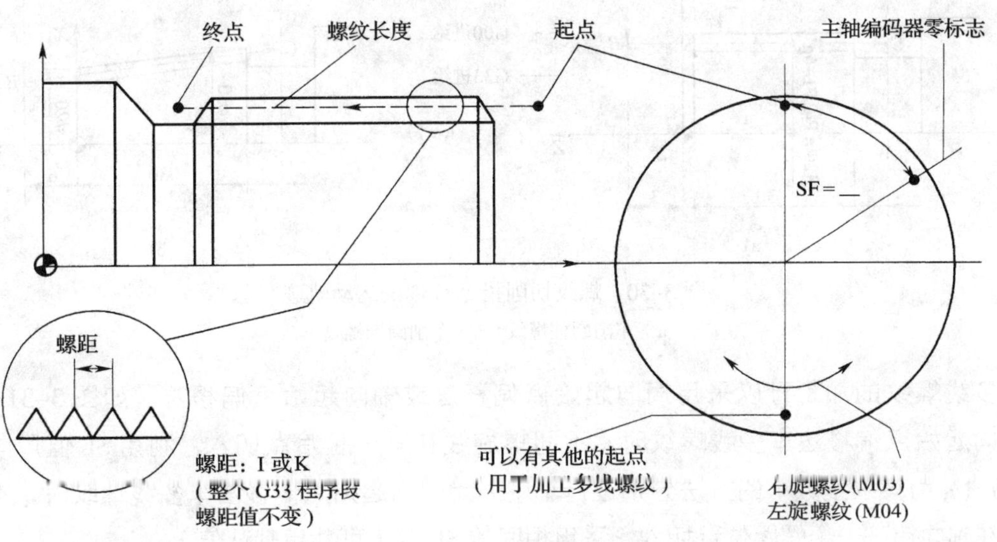

图 3–28　G33 相关参数

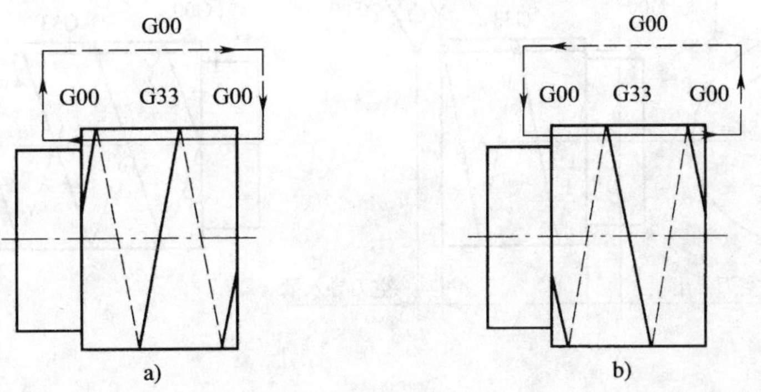

图 3–29　车削左旋或右旋螺纹

a）车削左旋螺纹　b）车削右旋螺纹

例如：

G33 Z-30 K4

G33 X30 Z-30 K4

G33 X30 Z-30 I4

2. 指令说明

用 G33 指令车削圆柱螺纹的运动轨迹如图 3-30a 所示。G33 指令类似于 G01 指令，刀具从 *B* 点以每转进给一个导程（螺距）的速度切削至 *C* 点。该指令切削前的进刀和切削后的退刀都要通过其他移动指令来实现，如图中的 *AB*、*CD*、*DA* 三段轨迹。

用 G33 指令车削圆锥螺纹的运动轨迹如图 3-30b 所示，与车削圆柱螺纹的运动轨迹相似。

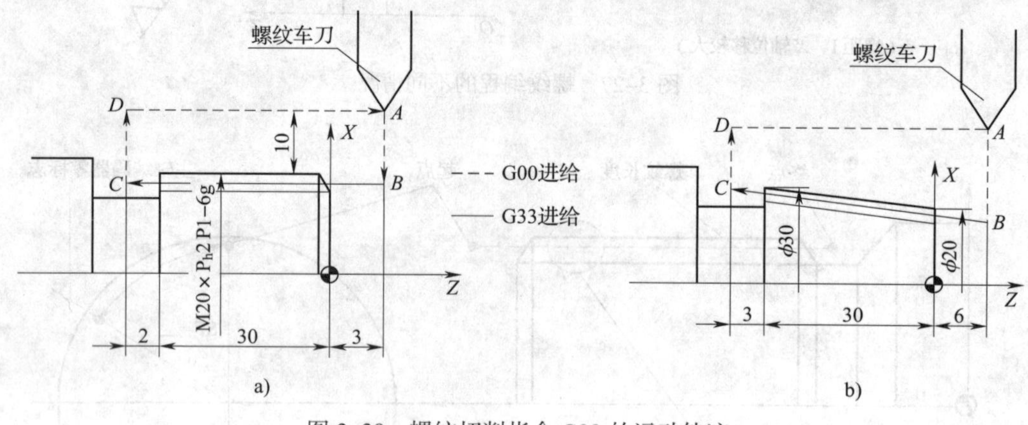

图 3-30 螺纹切削指令 G33 的运动轨迹

a）车削圆柱螺纹 b）车削圆锥螺纹

多线螺纹的加工可以采用周向起始点偏移法或轴向起始点偏移法，如图 3-31 所示。用周向起始点偏移法车多线螺纹时，不同螺旋线在同一起始点切入，利用 SF 值周向错位 360°/*n*（*n* 为螺纹线数）的方法分别进行车削。用轴向起始点偏移法车多线螺纹时，不同螺旋线在轴向错开一个螺距位置切入，采用相同的 SF 值（可共用默认值）。

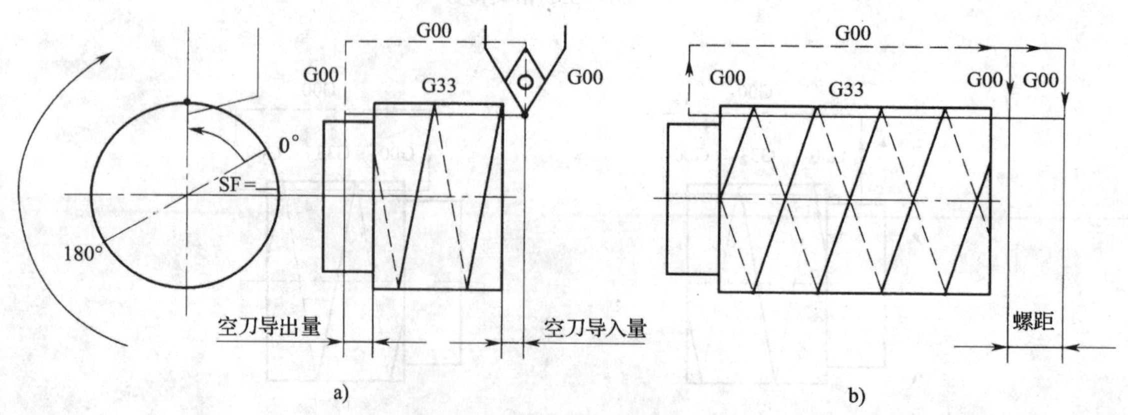

图 3-31 多线螺纹的加工

a）周向起始点偏移法 b）轴向起始点偏移法

【例 3–8】 在后置刀架式数控车床上，试用 G33 指令编写图 3–30a 所示工件的螺纹加工程序。

在加工螺纹前，其外圆已加工至 ϕ19.8 mm，以保证大径的公差要求（取其中值）。车削螺纹的导入距离 δ_1 取 3 mm，导出距离 δ_2 取 2 mm。螺纹的总切深量为 1.3 mm（即编程小径为 18.7 mm），分三次切削，背吃刀量依次为 0.8 mm、0.4 mm 和 0.1 mm。先加工其中一条螺旋槽后，再加工另一条螺旋槽。

其加工程序如下：

```
AA318.MPF
G90 G94 G40 G71
T1D1                    车刀反装，前面向下
M04 S600
G00 X40 Z3              螺纹导入量 δ1=3 mm
G91 X-20.8
G33 Z-35 K1 SF=0        第一刀切削，背吃刀量为 0.8 mm
G00 X20.8
    Z35
    X-21.2
G33 Z-35 K1 SF=0        背吃刀量为 0.4 mm
G00 X21.2
    Z35
    X-21.3
G33 Z-35 K1 SF=0        背吃刀量为 0.1 mm
G00 X21.3
    Z35                 完成第一条螺旋槽的切削
    X-20.8
G33 Z-35 K1 SF=180      开始第二条螺旋槽的切削，起始角为 180°
G00 X20.8
……                      分多刀重复切削，程序与上述内容相似
G90 G00 X100 Z100
M30
```

二、变距螺纹切削指令 G34、G35

G34 指令用于螺距增大的螺纹，G35 指令用于螺距减小的螺纹。

这两个功能的其他方面与 G33 指令的功能相同并要求具备相同的前提条件。

G34 或 G35 指令在程序段中将一直生效，直至被其他的 G 功能取代（如 G00、G01、

G02、G03、G33 等）。

1. 指令格式

G34 Z__ K__ F__　　增螺距圆柱螺纹

G35 X__ I__ F__　　减螺距端面螺纹

G35 X__ Z__ K__ F__　　减螺距圆锥螺纹

其中，I__、K__为起始处螺距；

F 为主轴每转螺距的增量或减量，如果一个螺纹的初始螺距和结束螺距已知，便可以按照以下公式计算所要编程的螺距变化率 F：

$$F=\frac{|K_e^2-K_a^2|}{2L_G}$$

K_e 为目标点坐标的螺距，K_a 为螺纹初始螺距（在 I、K 中指定），L_G 为螺纹长度；

其余参数同 G33 指令。

例如，G34 Z−30 K4 F0.1

【例 3–9】 加工圆柱螺纹，该螺纹的螺距不断减小。

N10 M03 S40	开启主轴
N20 G00 G54 G90 G64 Z10 X60	回起始点
N30 G33 Z−100 K5 SF=15	加工螺纹，恒定螺距为 5 mm/r，15° 起始角
N40 G35 Z−150 K5 F0.16	起始螺距为 5 mm/r，螺距减小量为 0.16 mm/r，螺纹长度为 50 mm，所要求的段末螺距为 3 mm/r
N50 G00 X80	沿 X 方向退刀
N60 Z120	
N70 M02	

2. 使用螺纹切削指令（G33、G34、G35）时的注意事项

（1）在螺纹切削过程中，进给速度倍率无效。

（2）在螺纹切削过程中，循环暂停功能无效，如果在螺纹切削过程中按下了循环暂停按钮，刀具将在执行非螺纹切削的程序段后停止。

（3）在螺纹切削过程中，主轴转速倍率无效。

（4）在螺纹切削过程中，不要使用恒线速度控制，而应采用合适的恒转速控制。

（5）与 FANUC 系统的 G32 指令类似，运用 SIEMENS 系统的 G33 指令还可以完成圆锥螺纹、多线螺纹、端面螺纹、连续螺纹等特殊螺纹的切削。

三、攻螺纹指令 G331、G332

要求主轴必须是位置控制的主轴，且具有位移测量系统，用 G331、G332 指令进行不带补偿夹具的攻螺纹。

如果在这种情况下还是使用了补偿夹具，则由补偿夹具接受的行程差值会减小，从而可以进行高速攻螺纹。

1. 指令格式

G331 Z__K__　　攻螺纹

G332 Z__K__　　退刀

2. 指令说明：

（1）攻螺纹深度通过 *Z* 轴进行规定，螺距通过参数 K 确定。

（2）在 G332 中编程的螺距与在 G331 中编程的螺距一样，主轴自动反向。

（3）主轴转速用 S 编程，不带 M03/M04。

（4）在攻螺纹之前，必须用 SPOS=____指令使主轴准停于某一位置。

（5）攻右旋、左旋螺纹时，螺距的符号确定主轴方向：

正——右旋；

负——左旋。

应用 G331、G332 指令攻螺纹时的坐标轴速度由主轴转速和螺距确定，与进给速度 F 没有关系，它仍被存储。在此，不允许超过机床数据中规定的最大轴速度（快速移动速度），如超出则发生报警。

【例 3-10】 攻螺纹，米制螺纹 M5 mm，螺距为 0.8 mm/r，钻孔已预先完成。

N10 G54 G00 G90 X10 Z5	回起始点
N20 SPOS=0	主轴准停
N30 G331 Z-25 K0.8 S600	攻螺纹，K 为正，主轴右旋，终点 -25 mm
N40 G332 Z5 K0.8	退刀
N50 …	

四、螺纹切削循环 CYCLE97

用螺纹切削循环指令可以方便地车出各种圆柱或圆锥内、外螺纹，并且既能加工单线螺纹，也能加工多线螺纹。在切削过程中，其每一刀的背吃刀量可由系统自动设定。

1. 指令格式

CYCLE97（PIT，MPIT，SPL，FPL，DM1，DM2，APP，ROP，TDEP，FAL，IANG，NSP，NRC，NID，VARI，NUMT）

螺纹切削循环的参数如图 3-32 所示，CYCLE97 参数的含义及规定见表 3-6。

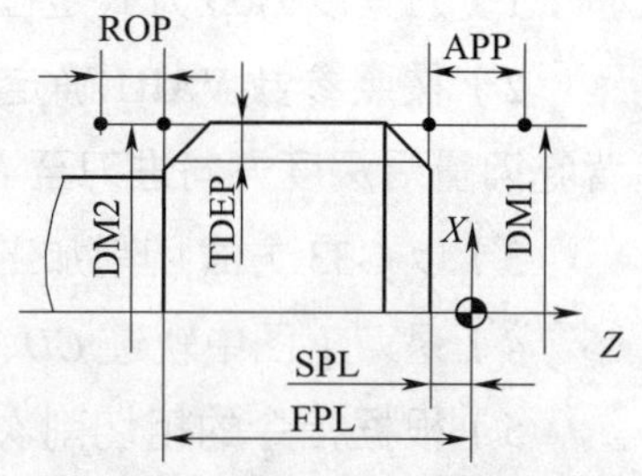

图 3-32　螺纹切削循环的参数

表 3–6　　CYCLE97 参数的含义

参数	含义及规定
PIT	螺距，作为数值，无符号输入
MPIT	螺纹公称直径，用于确定螺距，M3 ~ M60
SPL	螺纹起点的纵坐标
FPL	螺纹终点的纵坐标
DM1	起点的螺纹直径
DM2	终点的螺纹直径
APP	空刀导入量，无符号输入
ROP	空刀导出量，无符号输入
TDEP	螺纹深度，无符号输入
FAL	精加工余量（半径量），无符号输入
IANG	切入进给角度，“+”表示沿侧面进给，“–”表示交错进给
NSP	首线螺纹的起点偏移，无符号角度值
NRC	粗加工次数，无符号输入
NID	空进刀数，无符号输入
VARI	螺纹加工方式，取数值 1 ~ 4
NUMT	螺纹线数，无符号输入

例如：CYCLE97（6，，0，–36，35.7，35.7，6，6，3.5，0.05，–15，0，20，1，3，1）

在该例中，每个数字表示的意义可与指令格式中的代号一一对应，如果格式中的“，”前无数值，则表示该数值可省略，但注意不能省略“，”。

2. 指令说明

（1）螺纹切削循环的动作

执行螺纹切削循环时，刀具切削的动作如图 3–33 所示，说明如下：

1）刀具以 G00 方式定位至第一条螺纹线空刀导入量的起始处，即循环起点（*A* 点）。

2）按照参数 VARI 确定的加工方式，根据系统计算出的背吃刀量沿深度方向进刀至 *B* 点。

3）以 G33 方式切削加工至空刀退出终点 *C* 处。

4）退刀（图中轨迹 *CD*、*DA*）至循环起点。

5）根据指令的粗切削次数，重复以上动作，分多刀粗车螺纹。

6）以 G33 方式精车螺纹。

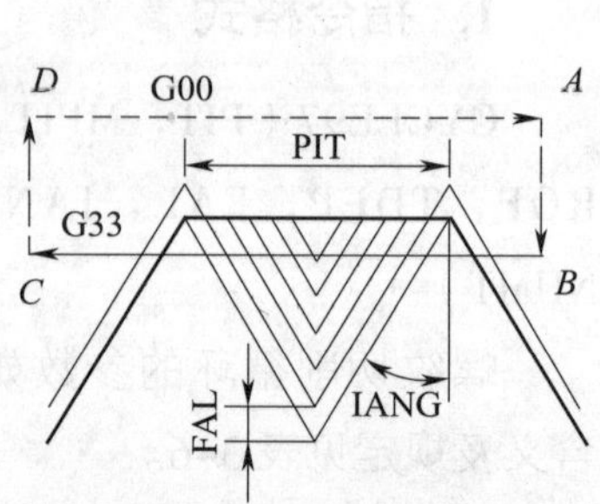

图 3–33　螺纹切削循环的动作

（2）加工方式

CYCLE97 指令的加工方式用参数 VARI 表示，该参数不仅确定了螺纹的加工方式，还确定了螺纹背吃刀量的定义方法。参数 VARI 的值为 1 ~ 4，其值的含义见表 3–7。

表 3–7 VARI 的含义

加工方式	外部 / 内部	进给方式
1	外部	恒定背吃刀量进给
2	内部	恒定背吃刀量进给
3	外部	恒定切削截面积进给
4	内部	恒定切削截面积进给

1）外部方式与内部方式。外部方式即指外螺纹的加工，内部方式即指内螺纹的加工。

2）恒定背吃刀量进给方式和恒定切削截面积进给方式。恒定背吃刀量进给方式如图 3–34a 所示，此时螺纹切入角参数 IANG 的值为 0，刀具以直进法进刀。螺纹粗加工时，每次背吃刀量相等，其值由参数 TDEP、FAL 和 NRC 确定，计算式如下：

$$a_p=(\text{TDEP}-\text{FAL})/\text{NRC}$$

式中 a_p——粗加工每次背吃刀量；

TDEP——螺纹深度；

FAL——螺纹精加工余量；

NRC——螺纹粗加工次数。

恒定切削截面积进给方式如图 3–34b 及图 3–34c 所示，螺纹切入角参数 IANG 的值不为 0。此时，刀具的进刀方式有两种，一种是当参数 IANG 为正值时，刀具始终沿牙型同一侧面（即斜向）进刀，如图 3–34b 所示；另一种是当参数 IANG 为负值时，刀具分别沿牙型两侧交错进刀，如图 3–34c 所示。采用恒定切削截面积进给方式进行螺纹粗加工时，背吃刀量按递减规律自动分配，使每次切除表面的截面积近似相等。

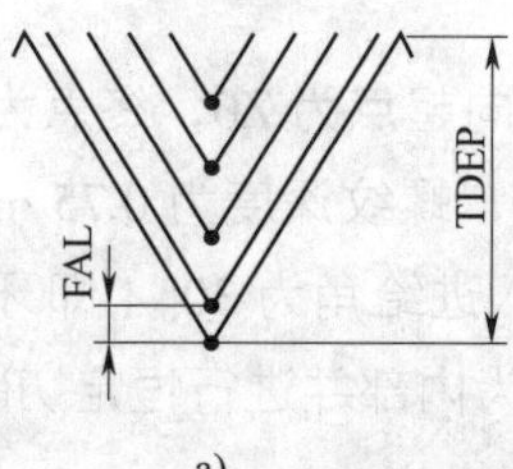

a)

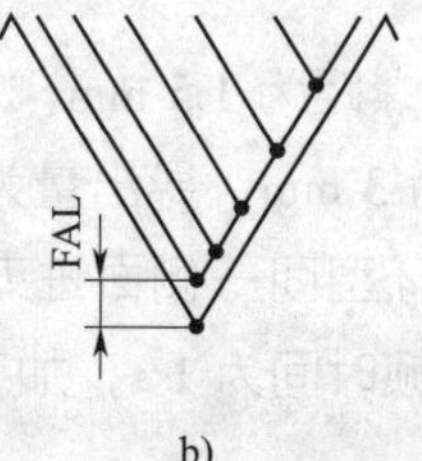

b)

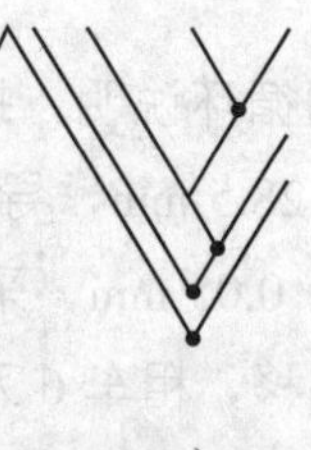
c)

图 3–34 螺纹切削循环的背吃刀量

a）恒定背吃刀量进给方式 b）、c）恒定切削截面积进给

（3）螺纹加工空刀导入量和空刀导出量

空刀导入量用参数 APP 表示，该值一般取（2 ~ 3）P（螺距）。空刀导出量用参数 ROP 表示，该值一般取（1 ~ 2）P。

（4）螺距的确定

螺纹的螺距可用两种方法表示，即用参数 PIT 表示实际螺距数值的大小或用参数 MPIT 表示螺纹公称直径的大小，其螺距的大小则由普通粗牙螺纹的尺寸确定（如当 MPIT=10 时，虽在 PIT 中不能输入数据，但其实际值为 1.5）。在实际设定时，只能设定其中的一个参数。

（5）使用 CYCLE97 指令编程时的注意事项

1）螺纹切削循环的进刀方式如采用直进法进刀，在螺纹切削循环中每次的背吃刀量均相等，随着切削深度的增加，切削面积将越来越大，切削力也越来越大，容易产生扎刀现象，因此，应根据实际选择适当的 VARI 参数。

2）对于循环开始时刀具所到达的位置，可以是任意位置，但应保证刀具在螺纹切削完成后退回到该位置时，不发生任何碰撞。

3）使用 G33、G34、G35 指令编程时的注意事项在这里仍然有效。

4）使用 CYCLE97 指令编程时，应注意 DM 参数与 TDEP 是相互关联的。以加工普通外螺纹为例，当 DM 取其基本直径时，则 TDEP 取推荐值 1.3*P*。

3. 编程示例

【例 3–11】 在前置刀架式数控车床上，试用螺纹切削循环指令编写图 3–35 所示内螺纹的加工程序。

```
AA390.MPF
G90 G95 G40 G71
T1D1
M03 S600
G00 X25 Z6
CYCLE97（1.5，，0，–30，28.5，28.5，3，2，0.75，0.05，30，0，6，1，4，2）
G74 X0 Z0
M30
```

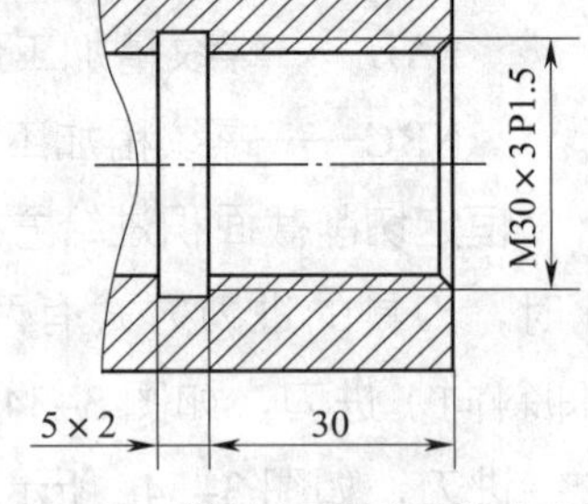

图 3–35　螺纹切削循环编程示例

螺纹切削循环说明：螺纹的螺距为 1.5 mm，螺纹纵向起点为 Z0，终点为 Z–30，起点、终点直径为 X28.5 mm，导入量为 3 mm，导出量为 2 mm，螺纹深度为 0.75 mm（半径量），精加工余量为 0.05 mm，采用沿牙型同一侧面进刀，切入进给角为 30°（即牙型角为 60°），螺纹起点无偏移，粗车 6 刀，停顿时间为 1 s，加工类型为内部并进行恒定切削截面积进给，螺纹为双线螺纹。

【例 3–12】 加工图 3–36 所示具有梯形内螺纹和普通外螺纹的零件。

刀具：1 号刀具，普通外螺纹车刀；2 号刀具，内梯形螺纹车刀。

程序：

```
AA123.MPF                          加工普通外螺纹程序
N10 G90 G95 G40 G71                程序初始化
```

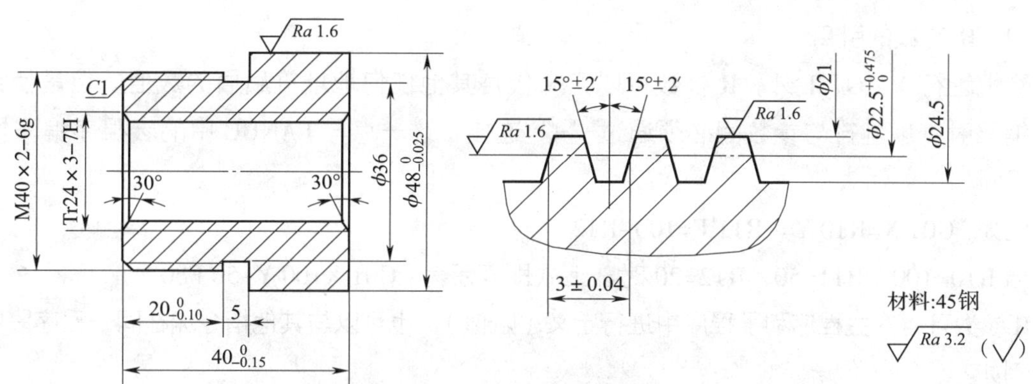

图 3–36　螺纹切削编程示例

程序	说明
N20 T1D1	换普通外螺纹车刀
N30 M03 S600	
N40 G00 X42 Z3	快速点定位至循环起点
N50 CYCLE97（2，，0，–20，40，40，3，2，1.3，0.05，30，0，6，1，3，）	螺纹切削循环
N60 G74 X0 Z0	程序结束部分
N70 M30	
AA124.MPF	加工梯形内螺纹程序
N10 G90 G95 G40 G71	程序初始化
N20 T2D1	换梯形内螺纹车刀
N30 M03 S400	
N40 G00 X25 Z6	快速点定位至循环起点
N50 CYCLE97（3，，0，–45，21，21，6，3，1.75，0.05，15，0，20，1，4，）	梯形内螺纹切削循环
N60 G74 X0 Z0	退刀时注意不要发生干涉
N70 M30	程序结束

注：梯形内螺纹和普通外螺纹均采用螺纹切削循环指令 CYCLE97 进行编程。

第五节　R 参数编程

一、R 参数的有关知识

1. R 参数的格式、引用与种类

（1）R 参数的格式

R 参数由地址符 R 与若干位（通常为 3 位）数字组成，如 R1、R10、R105 等。

（2）R 参数的引用

除地址符 N、G、L 外，R 参数可以用来代替其他任何地址符后面的数值。但是使用 R 参数编程时，地址符与参数间必须通过“=”连接，这一点与 FANUC 中的宏程序编写格式有所不同。

例如：G01 X=R10 Y=–R11 F=100–R12

当 R10=100、R11=50、R12=20 时，上式即表示为：G01 X100 Y–50 F80

R 参数可以在主程序和子程序中进行定义（赋值），也可以与其他指令编在同一程序段中。

例如：

```
……
N30 R1=10 R2=20 R3=–5 S500 M03
N40 G01 X=R1 Z=R3 F100
……
```

在参数赋值过程中，数值取整数时可省略小数点，正号可以省略不写。

（3）R 参数的种类

R 参数分成三类，即自由参数、加工循环传递参数和加工循环内部计算参数。

1）R0 ~ R99 为自由参数，可以在程序中自由使用。

2）R100 ~ R249 为加工循环传递参数。对于这部分参数，如果在程序中没有使用固定循环，则这部分参数也可以自由使用。

3）R250 ~ R299 为加工循环内部计算参数。同样，对于这部分参数，如果在程序中没有使用固定循环，则这部分参数也可以自由使用。

2. R 参数的运算

（1）运算格式

R 参数的运算是直接使用运算表达式进行编写的。R 参数的运算格式见表 3–8。

表 3–8　R 参数的运算格式

功能	格式	示例
定义、转换	R*i*=R*j*	R1=R2，R1=30
加法	R*i*=R*j*+R*k*	R1=R2+R3
减法	R*i*=R*j*–R*k*	R1=100–R2
乘法	R*i*=R*j* *R*k*	R1=R2*R3
除法	R*i*=R*j*/R*k*	R1=R2/R3
正弦	R*i*=SIN（R*j*）	R10=SIN（R1）
余弦	R*i*=COS（R*j*）	R10=COS（36.3+R2）
正切	R*i*=TAN（R*j*）	R11=TAN（35）
平方根	R*i*=SQRT（R*j*）	R10=SQRT（R1*R1–100）

在参数运算过程中，函数 SIN、COS 等的角度单位是度（°），分和秒要换算成带小数点的度。如 90°30′ 换算成 90.5°，30°18′ 换算成 30.3°。

（2）运算次序

R 参数的运算次序依次为：函数运算（SIN、COS、TAN 等），乘、除、与运算（*、/、AND 等），加、减、或、异或运算（+、–、OR、XOR 等）。

例如：R1=R2+R3*SIN（R4）

运算次序为：

1）函数运算 SIN（R4）。

2）乘运算 R3*SIN（R4）。

3）加运算 R2+R3*SIN（R4）。

在 R 参数的运算过程中，允许使用括号以改变运算次序，且括号允许嵌套使用。

例如：R1= SIN（((R2+R3）*4+R5）/R6）

二、程序跳转语句及其应用

1. 标记符——程序跳转目标

标记符用于标记程序段中所跳转的目标程序段，用跳转功能可以实现程序运行分支。标记符可以自由选取，但必须由 2 ～ 8 个字母或数字组成，其中开始两个符号必须是字母或下划线。跳转目标程序段中标记符后面必须为冒号，标记符位于程序段段首。如果程序段有段号，则标记符紧跟着段号。在一个程序段中，标记符不能含有其他意义。

如：

N10 MARKE1：G1 X20　　　MARKE1 为标记符，作为跳转目标程序段的标记

……

MA2：G0 X10 Z20　　　MA2 为标记符，跳转目标程序段没有段号

2. 绝对跳转（无条件跳转）

（1）功能

数控程序在运行时，以写入时的顺序执行程序段。程序在运行时可通过插入程序跳转指令改变执行顺序。跳转目标只能是有标记符的程序段，此程序段必须位于程序之内。绝对跳转指令必须占有一个独立的程序段。

（2）指令格式

GOTOF Label　向前（向程序结束方向）跳转

GOTOB Label　向后（向程序开始方向）跳转

例如：

……

N20 GOTOF MARK2　　　向前跳转到 MARK2

```
N30 MARK1：R1=R1+R2    MARK1
……
N60 MARK2：R5=R5-R2    MARK2
……
N100 GOTOB MARK1       向后跳转到 MARK1
……
```

此例中，GOTOF 为无条件跳转指令。当程序执行到 N20 段时，无条件向前跳转到标记符“MARK2”（即程序段 N60）处执行，当执行到 N100 段时，又无条件向后跳转到标记符“MARK1”（即程序段 N30）处执行。

3. 有条件跳转

（1）功能

用 IF 条件语句表示有条件跳转。如果满足跳转条件（也就是条件表达式的真值不等于零），则进行跳转。跳转目标只能是有标记的程序段，该程序段必须在此程序之内。有条件跳转指令要求占一个独立的程序段，在一个程序段中可以有许多个条件跳转指令。使用条件跳转指令后会使程序得到明显的简化。

（2）指令格式

IF< 条件 >GOTOF Label 向前（向程序结束方向）跳转

IF< 条件 >GOTOB Label 向后（向程序开始方向）跳转

有条件跳转指令的说明见表 3-9。

比较运算符的书写格式见表 3-10。

表 3-9　有条件跳转指令说明

指令	说明	指令	说明
GOTOF	向程序结束方向跳转	IF	跳转条件导入符
GOTOB	向程序开始方向跳转	条件	跳转的“条件”既可以是任何单一比较运算，也可以是逻辑操作［结果为 TRUE（真）或 FALSE（假），如果结果是 TRUE，则实行跳转］
Label	所选标记符		

表 3-10　比较运算符的书写格式

运算符	书写格式	运算符	书写格式
等于	==	大于	>
不等于	<>	小于或等于	<=
小于	<	大于或等于	>=

跳转条件的书写格式有多种，通过以下各例说明。

例如：

1）IF R1>R2 GOTOB MA1

该“条件”为单一比较式，如果 R1 大于 R2，那么就跳转到 MA1。

2）IF R1>=R2+R3*31 GOTOF MA2

该“条件”为复合形式，即如果 R1 大于或等于 R2+R3*31 时，就跳转到 MA2。

3）IF R1 GOTOF MA3

该例说明，在“条件”中，允许只确定一个变量（INT、CHAR 等），如果变量值为 0（=FALSE），则条件不满足；而对于其他不等于 0 的所有值，其条件满足，则进行跳转。

4）IF R1==R2 GOTOB MA1 IF R1==R3 GOTOB MA2

如果一个程序段中有多个条件跳转命令时，当其第一个条件被满足后就执行跳转。

【例 3-13】 加工如图 3-37 所示工件，材料为 ϕ48 mm×90 mm 的 45 钢。

（1）刀具及切削用量选用（见表 3-11）

（2）参考程序

刀具：1 号外圆车刀，2 号切槽刀。

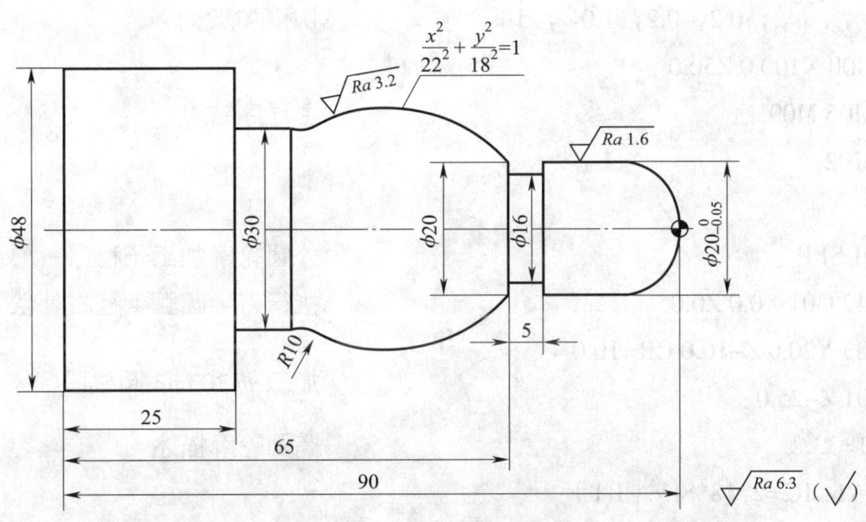

图 3-37　非圆曲线类零件图

表 3-11　**各工序刀具及切削用量**

加工工序		刀具与切削用量					
序号	加工内容	刀具规格			主轴转速 /（r/min）	进给速度 /（mm/min）	刀具补偿
		刀号	刀具名称	材料			
1	车外圆	T1	90° 外圆车刀	硬质合金	800	0.2	D1
2	切槽	T2	4 mm 切槽刀	硬质合金	250	0.1	D1

程序：

```
MAIN061.MPF                                   工件右端加工程序
N10 G95 G71 G40 G90                           程序初始化
N20 T1D1                                      换 1 号刀，取 1 号刀沿长度补偿
N30 M03 S800 M08                              主轴正转，切削液开
N40 G00 X100.0 Z50.0                          进刀至安全位置
N50 X50.0 Z2.0                                快进至切削起点
N60 CYCLE95（"SUB001"，2.0，0，0.5，，        外圆切削循环
    0.2，0.1，0.05，9，，，0.5）
N70 G00 X100.0 Z50.0
N80 M05 M09
N90 T2 D1                                     换 2 号切槽刀
N100 M03 S250 M08 F0.1
N110 G00 X50.0 Z2.0                           刀具快速定位至切削位置
N120 X26.0 Z-23.0
N130 CYCLE93（20.0，-20.0，5.0，2.0，，
    ，，，，，，0.2，0.2，1.0，，5）           切槽加工
N140 G00 X100.0 Z50.0
N150 M05 M09                                  主程序结束
N160 M02
```

程序：

```
SUB001.SPF                                    外圆轮廓加工子程序
N10 G42 G01 X0.0 Z0.0                         执行刀尖圆弧半径右补偿
N20 G03 X20.0 Z-10.0 CR=10.0
N30 G01 Z-25.0                                加工 φ20 mm 圆柱段
N40 R1=33.8                                   椭圆轮廓描述
N50 MA1：R2=2*18*SIN（R1）
N60 R3=43.29-22*COS（R2）
N70 G01 X=R2 Z=R3
N80 R1=R1+1
N90 IF R1<=118.3 GOTOMA1
N100 G02 X30.0 Z-57.75 CR=10.0
N110 G01 Z-65.0                               加工 φ30 mm 圆柱段
N120 G40 G01 X50.0                            取消刀尖圆弧半径补偿
N130 RET                                      子程序结束并返回主程序
```

4. 编程示例

【例 3–14】 在数控车床上加工如图 3–38 所示椭圆过渡类零件，椭圆长半轴为 20 mm，椭圆短半轴为 10 mm，零件毛坯尺寸（外圆 × 长）为 ϕ43 mm × 80 mm。试用 R 参数编写出加工此类零件的程序。

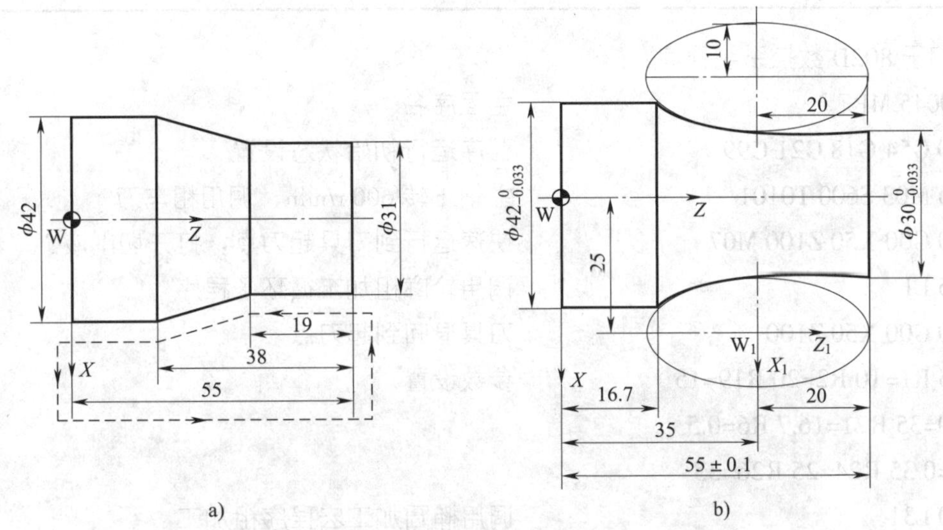

图 3–38　椭圆过渡类零件
a）进给路线图　b）尺寸图

（1）工艺设计

建立如图 3–38 所示工件坐标系，机床坐标系偏置值设置在 G54 存储器中。先用数控系统的简化编程指令（固定循环）粗加工零件各级外圆，然后再粗加工过渡椭圆曲线，最后对工件精加工。

（2）切削用量

1 号刀为外圆粗车刀，粗加工时，主轴转速 600 r/min，进给速度 0.35 mm/r；2 号刀为外圆精车刀，精加工时，主轴转速 850 r/min，进给速度 0.2 mm/r；车刀起始位置在工件坐标系右侧（50，57）处，精加工余量为 0.5 mm。

（3）参数定义（见表 3–12）

表 3–12　　参数定义

参数	定义	说明
R24	X_0	椭圆对称中心的工件坐标横向绝对坐标值
R26	Z_0	椭圆对称中心的工件坐标纵向绝对坐标值
R1	a	*X* 向椭圆短半轴长度
R2	b	*Z* 向椭圆短半轴长度
R19	X_2	椭圆轮廓的起始点工件 *X* 坐标值
R20	Z_2	椭圆轮廓的起始点工件 *Z* 坐标值

续表

参数	定义	说明
R21	U	椭圆轮廓的终点工件 Z 坐标值
R6	K	步距（凹椭圆为负，凸椭圆为正）
R9	F	切削速度

西门子 802D 数控系统程序：

```
YJ0045.MPF                        主程序名
N10 G54 G18 G21 G99               程序运行初始状态设置
N15 M03 S600 T0101                主轴正转 600 r/min，调用粗车刀
N20 G00 X50 Z100 M07              快速运行到刀具起刀点，打开切削液
N25 L1                            调用轮廓粗加工循环子程序
N30 G00 X50 Z100                  刀具退回到起刀点
N35 R1=10 R2=20 R19=15            参数设置
R20=35 R21=16.7 R6=0.5
R9=0.35 R24=25 R26=35
N40 L31                           调用椭圆加工宏程序粗加工
N45 G00 X50 Z100                  刀具退回到起刀点
N50 M03 S850 T0202                主轴正转 850 r/min，调用精车刀
N55 G00 X30 Z57                   刀具快速移动到精加工准备点
N60 C01 Z35 F0.2                  精车 φ30 mm 外圆
N65 R6=0.2 R9=0.2                 参数设置
N70 L31                           调用椭圆加工宏程序精加工
N75 G01 Z-1                       精车 φ42 mm 外圆
N80 G00 X45 M09                   刀具退离零件，切削液停止
N85 G00 X80 Z100 M05              刀具退到换刀点，主轴停止
N90 M02                           程序结束并返回程序开头
L1                                子程序（略）
L31.SPF                           R 参数子程序名
N005 TRANS X=R24 Z=R26            以椭圆曲线对称中心设定局部工件坐标系
N010 MARKE1：R19=R1*SQRT          椭圆上任一点 X 坐标值的计算
[1-[R20*R20]/[R2*R2]]
N015 G01 X=R19 Z=R20 F=R9         直线插补椭圆
N020 R20=R20-R6                   步距轴向递减
N025 IF R20>=R21 GOTOB MARKE1     如果 R20 大于或等于 R21，则跳转到 N010 程序段
N030 TRANS                        取消局部工件坐标系偏置
N035 RET                          子程序结束并返回主程序
```

第四章　FANUC 系统数控铣床与加工中心编程

FANUC 系统数控铣床与加工中心的很多功能和 FANUC 数控车床类似，例如，米制 / 英制的转换、回参考点（G28）等，本章不作为介绍内容。

第一节　常用功能指令

一、FANUC 系统数控铣床 / 加工中心的准备功能

FANUC 系统数控铣床 / 加工中心的准备功能见表 4–1。

表 4–1　FANUC 系统数控铣床 / 加工中心的准备功能

G 代码	组别	说明	备注
◢ G00	01	快速定位	模态
◢ G01		直线插补	模态
G02		顺时针圆弧插补	模态
G03		逆时针圆弧插补	模态
G04	00	暂停	非模态
G05.1		AI 先行控制	非模态
G08		先行控制	非模态
G09		准确停止	非模态
G10		数据设置	模态
G11		数据设置取消	模态
◢ G15	17	极坐标指令取消	模态
G16		极坐标指令	模态
◢ G17	02	*XY* 平面选择（缺省状态）	模态
G18		*ZX* 平面选择	模态
G19		*YZ* 平面选择	模态
G20	06	英制（in）	模态
G21		米制（mm）	模态

续表

G 代码	组别	说明	备注
◢ G22	04	行程检查功能打开	模态
G23		行程检查功能关闭	模态
G27	00	参考点返回检查	非模态
G28		参考点返回	非模态
G30		第 2、3、4 参考点返回	非模态
G31		跳步功能	非模态
G33	01	螺纹切削	模态
G37	00	自动刀具测量	非模态
G39		拐角偏置圆弧插补	非模态
◢ G40	07	刀具半径补偿取消	模态
G41		刀具半径左补偿	模态
G42		刀具半径右补偿	模态
G43	08	刀具长度正补偿	模态
G44		刀具长度负补偿	模态
G45	00	刀具偏置增大	非模态
G46		刀具偏置减小	非模态
G47		2 倍刀具偏置增大	非模态
G48		2 倍刀具偏置减小	非模态
◢ G49	08	刀具长度补偿取消	模态
◢ G50	11	比例缩放取消	模态
G51		比例缩放有效	模态
◢ G50.1	22	可编程镜像取消	模态
G51.1		可编程镜像有效	模态
G52	00	局部坐标系设置	非模态
G53		机床坐标系设置	非模态
◢ G54	14	第一工件坐标系设置	模态
G54.1		选择附加工件坐标系	模态
G55		第二工件坐标系设置	模态
G56		第三工件坐标系设置	模态

续表

G 代码	组别	说明	备注
G57	14	第四工件坐标系设置	模态
G58	14	第五工件坐标系设置	模态
G59	14	第六工件坐标系设置	模态
G60	00/01	单方向定位	非模态
G61	15	准确停止方式	模态
G62	15	自动拐角倍率	模态
G63	15	攻螺纹方式	模态
◢ G64	15	切削方式	模态
G65	00	宏程序调用	非模态
G66	12	宏程序模态调用	
◢ G67	12	宏程序模态调用取消	
G73	09	高速深孔排屑钻	模态
G74	09	左旋攻螺纹循环	模态
G76	09	精镗循环	模态
◢ G80	09	钻孔固定循环取消	模态
G81	09	钻孔循环	模态
G82	09	钻孔循环	模态
G83	09	深孔排屑钻	模态
G84	09	右旋攻螺纹循环	模态
G85	09	镗孔循环	模态
G86	09	镗孔循环	模态
G87	09	反镗循环	模态
G88	09	镗孔循环	模态
G89	09	镗孔循环	模态
◢ G90	03	绝对值编程	模态
◢ G91	03	增量值编程	模态
G92	00	工件坐标系原点设置或限制最高主轴转速	非模态
G92.1	00	工件坐标系预置	非模态
◢ G94	05	每分钟进给	模态
G95	05	每转进给	模态

续表

G 代码	组别	说明	备注
G96	13	恒表面速度控制	模态
◢ G97		恒表面速度取消	模态
◢ G98	10	固定循环中，返回到起始点	模态
G99		固定循环中，返回到 *R* 点	模态

注：1. 如果设定参数（No.3402 的第六位 CLR），使用电源接通或复位时数控系统进入清除状态，此时 G 代码的状态如下：

（1）当机床电源打开或按复位键时，标有“◢”符号的 G 代码被激活，即缺省状态。

（2）电源打开或复位使系统被初始化，已指定的 G20 或 G21 代码保持有效。

（3）用参数 No.3402#7（G23）设置电源接通时可以选择 G22 或 G23。另外将数控系统复位为清除状态时，已指定的 G22 或 G23 代码保持有效。

（4）设定参数 No.3402#0（G01）可以选择 G01 或 G00。

（5）设定参数 No.3402#3（G91）可以选择 G90 或 G91。

（6）设定参数 No.3402#1（G18）和 #2（G19）可以选择 G17、G18 或 G19。

2. 当指令了 G 代码表中未列出的 G 代码或指令了一个未选择功能的 G 代码时，输出 P/S 报警 No.010。

3. 不同组的 G 代码可以在同一程序段中指定。如果在同一程序段中指定同组 G 代码，最后指定的 G 代码有效。

4. 如果在固定循环中指令了 01 组的 G 代码，则固定循环被取消，与 G80 相同。但 01 组的 G 代码不受固定循环的影响。

5. 根据参数 No.5431#0（MDL）的设定，G60 的组别可以转换。当 MDL=0 时，G60 为 00 组 G 代码；当 MDL=1 时，G60 为 01 组 G 代码。

二、简单指令介绍

1. 绝对值编程 G90/ 增量值编程 G91

（1）绝对值编程 G90

程序中绝对坐标功能字后面的坐标是以工件坐标系原点作为基准的，表示刀具终点的绝对坐标。

如图 4-1 所示的刀具轨迹 $O\rightarrow A\rightarrow B$，用 G90 编程为：

G90 G01 X40.0 Y30.0 F80；

X20.0 Y50.0；

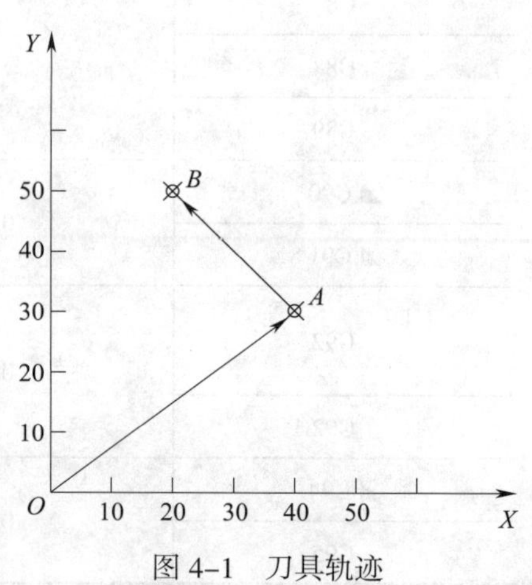

图 4-1　刀具轨迹

（2）增量值编程 G91

程序中增量坐标功能字后面的坐标是以刀具起点坐标作为基准的，表示刀具终点坐标相对于刀具起点坐标的增量。

如图 4-1 所示的刀具轨迹 $O\rightarrow A\rightarrow B$，用 G91 编

程为：

G91 G01 X40.0 Y30.0 F80；

X–20.0 Y20.0

2. 快速点定位 G00

（1）指令格式

G00 X__ Y__ Z__ ；

（2）指令说明

1）X、Y、Z：定位终点坐标。在 G90 时为终点在工件坐标系中的坐标，在 G91 时为终点相对于起点的位移量。不运动的轴可以不写。

2）G00 指定刀具相对于工件以各轴预先设定的速度，从当前位置快速移动到程序段指定的定位目标点。G00 指令中的快移速度由机床参数“快移进给速度”对各轴分别设定，不能用地址 F 指定。

3）G00 一般用于加工前快速定位或加工后快速退刀，移动速度可由面板上的修调旋钮来调整。

4）在执行 G00 指令时，由于各轴以各自速度移动，不能保证各轴同时到达终点，因而联动直线轴的合成轨迹不一定是直线。如图 4–2 所示，使用 G00 编程，要求刀具从 A 点快速定位到 B 点。

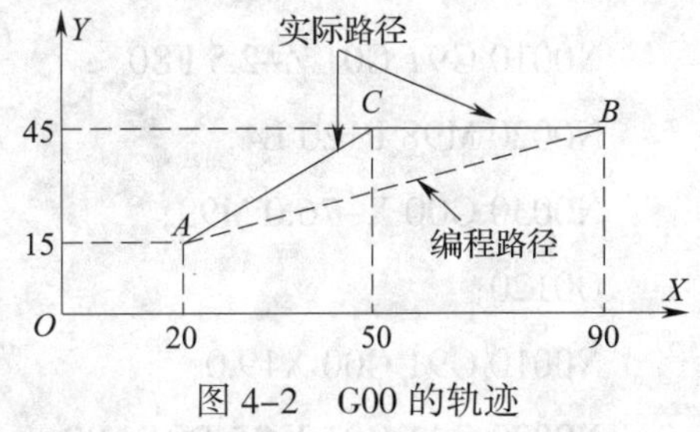

图 4–2　G00 的轨迹

程序为：G90 G00 X90.0 Y45.0；或 G91 G00 X70.0 Y30.0。

从 A 点到 B 点的快速运动路线为 $A \rightarrow C \rightarrow B$，即以折线的方式到达 B 点，而不是以直线方式从 $A \rightarrow B$。

5）因为 G00 的移动速度较快，操作者必须格外小心，以免刀具与工件发生碰撞。常见的做法是当进刀时，先移动 X 轴和 Y 轴进行定位，然后 Z 轴下降到加工深度；当退刀时，先将 Z 轴向上移动到安全高度，然后再移动 X 轴和 Y 轴。

3. 直线插补 G01

（1）指令格式

G01 X__ Y__ Z__ F__ ；

（2）指令说明

1）X、Y、Z：直线插补的终点坐标。在 G90 时为终点在工件坐标系中的坐标，在 G91 时为终点相对于起点的位移量。

2）G01 指令刀具以联动的方式，按 F 规定的合成进给速度，从当前位置按线性路线移动到程序段指定的终点。图 4–2 中，使用 G01 编程，要求从 A 点直线插补到 B 点，其编程路径就是刀具实际进给路径。

【例 4–1】 编程加工如图 4–3 所示零件，刀具 T01 为 ϕ8 mm 的键槽铣刀，长度补偿号为 H01，半径补偿号为 D01，每次 Z 轴背吃刀量为 2.5 mm。

程序：

```
O0100
N0010 G54 G90 G17 G21 G49 T01;
N0020 M06;
N0030 M03 S800;
N0040 G90 G00 X–4.5 Y–10.0 M08;
N0050 G43 G01 Z0 H01;
N0060 M98 P0110 L4;
N0070 G49 G90 G00 Z300.0 M05;
N0090 X0 Y0 M09;
N0100 M30;
O0110;
N0010 G91 G01 Z–2.5 F80;
N0020 M98 P120 L4;
N0030 G00 X–76.0 M99;
O0120;
N0010 G91 G00 X19.0;
N0020 G41 G01 X4.5 D01 F80;
N0030 Y75.0;
N0040 X–9.0;
N0050 Y–75.0;
N0060 G40 G01 X4.5 M99;
```

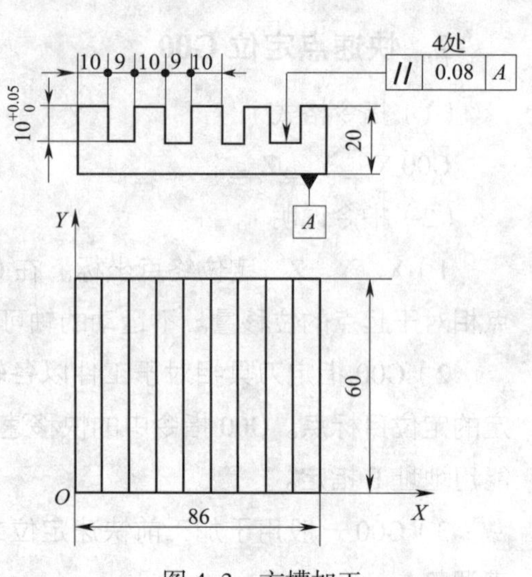

图 4–3 方槽加工

4. 圆弧插补 G02、G03

对于加工中心来说，编制圆弧加工程序与在数控铣床上类似，也要先选择平面，如图 4–4 所示。

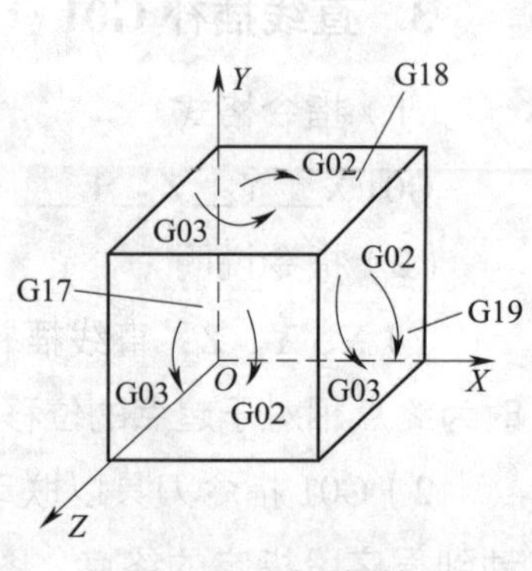

图 4–4 圆弧插补

程序段有两种书写方式，一种是圆心法，另一种是半径法。

（1）指令格式

XY 平面圆弧

$$\text{G17}\quad \text{G02/G03}\quad \text{X\_\_ Y\_\_}\begin{Bmatrix}\text{R\_\_}\\ \text{I\_\_ J\_\_}\end{Bmatrix}\text{F\_\_;}$$

ZX 平面圆弧

G18 G02/G03 X__ Z__ $\left\{\begin{matrix}R\_\_ \\ I\_\_\ K\_\_\end{matrix}\right\}$ F__ ;

YZ 平面圆弧

G19 G02/G03 Y__ Z__ $\left\{\begin{matrix}R\_\_ \\ J\_\_\ K\_\_\end{matrix}\right\}$ F__ ;

（2）指令说明

1）圆心编程。与圆心编程有关的指令说明见表 4–2。用圆心编程的情况如图 4–5 所示。

表 4–2 圆心编程指令说明

条件		指令	说明
平面选择		G17	圆弧在 *XY* 平面上
		G18	圆弧在 *ZX* 平面上
		G19	圆弧在 *YZ* 平面上
旋转方向		G02	顺时针方向
		G03	逆时针方向
终点位置	G90 时	X、Y、Z	终点数据是工件坐标系中的坐标值
	G91 时	X、Y、Z	指定从起点到终点的距离
圆心的坐标		I、J、K	起点到圆心的距离

2）半径编程。用 R 指定圆弧插补时，圆心可能有两个位置，这两个位置由 R 值的符号区分。圆弧所含弧度不大于 π 时，R 为正值；大于 π 时，R 为负值。

如图 4–6 所示为用半径编程时的情况。

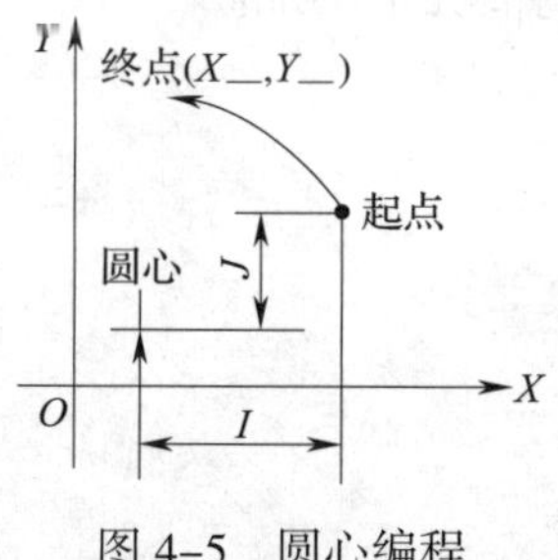

图 4–5 圆心编程

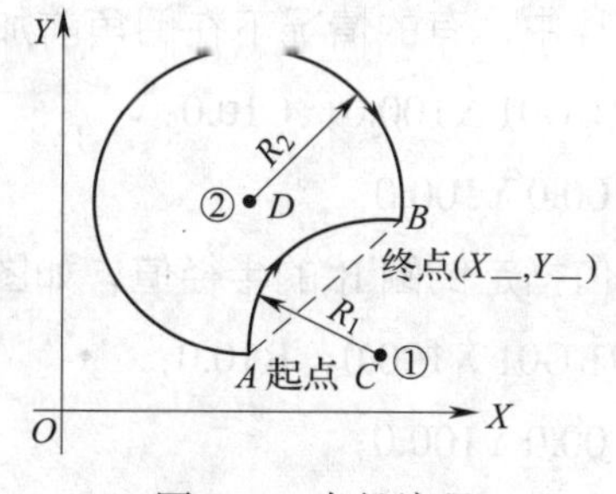

图 4–6 半径编程

若编程对象为以 *C* 为圆心的圆弧时，有：

G17 G02 X__ Y__R+R1；

若编程对象为以 D 为圆心的圆弧时，有：

G17 G02 X__ Y__R–R2；

其中 R1、R2 为半径值。

3）整圆编程。整圆只能用圆心编程，不能用半径编程。

【例 4–2】 如图 4–7 所示，整圆加工程序如下：

绝对值编程：

G02 I–20.0；

增量值编程：

G91 G02 I–20.0；

在圆弧插补时，I0、J0、K0 可省略。

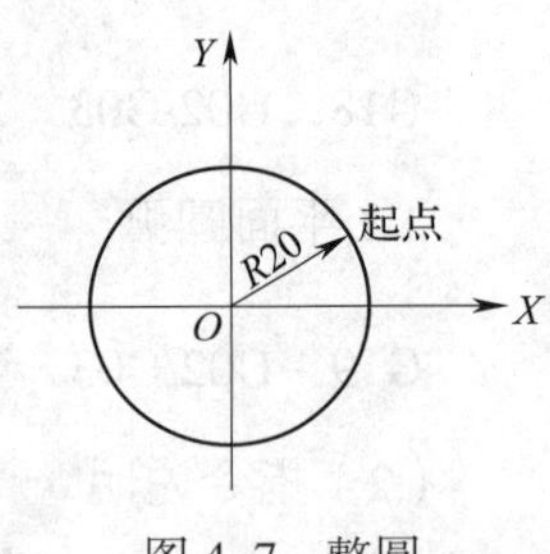

图 4–7 整圆

注意：

1）在编写整圆程序时，仅用 I、J、K 指定中心即可。例如，G02 I （整圆）。

若仅写入 R 时，则为 0° 圆弧。例如，G02 R （机床不运动）。

2）若写入的半径 R 为 0 时，机床报警（N023）。

3）实际刀具移动速度与指令速度的相对误差在 ±2% 以内。但是这个指定速度是使用刀具半径补偿后沿工件圆弧的切向速度。

三、任意角度倒角 C/ 倒圆 R

可在任意的直线插补和直线插补、直线插补和圆弧插补、圆弧插补和直线插补、圆弧插补和圆弧插补间，自动插入倒角或倒圆。

直线插补（G01）及圆弧插补（G02、G03）程序段最后附加 C 则自动插入倒角，附加 R 则自动插入倒圆。上述指令只在平面选择指令（C17、C18、G19）指定的平面有效。

C 后的数值为假设未倒角时，指令由假想角交点到倒角开始点、终止点的距离，如图 4–8 所示。

在倒角过程中，有的情况下在倒角前加“，”；有的情况下不加。

N0010 G91 G01 X100.0，C10.0；

N0020 X100.0 Y100.0；

R 后的数值指定倒圆 R 的半径值，如图 4–9 所示。

N0010 G91 G01 X100.0，R10.0；

N0020 X100.0 Y100.0；

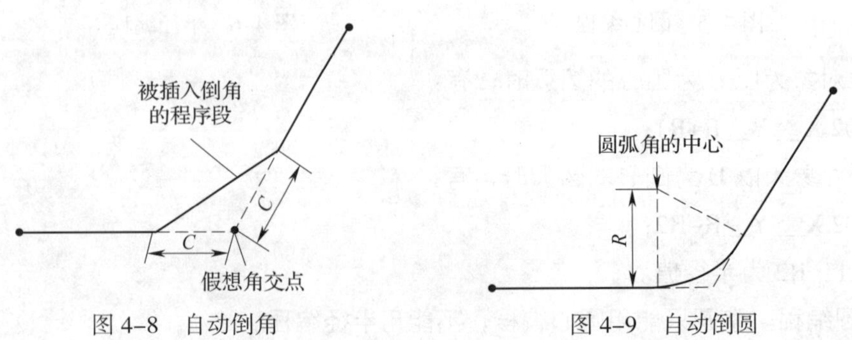

图 4–8 自动倒角 图 4–9 自动倒圆

但上述倒角 C 及倒圆 R 程序段之后的程序段，须是直线插补（G01）或圆弧插补（G02、G03）的移动指令。若为其他指令，则出现 P/S 报警，警示号 52。

倒角 C 及倒圆 R 可在两个以上的程序段中连续使用。

说明：

（1）倒角 C 及倒圆 R 只能在同一插补平面内插入。

（2）插入倒角 C 及倒圆 R 若超过原来的直线插补范围，则出现 P/S55 报警（见图 4-10）。

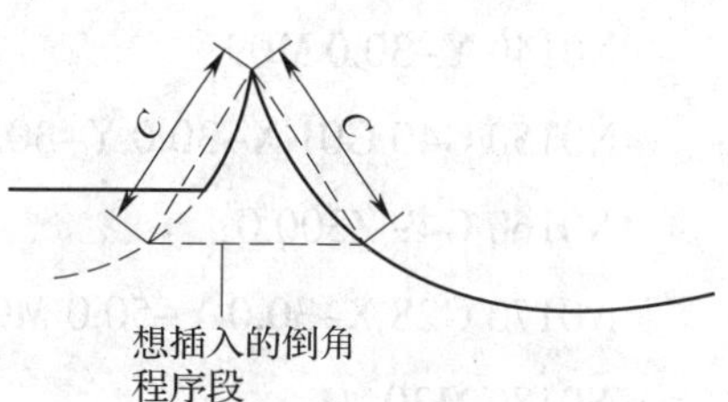

图 4-10 出现报警的情况

（3）变更坐标系的指令（G92、G52 ~ G59）及回参考点（G28 ~ G30）后，不可写入倒角 C 及倒圆 R 指令。

（4）直线与直线、直线与圆弧的切线以及两圆弧的切线间的夹角在 ±1° 以内时，倒角及倒圆的程序段都当作移动量为 0。

【例 4-3】 编程加工如图 4-11 所示外轮廓，刀具 T01 为 ϕ16 mm 的铣刀，刀具长度补偿号为 H01，刀具半径补偿号为 D01。

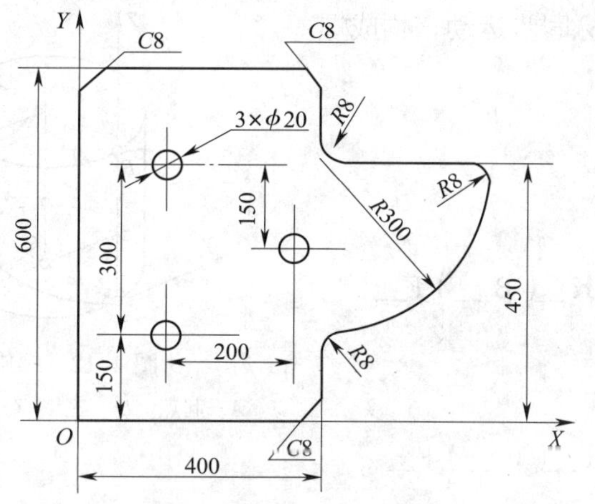

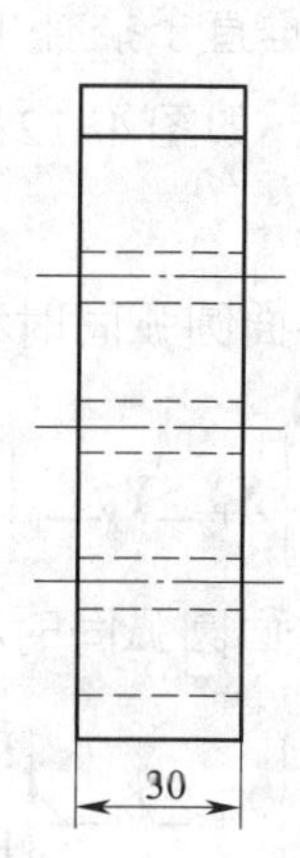

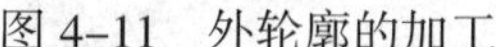

图 4-11 外轮廓的加工

程序如下：

```
O0010;
N0010 G54 G90 G21 G17 G49 T01;
N0020 M06;
N0030 M03 S800;
N0040 G43 G00 Z30.0 H01;
N0050 X-30.0 Y-30.0;
N0060 G42 G01 X-30.0 Y0 D01 F110.0 M08;
N0070 Z-33.0;
N0080 X400.0，C8.0;
```

```
N0090 Y150.0，R8.0；
N0100 G03 X700.0 Y450.0 R300.0，R8.0；
N0110 G01 X400.0，R8.0；
N0120 Y600.0，C8.0；
N0130 X0，C8.0；
N0140 Y-30.0 M09；
N0150 G40 G01 X-30.0 Y-30.0；
N0160 G49 Z300.0；
N0170 G28 X-30.0 Y-50.0 M05；
N0180 M30；
```

四、螺旋线加工

螺旋线插补指令与圆弧插补指令相同，即 G02 和 G03 分别表示顺时针、逆时针螺旋线插补，顺时针、逆时针的定义与圆弧插补相同。在进行圆弧插补时，垂直于插补平面的坐标同步运动，构成螺旋线插补运动，如图 4-12 所示。

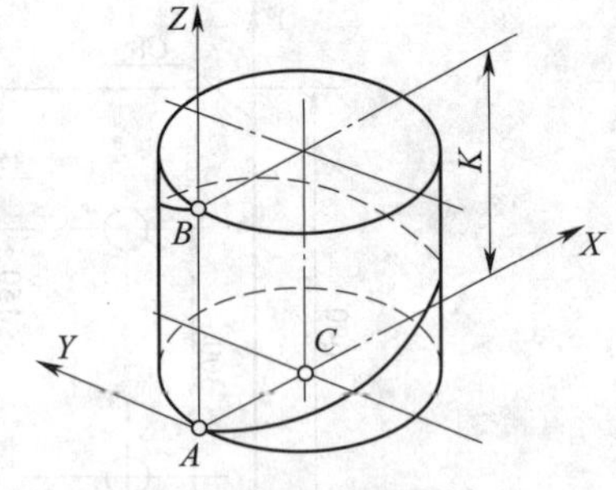

图 4-12　螺旋线插补

A—起点　*B*—终点　*C*—圆心　*K*—导程

指令格式：

与 X_PY_P 平面圆弧同时移动

$$G17\begin{Bmatrix}G02\\G03\end{Bmatrix}X_P\_\_\,Y_P\_\_\begin{Bmatrix}I\_\_\,J\_\_\\R\_\_\end{Bmatrix}\alpha\_\_(\beta\_\_)\,F\_\_;$$

与 Z_PX_P 平面圆弧同时移动

$$G18\begin{Bmatrix}G02\\G03\end{Bmatrix}X_P\_\_\,Z_P\_\_\begin{Bmatrix}I\_\_\,K\_\_\\R\_\_\end{Bmatrix}\alpha\_\_(\beta\_\_)\,F\_\_;$$

与 Y_PZ_P 平面圆弧同时移动

$$G19\begin{Bmatrix}G02\\G03\end{Bmatrix}Y_P\_\_\,Z_P\_\_\begin{Bmatrix}J\_\_\,K\_\_\\R\_\_\end{Bmatrix}\alpha\_\_(\beta\_\_)\,F\_\_;$$

α、β：非圆弧插补的任意一个轴。

最多能指定两个其他轴。

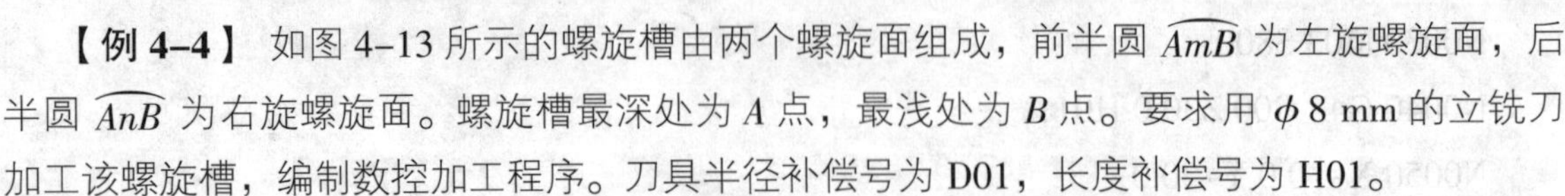

【例 4-4】 如图 4-13 所示的螺旋槽由两个螺旋面组成，前半圆 $\widehat{AmB}$ 为左旋螺旋面，后半圆 $\widehat{AnB}$ 为右旋螺旋面。螺旋槽最深处为 *A* 点，最浅处为 *B* 点。要求用 ϕ8 mm 的立铣刀加工该螺旋槽，编制数控加工程序。刀具半径补偿号为 D01，长度补偿号为 H01。

```
O0050；
N0010 G54 G90 G21 G17 T01；
N0020 M06；
```

```
N0030 G00 G43 Z50.0 H01;
N0040 G00 X24.0 Y60.0;
N0050 G00 Z2.0;
N0060 M03 S1500;
N0070 G01 Z-1.0 F50.0 M08;
N0080 G03 X96.0 Y60.0 Z-4.0 I36.0 J0;
N0090 G03 X24.0 Y60.0 Z-1.0 I-36.0 J0;
N0100 G01 Z1.5 M09;
N0110 G49 G00 Z150.0 M05;
N0120 X0 Y0;
N0130 M30;
```

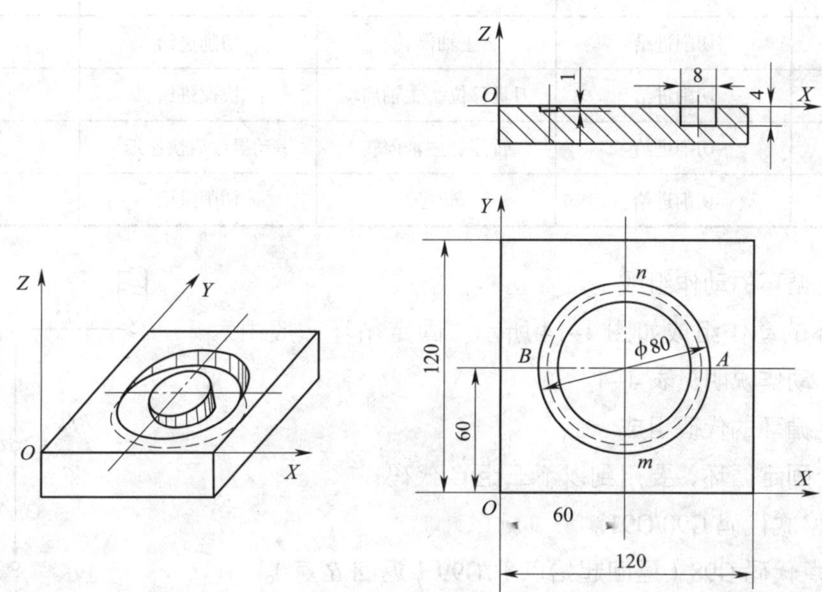

图 4-13 螺旋槽加工

第二节 固 定 循 环

一、孔加工的固定循环功能

1. 孔加工的固定循环功能概述

（1）孔加工指令

孔加工的固定循环指令见表 4-3。

表 4–3　孔加工的固定循环指令

G 代码	孔加工行程（–Z）	孔底动作	返回行程（+Z）	用途
G73	间歇进给	–	快速进给	高速深孔往复排屑钻
G74	切削进给	主轴正转	切削进给	攻左旋螺纹
G76	切削进给	主轴定向、刀具移位	快速进给	精镗
G80	–	–	–	取消指令
G81	切削进给	–	快速进给	钻孔
G82	切削进给	暂停	快速进给	钻孔
G83	间歇进给	–	快速进给	深孔排屑钻
G84	切削进给	主轴反转	切削进给	攻右旋螺纹
G85	切削进给	–	切削进给	镗削
G86	切削进给	主轴停转	切削进给	镗削
G87	切削进给	刀具移位、主轴启动	快速进给	反镗
G88	切削进给	暂停、主轴停转	手动操作后快速返回	镗削
G89	切削进给	暂停	切削进给	镗削

（2）固定循环的动作组成

固定循环的动作组成如图 4–14 所示。固定循环一般由六个动作组成，动作说明见表 4–4。

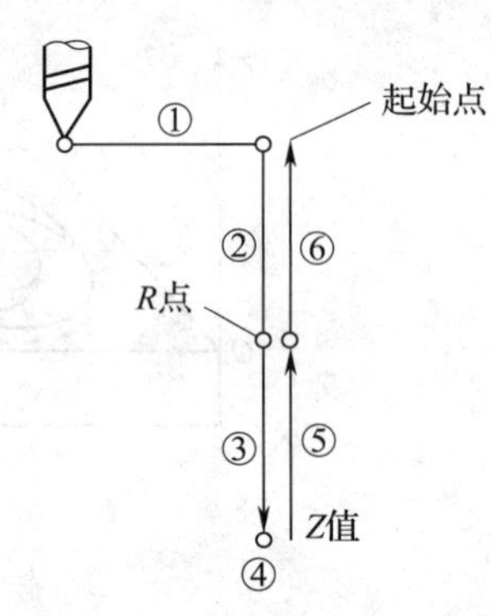

图 4–14　固定循环的动作组成

（3）固定循环的代码组成

组成一个固定循环，要用到以下三组 G 代码：

1）数据格式代码 G90/G91。

2）返回点代码 G98（返回起始点）/G99（返回 *R* 点）。

3）孔加工方式代码见表 4–3。

表 4–4　固定循环动作说明

动作	说明	备注
①	*X*、*Y* 坐标快速定位	在图 4–14 中，③段的进给率由 F 决定，⑤段的进给率由固定循环设置决定 在固定循环中，刀具偏置 G45 ~ G48 无效。刀具长度补偿 G43、G44、G49 有效，它们在动作②中执行
②	快进到 *R* 点	
③	孔加工	
④	孔底动作	
⑤	返回到 *R* 点	
⑥	返回到起始点	

在使用固定循环编程时，一定要在前面程序段中指定 M03（或 M04），使主轴启动。

（4）固定循环指令的编程格式

固定循环指令的编程格式见表 4–5。

表 4–5 固定循环指令的编程格式

<table>
<tr><th rowspan="2">编程格式</th><th colspan="2">G× × X__ Y__ Z__ R__ Q__ P__ F__ K__；</th></tr>
<tr><th>G90</th><th>G91</th></tr>
<tr><td>G× ×</td><td colspan="2">G73、G74、G76、G80 ~ G89</td></tr>
<tr><td>X、Y</td><td>孔在 XY 平面的坐标位置，相对于工件坐标系的坐标原点</td><td>孔在 XY 平面的坐标位置，相对于前一点的增量值</td></tr>
<tr><td>Z</td><td>孔底坐标值，是孔底的 Z 坐标值</td><td>孔底相对于 R 点的增量值</td></tr>
<tr><td>R</td><td>R 点的 Z 坐标值</td><td>R 点相对于起始点的增量值</td></tr>
<tr><td>Q</td><td colspan="2">在 G73、G83 中用来指定每次进给的深度；在 G76、G87 中指定刀具的让刀量</td></tr>
<tr><td>P</td><td colspan="2">暂停时间，最小单位为 1 ms</td></tr>
<tr><td>F</td><td colspan="2">进给速度</td></tr>
<tr><td>K</td><td colspan="2">固定循环的重复次数，如果不指定 K，则只进行一次循环。K=0 时，机床不动作</td></tr>
<tr><td rowspan="2">说明</td><td colspan="2">G73、G74、G76、G80 ~ G89 是模态指令，因此，多孔加工时该指令只需指定一次，以后的程序段只给出孔的位置即可</td></tr>
<tr><td colspan="2">固定循环中的参数（Z、R、Q、P、F）是模态的，当变更固定循环时，可用的参数可以继续使用，不需要重设。如果中间隔有 G80 或 01 组 G 指令，则参数均被取消，但是 01 组的 G 指令不受固定循环的影响</td></tr>
</table>

2. 固定循环指令

（1）高速深孔往复排屑钻 G73

指令格式：

G73 X__ Y__ Z__ R__ Q__ F__；

G73 循环动作如图 4–15 所示。图中- - →表示快速进给，——→表示切削进给。

退刀量 *d* 可用系统参数（No.5114）设定，从而保证钻深孔时间歇进给便于排屑。退刀时以快速进给速度执行。

（2）攻左旋螺纹 G74

指令格式：

G74 X__ Y__ Z__ R__ P__ F__；

G74 循环动作如图 4–16 所示。

执行攻左旋螺纹，在孔底位置主轴正转退刀。

注：用 G74 指令攻左旋螺纹时，进给率调整无效。即使使用进给暂停，在返回动作结束之前循环也不会停止。

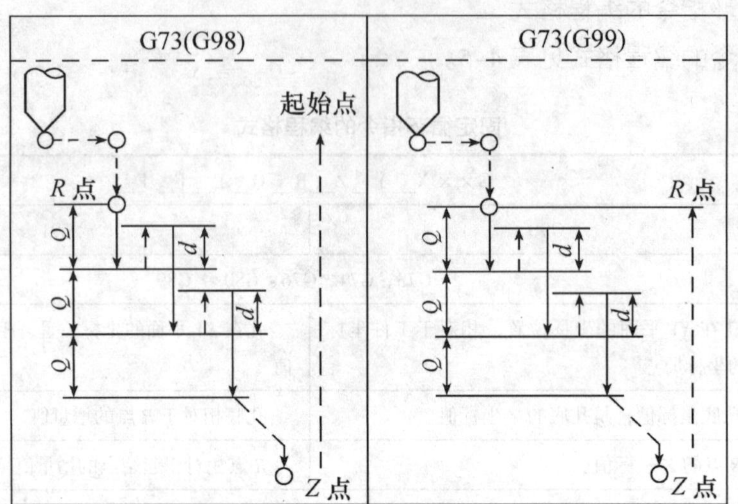

图 4-15　G73 循环动作

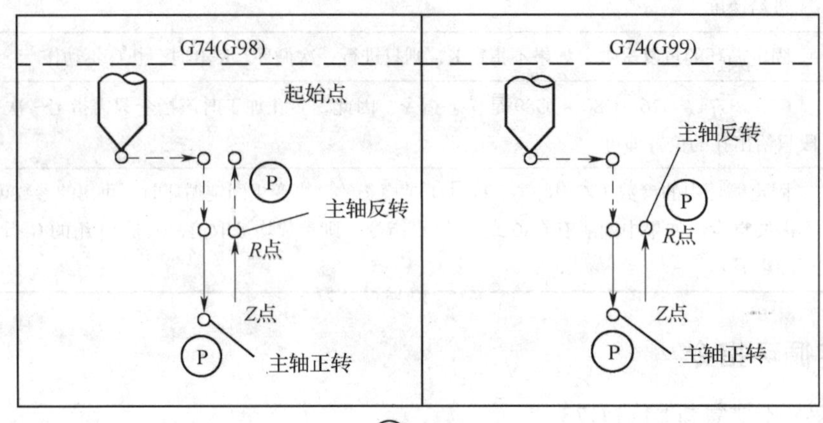

(P) 暂停

图 4-16　G74 循环动作

（3）精镗 G76

指令格式：

G76 X__ Y__ Z__ R__ Q__ P__ F__；

G76 循环动作如图 4-17 所示。

主轴在孔底位置准停，刀具让刀快速退回。

指令说明：让刀量用 Q 指定。Q 值是正值，如果指定负值则负号无效。平移方向可用系统参数 RD1（No.5101#4）、RD2（No.5101#5）设定。

（4）钻孔 G81

指令格式：

G81　X__ Y__ Z__ R__ F__；

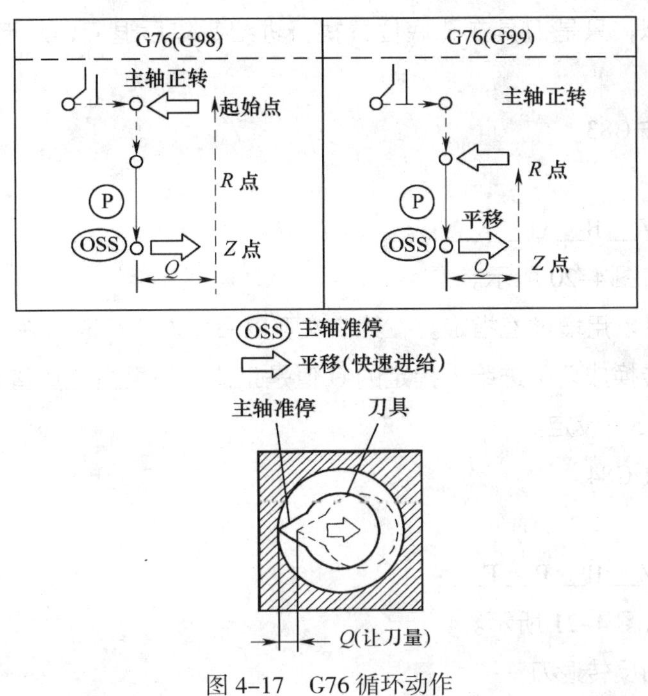

图 4–17　G76 循环动作

G81 循环动作如图 4–18 所示。

执行 G81 指令时，先进行 X、Y 轴定位，快速进给到 R 点，接着从 R 点到 Z 点进行孔加工。孔加工完成后，刀具退到 R 点还是起始点由 G98/G99 决定。

（5）钻孔 G82

指令格式：

G82 X__ Y__ Z__ R__ P__ F__ ；

G82 循环动作如图 4–19 所示。

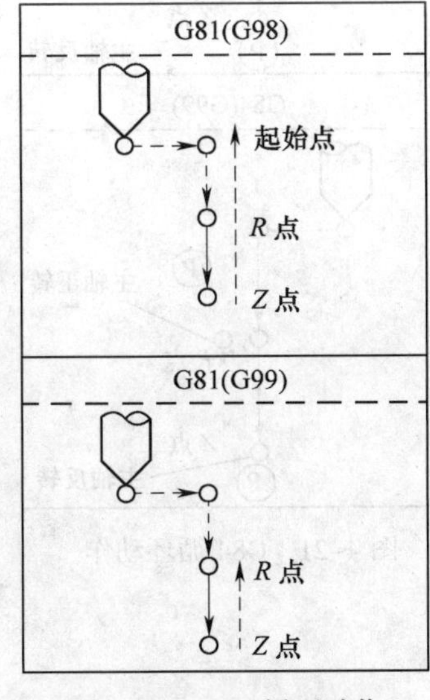

图 4–18　G81 循环动作

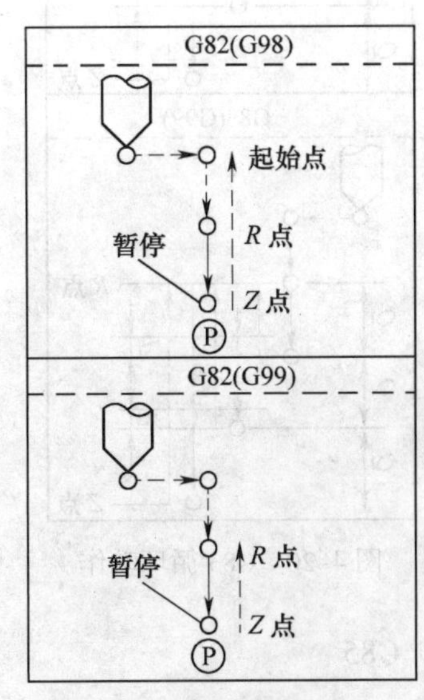

图 4–19　G82 循环动作

G82 与 G81 类似，只是刀具在孔底位置执行进给暂停后退回，从而改善孔底的表面质量。

（6）深孔排屑钻 G83

指令格式：

G83　X__ Y__ Z__ R__ Q__ F__ ；

G83 循环动作如图 4-20 所示。

Q 是每次切削量，用增量值指定。在第二次及以后切入执行时，在切入到 d（mm 或 in）的位置，快速进给转换成切削进给。指定的 Q 值是正值，如果指定负值则负号无效。d 值可用系统参数（No.5115）设定。

（7）攻右旋螺纹 G84

指令格式：

G84　X__ Y__ Z__ R__ P__ F__ ；

G84 循环动作如图 4-21 所示。

在孔底位置主轴反转退刀。

注：在 G84 指定的攻螺纹循环中，进给率调整无效。即使使用进给暂停，在返回动作结束之前循环也不会停止。

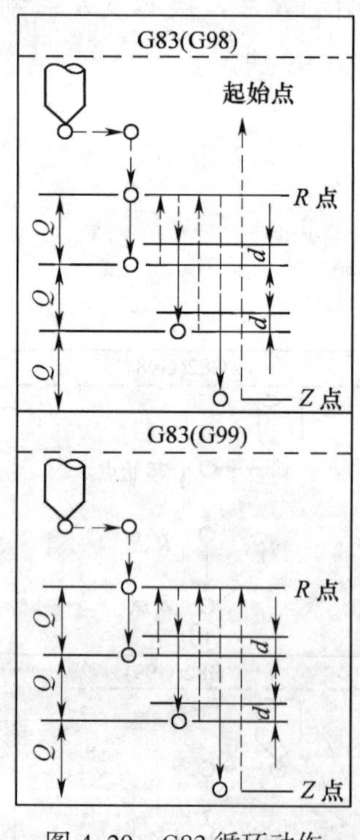

图 4-20　G83 循环动作

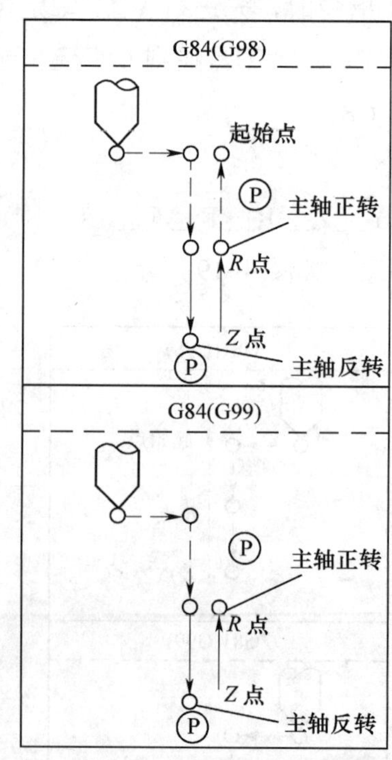

图 4-21　G84 循环动作

（8）镗削 G85

指令格式：

G85 X__ Y__ Z__ R__ F__ ;

G85 与 G81 类似，但返回行程中，从 $Z \rightarrow R$ 段为切削进给，如图 4–22 所示。

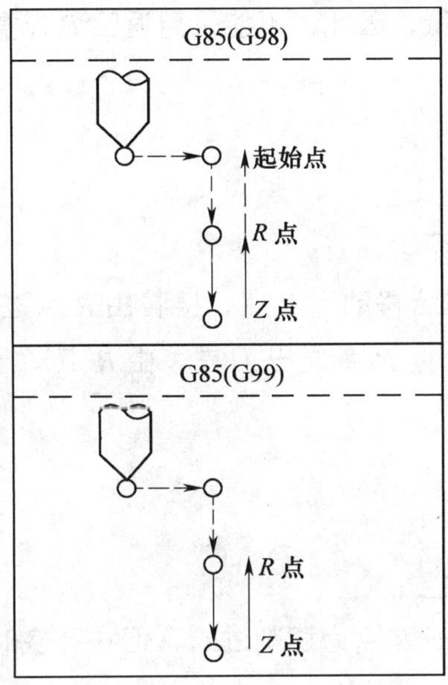

图 4–22 G85 循环动作

（9）镗削 G86

指令格式：

G86 X__ Y__ Z__ R__ F__ ;

G86 循环动作如图 4–23 所示。

G86 与 G81 类似，但进给到孔底后，主轴停转，返回到 R 点（G99 方式）或起始点（G98）后主轴再重新启动。

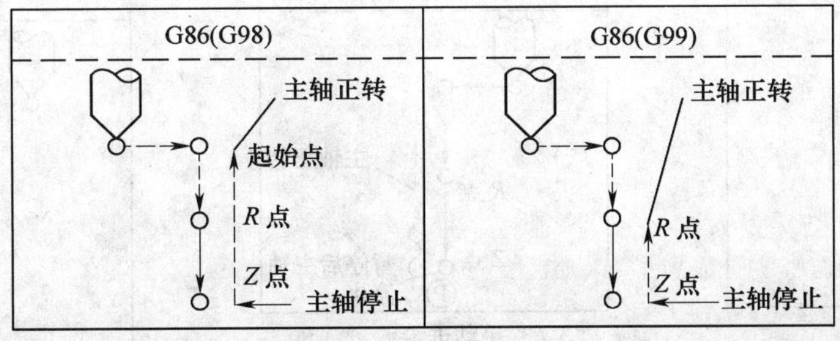

图 4–23 G86 循环动作

（10）反镗 G87

指令格式：

G87 X__Y__Z__R__Q__F__ ;

G87 循环动作如图 4–24 所示。

刀具沿 *X* 轴及 *Y* 轴定位后，主轴准停。主轴让刀以快速进给速度在孔底位置定位（*R* 点），主轴正转，沿 *Z* 轴的方向到 *Z* 点进行加工。在这个位置，主轴再度准停，刀具退出。刀具返回到起始点后进刀。主轴正转，刀具执行下一个程序段。G87 的让刀量及方向设定与 G76 相同。这里的 *R* 点比 *Z* 点低，因此，不能采用返回 *R* 点操作。

（11）镗削 G88

指令格式：

G88　X__ Y__ Z__ R__ P__ F__；

G88 循环动作如图 4-25 所示。

X、*Y* 轴定位后，以快速进给移动到 *R* 点，接着由 *R* 点进行钻孔加工。钻孔加工完，暂停后主轴停止，以手动由 *Z* 点向 *R* 点退出刀具。由 *R* 点向起始点，主轴正转快速进给返回。

（12）镗削 G89

指令格式：

G89　X__Y__Z__R__P__F__；

G89 与 G85 类似，从 *Z* 点→ *R* 点为切削进给，但在孔底时有暂停动作。G89 循环动作如图 4-26 所示。

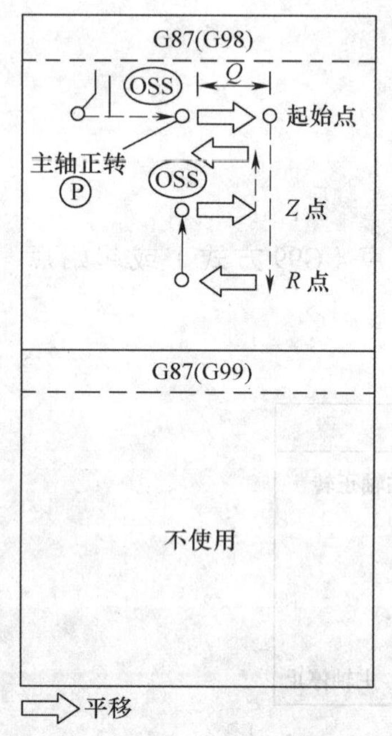

图 4-24　G87 循环动作

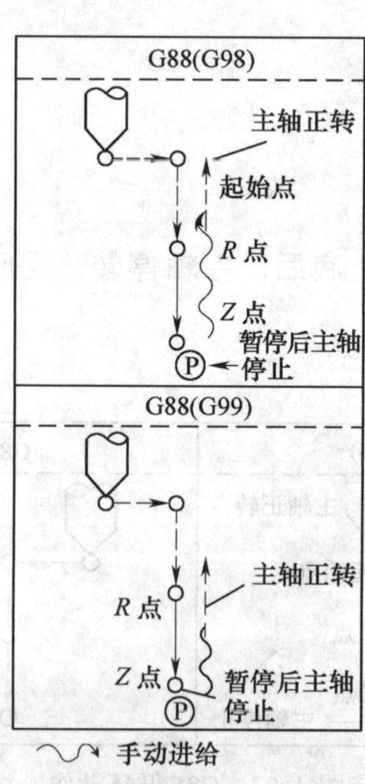

图 4-25　G88 循环动作

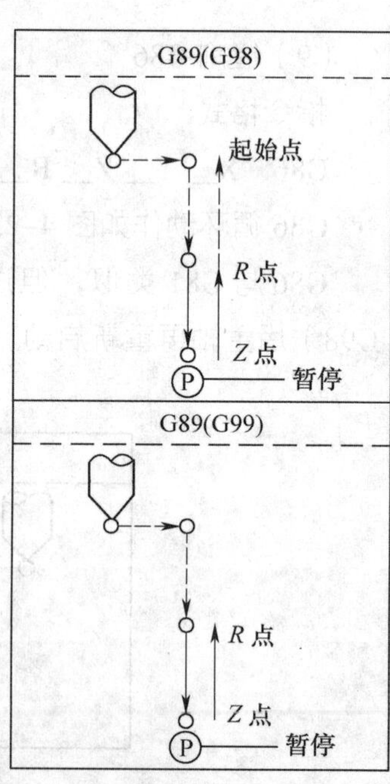

图 4-26　G89 循环动作

3. 孔的固定循环取消 G80

取消固定循环（G73、G74、G76、G81 ~ G89）以后执行其他指令。*R* 点、*Z* 点取消（即增量指令 R=0、Z=0），其他孔加工信息也全部取消。

4. 孔加工固定循环编程注意事项

（1）在固定循环指定前，必须用辅助功能（M 代码）使主轴旋转。

（2）如果程序段包含 X、Y、Z、R 等信息，即执行固定循环钻孔。如果程序段不包含 X、Y、Z、R 等信息，则不执行钻孔。当指定 G04 时，也不钻孔。

（3）在钻孔的程序段，如果要指定钻孔信息 Q、P，即在 X、Y、Z、R 等信息的程序段中指定。如果在不执行钻孔的程序段中指定这些信息，则不保存为模态信息。

（4）当主轴旋转控制使用在固定循环（G74、G84、G86）时，孔位置间距很小或起始点到 *R* 点距离很短，在进行孔加工时，主轴可能没有达到正常转速。在这个时候，必须在每个钻孔动作间插入一个暂停指令（G04）使时间延长。此时，不用 K 指定重复次数，如图 4-27 所示。

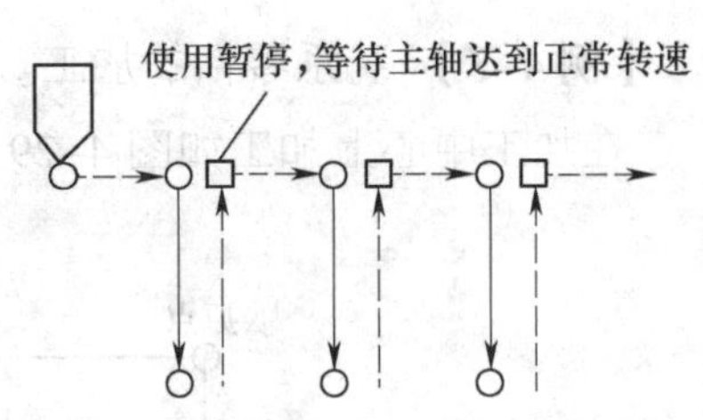

图 4-27 G04 在孔的固定循环中的应用

（5）如前所述，固定循环也可用 G00 ~ G03（01 组 G 代码）取消。如果在同一程序段指定 G 为 G00 ~ G03 时，执行取消（# 表示 00 ~ 03，×× 表示固定循环码）。

G# G×× X__ Y__ Z__ R__ Q__ P__ F__ K__；执行固定循环

G×× G# X__ Y__ Z__ R__ Q__ P__ F__ K__；X、Y、Z 按 G# 移动，R、Q、P 被忽视，F 被记忆

（6）固定循环指令和辅助功能在同一程序段中，在定位前执行 M 功能。进给次数（K）指定时，只在初次送出 M 码，以后不送出。

（7）在固定循环模式中刀具半径补偿无效。

（8）在固定循环模式指定刀具长度补偿（G43、G44、G49）时，当刀具位于 *R* 点时（图 4-14 中动作②）生效。

（9）操作注意事项

1）单步进给。在单步进给模式执行固定循环时，在图 4-14 所示的动作①、②、⑥结束时停止。因此，钻一个孔必须启动三次。在动作①及②结束时，进给暂停灯会亮。在动作⑥结束后有重复次数时，进给暂停；如果没有重复次数，进给停止。

2）进给暂停。在固定循环 G74、G84 的动作③ ~ ⑤使用进给暂停时，进给暂停灯立刻会亮，继续运行到动作⑥后停止。如果在动作⑥时再度使用进给暂停，会立刻停止。

3）进给率调整。在固定循环 G74、G84 的动作中，进给率调整假设为 100%。

5. 孔加工固定循环加工孔距相同的排孔

固定循环指令用 K 地址指定重复加工次数。在增量方式（G91）时，如果有孔距相同的排孔，采用此方法较为简便。在编程时需采用 G91、G99 方式。例如，当指令为：G91 G81 X50.0 Z-20.0 R-10.0 K6 F200 时，其运动轨迹如图 4-28 所示。如果是在绝对值方式中，则不能钻出六个孔，仅仅在第一孔处往复钻六次。

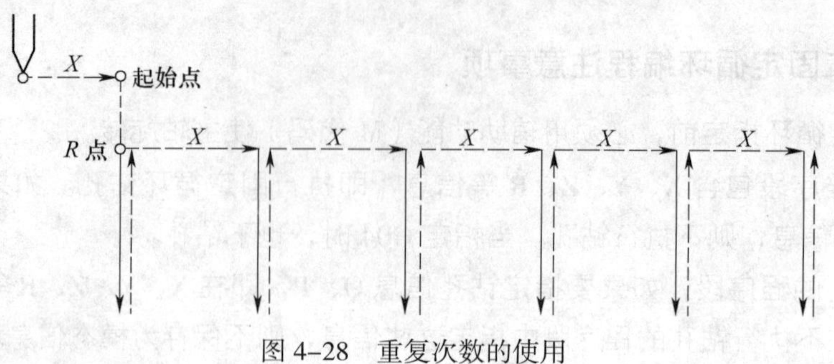

图 4-28　重复次数的使用

【例 4-5】孔系零件的加工。

在加工中心上加工如图 4-29 所示零件，试编写其加工程序，其中 #11 ~ #13 孔已粗加工。

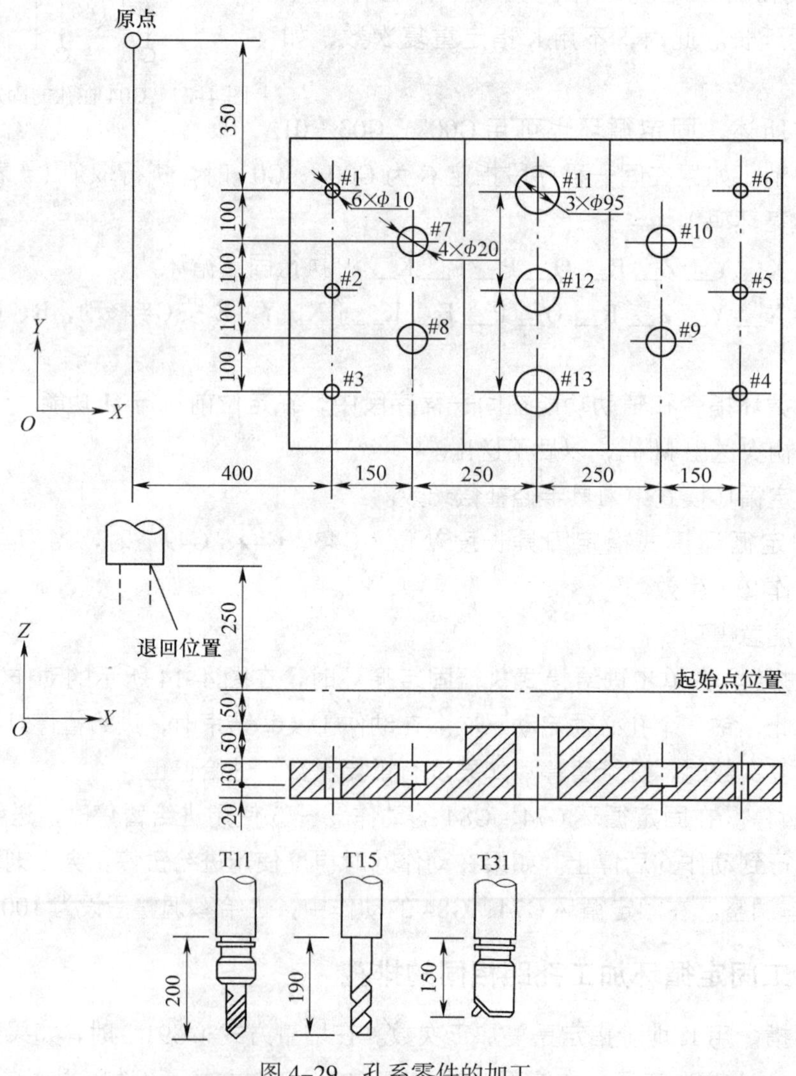

图 4-29　孔系零件的加工

在长度补偿号 H11 中设定补偿量 +200.0，在长度补偿号 H15 中设定补偿量 +190.0，在长度补偿号 H31 中设定补偿量 +150.0。程序如下：

```
O0010;
N10 G92 X0 Y0 Z0;
N20 G90 G00 Z250.0 T11 M06;
N30 G43 Z0 H11;
N40 S300 M3;
N50 G99 G81 X400.0 Y-350.0 Z-153.0 R-97.0 F120;
N60 Y-550.0;
N70 G98 Y-750.0;
N80 G99 X1200.0;
N90 Y-550.0;
N100 G98 Y-350.0;
N110 G49 G00 Z250.0;
N120 G28 Z350.0 T15 M06;
N130 G43 Z0 H15;
N140 S200 M3;
N150 G99 G82 X550.0 Y-450.0 Z-130.0 R-97.0 P300 F300;
N160 G98 Y-650.0;
N170 G99 X1050.0;
N180 G98 Y-450.0;
N190 G49 G00 Z250.0;
N200 G28 Z350.0 T31 M06;
N210 G43 Z0 H31;
N220 S100 M3;
N230 G85 G99 X800.0 Y-350.0 Z-158.0 R-47.0 F50;
N240 G91 Y-200.0 K2;
N250 G28 X0 Y0 M5;
N260 G90 G49 G00 Z350.0;
N265 G80;
N270 M30;
```

【例 4-6】 孔系零件的加工

加工如图 4-30 所示孔系，试编写其加工中心加工程序。刀具 T01 为 ϕ10 mm 钻头，长度补偿号为 H01。

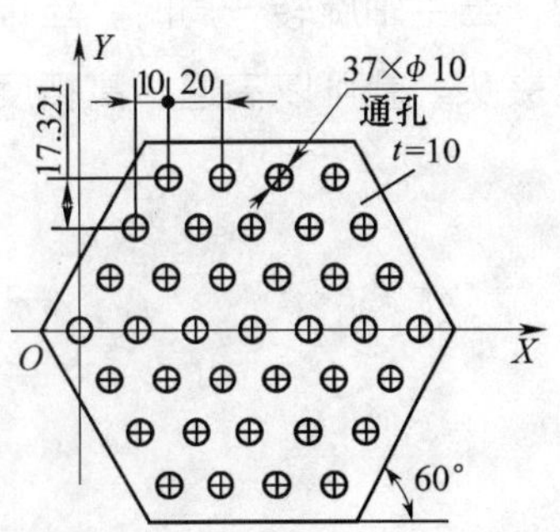

图 4-30　重复固定循环加工示例

程序如下：

```
O0010;
N0010 G54 G17 G80 G90 G21 G49 T01;
```

```
N0020 M06；
N0030 M03 S800；
N0040 G43 G00 Z20.0 H01；
N0050 G00 X10.0 Y51.963 M08；
N0060 G91 G81 G99 X20.0Z–18.0 R–17.0 K4；
N0070 X10.0 Y–17.321；
N0080 X–20.0 K4；
N0090 X–10.0 Y–17.321；
N0100 X20.0 K5；
N0110 X10.0 Y–17.321；
N0120 X–20.0 K6；
N0130 X10.0 Y–17.321；
N0140 X20.0 K5；
N0150 X–10.0 Y–17.321；
N0160 X–20.0 K4；
N0170 X10.0 Y–17.321；
N0180 X20.0 K3；
N0190 G80 M09；
N0200 G49 G90 G00 Z300.0；
N0210 G28 X0 Y0 M05；
N0220 M30；
```

二、刚性模式的固定循环

攻右旋螺纹循环（G84）、攻左旋螺纹循环（G74）有固定模式和刚性模式两种。

固定模式为配合攻螺纹轴的动作，使用 M03（主轴正转）、M04（主轴反转）、M05（主轴停止）等辅助功能使主轴改变旋转方向或停止，以进行攻螺纹操作。

刚性模式用于主轴上装有光电编码器的机床，其主轴旋转运动与攻螺纹进给运动严格匹配，当主轴旋转一周时，丝锥进给一个导程，因此，不需像固定模式攻螺纹那样使用浮动丝锥夹头，就可以高速、高精度攻螺纹。

第三节　极坐标编程与坐标变换

一、极坐标编程

1. 极坐标指令

G16——极坐标系生效指令。

G15——极坐标系取消指令。

当使用极坐标指令后，坐标值以极坐标方式指定，即以极坐标半径和极坐标角度来确定点的位置。

（1）极坐标半径

当使用 G17、G18、G19 选择好加工平面后，用所选平面的第一轴地址来指定极坐标半径。

（2）极坐标角度

用所选平面的第二轴地址来指定极坐标角度，极坐标的零度方向为第一轴的正方向，逆时针方向为角度方向的正向，如图 4-31 所示。

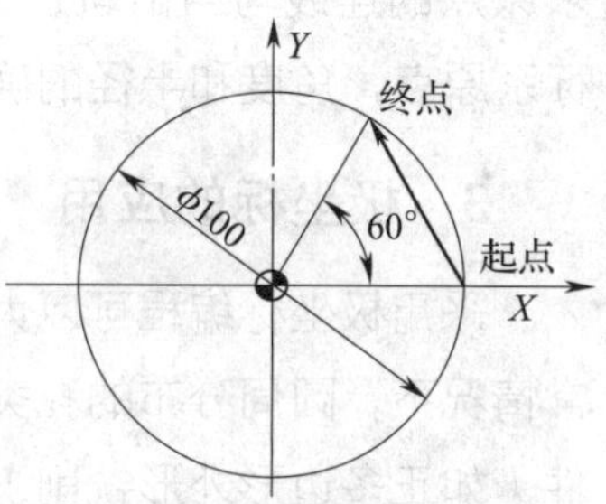

图 4-31　极坐标参数示意图

例如：

……

```
G00 X50.0 Y0;
G90 G17 G16;          绝对值编程，选择 XY 平面，极坐标生效
G01 X50.0 Y60.0;      终点极坐标半径为 50，终点极坐标角度为 60°
G15;                  取消极坐标
```

……

2. 极坐标系原点

极坐标系原点指定方式有两种，一种是以工件坐标系的原点作为极坐标系原点；另一种是以刀具当前的位置作为极坐标系原点。

当以工件坐标系原点作为极坐标系原点时，用绝对值编程方式来指定（见图 4-32），如程序“G90 G17 G16；”。极坐标半径值是指终点坐标到编程零点的距离；角度值是指终点坐标和编程零点的连线与 *X* 轴的夹角。

当以刀具当前位置作为极坐标系原点时，用增量值编程方式来指定，如程序“G91 G17 G16；”。极坐标半径值是指终点到刀具当前位置的距离，角度值是指前一坐标系原点和当前极坐标系原点的连线与当前轨迹的夹角。如图 4-33 所示，在 *A* 点处进行 G91 方式极坐标编程，则 *A* 点为当前极坐标系的原点，而前一坐标系的原点为编程零点（*O* 点）。半径为当前

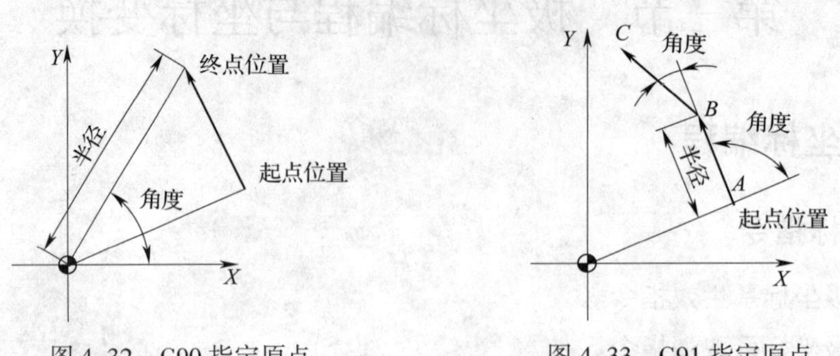

图 4–32　G90 指定原点　　　　图 4–33　G91 指定原点

编程零点到轨迹终点的距离（图中 *AB* 线段的长度），角度为前一坐标系原点和当前极坐标系原点的连线与当前轨迹的夹角（图中 *OA* 与 *AB* 的夹角）。*BC* 段编程时，*B* 点为当前极坐标系原点，角度和半径的确定与 *AB* 段类似。

3. 极坐标的应用

采用极坐标编程可以大大减少编程时的计算工作量，因此，在编程中得到广泛应用。通常情况下，圆周分布的孔类零件（如法兰类零件）以及图样尺寸以半径和角度形式标示的零件（如正多边形外形铣削），采用极坐标编程较为合适。

【例 4–7】 编写图 4–34 所示的圆周孔零件的加工程序。

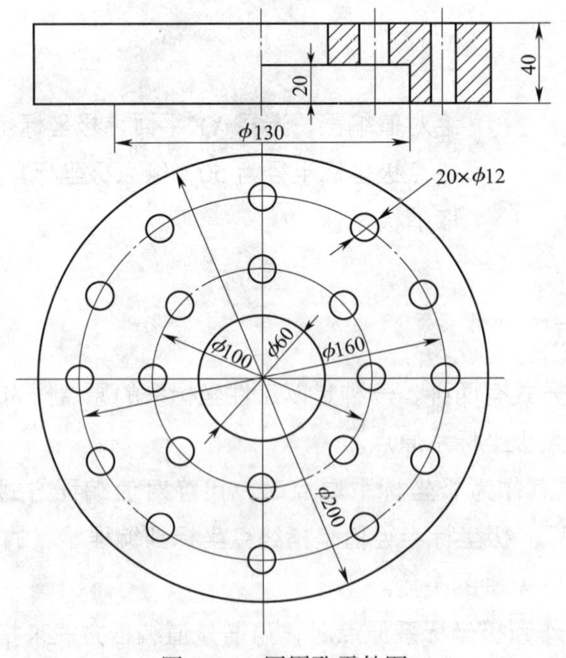

图 4–34　圆周孔零件图

（1）刀具与切削用量

刀具与切削用量见表 4–6。

表 4–6　　　　刀具与切削用量

工步号	工步内容	刀具号	刀具类型	切削用量		
				主轴转速 /（r/min）	进给速度 /（mm/min）	背吃刀量 /mm
1	钻中心孔	T01	A2.5 中心钻	1 800	60	
2	钻孔	T02	ϕ 11.8 mm 钻头	800	80	5
3	铰孔	T03	ϕ 12H8 铰刀	240	50	

（2）程序编制

```
O0040;
G15 G40 G90 G49;
M06 T01;
G54 G00 G90 X0 Y0 Z100. S1800 M03;
G43 G00 Z15. H01;
Z3.;
G16;
G99 G82 X50. Y0 Z−2.5 R2. P1500 F80;
G91 Y112.5 K8;
G90 G0 Z3.;
G82 X80. Y0 Z−2.5 R2. F80;
G91 Y105. K12;
G15 G90 G0 Z30.;
G49 G00 Z150.;
G28 Z155.0
M06 T02;
G43 H02 Z100.;
G00 G90 X80.Y0 S800 M03;
Z3. M08;
G16;
G81 X80. Y0 Z−43. R2. F80;
G91 Y105. K12;
G90 G00 Z3.;
G81 X50. Y0 Z−24. R2. F80;
G91 Y112.5 K8;
G15 G90 G00 Z30. M09;
```

```
G49 G00 Z150.;
G28 Z155.;
M06 T03;
G43 H03 Z100.;
G00 G90 X50. Y0 S180 M03;
Z3.;
G16 M08;
G86 X50. Y0 Z-24. R2. P1500 F80;
G91 Y112.5 K8;
G90 G00 Z3.;
G86 X80. Y0 Z-43. R2. P1500 F80;
G91 Y105. K12.;
G15 G90 G00 Z30.;
G49 G00 Z150. M09;
G91 G28 Z0;
M30;
```

二、坐标变换

1. 坐标系旋转

对于某些围绕中心旋转得到的特殊的轮廓加工，如果根据旋转后的实际加工轨迹进行编程，使坐标计算的工作大量增加。通过图形旋转功能，可以大大简化编程的工作量。

（1）指令格式

G17 G68 X__ Y__ R__ ;

G69;

其中，G68 表示图形旋转生效，G69 表示图形旋转取消。

格式中的 X__、Y__用于指定图形旋转的中心；R__用于表示图形旋转的角度，该角度一般取 0 ~ 360°。旋转角度的零度方向为第一坐标轴的正方向，逆时针方向为角度的正方向。不足 1° 的角度以小数点表示，如 10°54′ 用 10.9° 表示。

例如：G68 X15.0 Y20.0 R30.0;

该指令表示图形以坐标点（15，20）作为旋转中心，逆时针旋转 30°。

（2）指令说明

1）在坐标系旋转取消指令（G69）以后的第一个移动指令必须用绝对值指定。如果采用增量值指令，则不执行正确的移动。

2）数控系统数据处理的顺序是程序镜像→比例缩放→坐标系旋转→刀具半径补偿 C 方式。因此，在指定这些指令时，应按顺序指定；取消时，则应按相反顺序取消。如果坐标系旋转指令前有比例缩放指令，则在比例缩放过程中不缩放旋转角度。

3）在坐标系旋转方式中，返回参考点指令（G27 ~ G30）和改变坐标系指令（G54 ~ G59，G92）不能指定。如果要指定其中的某一个，则必须在取消坐标系旋转指令后指定。

【例 4-8】 编写如图 4-35 所示的“逗号”轮廓的加工程序。

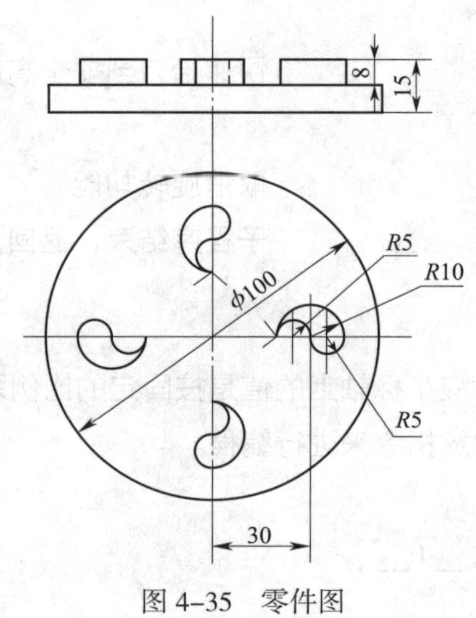

图 4-35　零件图

O0003；	程序名
N10 G90 G80 G40 G49 G69 G17 G54 T01；	
N20 M06；	
N30 G43 G00 Z50.0 H01；	
N40 M03 S620 F36；	主轴正转，转速为 620 r/min，指定进给
N50 G00 X0 Y0；	快速定位到起始位置坐标（0，0）
N60 M98 P0004；	调用粗铣子程序，子程序号为 O0004
N70 G68 X0 Y0 R90.0；	（X0，Y0）为旋转中心，旋转 90°
N80 M98 P0004；	调用粗铣子程序，子程序号为 O0004
N90 G68 X0 Y0 R180.0；	（X0，Y0）为旋转中心，旋转 180°
N100 M98 P0004；	调用粗铣子程序，子程序号为 O0004
N110 G68 X0 Y0 R270.0；	（X0，Y0）为旋转中心，旋转 270°
N120 M98 P0004；	调用粗铣子程序，子程序号为 O0004
N130 G91 G49 Z10.0 M05；	
N140 M30；	
O0004；	子程序名

N10 G90 G00 X40.0 Y50.0； 绝对坐标，快速定位到（X40，Y50）点
N20 Z10.0； 快速下刀到安全高度
N30 G01 Z-8.0； 铣削到深度
N40 G41 D01 Y0； 启动刀具半径补偿，进给到要求位置
N50 G02 X30.0 Y0 I-5.0； 铣圆弧
N60 G03 X20.0 Y0 I-5.0； 铣圆弧
N70 G02 X40.0 Y0 I10.0； 铣圆弧
N80 G01 Y-50.0；
N90 G00 Z10.0； 快速抬刀到安全高度
N100 G40 G00 X0 Y0；
N110 G69； 取消旋转功能
N120 M99； 子程序结束，返回主程序

2. 比例缩放

在数控编程中，有时在对应坐标轴上的值是按固定的比例系数进行放大或缩小的，这时为了编程方便，可采用比例缩放指令来进行编程。

（1）指令格式

1）格式一：G51 I__ J__ K__ P__ ；

例如：G51 I0 J10.0 P2000；

格式中的 I、J、K 值的作用有两个：第一，选择要进行比例缩放的轴，其中 I 表示 *X* 轴，J 表示 *Y* 轴，K 表示 *Z* 轴，上例表示在 *X*、*Y* 轴上进行比例缩放，而在 *Z* 轴上不进行比例缩放；第二，指定比例缩放的中心，“I0 J10.0”表示缩放中心在坐标（0，10.0）处，如果省略了 I、J、K 则 G51 指定刀具的当前位置作为缩放中心。P 为进行缩放的比例系数，不能用小数点来指定该值，“P2000”表示缩放比例为 2。

2）格式二：G51 X__ Y__ Z__ P__；

例如：G51 X10.0 Y20.0 P1500；

格式中的 X__、Y__、Z__与格式一中的 I__、J__、K__作用相同。

3）格式三：G51 X__ Y__ Z__ I__ J__ K__；

例如：G51 X0 Y0 Z0 I1.5 J2.0 K1.0；

该格式用于较为先进的数控系统（如 FANUC 0i 系统），表示各坐标轴允许以不同比例进行缩放。上例表示以坐标点（0，0，0）为中心进行比例缩放，在 *X* 轴方向的缩放比例为 1.5 倍，在 *Y* 轴方向上的缩放比例为 2 倍，在 *Z* 轴方向则保持原比例不变。I、J、K 数值的取值直接以小数点的形式来指定缩放比例，如 J2.0 表示在 *Y* 轴方向上的缩放比例为 2.0。

（2）取消比例缩放

指令格式：G50；

【例 4–9】 如图 4–36 所示，将外轮廓轨迹 *ABCD* 以原点为中心在 *XY* 平面内进行等比例缩放，缩放比例为 2.0，试编写加工程序。

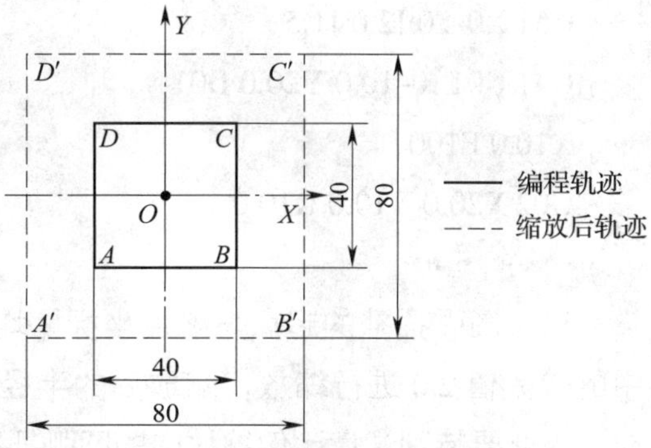

图 4–36　等比例缩放

O0004；

……

N090 G00 X–50.0 Y50.0；

N100 G01 Z–5.0 F100；

N110 G51 X0 Y0 P2000；　　在 *XY* 平面内进行缩放，缩放比例为 2

N120 G41 G01 X–20.0 Y20.0 D01；　　建立刀补，并加工四方外轮廓

N130 X20.0；

N140 Y–20.0；

N150 X–20.0；

N160 Y20.0；

N170 G40 X–50.0 Y50.0；

N180 G50；　　取消缩放

……

（3）指令说明

1）比例缩放中的刀补问题。在编写比例缩放程序过程中，要特别注意建立刀补程序段的位置，一般情况下，刀补程序段写在缩放程序段内。例如：

G51 X__ Y__ Z__ P__ ；

G41 G01 …… D01 F100；

在执行该程序段过程中，机床能正确运行，而如果执行如下程序则会产生机床报警。

G41 G01 …… D01 F100；

G51 X__ Y__ Z__ P__ ；

比例缩放对于刀具半径补偿值、刀具长度补偿值及刀具偏置值无效。

2）比例缩放中的圆弧插补。在比例缩放中进行圆弧插补，如果进行等比例缩放，则圆弧半径也相应缩放相同的比例；如果指定不同的缩放比例，则有的系统刀具不会加工出相应的椭圆轨迹，仍将进行圆弧的插补，圆弧的半径根据 I、J 中的较大值进行缩放。如图 4–37 所示，工件加工程序如下：

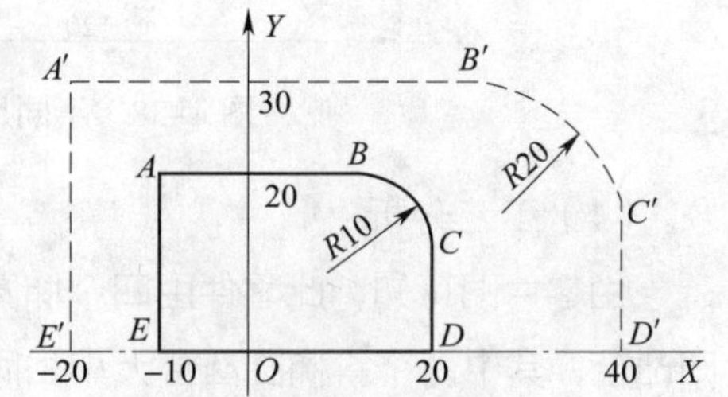

图 4–37　比例缩放中的圆弧插补

O0006；

……

```
G51 X0 Y0 I2.0 J1.5；
G41 G01 X-10.0 Y20.0 D01；
X10.0 F100；
G02 X20.0 Y10.0 R10.0；
……
```

对于圆弧插补的起点与终点坐标，均以 I、J 值进行不等比例缩放，而半径 R 则以 I、J 中的较大值 2.0 进行缩放，缩放后的半径为 R20。此时，圆弧在 C' 点处不再相切，而是相交，因此要特别注意比例缩放中的圆弧插补。

如果指定不同的缩放比例，有的系统会加工出相应的椭圆轨迹。

3）比例缩放中的注意事项

①比例缩放的简化形式。如将比例缩放程序“G51 X__ Y__ Z__ P__；”或者“G51 X__ Y__ Z__ I__ J__ K__；”简写成“G51；”，则缩放比例由机床系统自带参数决定（具体值请查阅机床有关参数表），缩放中心则指刀具中心当前所处的位置。

②比例缩放对固定循环中 Q 值与 d 值无效。在比例缩放过程中，有时不希望进行 Z 轴方向的比例缩放，这时可以修改系统参数，从而禁止在 Z 轴方向上进行比例缩放。

③比例缩放对刀具偏置值和刀具补偿值无效。

④在缩放状态下，不能指定返回参考点的 G 代码（G27 ~ G30），也不能指定坐标系的 G 代码（G52 ~ G59，G92）。若一定要指定这些 G 代码，应在取消缩放功能后指定。

【例 4-10】 用缩放功能指令对图 4-38 所示零件图上的不同尺寸、不同位置的椭圆进行程序简化设计。

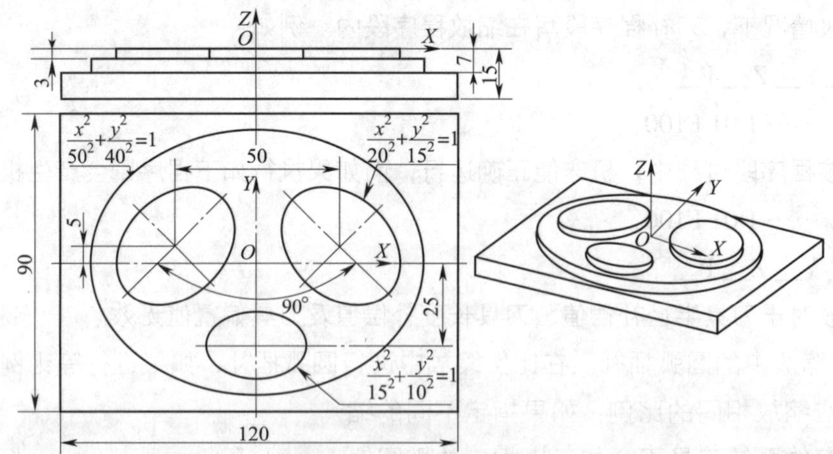

图 4-38　不同尺寸、不同位置的相似椭圆凸台零件

（1）工艺分析

由零件图可知，此零件由四个椭圆轮廓曲面构成，在一个大的椭圆曲面台阶上有三个小椭圆凸台，其中两个斜椭圆凸台大小相同，左右对称分布。这里，以工件表面中心为原点建立工件坐标系，将大椭圆轮廓曲面作为子程序编写，然后通过坐标变换指令编写主程序如下。

（2）程序编制

主程序：

程序	说明
O4311；	主程序名
N0010 M06 T01；	调用 1 号刀（ϕ10 mm 立铣刀）
N0012 G17 G90 G94 G21 G40 G49 G80 G69 G15 G53；	系统参数初始化
N0018 M03 S780；	主轴正转，转速为 780 r/min
N0020 G54 G43 G00 Z150.0 H01；	建立刀具长度补偿，起刀高度为 150 mm
N0025 X70.0 Y0；	快速移动到下刀点
N0028 Z5.0；	刀具快速下降到工件上方 5 mm 处
N0030 #101=7.0；	将大椭圆切削高度赋值给全局变量 #101
N0035 G65 P0151；	调用椭圆铣削子程序，铣削大椭圆
N0040 #101=3.0；	将小椭圆切削高度赋值给全局变量 #101
N0045 G5l X25.0 Y5.0 Z0 I0.4 J0.375 K1.0；	以坐标点（25，5，0）为缩放点，根据各轴缩放比例系数缩放各对应轴尺寸
N0050 G68 X25.0 Y5.0 R−45.0；	以坐标点（25，5，0）为旋转中心，坐标轴顺时针旋转 45°
N0055 G65 P0151，	调用椭圆铣削子程序，铣削右侧斜椭圆
N0060 G50；	取消缩放功能
N0065 G51 X−25.0 Y5.0 Z0 I0.4 J0.375 K1.0；	以坐标点（−25，5，0）为缩放点，根据各轴缩放比例系数缩放各对应轴尺寸
N0070 G68 X−25.0 Y5.0 R45.0；	以坐标点（−25，5，0）为旋转中心，坐标轴逆时针旋转 45°
N0075 G65 P0151；	调用椭圆铣削子程序，铣削左侧斜椭圆
N0080 G69；	取消坐标系旋转
N0085 G50；	取消缩放功能

N0090 G51 X0 Y-25.0 Z0 I0.3 J0.25 K1.0；	以坐标点（0，-25，0）为缩放点，根据各轴缩放比例系数缩放各对应轴尺寸
N0095 G65 P0151；	调用椭圆铣削子程序，铣削下方小椭圆
N0100 G50；	取消缩放功能
N0105 G49 G00 Z150.0 M05；	取消刀具长度补偿，刀具退到起刀初始高度，主轴停止旋转
N0110 G91 G28 Z0；	刀具 Z 向自动返回机床原点
N0115 M30；	程序结束，返回程序开头
子程序：	
O0151；	椭圆铣削子程序名
N10 G00 X65.0 Y0；	刀具快速移动到下刀点
N15 G01 Z［-#101］F100.0 M08；	刀具以 100 mm/min 速度下降到椭圆切削高度，打开切削液
N20 G42 G01 X50.0 Y-5.0 F150.0 D01；	建立右刀补，直线插补到椭圆切点的延长线
N25 #1=0；	椭圆初始角度
N30 WHILE［#lLE360］D01；	如果 #1 大于 360°，则程序跳转至 N45 程序段
N35 C01 X［50.0*COS［#1］］Y［40.0*SIN［#1］］F150；	在椭圆轮廓上直线插补
N38 #1=#1+2；	角度均值递增
N40 END1；	循环 1 结束，返回循环起始程序段 N30
N45 Y5.0；	直线插补，延长线退刀
N50 G40 X65.0 Y0；	取消刀补，退到起刀点
N55 G00 Z10；	刀具快速抬起到工件上方 10 mm 处
N60 M99；	子程序结束，返回主程序

3. 可编程镜像

使用编程的镜像指令可实现沿某一坐标轴或某一坐标点的对称加工。在一些老的数控系统中通常采用 M 指令来实现镜像加工，在 FANUC 0i 系统中则采用 G51 或 G51.1 来实现镜像加工。

（1）指令格式

1）格式一：

G17 G51.1 X__ Y__；

G50.1 X__Y__；

格式中的 X、Y 值用于指定对称轴或对称点。

当 G51.1 指令后仅有一个坐标字时，该镜像是以某一坐标轴为镜像轴，如以下指令所示：

G51.1 X10.0；

该指令表示以某一轴线为对称轴，该轴线与 *Y* 轴平行，且与 *X* 轴在 X=10.0 处相交。

当 G51.1 指令后有两个坐标字时，表示该镜像是以某一点作为对称点进行镜像。如以下指令表示其对称点为（10，10）：

G51.1 X10.0 Y10.0；

G50.1 X__ Y__； 表示取消镜像。

2）格式二：

G17 G51 X__ Y__ I__ J__；

G50；

使用此种格式时，指令中的 I、J 值一定是负值，如果其值为正值，则该指令变成了缩放指令。另外，如果 I、J 值虽是负值但不等于 –1，则执行该指令时，既进行镜像，又进行缩放。如以下指令所示：

G17 G51 X10.0 Y10.0 I–1.0 J–1.0；

执行该指令时，程序以坐标点（10.0，10.0）进行镜像，不进行缩放。

G17 G51 X10.0 Y10.0 I–2.0 J–1.5；

执行该指令时，程序在以坐标点（10.0，10.0）进行镜像的同时，还要进行比例缩放，其中 *X* 轴方向的缩放比例为 2.0，而 *Y* 轴方向的缩放比例为 1.5。

同样，G50；表示取消镜像。

（2）指令说明

1）在指定平面内执行镜像指令时，如果程序中有圆弧指令，则圆弧的旋转方向在必要时做相反处理，即 G02 变成 G03，相应地，G03 变成 G02。

2）在指定平面内执行镜像指令时，如果程序中有刀具半径补偿指令，则刀具半径补偿的偏置方向在必要时做相反处理，即 G41 变成 G42，相应地，G42 变成 G41。

3）在指定平面内执行镜像指令时，如果程序中有坐标系旋转指令，则坐标系旋转方向在必要时做相反处理，即顺时针变成逆时针，相应地，逆时针变成顺时针。

4）数控系统数据处理的顺序是从程序镜像到比例缩放到坐标系旋转。在指定这些指令时，应按顺序指定；取消时，则应按相反顺序取消。在旋转方式或比例缩放方式不能指定镜像指令 G50.1 或 G51.1，但在镜像指令中可以指定比例缩放指令或坐标系旋转指令。

5）在可编程镜像方式中，返回参考点指令（G27 ~ G30）和改变坐标系指令（G54 ~ G59，G92）不能指定。如果要指定其中的某一个，则必须在取消可编程镜像后指定。

6）在使用镜像功能时，由于数控镗铣床的 Z 轴一般安装有刀具，所以，Z 轴一般不进行镜像加工。

【例 4–11】 如图 4–39 所示，零件图上有两个相同形状和尺寸的斜椭圆弧凸台，试采用旋转指令和镜像功能编制椭圆凸台加工中心加工程序。

（1）工艺分析

由图 4–39 可知，此零件图右上角和右下角各有相同形状和尺寸的斜椭圆弧小凸台，将工件坐标系的编程零点设置在零件上表面的中心，为了简化编程，可以将椭圆小凸台编写为子程序，然后通过旋转指令和镜像指令来简化编程。又因为两椭圆小凸台处在工件坐标系的第一、第四象限，且位置是倾斜的，即椭圆的长、短轴与编程坐标轴不平行，而在进行椭圆轮廓编程时，是以椭圆的长、短轴为坐标轴，椭圆的中心为工件坐标系原点，通过椭圆方程用直线逼近法设计程序加工的。因此，在编写椭圆子程序时，要建立以椭圆长、短轴为坐标轴，椭圆中心为工件坐标系原点的子坐标系来编程。根据上述说明先镜像再旋转的编程顺序，在通过调用子程序加工好第一象限的椭圆弧凸台后，通过镜像功能加工第四象限的椭圆弧凸台。

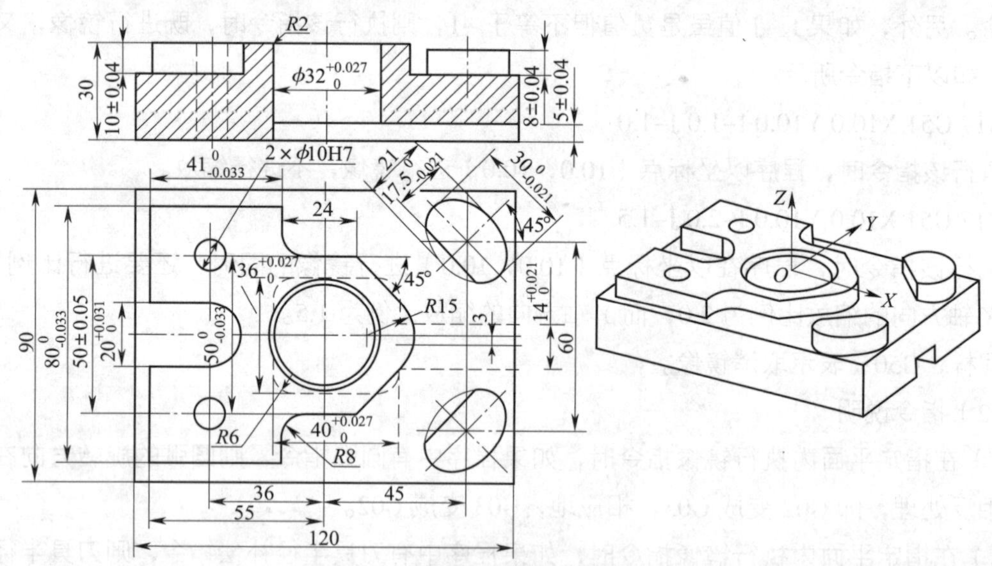

图 4–39 利用镜像功能指令编程例题

（2）程序编制

主程序：

O4201；	主程序名
N0010 M06 T01；	调用 1 号刀（φ16 mm 立铣刀）
N0012 G17 G90 G94 G21 G40 G49 G80 G69 G15 G53；	系统参数初始化

```
N0018 M03 S780;                          主轴正转，转速为 780 r/min
N0020 G54 G43 G00 Z100.0 H01;            建立刀具长度补偿，起刀高度为 100 mm
N0022 X80.0 Y0;                          快速移动到下刀点
N0025 G01 Z-8.0 F1000 M08;               刀具快速移动到工件坐标系原点，打开切削液
N0030 G65 P0421;                         调用椭圆加工子程序，加工第一象限椭圆小凸台
N0035 G51.1 Y0;                          建立 X 轴镜像
N0040 G65 P0421;                         调用椭圆加工子程序，加工第四象限椭圆小凸台
N0045 G50.1 Y0;                          取消镜像指令
N0050 G49 G00 Z100.0 M09;                取消刀具长度补偿，关闭切削液，退到起刀高度
N0055 X0 Y70.0 M05;                      刀具退至工件后面，主轴停止
N0060 M30;                               主程序结束，并返回程序开头
子程序：
O0421;                                   椭圆子程序名
N10 G68 X45 Y30 R45;                     以椭圆中心为旋转点，将坐标轴逆时针旋转 45°，建立新的坐标系
N15 #1=0;                                椭圆起始角度
    #2=45;                               椭圆凸台中心在工件坐标系中的横向坐标值
    #3=30;                               椭圆凸台中心在工件坐标系中的纵向坐标值
    #4=15;                               椭圆长半轴值
    #5=10.5;                             椭圆短半轴值
    #6=5;                                均值递增的角步距
N20 G42 G01X[#2+#4]Y[#3-#5]F120 D01;     建立刀补，刀具移动到椭圆焦点的延长线上
N22 G01 Y[#3];
N25 WHILE[#1LE360]DO1;                   如果 #1 大于 360°，则程序跳转到 N55 程序段
N30 #7=#2+#4*COS[#1];                    椭圆上任意一点上的横向坐标值
N35 #8=#3+#5*SIN[#1];                    椭圆上任意一点上的纵向坐标值
```

```
N40 G01 X#7 Y#8;                          直线插补到椭圆上任意一点
N45 #1=#1+#6;                             角步距均值递增
N50 END1;                                 循环 1 结束，返回循环起始程序
                                          段 N25
N55 G91G01 Y [ #5+1 ] F500;               增量方式延长线切出
N60 G90 Z15.0;
N70 G00 X [ #2-17.5 ];                    直线插补
N75 G01 Y [ #3-8.75 ];
N80 G01 Z-8.0;
N85 G01 X [ #2+15.0 ];
N90 G40 G01 X [ #2+20.0 ] Y [ #3-15.0 ] F500;   取消刀补
N95 G69;                                  取消坐标旋转
N100 X80 Y0 F500;                         刀具退到对称轴上
N110 M99;                                 子程序结束并返回主程序
```

（3）子程序编写的注意事项

1）刀具的下刀点要选择恰当，最好选择在两个相同形状的对称轴上。

2）注意切削加工时不要与其他轮廓形状干涉。在主程序中，利用镜像指令和子程序调用指令时，刀具不要提上和落下。

第五章　SIEMENS 系统数控铣床与加工中心编程

第一节　常用功能指令

一、指令简介

1. 快速直线移动

G00 功能用于快速定位刀具，移动时不对工件进行切削加工。当刀具远离工件或结束加工时，可以在几个轴上同时执行快速移动，由此产生一线性轨迹，如图 5–1 所示。

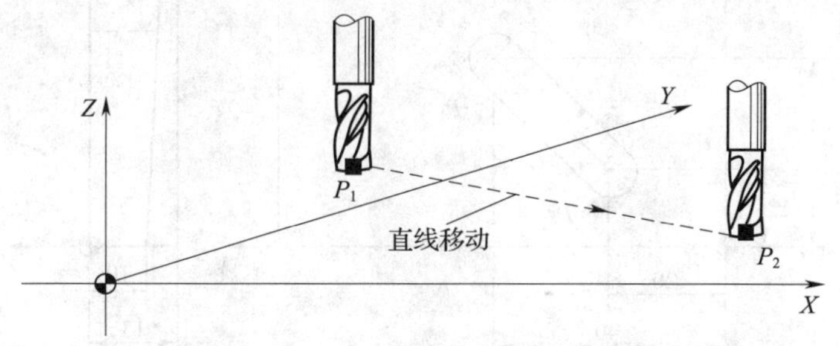

图 5–1　*P*1 到 *P*2 快速移动

G00 快速移动时，按机床参数（快速设定值）移动，所编 F 进给率无效。G00 是模态指令，一直有效，直到被 G 功能同组中其他指令（G01、G02、G03…）取代为止。

（1）指令格式

G00 X__ Y__ Z__

（2）指令说明

1）G 功能组中还有其他的 G 指令用于定位功能。在用 G60 准确定位时，可以在窗口下选择不同的精度。

2）用于准确定位还有一个非模态指令 G09。在进行准确定位时，应注意对不同方式的选择。

2. 直线插补

（1）指令格式

G01 X__ Y__ Z__ F__

（2）指令说明

1）G01 指令使刀具以直线方式从起始点移动到目标点，以地址 F 指定的进给速度运行。

G01 也可以写成 G1。G01 后的所有坐标轴可以同时运行。

2）G01 是模态指令，一直有效，直到被 G 功能组中其他指令（G01、G02、G03…）取代为止。

（3）编程示例

三轴联动编程示例如图 5-2 所示。

N05 G00 G90 X40 Y48 Z5 S600 M03	刀具快速移动到 P_1 点，三轴同时运动，主轴转速为 600 r/min，正转
N10 G01 Z-12 F100	进刀到 Z-12，进给速度为 100 mm /min
N15 X20 Y18 Z-10	刀具沿直线运行到 P_2 点
N20 G00 Z100	快速移动抬刀
N25 X-20 Y80	
N30 M02	程序结束

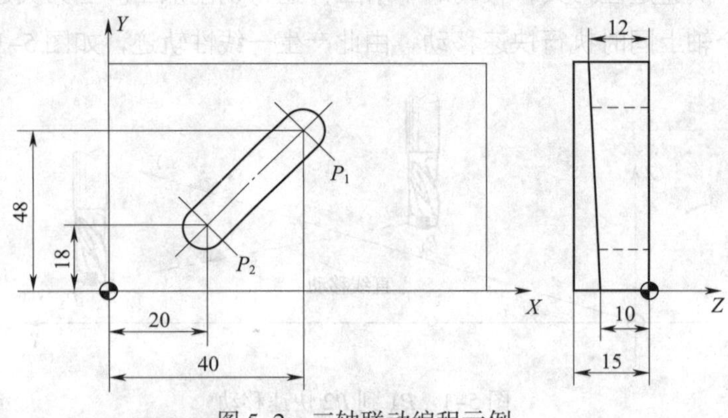

图 5-2　三轴联动编程示例

3. 圆弧插补

在不同平面中，顺圆弧、逆圆弧的判别方法是沿着不在圆弧平面内的坐标轴由正方向向负方向看去，顺时针方向为 G02，逆时针方向为 G03。所要求的圆弧可以用不同的方式进行描述，如图 5-3 所示。

G02/G03 是模态指令，一直有效，直到被同组中其他的指令（G00、G01…）取代为止。进给速度由 F 值决定。

（1）指令格式

G02/G03 X__ Y__ I__ J__	圆弧终点和圆心
G02/G03 CR=__ X__ Y__	半径和圆弧终点
G02/G03 AR=__ I__ J__	圆心角和圆心
G02/G03 AR=__ X__ Y__	圆心角和圆弧终点

用半径定义的圆弧中，“CR=_”的符号用于选择适当的圆弧。当圆弧所对应的圆心角为 0° ~ 180° 时，“CR=_”取正值；当 180° < 圆心角≤360° 时，“CR=_”取负值，如图 5-4 所示。

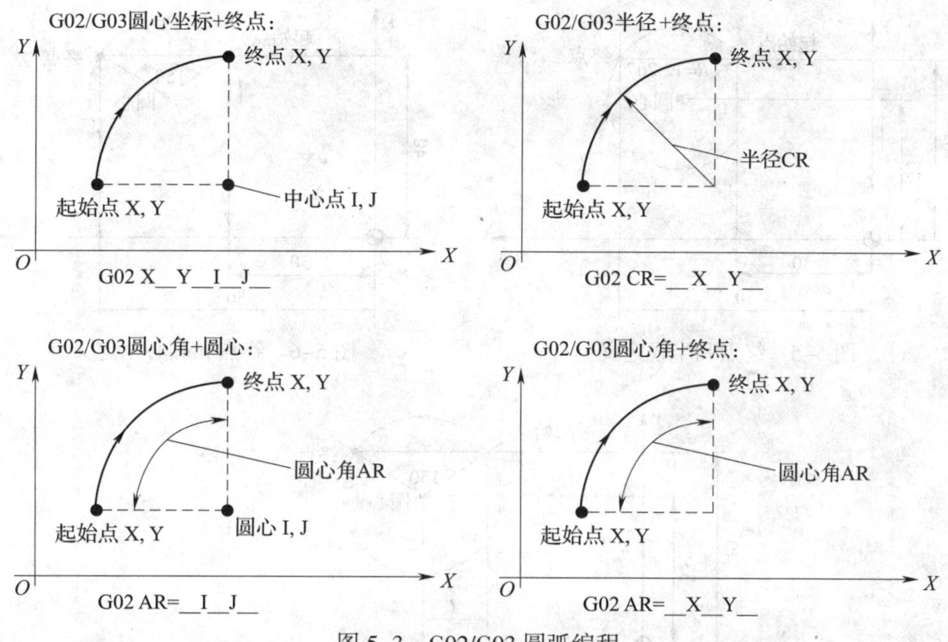

图 5–3　G02/G03 圆弧编程

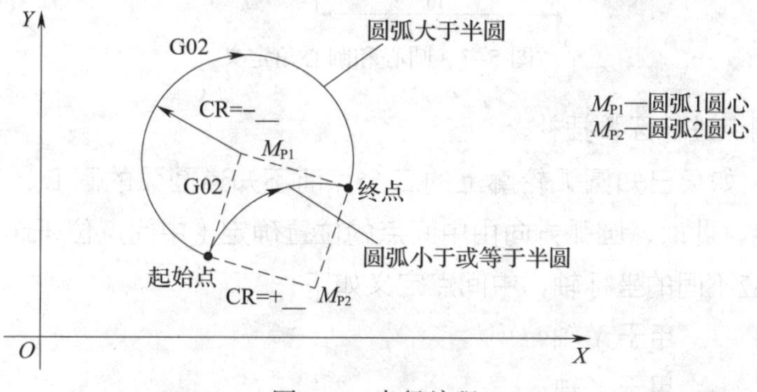

图 5–4　半径编程

（2）指令说明

只有用圆心和终点定义的程序段格式才可以编制整圆。

（3）编程示例

1）终点和半径定义的编程示例，如图 5–5 所示。

N05 G90 G00 X30 Y40　　圆弧的起始点

N10 G02 X50 Y40 CR=12.207　　终点和半径

2）终点和圆心角定义的编程示例，如图 5–6 所示。

N05 G90 G00 X30 Y40　　圆弧的起始点

N10 G02 X50 Y40 AR=150　　终点和圆心角

3）圆心和圆心角定义的编程示例，如图 5–7 所示。

N05 G90 G00 X30 Y40　　圆弧的起始点

N10 G02 I10 J–7 AR=150　　圆心和圆心角

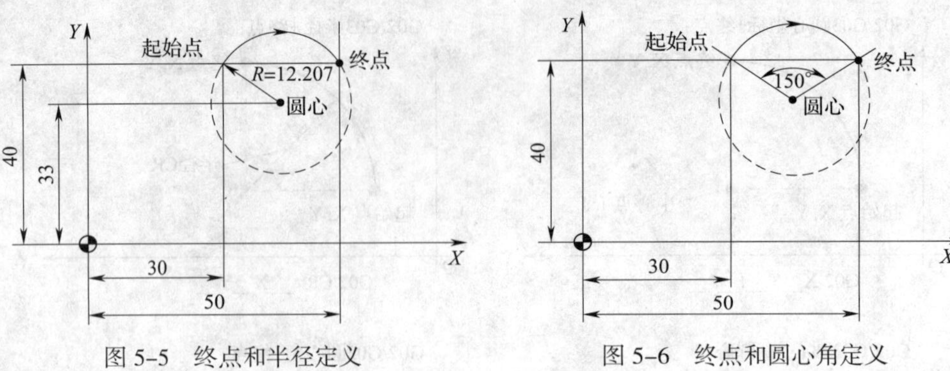

图 5-5　终点和半径定义

图 5-6　终点和圆心角定义

图 5-7　圆心和圆心角定义

（4）通过中间点进行圆弧插补

1）CIP 功能。如果已知圆弧轮廓上的三个点而不知道圆弧的圆心、半径和圆心角，则建议使用 CIP 功能，此时，圆弧方向由中间点的位置确定（中间点位于起始点和终点之间）。用 I1、J1、K1 对应不同的坐标轴，中间点定义如下：

I1=__　　　　用于 *X* 轴

J1=__　　　　用于 *Y* 轴

K1=__　　　　用于 *Z* 轴

CIP：一直有效，直到被同组的 G 功能（G00、G01、G02…）取代为止。CIP 指令可以用绝对值 G90、增量值 G91 进行编程，指令对终点和中间点都有效。

2）已知起始点、终点和中间点定义的编程示例，如图 5–8 所示。

N05 G90 G00 X30 Y40　　　　圆弧的起始点

N10 G02 X50 Y40 I1=40 J1=45　　　　终点和中间点

（5）切线和过渡圆弧

1）CT 功能。在当前平面 G17、G18 或 G19 中，使用 CT 和编程的终点可以使圆弧与前面的轨迹（圆弧或直线）进行切向连接，如图 5–9 所示。

圆弧的半径和圆心可以从前面的轨迹与编程的圆弧终点之间的几何关系中得出。

2）圆弧与前段轨迹切向连接的编程示例，如图 5–9 所示。

N10 G01 X__ F300　　　　直线

N20 CT X__Y__　　　　切向连接的圆弧

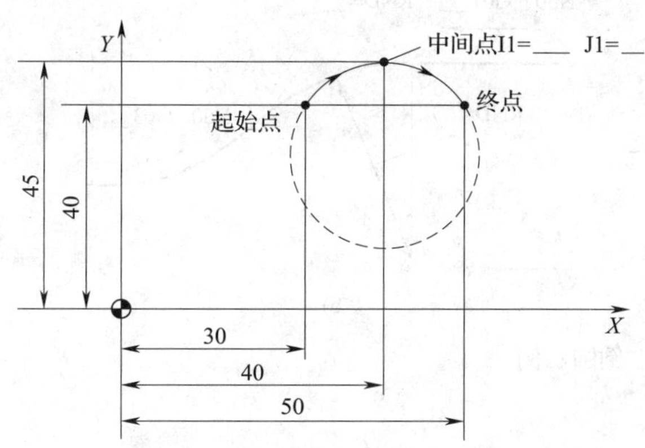

图 5-8　已知起始点、终点和中间点定义（用 G90）

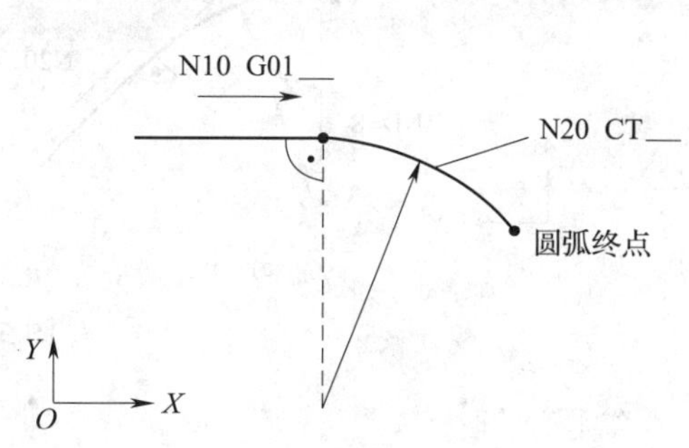

图 5-9　圆弧与前段轨迹切向连接

4. 轮廓倒角 / 倒圆

在一个轮廓拐角处可以进行倒角或倒圆，指令“CHF=__”或“RND=__”与加工拐角的运动轴指令一起写入程序段中。

指令格式：

CHF=__　　　　　　　　倒角，编程数值是倒角长度

RND=__　　　　　　　　倒圆，编程数值是倒圆半径

指令说明：在当前的平面 G17 ~ G19 中执行倒角、倒圆功能。在程序段中若轮廓长度不够，则会自动地减小倒角和倒圆的编程值。

（1）倒角

选用“CHF=”功能编写如图 5-10 所示倒角的加工程序。

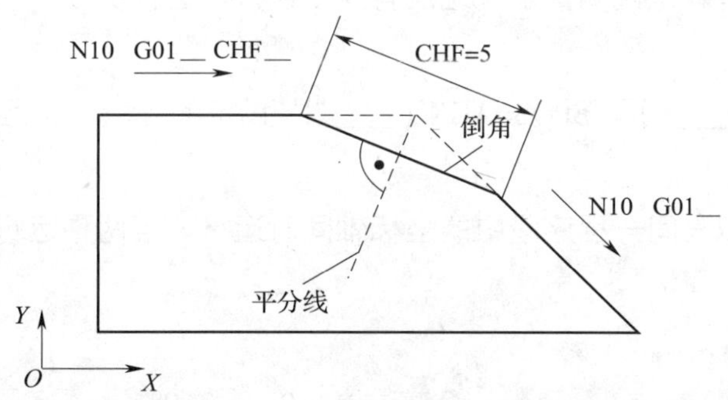

图 5-10　两段直线之间倒角示例

编程示例：

N10 G01 X__ CHF=5　　　　　　倒角 5 mm

N20 X__ Y__

（2）倒圆

选用“RND=”功能编写如图 5-11 所示倒圆的加工程序。

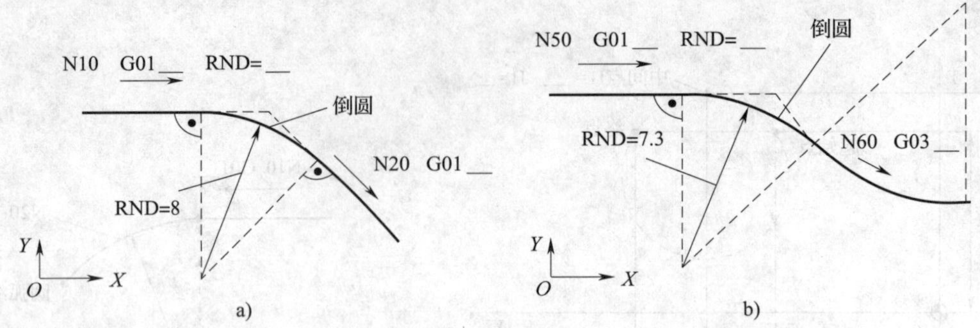

图 5–11 倒圆示例

编程示例：

N10 G01 X__ RND=8　　　　倒圆，半径为 8 mm

N20 X__ Y__

……

N50 G01 X__ RND=7.3　　　　倒圆，半径为 7.3 mm

N60 G03 X__ Y__ CR=__

5. 主轴准停

利用主轴准停（SPOS）功能可以把主轴准停到一个确定的转角位置，然后主轴通过位置控制保持在这一位置。准停运行速度在机床数据中规定。从主轴旋转状态（顺时针旋转 / 逆时针旋转）进行准停时，准停运行方向保持不变；从静止状态进行准停时，准停运行按最短位移进行，方向从起始点位置到终点位置。

使用该指令的前提条件是系统必须设计成可以进行位置控制状态时才能运行。

主轴首次运行，也就是说测量系统还没有同步运行，这种情况下准停运行方向在机床数据中规定。

用“SPOS=ACP（____）”“SPOS=ACN（____）”设定的主轴，其运行指令同样适用于回转坐标轴。

主轴准停运行可以与同一程序段中的坐标轴同时运行。当两种运行都结束以后，此程序段才结束。

（1）指令格式

SPOS=__　　　　绝对位置：0° ~ 360°

SPOS=ACP（____）　　　　绝对数据输入，在正方向逼近位置

A=ACN（____）　　　　绝对数据输入，在反方向逼近位置

SPOS=IC（____）　　　　增量数据输入，符号规定运行方向

SPOS=DC（____）　　　　绝对数据输入，直接回到位置（使用最短行程）

（2）编程示例

N10 SPOS=14.3　　　　主轴位置 14.3°

……

N80 G00 X89 Z300 SPOS=25.6 主轴准停与坐标轴运行同时进行。所有运行都结束以后，程序段才结束

N90 X200 Z300 N80 程序段中主轴位置到达以后，才开始执行 N90 程序段

【例 5–1】 加工图 5–12 所示轮廓，毛坯尺寸 90 mm×55 mm×20 mm，编写其加工程序。

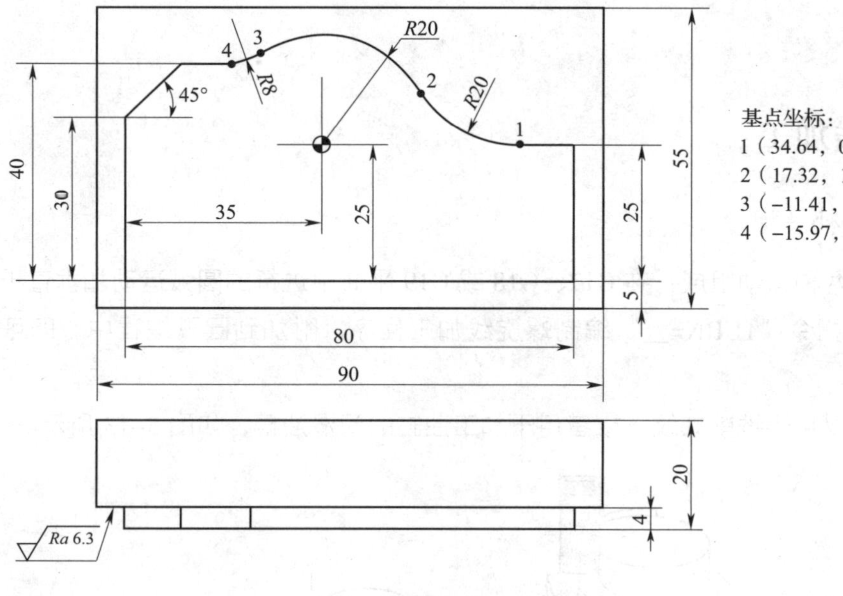

图 5–12 外轮廓加工

本例中工件的加工较为简单，这里只编写加工程序：

```
AA504.MPF                    主程序
G90 G94 G71 G54              初始化
T1D1
G74 Z0
G00 X–50 Y–40                定位至起点
    Z20
M03 S500
G01 Z–4 F100
G41 G01 X–35                 在延长线上建立刀补
    Y5
    X–25 Y15
    X–15.97
G03 X–11.41 Y16.43 CR=8
G02 X17.32 Y10 CR=20
```

```
G03 X34.64 Y0 CR=20
G01 X45
    Y-25
    X-40
G40 G01 X-50 Y-40                刀补取消
G74 Z0
M05
M30
```

二、螺旋线加工

1. 螺旋线插补

螺旋线插补由两种运动组成：在 G17、G18 或 G19 平面中进行的圆弧运动加垂直于该平面的直线运动。用指令“TURN=__”编制螺旋线加工程序，附加到圆弧编程中，即可加工螺旋线。

螺旋线插补可以用于铣削螺纹，或者用于加工油缸的润滑油槽，如图 5-13 所示。

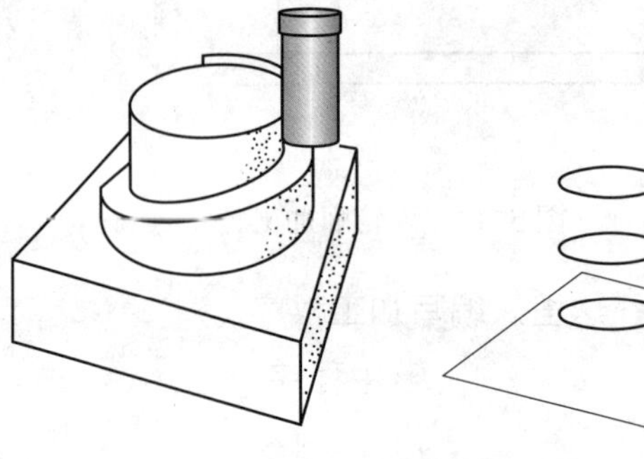

图 5-13　螺旋线插补

（1）指令格式

指令	说明
G02/G03 X__ Y__ I__ J__ TURN=__	圆心和终点，“TURN=__”后的数据为整圆循环螺旋线圈数
G02/G03 CR=__ X__ Y__ TURN=__	圆半径和终点
G02/G03 AR=__ I__ J__ TURN=__	圆心角和圆心
G02/G03 AR=__ X__ Y__ TURN=__	圆心角和终点
G02/G03 AP=__ RP=__ TURN=__	极坐标系下的半径和张角

（2）编程示例

```
N10 G17                   XY 平面，Z 轴垂直于该平面
N20 G01 Z0 F200
N30 G01 X0 Y50 F80        回起始点
```

```
N40 G03 X0 Y0 Z-33 I0 J-25 TURN=3          3 圈螺旋线
……
```

【例 5-2】 编写图 5-14 所示深 30 mm 的螺纹孔加工程序，螺纹底孔已加工。

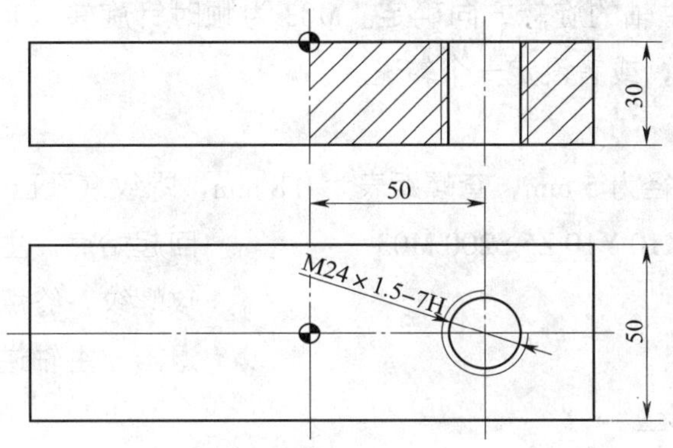

图 5-14　螺纹孔铣削加工

```
ABCD.MPF
N02 G17 G00 G90 G64 G54
N04 S300 M03 F300                           设定主轴转速，主轴正转
N06 T01 D01 Z50 M08                         调用刀具补偿、抬刀、开切削液
N08 X50 Y0                                  定位到螺纹孔中心位置
N10 Z1.5                                    下刀至切削平面
N12 G41 G01 X62 Y0                          调用刀具半径补偿，直线切入
N14 G02 X62 Y0 Z-31.5 I-12 J0 TURN=21       顺时针完成螺旋线插补
N16 G40 G01 X50 Y0                          撤销刀具半径补偿
N18 G00 Z50 M09 M05                         抬刀，关切削液，主轴停
N20 M02                                     程序结束
```

2. 等螺距螺纹切削或攻螺纹 G33

该功能要求主轴有位置测量系统。G33 指令可以用来加工等螺距的螺纹，如果使用浮动夹头攻螺纹，浮动夹具可补偿一定范围内出现的位移差值，如图 5-15 所示。

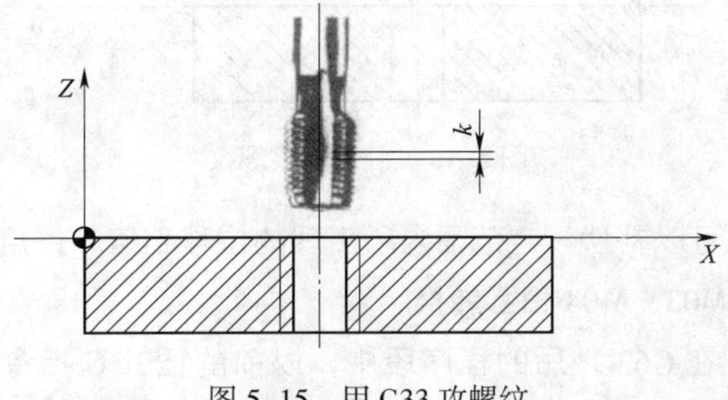

图 5-15　用 G33 攻螺纹

螺纹深度由坐标系指令 X、Y 或 Z 定义，螺距由相应的指令 I、J 或 K 取值决定。

G33 一直保持有效，直到被同组其他指令（如 G00、G01、G02、G03 等）取代为止。

（1）右旋或左旋螺纹（RH 或 LH 螺纹）

RH 或 LH 螺纹由主轴的旋转方向确定。M03 为顺时针旋转；M04 为逆时针旋转。要求在地址 S 下编制速度值，或者设定一个转速。

（2）编程示例

米制螺纹的公称直径为 5 mm，查螺距表为 0.8 mm，螺纹底孔已钻好。

```
N10 G54 G00 G90 X10 Y10 Z5 S200 M03    回起始点，主轴顺时针旋转
N20 G33 Z-25 K0.8                      攻螺纹，终点 -25 mm
N30 Z5 K0.8 M4                         退出，主轴逆时针旋转
N40 G00 X__ Y__ Z__
……
```

（3）坐标轴速度

用 G33 指令攻螺纹，加工螺纹的坐标轴速度由主轴转速和螺距决定，不能超越快速参数设定值，此时进给速度 F 不起作用。但是，该进给速度仍保持存储状态。

注意

在加工螺纹期间主轴转速倍率开关不得改变，在此程序段中进给速度开关也不起作用。

3. 带浮动夹头夹具的攻螺纹

G63 指令用于带浮动夹头夹具的螺纹加工，编程的进给速度 F 必须与主轴转速 S 和导程相匹配，如图 5–16 所示，其计算公式如下：

F（mm/min）=S（r/min）× 导程（mm）

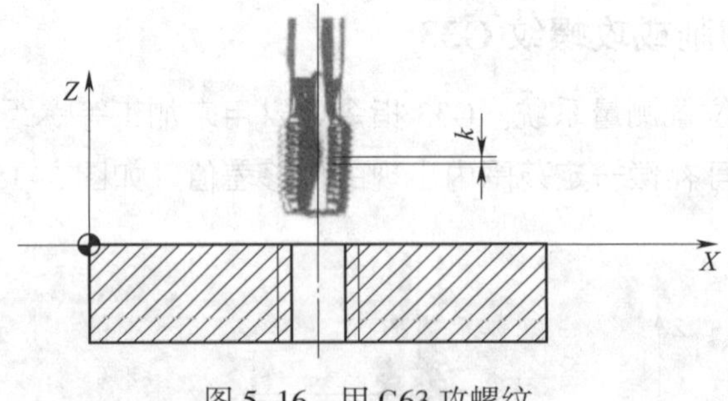

图 5–16　用 G63 攻螺纹

浮动夹头补偿夹具可以补偿一定范围内所出现的位移差值。也用 G63 指令退出攻螺纹，但主轴旋转方向相反。M03、M04 相互转换。

G63 是模态指令。在 G63 之后的程序段中，以前的插补 G 指令（G00、G01、G02 等）再次生效。

右旋或左旋螺纹由主轴的旋转方向确定。

编程示例：米制螺纹 10 mm，查螺距表为 1.5 mm，螺纹底孔已钻好。

```
N10 G54 G00 G90 X10 Y10 Z5 S300 M03        回起始点，主轴顺时针旋转
N20 G63 Z-25 F450                           攻螺纹，终点 -25 mm
N30 G63 Z5 M04                              后退，主轴逆时针旋转
N40 G00 X__ Y__ Z__
……
```

4. 螺纹插补

执行 G331、G332 指令时，主轴必须采用位置控制，且具有位置测量系统。如果主轴和坐标轴的动态性能许可，可以用 G331 和 G332 进行不带补偿夹具的螺纹切削。使用 G331 和 G332 指令和补偿夹具，则补偿夹具产生的位移量会减小，从而可以进行高速攻螺纹，如图 5-17 所示。

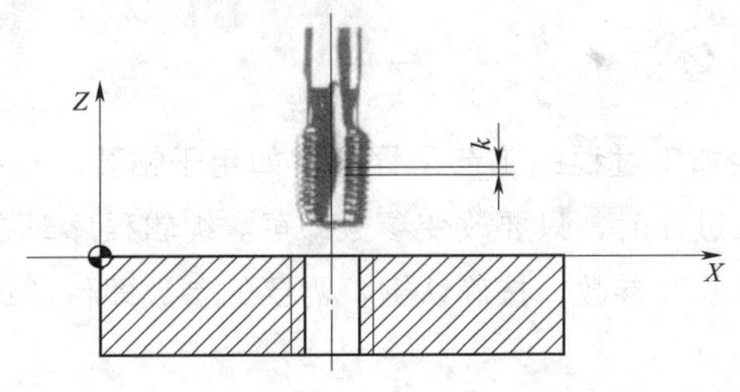

图 5-17 用 G331、G332 攻螺纹

用 G331 加工螺纹，用 G332 退刀。攻螺纹深度由单个轴指令（X、Y 或 Z）定义，螺距则由相应的 I、J 或 K 指令定义。G332 指令中的螺距与 G331 指令中的螺距一样，主轴自动反向。主轴转速用 S 指定，指令中不必用 M03、M04 设定主轴转向。

在攻螺纹之前，必须用“SPOS=__”指令使主轴处于位置控制运行状态。

（1）右旋或左旋螺纹

螺纹的旋向由螺距 I、J、K 后的正负号来确定，并且决定主轴的转向。正值表示右旋螺纹（同 M03），在加工过程中，主轴正转；反之，负值表示左旋螺纹（同 M04），主轴反转。

（2）坐标轴速度

用 G331/G332 指令在加工螺纹时，坐标轴速度由主轴转速和螺距确定，与进给速度 F 没有关系，进给速度 F 处于存储状态。此时，坐标轴速度不能超过机床数据中规定的最大轴速度（快速移动速度），否则会产生警报。

（3）对机床的要求

要求主轴必须是伺服主轴。

（4）编程示例

【例 5-3】 米制螺纹的公称直径为 10 mm，螺距为 1.5 mm，螺纹底孔已钻好，编写攻螺纹加工程序。

N5 G54 G00 G90 X10 Y10 Z5	回起始点
N10 SPOS=0	主轴位于位置控制状态
N20 G331 Z-25 K1.5 S300	K 为正值，表示攻右旋螺纹，主轴正转，终点 -25 mm
N30 G332 Z5 K1.5	退刀
N40 G00 X__ Y__ Z__	
……	

第二节　孔加工循环

一、循环概述

循环是指用于特定加工过程的工艺子程序，如用于钻孔、铣槽切削或螺纹切削等。循环用于各种具体加工过程时，只要改变参数即可。编辑程序时在面板上调用相应的循环指令，根据图形显示修改参数，按确认键，需要的参数即传送进入程序。如下面程序段：

N60 CALL CYCLE83（5，3，…）　　调用循环，单独程序段

1. 模态调用循环

MCALL 指令是模态调用子程序的程序段，模态调用结束也用 MCALL 指令。它们均需要一个独立的程序段。

在有 MCALL 指令的程序段中调用子程序，如果其后的程序段中含有轨迹运行，则子程序自动调用。该调用一直有效，直到执行下一个程序段。

用 MCALL 指令可以方便地加工各种排列形式的孔，如多排孔、圆周孔等。

2. 固定循环各平面的定义及选择原则

（1）固定循环各平面的定义

如图 5-18 所示为固定循环各平面的定义。

1）加工开始平面。这一平面为固定循环加工时 Z 向由快速转变为进给的位置，不管刀具在 Z 轴方向的起始位置如何，固定循环执行时的第一个动作总是将刀具沿 Z 向快速移动到这一平面上，因此，必须选择加工开始平面高于加工表面。

2）加工底平面。加工底平面决定了最终孔深。

3）加工返回平面。这一平面规定了在固定循环中 Z 轴加工至底平面后返回到哪一位置，在这一位置上工作台 XY 平面应可以做定位运动，因此，加工返回平面必须等于或高于加工开始平面。

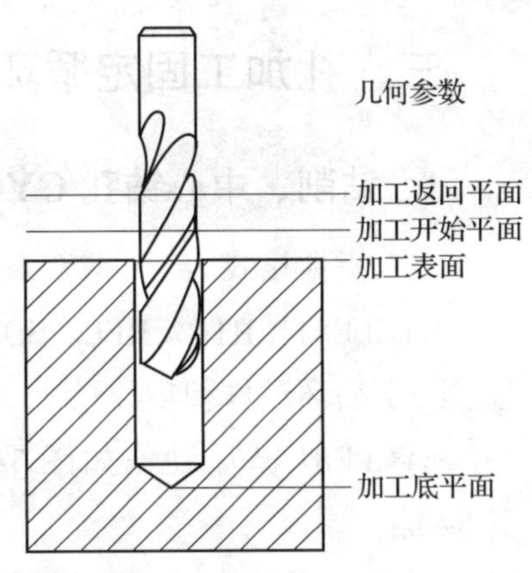

图 5–18　固定循环各平面的定义

（2）平面选择原则

1）对于毛坯加工，加工开始平面一般高于加工表面 5 mm 左右；对于精加工，加工开始平面一般高于加工表面 2 mm。

2）加工返回平面要求高于加工开始平面，并且保证在下次定位时不发生干涉。同时，即使加工表面为平面也必须遵循以下原则：对于毛坯，使用带螺纹插补攻螺纹循环（CYCLE84）时，加工返回平面必须高于加工表面 8 ~ 10 mm；对于带补偿夹具攻螺纹循环（CYCLE840），加工返回平面必须高于加工表面 5 mm 以上。

二、孔加工固定循环概述

SIEMENS 802D 系统的孔加工固定循环和 FANUC 0i 系统的固定循环功能相类似，只是 SIEMENS 系统中这些孔加工固定循环以 CYCLE81 ~ CYCLE89 来调用（其中 CYCLE84 与 CYCLE840 为螺纹加工）。

孔加工固定循环使用一个程序段可以完成一个孔加工的全部动作（钻孔进给、退刀、孔底暂停等），从而达到简化程序、减少编程工作量的目的，主要用于钻孔、镗孔等。常用孔加工固定循环动作见表 5–1。

表 5–1　　常用孔加工固定循环动作

代码	加工动作（–Z 方向）	孔底部动作	退刀动作（–Z 方向）	用途
CYCLE81	切削进给	—	快速进给	钻孔循环
CYCLE82	切削进给	暂停	快速进给	钻孔、锪孔循环
CYCLE83	间歇进给	—	快速进给	深孔加工循环
CYCLE85	切削进给	—	切削进给	镗孔循环
CYCLE86	切削进给	准停	快速进给	精镗孔循环
CYCLE87	切削进给	M00、M05	手动	镗孔循环
CYCLE88	切削进给	暂停、M00、M05	手动	镗孔循环
CYCLE89	切削进给	暂停	切削进给	镗孔循环
HOLES1	—	—	—	加工一排孔
HOLES2	—	—	—	加工一圈孔

三、孔加工固定循环指令介绍

1. 钻削、中心钻孔 CYCLE81

（1）指令格式

CYCLE81（RTP，RFP，SDIS，DP，DPR）

（2）循环动作和参数

CYCLE81 循环动作如图 5–19 所示，其参数见表 5–2。

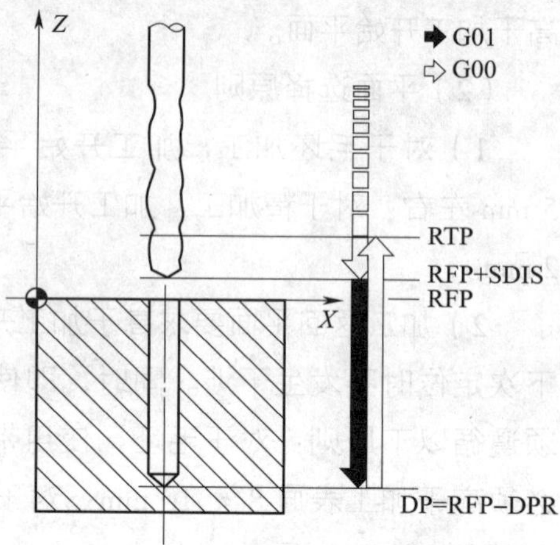

图 5–19 CYCLE81 循环动作

1）RTP 和 RFP（返回平面和参考平面）。通常，返回平面（RTP）和参考平面（RFP）具有不同的值。在循环指令中，返回平面定义在参考平面之前。从返回平面到最后钻孔深度的距离大于参考平面到最后钻孔深度的距离。

表 5–2 CYCLE81 参数

参数	性质	说明
RTP	实数	返回平面（绝对值）
RFP	实数	参考平面（绝对值）
SDIS	实数	安全间隙（输入时不带正负号）
DP	实数	最后钻孔深度（绝对值）
DPR	实数	相对于参考平面的最后钻孔深度（输入时不带正负号）

2）SDIS（安全间隙）。安全间隙作用于参考平面。参考平面由安全间隙产生。安全间隙作用的方向由循环自动决定。

3）DP 和 DPR（最后钻孔深度）。最后钻孔深度可以定义成参考平面的绝对值或相对值。相对值定义时，循环将使用返回平面和参考平面的位置自动计算出深度。如果一个值同时输入给 DP 和 DPR，则最后钻孔深度来自 DPR。如果该值不同于由 DP 编程的绝对值深度，在信息栏会出现“深度：符合相对深度值”。

如果返回平面和参考平面的值相同，深度不能用相对值定义，否则将输出错误信息 61101“参考平面定义不正确”且不执行循环。如果返回平面定义在参考平面之后，将输出错误信息。

（3）功能

刀具按照编程定义的主轴转速和进给倍率钻孔，直至到达输入的最后钻孔深度。

（4）刀具动作顺序

1）循环执行前，刀具到达钻孔位置。

2）使用 G00 指令回到安全间隙前的参考平面。

3）按循环调用前编程设置的进给速度（G01）移动到最后的钻孔深度。

4）使用 G00 指令回到返回平面。

【例 5-4】 加工如图 5-20 所示的零件，编写其加工程序。

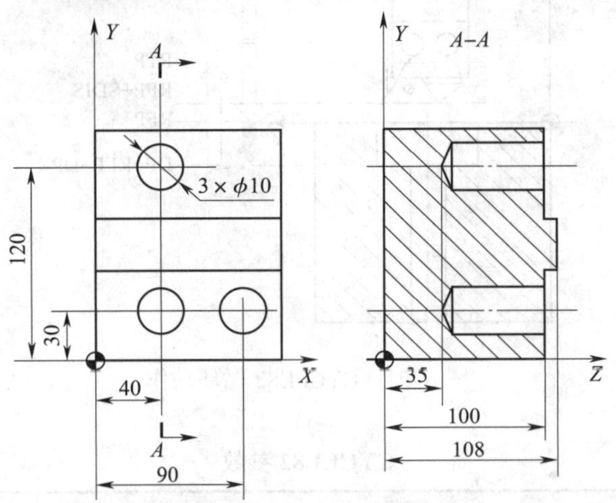

图 5-20　CYCLE81 循环编程示例

程序：

程序	说明
N10 G00 G17 G90 F200 S300 M03	
N20 D03 T03 Z110	回到返回平面
N30 X40 Y120	返回首次钻孔位置
N40 CYCLE81（110，100，2，，35）	使用绝对值指定最后钻孔深度、安全间隙，以不完整的参数表调用循环
N50 Y30	移到下一个钻孔位置
N60 CYCLE81（110，100，2，，35）	无安全间隙调用循环
N70 G00 G90 F180 S300 M03	
N80 X90	移到下一个钻孔位置
N90 CYCLE81（110，100，2，，65）	使用相对最后钻孔深度、安全间隙调用循环
N100 M02	程序结束

2. 钻孔、锪平面 CYCLE82

（1）指令格式

CYCLE82（RTP，RFP，SDIS，DP，DPR，DTB）

（2）循环动作和参数

CYCLE82 循环动作如图 5-21 所示，其参数见表 5-3。

1）按照编程的主轴转速和进给速度进行钻孔，直至达到最后钻孔深度。到达最后钻孔深度时允许停留一定时间。

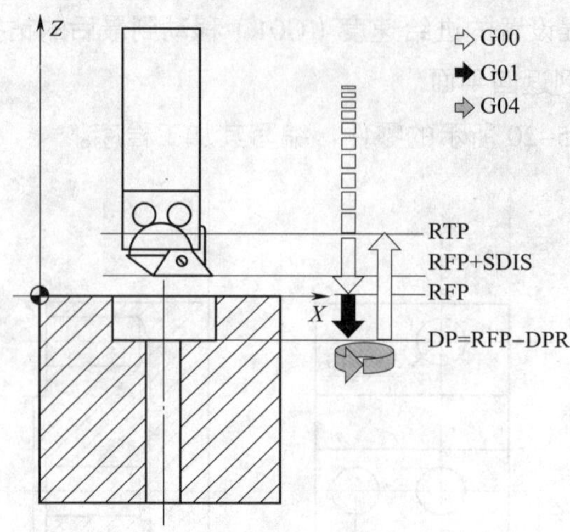

图 5–21 CYCLE82 循环动作

表 5–3 CYCLE82 参数

参数	性质	说明
RTP	实数	返回平面（绝对值）
RFP	实数	参考平面（绝对值）
SDIS	实数	安全间隙（输入时不带正负号）
DP	实数	最后钻孔深度（绝对值）
DPR	实数	相对于参考平面的最后钻孔深度（输入时不带正负号）
DTB	实数	最后钻孔深度时的停留时间（断屑）

2）动作组成。循环启动前到达位置，钻孔位置在所选平面的两个坐标轴中；使用 G00 回到安全间隙前的参考平面；按循环调用前所编程的进给速度（G01）移动到最后的钻孔深度；在最后钻孔深度处停留所设定的时间；使用 G00 回到返回平面。

3）DTB（停留时间）。参数 DTB 以 s 为单位编制到达钻孔深度的停留时间（断屑）。

【例 5–5】 使用 CYCLE82 循环编写程序，在 X0 处加工一个深 20 mm 的孔。停留时间为 3 s，安全间隙为 2.4 mm。

程序：

N10 G95 G00 G90 G54 F2 S300 M03	工艺值的规定
N20 D01 T06 Z50	回到返回平面
N30 G17 X0	返回钻孔位置
N40 CYCLE82（3，1.1，2.4，−20，，3）	具有最后钻孔深度绝对值和安全间隙的循环调用
N50 M02	程序结束

【例 5–6】 使用 CYCLE82 循环编写程序，在 *XY* 平面中的（24，15）位置加工一个深 27 mm 的单孔。编程的停顿时间为 2 s，钻孔轴 *Z* 轴的安全间隙为 4 mm，如图 5–22 所示。

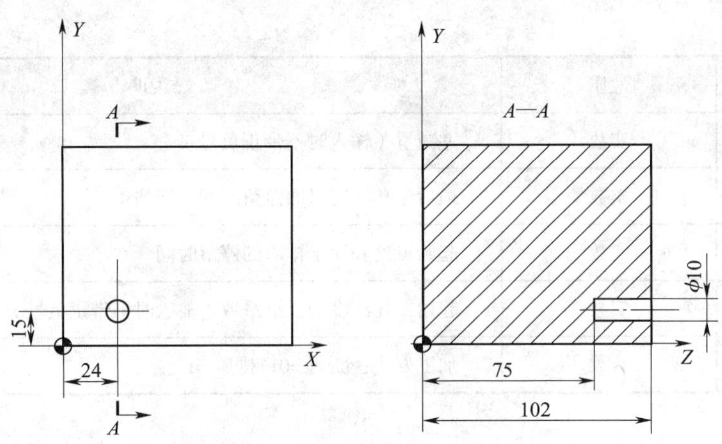

图 5-22　CYCLE82 循环编程示例

程序：

N10 G00 G17 G90 G94 F200 S300 M03	工艺值的规定
N20 D01 T06 Z50	回到返回平面
N30 X24 Y15	返回钻孔位置
N40 CYCLE82（110，102，4，75，，2）	具有最后钻孔深度绝对值和安全间隙的循环调用
N50 M30	程序结束

3. 深孔钻削 CYCLE83

（1）指令格式

CYCLE83（RTP，RFP，SDIS，DP，DPR，FDEP，FDPR，DAM，DTB，DTS，FRF，VARI）

（2）循环参数和动作

CYCLE83 参数见表 5-4，循环动作如图 5-23、图 5-24 所示。

表 5-4　　CYCLE83 参数

参数	性质	说明
RTP	实数	返回平面（绝对值）
RFP	实数	参考平面（绝对值）
SDIS	实数	安全间隙（输入时不带正负号）
DP	实数	最后钻孔深度（绝对值）
DPR	实数	相对于参考平面的最后钻孔深度（输入时不带正负号）
FDEP	实数	起始钻孔深度（绝对值）
FDPR	实数	相对于参考平面的起始钻孔深度（输入时不带正负号）

续表

参数	性质	说明
DAM	实数	递减量（输入时不带正负号）
DTB	实数	最后钻孔深度时的停留时间（断屑）
DTS	实数	起始点处和用于排屑的停留时间
FRF	实数	起始钻孔深度的进给系数（输入时不带正负号），值域：0.001 ~ 1
VARI	整数	加工方式：断屑 =0；排屑 =1

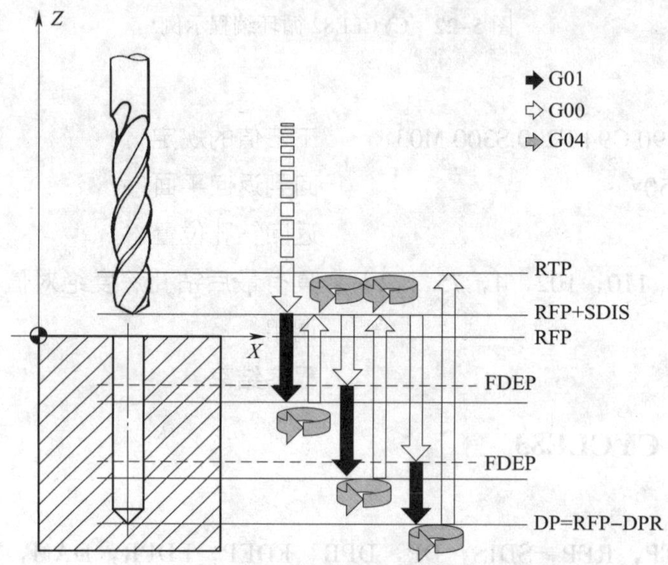

图 5–23　深孔钻削排屑（VARI=1）时的动作及参数示意图

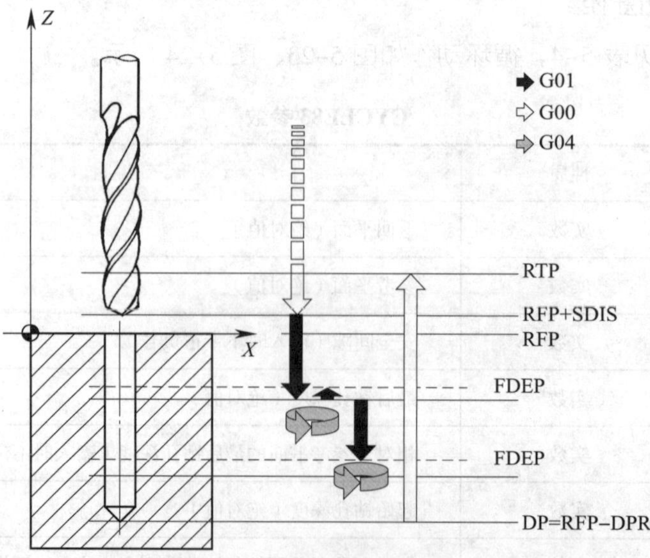

图 5–24　深孔钻削断屑（VARI=0）时的动作及参数示意图

1）钻头可以在每次切削深度完成以后退回到参考平面＋安全间隙用于排屑，或者每次退回 1 mm 用于断屑。

2）动作组成。循环启动前到达位置，钻孔位置在所选平面的两个坐标轴中。

①深孔钻削排屑（VARI=1）。使用 G00 回到安全间隙前的参考平面；使用 G01 移动到起始钻孔深度，进给速度来自程序调用中的进给速度，它取决于参数 FRF（进给系数）；在最后钻孔深度处有停留时间（参数 DTB）；使用 G00 回到安全间隙前的参考平面，用于排屑；起始点的停留时间由参数 DTS 确定；使用 G00 回到上次到达的钻孔深度，并保持预留量距离；使用 G01 钻削到下一个钻孔深度（持续动作直至到达最后钻孔深度）；使用 G00 回到回平面。

②深孔钻削断屑（VARI=0）。使用 G00 回到安全间隙前的参考平面；使用 G01 钻孔到起始深度，进给速度来自程序调用中的进给速度，它取决于参数 FRF（进给系数）；在最后钻孔深度处有停留时间（参数 DTB）；使用 G01 从当前钻孔深度后退 1 mm，采用调用程序中的进给速度（用于断屑）；使用 G01 按所编程的进给速度执行下一次钻孔切削（该过程一直进行下去，直至到达最终钻削深度）；使用 G00 回到返回平面。

3）参数 DP（或 DPR）、FDEP（或 FDPR）和 DAM。DP 钻孔深度是最后钻孔深度，首次钻孔深度和递减量在循环中的计算方法是：首次钻深应不超出总的钻孔深度；从第二次钻深开始，每次钻深由上一次钻深减去递减量获得，但要求钻深大于所编程的递减量；最终的两次钻削行程被平分，钻深始终大于递减量的一半。

4）DTB（停留时间）。参数 DTB 以秒为单位编制了到达最后钻孔深度的停留时间（断屑）。

5）DTS（停留时间）。起始点的停留时间只在 VARI=1 时执行。

6）FRF（进给系数）。有效进给率的缩减系数，该系数只适用于循环中的首次钻孔深度。

7）VARI（加工方式）。VARI=0，钻头在每次到达钻深后退回 1 mm 用于断屑；VARI=1（用于排屑），钻头每次移动到安全间隙前的参考平面。

8）安全间隙的大小由循环内部计算所得。如果钻深为 30 mm，安全间隙的值始终是 0.6 mm；对于更大钻深，安全间隙的值为孔深的 1/50，且最大值为 7 mm。

【例 5–7】 在位置 X0 处执行循环 CYCLE83。首次钻孔时，停留时间为零且加工方式为断屑。最后钻深和首次钻深的值为绝对值。钻孔轴是 *Z* 轴。

程序：

```
N10 G00 G54 G90 F5 S500 M04                工艺值的规定
N20 D01 T06 Z50                            回到返回平面
N30 G17 X0                                 返回钻孔位置
N40 CYCLE83（3.3，0，0，-80，0，-10，0，0，0，0，1，0）
                                           调用循环，深度参数的值为绝对值
```

N50 M02；　　　　　　　　　　　　　　　程序结束

【例 5-8】 在 *XY* 平面中的（80，120）和（80，60）位置处程序执行循环 CYCLE83。首次钻孔时，停顿时间为零，且加工类型为断屑。最后钻孔深度和首次钻孔深度的值为绝对值，第二次循环调用中编程的停顿时间为 1 s，选择的加工类型是排屑，最后钻孔深度相对于参考平面。两次加工中的钻孔轴都是 *Z* 轴，如图 5-25 所示。编写本零件的加工程序。

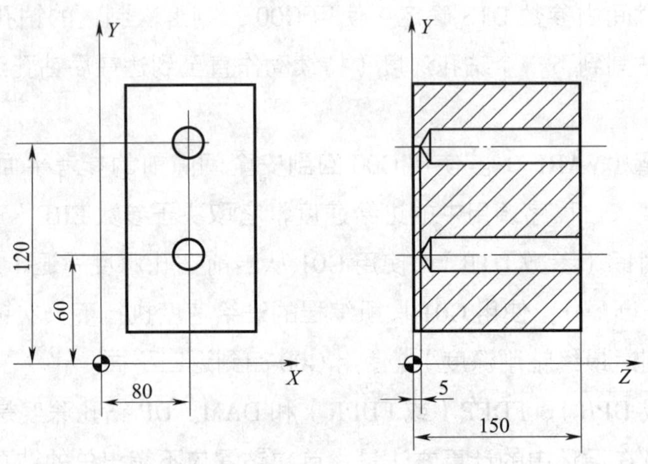

图 5-25　CYCLE83 循环编程示例

程序：

N10 G00 G54 G94 G90 F50 S500 M03　　　　工艺值的规定

N20 D01 T06 Z50　　　　　　　　　　　　回到返回平面

N30 Z155

N40 X80 Y120

N50 CYCLE83（155，150，1，5，0，100，，20，0，0，1，0）

调用循环，深度参数的值为绝对值

N60 X80 Y60

N70 CYCLE83（155，150，1，，145，，50，20，1，1，0.5，1）

调用含最后钻孔深度和首次钻孔深度定义的循环，安全间隙为 1 mm，进给系数为 0.5

4. 铰孔 1（镗孔 1）CYCLE85

（1）指令格式

CYCLE85（RTP，RFP，SDIS，DP，DPR，DTB，FFR，RFF）

（2）循环动作和参数

CYCLE85 循环动作如图 5-26 所示，其参数见表 5-5。

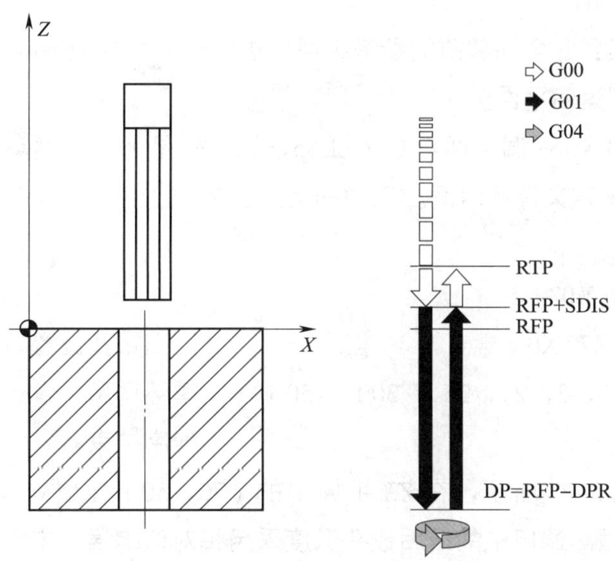

图 5-26　CYCLE85 循环动作

表 5-5　CYCLE85 参数

参数	性质	说明
RTP	实数	返回平面（绝对值）
RFP	实数	参考平面（绝对值）
SDIS	实数	安全间隙（输入时不带正负号）
DP	实数	最后铰孔坐标（绝对值）
DPR	实数	相对于参考平面的最后铰孔坐标（输入时不带正负号）
DTB	实数	铰孔到孔底时的停留时间（断屑）
FFR	实数	进给速度
RFF	实数	退回进给速度

1）DTB（停留时间）。DTB 以秒为单位设定最后铰孔深度时的停留时间。

2）FFR（进给速度）。铰孔时，FFR 指定的进给速度有效。

3）RFF（退回进给速度）。从孔底退回到参考平面 + 安全间隙时，RFF 指定的进给速度有效。

（3）功能

刀具按编程定义的主轴转速和进给倍率加工孔，直至到达定义的最后铰孔深度。

（4）刀具动作顺序

1）使用 G00 回到安全间隙前的参考平面。

2）使用 G01 并且按参数 FFR 所定义的进给倍率铰削至最终铰孔深度。

3）在铰孔深度停留设定的时间。

4）使用 G01 返回到安全间隙前的参考平面，进给倍率由参数 RFF 定义。

5）使用 G00 回到返回平面。

【例 5-9】 在 Z70 X0 处调用循环 CYCLE85，铰孔轴是 *Z* 轴，循环调用中的最后铰孔深度采用相对值编程，未定义停留时间。工件的上沿在 Z0 处。

程序：

N10 G90 G00 S300 M03

N20 T03 G17 G54 Z70 X0　　返回钻孔位置

N30 CYCLE85（10，2，2，，25，，300，450）　　循环调用

N40 M02　　程序结束

【例 5-10】 如图 5-27 所示，在 *ZX* 平面中的（70，50）位置处调用 CYCLE85 指令铰孔，铰孔轴是 *Y* 轴；循环调用中的最后铰孔深度采用相对值编程，未定义停留时间。

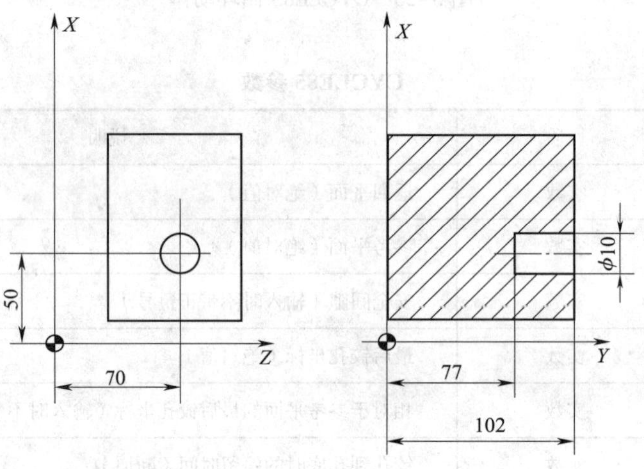

图 5-27　CYCLE85 编程示例

程序：

N10 G90 G00 S300 M03

N20 T03 G18 G54 Z70 X50 Y105

N30 CYCLE85（105，102，2，，25，，300，450）　循环调用

N40 M02　　程序结束

5．镗孔（镗孔 2）CYCLE86

（1）指令格式

CYCLE86（RTP，RFP，SDIS，DP，DPR，DTB，SDIR，RPA，RPO，RPAP，POSS）

（2）循环动作和参数

CYCLE86 循环动作如图 5-28 所示，其参数见表 5-6。

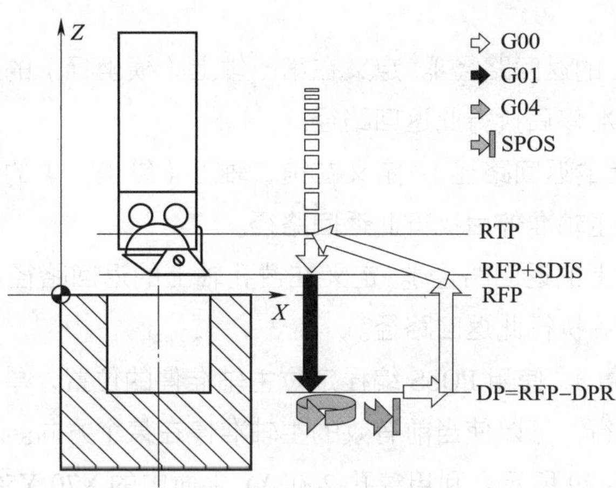

图 5-28 CYCLE86 循环动作

表 5-6 **CYCLE86 参数**

参数	性质	说明
RTP	实数	返回平面（绝对值）
RFP	实数	参考平面（绝对值）
SDIS	实数	安全间隙（输入时不带正负号）
DP	实数	最后镗孔坐标（绝对值）
DPR	实数	相对于参考平面的最后镗孔坐标（输入时不带正负号）
DTB	实数	镗孔到孔底时的停留时间（断屑）
SDIR	整数	旋转方向。值：3（用于 M03）；4（用于 M04）
RPA	实数	平面中第一轴上的返回路径（增量，带符号输入）
RPO	实数	平面中第二轴上的返回路径（增量，带符号输入）
RPAP	实数	镗孔轴上的返回路径（增量，带符号输入）
POSS	实数	循环中定位主轴准停的位置（以度为单位）

1）该循环可以进行镗孔加工。

2）镗孔 2 时，一旦到达镗孔深度，便激活了主轴准停功能。然后，主轴从返回平面快速回到编程的设定位置。

3）循环动作。采用 G00 方式回到安全间隙前的参考平面；采用 G01 方式及循环调用前指令的进给率，切削加工至镗孔深度；在镗孔深度处执行暂停；定位主轴停止在 POSS 下编程的位置；使用 G00 在三个轴方向上返回；使用 G00 在镗孔轴方向返回到安全间隙前的参考平面；使用 G00 退回到返回平面（平面的两个轴方向上的初始镗孔位置）。

4）SDIR（旋转方向）。如果参数的值不是 3 或 4（M03/M04），则产生报警且不执行循环。

5）RPA（第一轴上的返回路径）。定义在第一轴上（横坐标）的返回路径，当到达最后镗孔深度并执行了主轴准停后执行此返回路径。

6）RPO（第二轴上的返回路径）。定义在第二轴上（纵坐标）的返回路径，当到达最后镗孔深度并执行了定位主轴准停后执行此返回路径。

7）RPAP（镗孔轴上的返回路径）。定义在镗孔轴上的返回路径，当到达最后镗孔深度并执行了主轴准停功能后执行此返回路径。

8）POSS（主轴位置）。使用 POSS 编程定位主轴准停的位置，单位为度（°）。该功能在到达最后镗孔深度后执行，可以使当前有效的主轴准停在某个方向。

【例 5–11】 如图 5–29 所示，利用镗孔 2 在 *XY* 平面中的 X70 Y50 处调用 CYCLE86，镗孔轴是 *Z* 轴；编程的最后镗孔深度值为绝对值；未定义安全间隙。在最后镗孔深度处的停留时间是 2 s。工件的上沿在 Z110 处。在此循环中，主轴以 M03 旋转并停在 45° 位置。

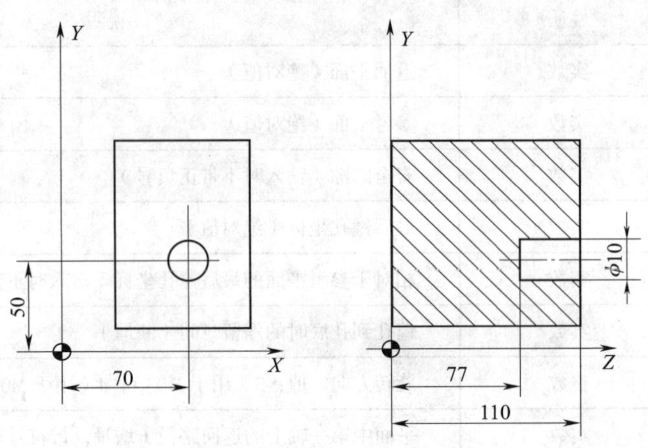

图 5–29 CYCLE86 编程示例

程序：

N10 G00 G17 G90 F200 S300 M03	工艺值的规定
N20 T11 D01 Z112	回到返回平面
N30 X70 Y50	返回钻孔位置
N40 CYCLE86（112，110，，77，0，2，3，−1，−1，1，45）	
	使用绝对钻孔深度调用循环
N50 M02	程序结束

6. 带停止钻孔 1（镗孔 3）CYCLE87

（1）指令格式

CYCLE87（RTP，RFP，SDIS，DP，DPR，SDIR）

（2）循环动作和参数

CYCLE87 循环动作如图 5–30 所示，其参数见表 5–7。

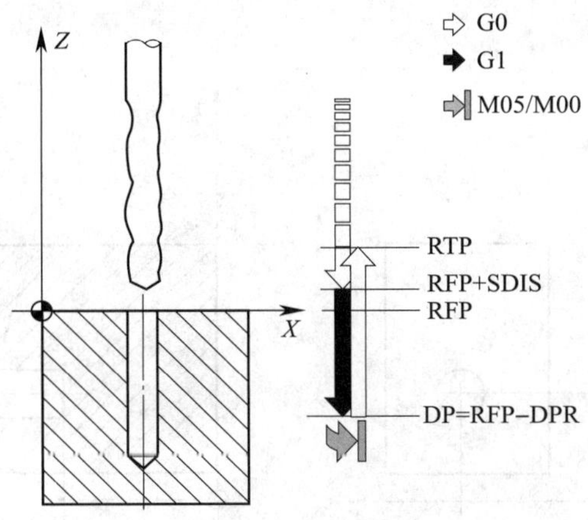

图 5–30　CYCLE87 循环动作

表 5–7　CYCLE87 参数

参数	性质	说明
RTP	实数	返回平面（绝对值）
RFP	实数	参考平面（绝对值）
SDIS	实数	安全间隙（输入时不带正负号）
DP	实数	最后钻孔深度（绝对值）
DPR	实数	相对于参考平面的最后钻孔深度（输入时不带正负号）
SDIR	整数	旋转方向。值：3（用于 M03）；4（用于 M04）

1）镗孔 3 时，一旦到达钻孔深度，便激活了主轴停止功能 M05，并生成编程暂停 M00。按 NC 启动键继续快速返回直至到达返回平面。

2）动作组成。使用 G00 回到安全间隙前的参考平面；使用 G01 和循环调用之前编程的进给率移到最后钻孔深度；使用 M05 主轴停止；按 NC 启动键继续；使用 G00 回到返回平面。

【例 5–12】 如图 5–31 所示，利用镗孔 3 在 *XY* 平面中的 X70 Y50 处调用 CYCLE87，镗孔轴是 *Z* 轴；最后镗孔深度以绝对值定义；安全间隙为 2 mm。

程序：

```
DEF REAL DR SDIS                    参数定义
N10 DP=77 SDIS=2                    赋值
N20 G00 G17 G90 F200 S300           工艺值的规定
N30 D03 T03 Z113                    回到返回平面
```

N40 X70 Y50　　返回钻孔位置

N50 CYCLE87（113，110，SDIS，DP，，3）　　调用循环

N60 M02

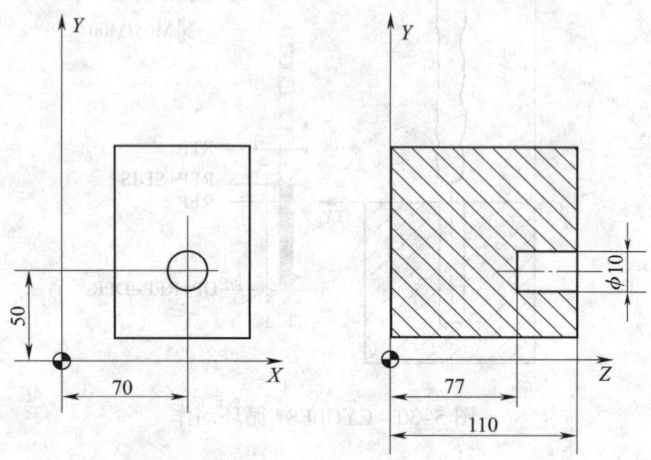

图 5-31　CYCLE87 编程示例

7. 带停止钻孔 2（镗孔 4）CYCLE88

（1）指令格式

CYCLE88（RTP，RFP，SDIS，DP，DPR，DTB，SDIR）

（2）循环动作和参数

CYCLE88 循环动作如图 5-32 所示，其参数见表 5-8。

（3）功能

刀具按编程的主轴转速和进给率钻孔直至到达定义的最后钻孔深度。到达最后钻孔深度时，会产生主轴停止 M05 和程序暂停 M00。按 NC 启动键在快速移动时持续退回动作，直到到达返回平面。

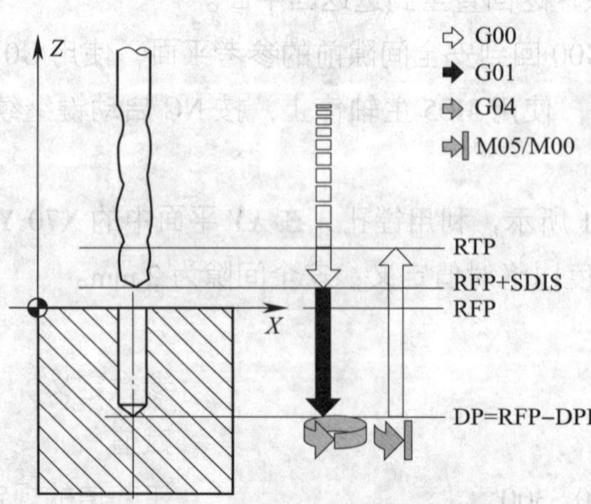

图 5-32　CYCLE88 循环动作

表 5-8　　CYCLE88 参数

参数	性质	说明
RTP	实数	返回平面（绝对值）
RFP	实数	参考平面（绝对值）
SDIS	实数	安全间隙（输入时不带正负号）
DP	实数	最后钻孔深度（绝对值）
DPR	实数	相对于参考平面的最后钻孔深度（输入时不带正负号）
DTB	实数	最后钻孔深度时的停留时间（断屑）
SDIR	整数	旋转方向。值：3（用于 M03）；4（用于 M04）

（4）动作顺序

1）使用 G00 回到安全间隙前的参考平面。

2）使用 G01 和循环调用之前编程的进给率移到最终钻孔深度。

3）最后钻孔深度处停留一定时间。

4）使用 M05/M00 主轴停止和程序暂停。程序暂停后，按 NC 启动键。

5）使用 G00 回到返回平面。

【例 5-13】 使用镗孔 4 循环 CYCLE88 编制在 X0 处的钻孔程序，钻孔轴是 Z 轴；安全间隙为 3 mm；最后钻孔深度定义为参考平面的相对值；M04 在循环中有效。

程序：

N10 T01 S300 M03

N20 G17 G54 G90 F1 S450　　工艺值的规定

N30 G00 X0 Z10　　返回钻孔位置

N40 CYCLE88（5，2，3，，72，3，4）　　调用循环

N50 M02　　程序结束

8. 铰孔 2（镗孔 5）CYCLE89

（1）指令格式

CYCLE89（RTP，RFP，SDIS，DP，DPR，DTB）

（2）循环动作和参数

CYCLE89 循环动作如图 5-33 所示，其参数见表 5-9。

（3）功能

刀具按照编程的主轴转速和进给率进行钻孔，直至达到最后钻孔深度。如果到达了最后钻孔深度，编程停留时间有效。

（4）动作顺序

1）使用 G00 回到安全间隙前的参考平面。

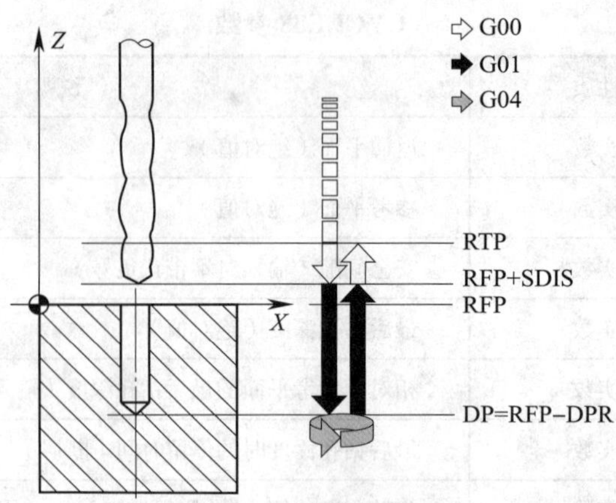

图 5–33　CYCLE89 循环动作

表 5–9　　CYCLE89 参数

参数	性质	说明
RTP	实数	返回平面（绝对值）
RFP	实数	参考平面（绝对值）
SDIS	实数	安全间隙（输入时不带正负号）
DP	实数	最后钻孔深度（绝对值）
DPR	实数	相对于参考平面的最后钻孔深度（输入时不带正负号）
DTB	实数	最后钻孔深度时的停留时间（断屑）

2）使用 G01 和循环调用之前编程的进给率移到最后钻孔深度。

3）执行最后钻孔深度处的停留时间。

4）使用 G01 和相同的进给率退回到安全间隙前的参考平面。

5）使用 G00 回到返回平面。

【例 5–14】 加工图 5–34 所示零件，在 *XY* 平面的 X80 Y90 处，调用钻孔循环 CYCLE89。安全间隙为 5 mm，最后钻孔深度定义为绝对值。钻孔轴是 *Z* 轴。

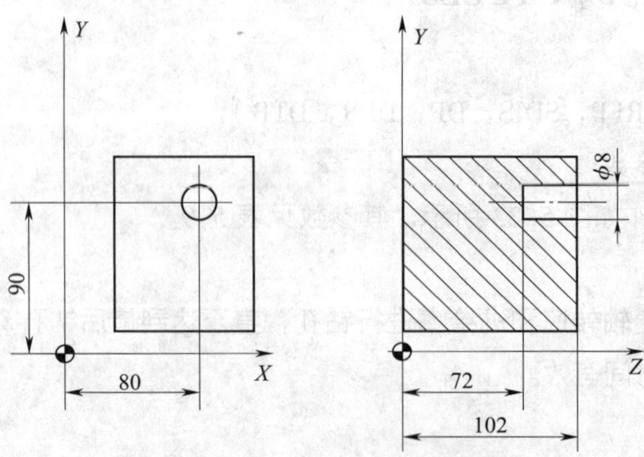

图 5–34　CYCLE89 编程示例

程序：

```
RTP=107 RFP=102 DP=72 DTB=3                    赋值
N10 G90 G17 F100 S450 M04                      工艺值的规定
N20 G00 X80 Y90 Z107                           回到钻孔位置
N30 CYCLE89（RTP，RFP，5，DP，，DTB）
N40 M02
```

9. 排孔系循环 HOLES1

（1）指令格式

HOLES1（SPCA，SPCO，STA1，FDIS，DBH，NUM）

（2）循环动作和参数

HOLES1 循环动作如图 5-35 所示，其参数见表 5-10。

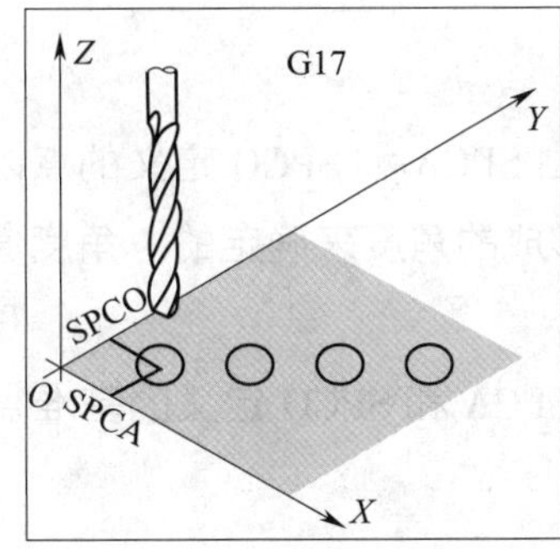

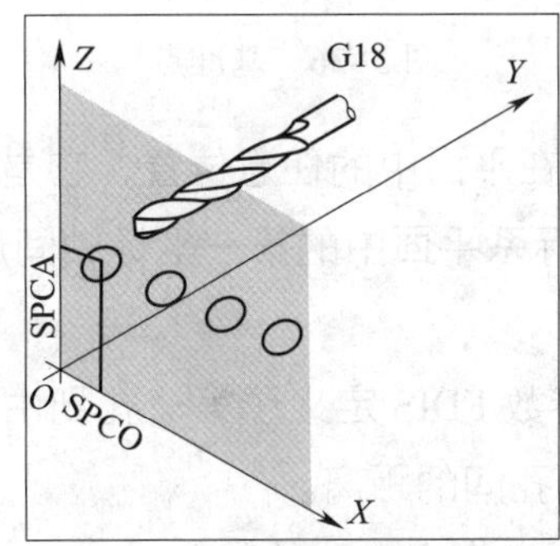

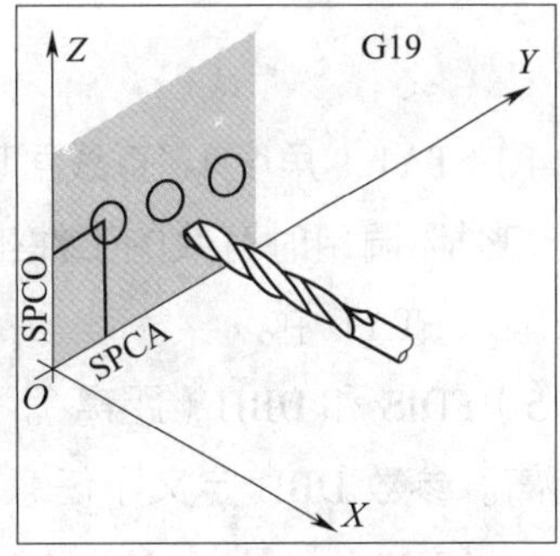

图 5-35　HOLES1 循环动作

表 5-10　　HOLES1 参数

参数	性质	说明
SPCA	实数	直线（绝对值）上一基准点所在平面的第一坐标轴（横坐标）坐标
SPCO	实数	此基准点（绝对值）所在平面的第二坐标轴（纵坐标）坐标
STA1	实数	与平面第一坐标轴（横坐标）的角度，值域：-180° < STA1 ≤ 180°
FDIS	实数	第一个孔到基准点的距离（输入时不带正负号）
DBH	实数	孔间距（输入时不带正负号）
NUM	整数	孔的数量

1）此循环可以用来钻削一排孔，即沿直线分布的孔或网格孔。孔的类型由已被调用的钻孔循环决定。

2）为了避免不必要的空行程，通过平面轴的实际位置和此排孔的几何分布，循环计算出是从第一孔或是最后一孔开始加工。随后依次快速到达钻孔位置。

3）SPCA 和 SPCO（第一坐标轴和第二坐标轴坐标，见图 5-36）。排孔形成的直线上的某一点定义成基准点，用于计算孔之间的距离。

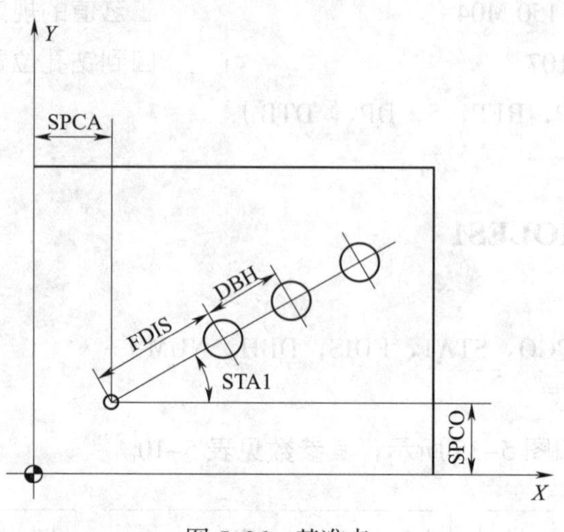

图 5-36 基准点

4）STA1（角度）。直线可以在平面中的任意位置，它是由 SPCA 和 SPCO 定义的点以及直线和循环调用时有效的工件坐标系平面中的第一坐标轴间形成的角度来确定的。角度值以度数输入 STA1 中。

5）FDIS 和 DBH（距离）。参数 FDIS 定义了第一孔到由 SPCA 和 SPCO 定义的基准点间的距离。参数 DBH 定义了任意两孔间的距离。

6）NUM（数量）。参数 NUM 用来定义孔的数量。

【例 5-15】 编程加工如图 5-37 所示零件。该零件上有平行于 *ZY* 平面中 *Y* 轴的 5 个螺纹排孔，孔间距为 20 mm。排孔的基准点位于 X30 Z20 处，第一孔距离此点 10 mm。

首先，使用 CYCLE82 进行钻孔，然后使用 CYCLE84（无补偿夹具攻螺纹）进行攻螺纹。孔深为 80 mm（参考平面和最后钻孔深度间的距离）。

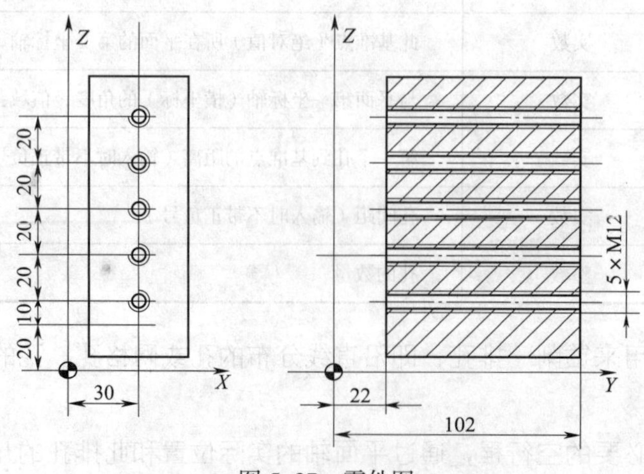

图 5-37 零件图

程序：

N10 G90 F30 S500 M03 T10 D01	加工步骤的工艺值规定
N20 G17 G90 X20 Z105 Y30	回到起始位置
N30 MCALL CYCLE82（105，102，2，22，0，1）	钻孔循环的模态调用
N40 HOLES1（20，30，0，10，20，5）	调用排孔循环，循环从第一孔开始加工
N50 MCALL	取消模态调用
N55 T11 D1	更换刀具
N60 G90 G01 X30 Z110 Y105	移到第五孔的下一个位置
N70 MCALL CYCLE84（105，102，2，22，0，，3，，4.2，，300，）	模态调用攻螺纹循环
N80 HOLES1（20，30，0，10，20，5）	从第一孔开始调用排孔循环
N90 MCALL	取消模态调用
N100 M02	程序结束

【例 5–16】 编程加工图 5–38 所示的网格孔。包括 5 行，每行 5 个孔，分布在 *XY* 平面中，孔间距为 10 mm。网格的起始点在 X30 Y20 处。用 R 参数编程。

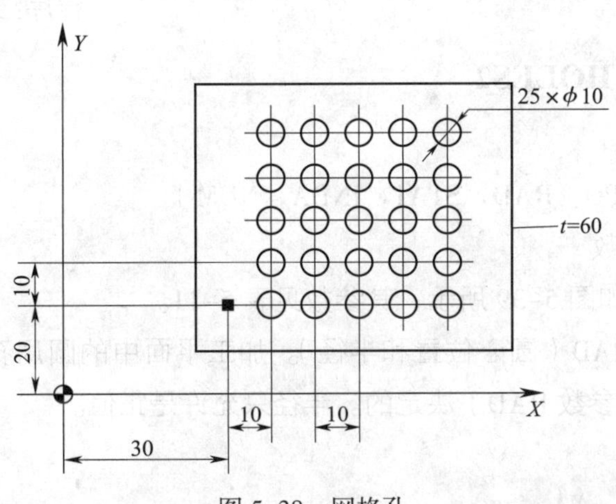

图 5–38　网格孔

程序：

R10=102	参考平面
R11=105	返回平面
R12=2	安全间隙
R13=75	钻孔深度
R14=30	基准点：平面第一坐标轴的排孔
R15=20	基准点：平面第二坐标轴的排孔
R16=0	起始角度
R17=10	第一孔到基准点的距离

```
R18=10                                      孔间距
R19=5                                       每行孔的数量
R20=5                                       行数
R21=0                                       行计数
R22=10                                      行间距
N10 G90 F300 S500 M03 T10 D01               工艺值的规定
N20 G17 G00 X=R14 Y=R15 Z105                回到起始位置
N30 MCALL CYCLE82（R11，R10，R12，R13，0，1）  钻孔循环的模态调用
N40 LABEL1                                  调用排孔循环
N41 HOLES1（R14，R15，R16，R17，R18，R19）
N50 R15=R15+R22                             计算下一行的Y值
N60 R21=R21+1                               增量行计数
N70 IF R21<R20 GOTOB LABEL1                 如果条件满足，返回LABEL1
N80 MCALL                                   取消模态调用
N90 G90 G00 X30 Y20 Z105                    回到起始位置
N100 M02                                    程序结束
```

10. 圆周孔循环 HOLES2

（1）指令格式

HOLES2（CPA，CPO，RAD，STA1，INDA，NUM）

（2）循环动作和参数

HOLES2 循环动作如图 5-39 所示，其参数见表 5-11。

1）CPA、CPO 和 RAD（圆心位置和半径）。加工平面中的圆周孔位置是由圆心（参数 CPA 和 CPO）和半径（参数 RAD）决定的。半径只允许是正值。

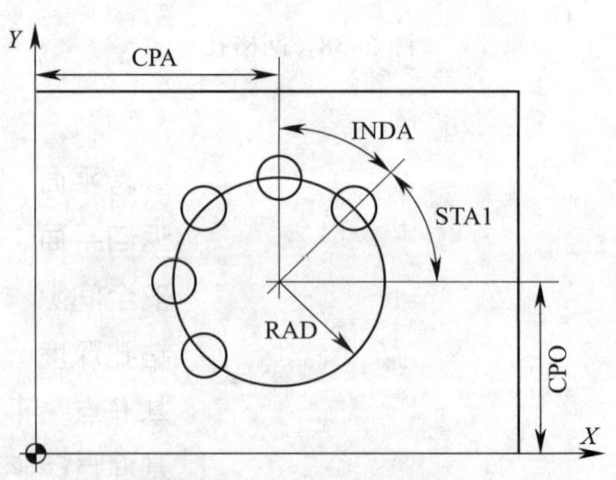

图 5-39　HOLES2 循环动作

表 5–11　　HOLES2 参数

参数	性质	说明
CPA	实数	圆周孔的圆心（绝对值），平面的第一坐标轴
CPO	实数	圆周孔的圆心（绝对值），平面的第二坐标轴
RAD	实数	圆周孔的半径（输入时不带正负号）
STA1	实数	起始角，值域：–180° < STA1 ≤ 180°
INDA	实数	增量角
NUM	整数	孔的数量

2）STA1 和 INDA（起始角和增量角）。参数 STA1 定义了循环调用前有效的工件坐标系中第一坐标轴的正方向（横坐标）与第一孔之间的旋转角。参数 INDA 定义了从一个孔到下一个孔的旋转角。如果参数 INDA 的值为零，循环则会根据孔的数量计算出所需的角度，使之均匀分布在圆弧上。

3）NUM（数量）。参数 NUM 定义了孔的数量。

【例 5–17】 编程加工图 5–40 所示的圆周孔。使用 CYCLE82 加工 4 个孔，孔深为 30 mm。最后钻孔深度定义为参考平面的相对值。圆弧由平面中的圆心（X70，Y60）和半径 42 mm 决定。起始角是 33°。钻孔轴 Z 的安全间隙是 2 mm。

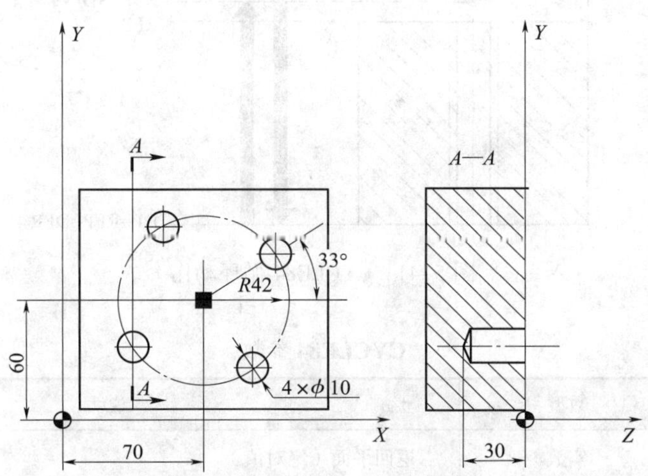

图 5–40　加工圆周孔系编程示例

程序：

N10 G90 F140 S170 M03 T10 D01	工艺值的规定
N20 G17 G00 X50 Y45 Z2	回到起始位置
N30 MCALL CYCLE82（2，0，2，，30，0）	钻孔循环的模态调用，无停留时间，未编程
N40 HOLES2（70，60，42，33，0，4）	调用圆周孔系统循环

N50 MCALL　　取消模态调用

N60 M02　　程序结束

四、螺纹循环加工

1. 刚性攻螺纹 CYCLE84

（1）指令格式

CYCLE84（RTP，RFP，SDIS，DP，DPR，DTB，SDAC，MPIT，PIT，POSS，SST，SST1）

（2）循环动作和参数

CYCLE84 循环动作如图 5–41 所示，其参数见表 5–12。

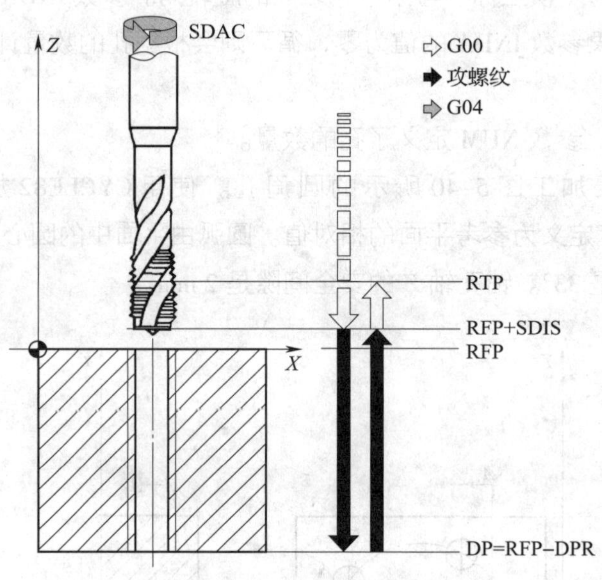

图 5–41　CYCLE84 循环动作

表 5–12　　CYCLE84 参数

参数	数型	说明
RTP	实数	返回平面（绝对值）
RFP	实数	参考平面（绝对值）
SDIS	实数	安全间隙（输入时不带正负号）
DP	实数	最后螺纹加工深度（绝对值）
DPR	实数	相对于参考平面的最后螺纹加工深度（输入时不带正负号）
DTB	实数	螺纹到达深度时的停留时间（断屑）
SDAC	整数	循环结束后的旋转方向。值：3、4 或 5（分别用于 M03、M04 或 M05）

续表

参数	数型	说明
MPIT	实数	螺距作为螺纹尺寸（有符号），数值范围：3（用于 M03）~ 48（用于 M48）。符号决定了螺纹的旋转方向
PIT	实数	螺距作为数值（有符号），数值范围：0.001 ~ 2 000.000 mm。符号决定了螺纹的旋转方向
POSS	实数	循环中主轴准停位置［以度（°）为单位］
SST	实数	攻螺纹速度
SST1	实数	退回速度

1）循环启动前到达位置；螺孔位置在所选平面的两个坐标轴中。

2）动作组成。使用 G00 回到安全间隙前的参考平面；主轴准停（值在参数 POSS 中）以及将主轴转换为进给轴模式；攻螺纹至最后螺纹加工深度，速度为 SST；螺纹深度处有停留时间（参数 DTB）；退回到安全间隙前的参考平面，速度为 SST1 且方向相反；使用 G00 回到返回平面；通过在循环调用前重新编程有效的主轴转速以及 SDAC 下编程的旋转方向，从而改变主轴模式。

3）DTB（停留时间）。停留时间以秒为单位编程。攻螺纹孔时，建议忽略停留时间。

4）SDAC（循环结束后的旋转方向）。在 SDAC 中，将对主轴在循环结束后的旋转方向进行编程。在循环内部自动执行攻螺纹时的反方向。

5）MPIT 和 PIT（以螺距作为螺纹尺寸和数值）。可以将螺纹螺距的值定义为螺纹大小（米制螺纹只在 M03 ~ M48 之间）或一个值（数值为螺纹导程）。不需要的参数在调用中省略或赋值为零。右旋螺纹或左旋螺纹由螺距参数符号定义：正值→右旋螺纹（如 M03）；负值→左旋螺纹（如 M04）。如果两个螺纹螺距参数的值有冲突，循环将产生报警 61001 “螺纹螺距错误”且循环中断。

6）POSS（主轴准停位置）。攻螺纹前，使用命令 POSS 使主轴准停在循环中定义的位置并转换成位置控制。POSS 设定主轴的准停位置。

7）SST（速度）。参数 SST 包含了用于攻螺纹的转速。

8）SST1（退回速度）。在 SST1 中，可以在用地址为 G332 的程序段攻螺纹后，对退回速度进行编程。如果该参数的值为零，则按照 SST 下编程的速度退回。

9）循环中攻螺纹时的旋转方向始终自动颠倒。

【例 5–18】 在位置 X0 处，在没有补偿夹具的情况下攻螺纹，钻孔轴为 *Z* 轴。未定义停留时间；编程的深度值为相对值。必须给旋转方向参数和螺距参数赋值。被加工螺纹公称直径为 M05，编写该零件的加工程序。

程序：

N10 G00 G90 G54 T06 D01

N20 G17 X0 Z40	返回钻孔位置
N30 CYCLE84（4，0，2，，30，，3，5，，90，200，500）	循环调用；主轴在 90° 位置停止；攻螺纹速度为 200 mm/min，退回速度为 500 mm/min
N40 M02	程序结束

2. 带补偿夹具攻螺纹 CYCLE840

（1）指令格式

CYCLE840（RTP，RFP，SDIS，DP，DPR，DTB，SDR，SDAC，ENC，MPIT，PIT）

（2）循环动作和参数

CYCLE840 循环动作如图 5-42 所示，其参数见表 5-13。

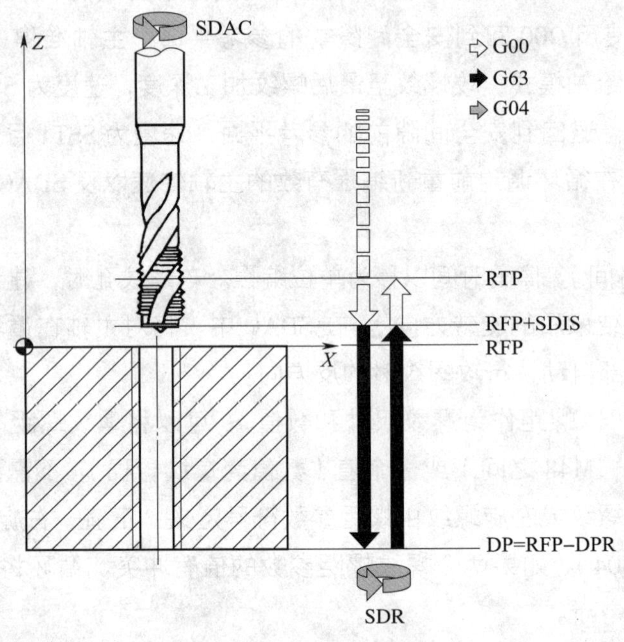

图 5-42　CYCLE840 循环动作

表 5-13　　　CYCLE840 参数

参数	性质	说明
RTP	实数	返回平面（绝对值）
RFP	实数	参考平面（绝对值）
SDIS	实数	安全间隙（输入时不带正负号）
DP	实数	最后螺纹加工深度（绝对值）
DPR	实数	相对于参考平面的最后螺纹加工深度（输入时不带正负号）
DTB	实数	螺纹深度时的停留时间（断屑）

续表

参数	性质	说明
SDR	整数	退回时的旋转方向。值：0（旋转方向自动颠倒）；3 或 4（用于 M03 或 M04）
SDAC	整数	循环结束后的旋转方向。值：3、4 或 5（分别用于 M03、M04 或 M05）
ENC	整数	带 / 不带编码器攻螺纹。值：0= 带编码器；1= 不带编码器
MPIT	实数	螺距作为螺纹尺寸（有符号）。数值范围：3（用于 M03）~ 48（用于 M48）
PIT	实数	螺距作为数值（有符号）。数值范围：0.001 ~ 2 000.000 mm

1）使用此循环，可以进行带补偿夹具攻螺纹，分为无编码器和有编码器两种。

2）动作组成。使用 G00 回到安全间隙前的参考平面；攻螺纹至最后螺纹加工深度；螺纹深度处有停留时间（参数 DTB）；退回到安全间隙前的参考平面；使用 G00 回到返回平面。

3）DTB（停留时间）。停留时间以秒为单位编程。时间仅在不带编码器进行攻螺纹时生效。

4）SDR（退回时的旋转方向）。如果要使主轴方向自动颠倒，必须设置 SDR=0。如果机床数据定义成无编码器（机床数据 MD30200 NUM_ENCS 为 0），参数值必须定义为 3 或 4；否则，将输出报警 61202“主轴方向未编程”且循环中断。

5）SDAC（旋转方向）。参数 SDAC 下编程了旋转方向，该方向和首次调用前在之前程序中编程的旋转方向一致。如果 SDR=0，SDAC 的值在循环中没有意义。

6）ENC（攻螺纹）。如果有编码器存在，要进行无编码器攻螺纹，参数 ENC 的值必须设为 1。如果没有安装编码器且参数值为 0，循环中不考虑编码器。

7）MPIT 和 PIT（以螺距作为螺纹尺寸和数值）。如果螺距参数只对带编码器的攻螺纹有意义，循环通过主轴转速和螺距计算出进给速度。可以将螺纹螺距的值定义为螺纹大小（米制螺纹只在 M03 ~ M48 之间）或一个值（数值为螺纹导程）。不需要的参数在调用中省略或赋值为零。如果两个螺纹螺距参数的值有冲突，循环将产生报警 61001“螺纹螺距错误”且循环中断。

8）根据机床数据 MD30200 NUM_ ENCS 中的设定，循环可以选择攻螺纹时带或不带编码器。丝锥的旋转方向必须在循环调用之前用 M03 或 M04 编程。

【例 5–19】 不带编码器的机床在位置 X0 处攻螺纹，钻孔轴为 *Z* 轴。必须给旋转方向参数 SDR 和 SDAC 赋值；参数 ENC 的值为 1，深度值为绝对值。可以忽略螺距参数 PIT。加工时使用补偿夹具。编写加工程序。

程序：

N10 G90 G00 G54 D01 T06 S500 M03　工艺值的规定
N20 G17 X0 Z60　返回钻孔位置
N30 G01 F200　规定轨迹进给速度
N40 CYCLE840（3，0，，-5，0，1，4，3，1，，）　停留时间为 1 s，退回时主轴转向为 M04，循环结束后的主轴转向为 M03
N50 M02　程序结束

【例 5-20】 带编码器的机床在位置 X0 处攻螺纹，钻孔轴为 *Z* 轴。必须定义螺距参数，旋转方向自动颠倒编程。加工时使用补偿夹具。编写加工程序。

程序：

N10 G90 G00 G54 D01 T06 S500 M03　工艺值的规定
N20 G17 X0 Z60　返回钻孔位置
N30 G01 F200　规定轨迹进给速度
N40 CYCLE840（3，0，，-15，0，0，，，0，3.5，）　无安全间隙调用循环
N50 M02　程序结束

3. 螺纹铣削 CYCLE90

使用 CYCLE90 可以加工内螺纹或外螺纹。铣削螺纹的路径需要螺旋线插补。加工时，需使用循环调用前定义的当前平面中的三个几何轴。

（1）指令格式

CYCLE90（RTP，RFP，SDIS，DP，DPR，DIATH，KDIAM，PIT，FFR，CDIR，TYPTH，CPA，CPO）

（2）指令说明（见图 5-43a、表 5-14）

表 5-14　CYCLE90 参数

参数	性质	说明
RTP	实数	返回平面（绝对值）
RFP	实数	参考平面（绝对值）
SDIS	实数	安全间隙（无符号输入）
DP	实数	最后螺纹铣削深度（绝对值）
DPR	实数	相对于参考平面的最后螺纹铣削深度（无符号输入）
DIATH	实数	额定直径，螺纹大径
KDIAM	实数	中心直径，螺纹小径
PIT	实数	螺纹螺距。数值范围：0.001 ~ 2 000.000 mm

续表

参数	性质	说明
FFR	实数	螺纹铣削进给速度（无符号输入）
CDIR	整数	螺纹铣削时的旋转方向。值：2（使用 G02 铣削螺纹）；3（使用 G03 铣削螺纹）
TYPTH	整数	螺纹类型。值：0= 内螺纹；1= 外螺纹
CPA	实数	圆心，平面的第一轴（绝对值）
CPO	实数	圆心，平面的第二轴（绝对值）

1）DIATH、KDIAM 和 PIT（额定直径、中心直径和螺纹螺距）。DIATH 参数定义螺纹的大径，KDIAM 参数定义螺纹的小径。PIT 参数定义螺纹螺距。

2）FFR（进给速度）。FFR 参数中定义的值为当前螺纹铣削的进给速度。铣螺旋式螺纹时，该进给速度仍然有效。螺旋路径完成后，使用 G00 返回。

3）CDIR（旋转方向）。CDIR 参数定义螺纹的加工方向。如果该参数的值错误，则给出以下信息："铣削方向错误；G03 当前有效"。此时，循环继续且 G03 自动生效。

4）TYPTH（螺纹类型）。TYPTH 参数用于定义加工内螺纹或外螺纹。

5）CPA 和 CPO（中心点）。这些参数用于定义所钻孔的中心点或螺纹所在的轴的中心点。

（3）加工外螺纹的刀具动作顺序

1）循环启动前到达位置：起始位置可以是任何位置，只要该起始点位于高度为返回平面的螺纹的大径上，并且能无碰撞地到达。

2）使用 G02 铣削螺纹时，起始位置位于当前平面中正的横坐标和正的纵坐标内（即在坐标系的第一象限中），如图 5-43b 所示。使用 G03 铣削螺纹时，起始位置位于正的横坐标和负的纵坐标内（即在坐标系的第四象限中）。

3）使用 G00 将起始位置定位在当前平面中的返回平面的顶点。

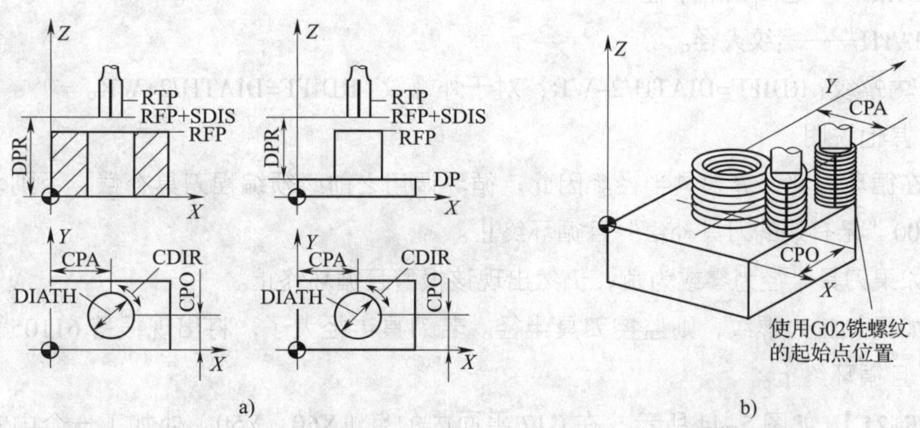

图 5-43 螺纹铣削 CYCLE90 示意图

4）使用 G00 进给到安全间隙前的参考平面。

5）按照 CDIR 下定义的 G02/G03 的反方向，沿圆弧路径移动到螺纹直径。

6）使用 G02/G03 以及 FFR 的进给率沿螺旋路径铣削螺纹。

7）按照 G02/G03 的反方向以及降低的 FFR 进给率沿圆弧路径返回。

8）使用 G00 回到返回平面。

（4）加工内螺纹的刀具动作顺序

1）循环启动前到达位置：起始位置可以是任何位置，只要能够无碰撞地到达在返回平面的螺纹的中心上。

2）使用 G00 定位在当前平面中位于返回平面的中心点。

3）使用 G00 进给到安全间隙前的参考平面。

4）使用 G01 和降低的进给率 FFR 移动到循环内部计算的圆弧。

5）按照 CDIR 下定义的 G02/G03 方向，沿圆弧路径移动到螺纹直径。

6）使用 G02/G03 以及 FFR 的进给率沿螺旋路径铣削螺纹。

7）按照相同的旋转方向以及降低的 FFR 进给率沿圆弧路径返回。

8）使用 G00 回到螺纹的中心点。

9）使用 G00 回到返回平面。

（5）螺纹长度超出

铣螺纹时，钻进 / 钻出动作在三个轴上完成，这会在钻出时导致沿垂直轴方向的附加行程，因此超出了编程的螺纹深度。

$$\Delta Z=\frac{P}{4}\times\frac{2\mathrm{WR}+\mathrm{RDIFF}}{\mathrm{DIATH}}$$

式中 ΔZ——超出行程；

P——螺纹螺距；

WR——刀具半径；

RDIFF——返回圆的半径差；

DIATH——螺纹大径。

对于内螺纹：RDIFF=DIATH/2–WR；对于外螺纹：RDIFF=DIATH/2+WR。

（6）其他说明

1）在循环内部计算刀具半径。因此，循环调用之前必须编程刀具补偿。否则，将出现报警 61000“无有效的刀具补偿”且循环终止。

2）如果刀具半径为零或为负，仍然出现该报警且循环终止。

3）如果加工内螺纹，则监控刀具半径。若刀具半径大了，将出现报警 61105“刀具半径太大”且循环终止。

【例 5–21】 如图 5–44 所示，在 G17 平面内的点（X60，Y50）处加工一个内螺纹，编写加工程序。

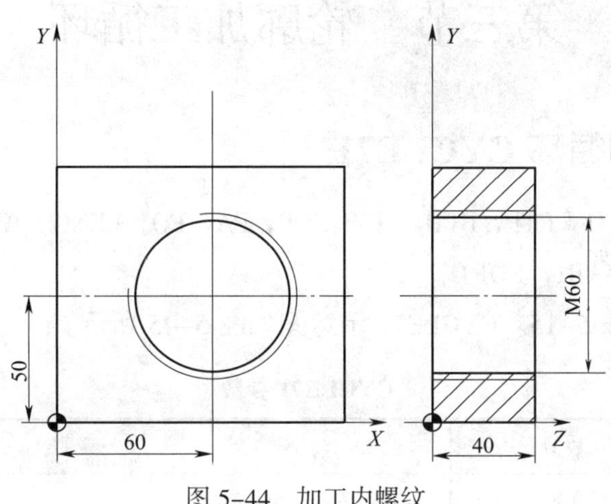

图 5–44　加工内螺纹

程序：

```
DEFREAL RTP=48，RFP=40，SDIS=5，DPR=40，
DIATH=60，KDIAM=50，DEFREAL PIT=2，FFR=500，CPA=60，CPO=50，
DEFINT CDIR=2，TYPTH=0                    变量的赋值
N10 G90 G00 G17 X0 Y0 Z80 S200 M03         回到起始位置
N20 T05 D01
N30 CYCLE90（RTP，RFP，SDIS，DP，DPR，DIATH，KDIAM，PIT，FFR，CDIR，
TYPTH，CPA，CPO）                          循环调用
N40 G00 G90 Z100                           循环结束后到达的位置
N50 M02                                    程序结束
```

（7）自下而上铣削螺纹（反铣）

从技术上考虑，也可以加工出自下而上的螺纹。此时，返回平面 RTP 将位于螺纹深度 DP 之后。可以进行此加工，但是深度必须定义成绝对值，并且必须在循环调用前移动到返回平面，或者移动到返回平面后的位置。

【例 5–22】 自下而上加工螺纹。螺纹的螺距为 3 mm，起始点为 –20，终点为 0，返回平面位于 8 mm。编写加工程序。

程序：

```
N10 G17 X100 Y100 S300 M03 T01 D01 F1000
N20 Z8
N30 CYCLE90（8，–20，0，–60，0，46，40，3，800，3，0，50，50）
N40 M2
```

钻孔深度至少为 –21.5（多出半螺距）。

第三节　轮廓加工循环

一、平面铣削循环 CYCLE71

指令格式：CYCLE71（RTP，RFP，SDIS，DP，PA，PO，LENG，WID，STA，MID，MIDA，FDP，FALD，FFP1，VARI，FDP1）

CYCLE71 参数见表 5-15。CYCLE71 示意图如图 5-45 所示。

表 5-15　　CYCLE71 参数

参数	数型	说明
RTP	实数	返回平面（绝对值）
RFP	实数	参考平面（绝对值）
SDIS	实数	安全间隙（加工平面到参考平面的距离，无符号输入）
DP	实数	深度（绝对值）
PA	实数	起始点（绝对值），平面第一轴
PO	实数	起始点（绝对值），平面第二轴
LENG	实数	第一轴上的矩形长度，增量值。尺寸的起始角度由符号产生
WID	实数	第二轴上的矩形长度，增量值。尺寸的起始角度由符号产生
STA	实数	纵向轴和平面第一轴间的角度（无符号输入）。范围值：0 ≤ STA <180
MID	实数	最大切削深度（无符号输入）
MIDA	实数	平面中连续加工时的最大切削宽度（无符号输入）
FDP	实数	精加工方向上的返回行程（增量值，无符号输入）
FALD	实数	深度的精加工大小（增量值，无符号输入）
FFP1	实数	端面加工进给率
VARI	整数	加工类型（无符号输入） 个位值： 1——粗加工 2——精加工 十位值： 1——在一个方向平行于平面的第一轴 2——在一个方向平行于平面的第二轴 3——平行于平面的第一轴，方向可交替 4——平行于平面的第二轴，方向可交替
FDP1	实数	在平面的进给方向上越程（增量，方向可交替）

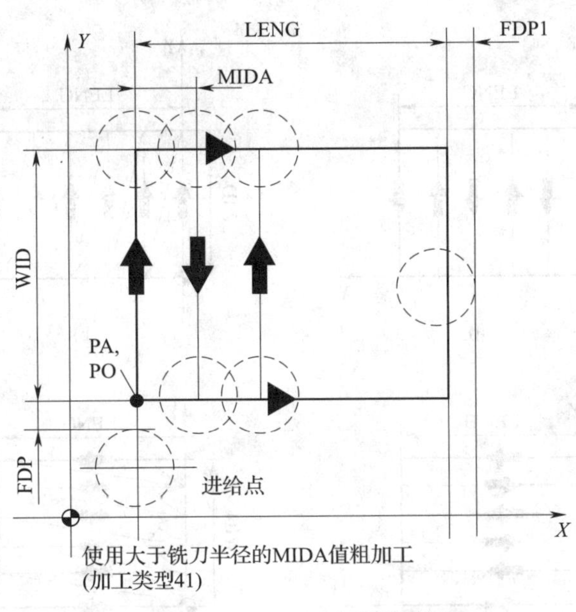

图 5-45 CYCLE71 示意图

1. 功能

使用 CYCLE71 指令可以切削任何矩形进给的平面。循环识别粗加工（分步连续加工平面直至精加工余量）和精加工（平面的最后一步加工），可以定义最大切削宽度和深度。循环运行时不带刀具半径补偿，深度进给在工件外面进行，如图 5-45 所示。

2. 刀具动作顺序

（1）使用 G00 指令回到当前位置高度的进给点，然后从该位置仍然使用 G00 指令回到安全间隙前的参考平面。因为在工件外面进给，可以使用 G00 指令，当然也可以采用不同的连续加工方式（在轴的一个方向或反复摆动）。

（2）粗加工时的动作顺序

根据参数 DP、MID 和 FALD 的定义值，可以在不同的平面中进行平面切削。从上而下进行加工，即每次铣削一个平面后，在工件外面进给下一个铣削深度（参数 FDP）。平面中连续加工的进给路径取决于参数 LENG、WID、MIDA、FDP、FDP1 的值和有效刀具的半径。加工最初路径时，应始终保证切削深度和 MIDA 的值完全一致，以便切削宽度不大于最大允许值，这样刀具中心点不会始终在边缘上进给（仅当 MIDA 等于刀具半径时）。刀具进给时超出边缘的尺寸始终等于刀具直径减 MIDA 的值（即使只进行一次端面切削），也就是平面宽度 + 越程 -MIDA。

数控系统内部计算宽度进给的其他路径，以便能够获得统一的铣削宽度（≤ MIDA），如图 5-46 所示。

（3）精加工时的动作顺序

精加工时，刀具只在平面中切削一次，这表示在粗加工时必须选择精加工余量，以便剩余深度可以使用精加工刀具一次加工完成。

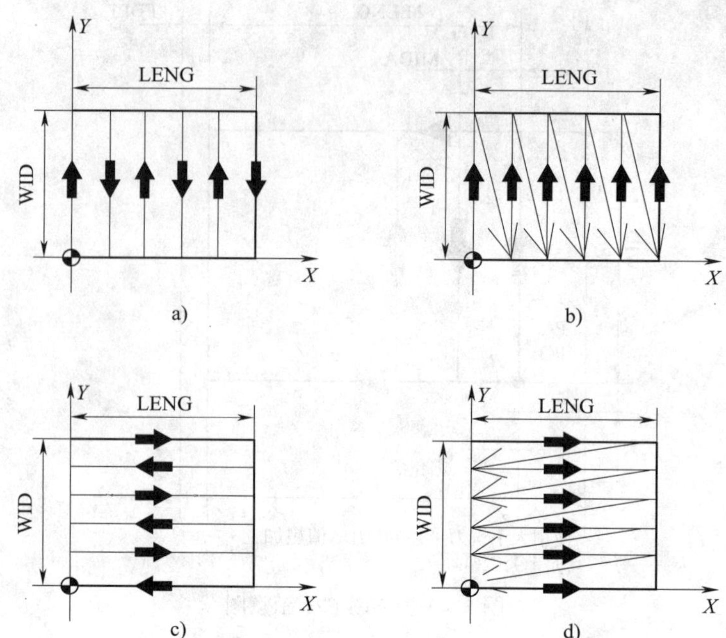

图 5–46　端面铣削时可能的连续加工方式

每次平面精加工后，刀具将退回，返回行程定义在参数 FDP 中，如图 5–47 所示。在一个方向加工时，刀具在一个方向的返回行程为精加工余量 + 安全间隙，并快速回到下一起始点。在一个方向粗加工时，刀具将返回到计算的进给 + 安全间隙位置。深度进给也在粗加工中相同的位置进行。精加工结束后，刀具将返回到上次到达位置的返回平面 RTP。

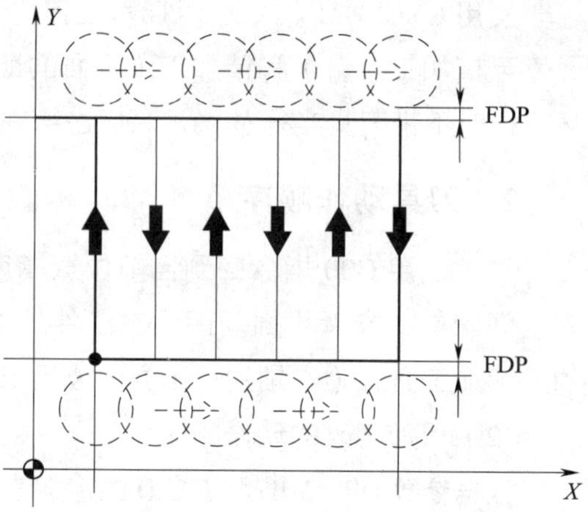

图 5–47　一个方向精加工时铣削动作

3. 参数说明

（1）DP（深度）。可以将深度定义为到参考平面的绝对值。

（2）PA、PO（起始点）。使用参数 PA 和 PO 定义在平面的轴中的起始点。

（3）LENG、WID（长度、宽度）。使用此参数可以定义平面中矩形的长和宽，参照 PA 和 PO 的矩形位置。

（4）MIDA（最大切削宽度）。此参数可以用来定义在平面中连续加工时的最大切削宽度。类似于计算切削深度的方法（使用可能的最大值平均划分总深度），使用 MIDA 定义的最大值来平均划分宽度。如果此参数未定义或定义值为零，循环内部将使用铣刀直径的 80% 作为最大切削宽度。

（5）FDP（返回行程）。此参数用于定义在平面中返回行程的大小，参数的值必须始终大于零。

（6）FDP1（超出行程）。如图 5–48 所示，此参数可以定义在平面的进给方向上的超出行程，这样可以补偿当前刀具半径和刀尖半径（如刀具半径或在某一角度的刀尖），使最后的刀具中心点路径始终为 LENG（或 WID）+FDP1– 刀具半径（来自补偿表）。

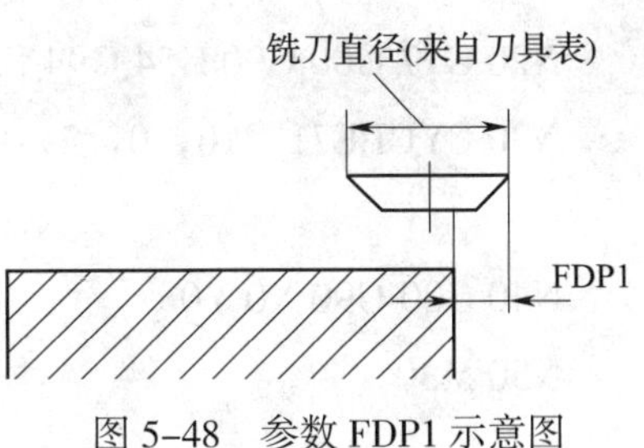

图 5–48　参数 FDP1 示意图

（7）FALD（精加工余量）。粗加工时，应考虑此参数定义的在深度方向上的精加工余量，确保刀具能够返回，且无碰撞地进给到下一起始点。

（8）VARI（加工类型）。此参数用来定义加工类型。允许值有：

个位数：

1= 粗加工到精加工余量，2= 精加工。

十位数：

1= 平行于平面的第一轴，在一个方向；

2= 平行于平面的第二轴，在一个方向；

3= 平行于平面的第一轴，在两个方向可交替；

4= 平行于平面的第二轴，在两个方向可交替。

【例 5–23】 编写图 5–49 所示零件的加工程序。

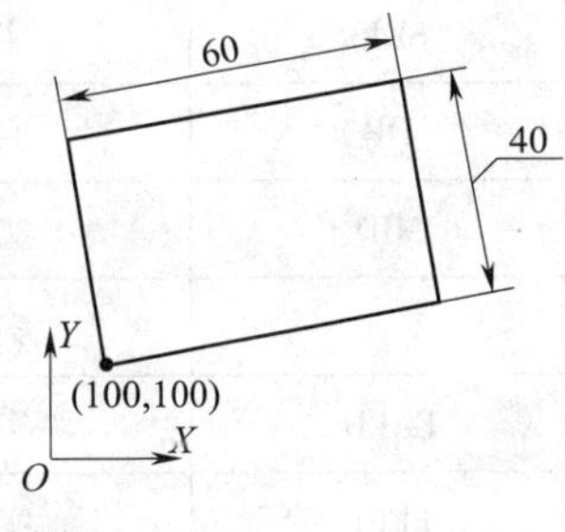

图 5–49　CYCLE71 编程示例

端面切削，循环调用的参数如下。

返回平面：10 mm

参考平面：0 mm

安全间隙：2 mm

铣削深度：–11 mm

矩形起始点：X=100 mm，Y=100 mm

矩形尺寸：X=60 mm，Y=40 mm

平面中的旋转角度：10°

最大切削深度：6 mm

最大切削宽度：10 mm

铣削路径结束时的返回行程：5 mm

精加工余量：无

端面加工进给速度：4 000 mm/min

加工类型：粗加工，平行于 X 轴，方向可交替

由于刀刃的几何结构导致在最后切削时的超程：2 mm

使用的铣刀半径：10 mm

程序：

N10 T2 D2

N20 G17 G00 G90 G54 G94 F2000 X0 Y0 Z20　　回到起始位置

N30 CYCLE71（10，0，2，-11，100，100，60，40，10，6，10，5，0，4000，31，2）　　循环调用

N40 G00 G90 X0 Y0

N50 M30　　程序结束

二、一般轮廓铣削循环 CYCLE72

指令格式：CYCLE72（KNAME，RTP，RFP，SDIS，DP，MID，FAL，FALD，FFP1，FFD，VARI，RL，AS1，LP1，FF3，AS2，LP2）

CYCLE72 参数见表 5-16。

表 5-16　　CYCLE72 参数

参数	数型	说明
KNAME	字符串	轮廓子程序名称
RTP	实数	返回平面（绝对值）
RFP	实数	参考平面（绝对值）
SDIS	实数	安全间隙（加工平面到参考平面的距离，无符号输入）
DP	实数	深度（绝对值）
MID	实数	最大切削深度（增量值，无符号输入）
FAL	实数	边缘轮廓的精加工余量（增量值，无符号输入）
FALD	实数	槽底的精加工余量（增量值，无符号输入）
FFP1	实数	轮廓进给速度
FFD	实数	深度进给速度（无符号输入）
VARI	整数	加工类型（无符号输入） 个位值： 1——粗加工 2——精加工 十位值： 0——使用 G00 的中间路径 1——使用 G01 的中间路径 百位值： 0——在轮廓末端返回 RTP 1——在轮廓末端返回 RFP+SDIS 2——在轮廓末端返回 SDIS 3——在轮廓末端不返回

续表

参数	数型	说明
RL	整数	沿轮廓中心，向右或向左进给（使用G40、G41或G42，无符号输入）。值： 40——G40（接近和返回，只有一条线） 41——G41 42——G42
AS1	整数	接近方向 / 接近路径的定义（无符号输入） 个位值： 1——直线切线 2——四分之一圆 3——半圆 十位值： 0——接近平面中的轮廓 1——接近沿空间路径的轮廓
LP1	实数	接近路径的长度（使用直线）或接近圆弧的半径（使用圆）（无符号输入）
FF3	实数	返回进给速度和平面中中间位置的进给速度（在开口处）
AS2	整数	返回方向 / 返回路径的定义（无符号输入） 个位值： 1——直线切线 2——四分之一圆 3——半圆 十位值： 0——从平面中的轮廓返回 1——沿空间路径的轮廓返回
LP2	实数	返回路径的长度（使用直线）或返回圆弧的半径（使用圆）（无符号输入）

1. 功能

使用 CYCLE72 指令可以铣削由子程序定义的任何轮廓。

（1）循环运行可以选择使用或不使用刀具半径补偿。

（2）轮廓可以封闭，也可以不封闭，通过刀具半径补偿的位置（轮廓中央、左或右）来定义内部或外部加工。粗加工（平行于轮廓的进给，考虑精加工余量，必要时分几步进给直至到达精加工余量）与精加工（沿最后的轮廓进给，必要时分几步进给）；在切线方向或半径方向（四分之一圆或半圆）平滑返回轮廓或从轮廓出发。

（3）轮廓的定义方向必须是它的加工方向，程序中必须包含描述轮廓起始点和终点的程序段，因为轮廓子程序直接在循环内部调用。

（4）循环可以选择粗加工或精加工。

2. 刀具动作顺序

（1）粗加工时循环形成以下动作顺序

1）使用参数定义的最大允许值平均划分切削深度。

①首次铣削时使用 G00/G01 指令（和 FF3 参数）移动到起始点，该起始点在系统内部计算，并取决于轮廓起始点（子程序中的第一点）、起始点的轮廓方向、接近方式和参数以及刀具半径。

②使用 G00/G01 指令进行深度进给至首次或第二次加工深度 + 安全间隙的位置。

③使用深度进给垂直接近轮廓，然后在平面中以定义的进给速度平稳进给。

④使用 G40/G41/G42 指令刀具半径补偿沿轮廓铣削。

⑤使用 G01 指令从轮廓以端面加工的进给速度返回深度进给点。

⑥在下一个加工平面中重复此动作顺序，直至到达深度方向的精加工余量。

2）粗加工结束时，刀具位于返回平面的轮廓返回点（系统内部计算得出）的上方。

（2）精加工时循环形成以下动作顺序

1）沿轮廓的底部按相应的进给速度进行铣削，直至到达最后的尺寸。

2）按现有的参数进行平稳接近，并加工轮廓，然后离开轮廓。

3）循环结束时，刀具位于返回平面的轮廓返回点。

3. 参数说明

CYCLE72 有关参数示意图如图 5–50 所示。

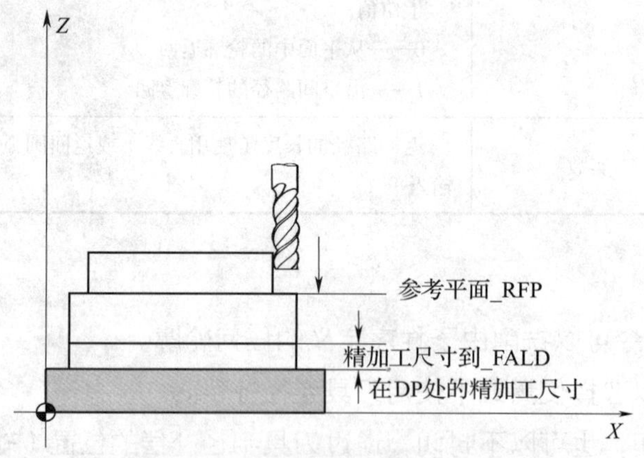

图 5–50　CYCLE72 有关参数示意图

（1）KNAME（名称）

待加工的轮廓完整地定义在一段程序中。KNAME 定义了描述轮廓的程序段的名称。使用 KNAME，调用描述轮廓的程序可以有两种方式。

1）轮廓可以定义为一个子程序。KNAME= 子程序名。轮廓子程序的名称应符合命名规则。

2）轮廓也可以调用程序的一部分。KNAME= 起始标志的名称：末尾标志的名称。这部分程序段是写在主程序中的，而子程序是独立于主程序的另一个程序。例如：

KNAME=“KONTUR1”；铣削轮廓是一个完整的程序 Kontur1.spf。

KNAME=“ANFANG：ENDE”；铣削轮廓定义为调用程序中的一部分，从包含标志 ANFANG 的程序段开始，到包含标志 ENDE 的程序段结束。

（2）LP1、LP2（长度、半径）

参数 LP1 用来定义接近路径或接近半径（从刀具外沿到轮廓起始点的距离），参数 LP2 用来定义返回路径或返回半径（从刀具外沿到轮廓终点的距离），LP1、LP2 的值必须大于零，如果等于零，将输出报警 61116“接近或返回路径 =0”。

需要注意的是，如果使用 G40 指令，接近路径或返回路径为从刀具中心点到轮廓起始点或终点的距离。

（3）AS1、AS2（接近方向 / 路径，返回方向 / 路径）

AS1 用来定义接近路径，AS2 用于定义返回路径，如图 5–51 所示。如果 AS2 未定义，返回路径的方式类似于接近路径的方式。如果刀具不适合该接近方式，只能定义沿空间路径（螺旋或直线）平稳接近轮廓。如果是沿轮廓中心（G40）接近和返回，只允许沿直线的接近和返回方式。

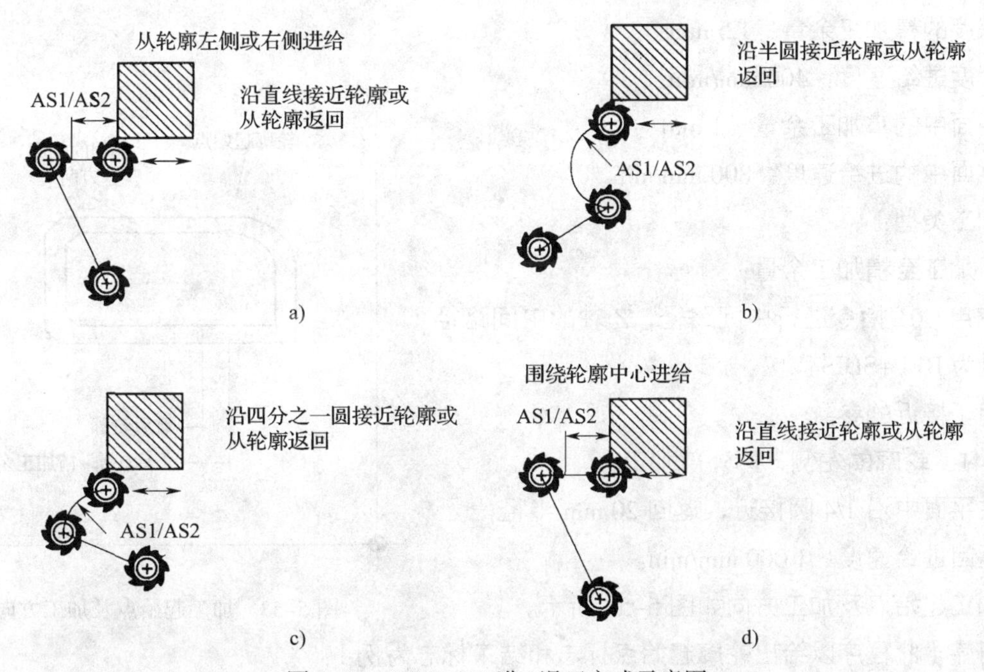

图 5–51 CYCLE72 进 / 退刀方式示意图

（4）FF3（返回进给速度）

如果要使用 G01 指令进给速度执行中间动作，此参数用于定义平面中（开放式）中间位置的返回进给速度。如果未定义此进给速度，则按端面进给速度执行。

【例 5–24】 编写铣削图 5–52 所示轮廓外部的加工程序。

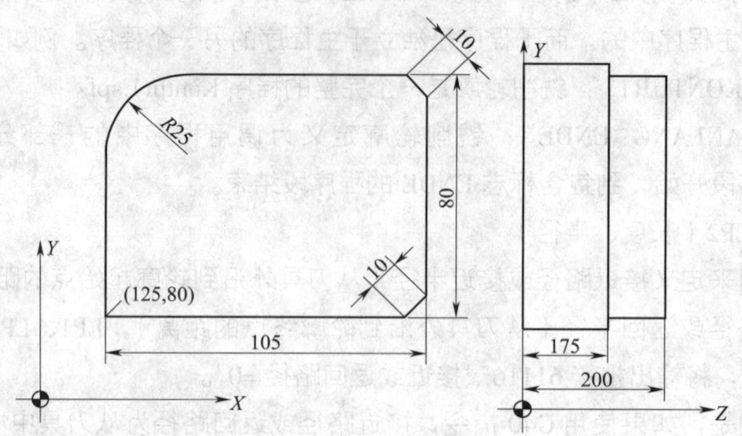

图 5–52 CYCLE72 编程示例

返回平面：250 mm

参考平面：200 mm

安全间隙：3 mm

深度：175 mm

最大切削深度：10 mm

深度的精加工余量：1.5 mm

深度进给速度：400 mm/min

平面中的精加工余量：1 mm

平面中的进给速度：800 mm/min

加工类型：

粗加工至精加工余量；

使用 G01 指令进行中间路径，*Z* 轴的中间路径返回量为 RFP+SDIS。

用于接近的参数：

G41：轮廓的左侧，即外部加工；

在平面中沿 1/4 圆接近，返回 20 mm 半径；

返回进给速度：1 000 mm/min。

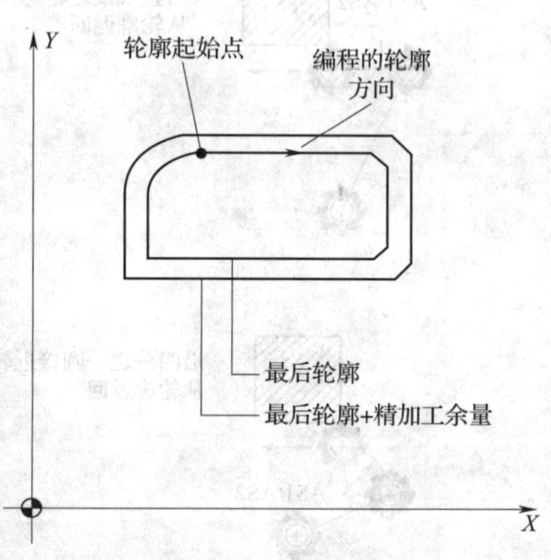

图 5–53 加工起始点及加工方向

加工起始点及加工方向如图 5–53 所示。

程序（此程序以给出轮廓起始点标志和结束标志为例）：

N10 T03 D01　　调用半径为 7 mm 的铣刀

N20 S500 M03 F3000　　定义进给速度，主轴转速

N30 G17 G00 G90 X100 Y200 Z250 G94　　回到起始位置

N40 CYCLE72（“PIECE245：PIECE245E”，250，200，3，175，10，1，1.5，800，400，111，41，2，20，1000，2，20）　　循环调用

```
N50 X100 Y200
N60 PIECE245                              轮廓起始点
N70 G01 G90 X150 Y160
N80 X230 CHF=10
N90 Y80 CHF=10
N100 X125
N110 Y135
N120 G02 X150 Y160 CR=25
N130 PIECE245E                            轮廓结束
N140 M02
```

三、规则轮廓铣削循环

1. 矩形外轮廓（凸台）铣削

指令格式：CYCLE76（RTP，RFP，SDIS，DP，DPR，LENG，WID，CRAD，PA，PO，STA，MID，FAL，FALD，FFP1，FFD，CDIR，VARI，AP1，AP2）

（1）功能

使用该循环加工平面上的矩形凸台。对于精加工，需用面铣刀。深度方向的进给在靠近轮廓半圆的逆向位置处进行，如图 5–54 所示。

在某一深度平面内，为了接近凸台轮廓，刀具沿着半圆路径移动，如图 5–55 所示。轮廓切削时，以主轴方向为参考，铣削方向可以是顺铣或是逆铣。从轮廓退出，刀具进到下一个加工深度。接着以半圆方式再一次切向接近轮廓，然后加工轮廓，这一过程将不断地重复直到达到定义的凸台深度。随后，快速移动到返回平面（RTP）。CYCLE76 参数见表 5–17。

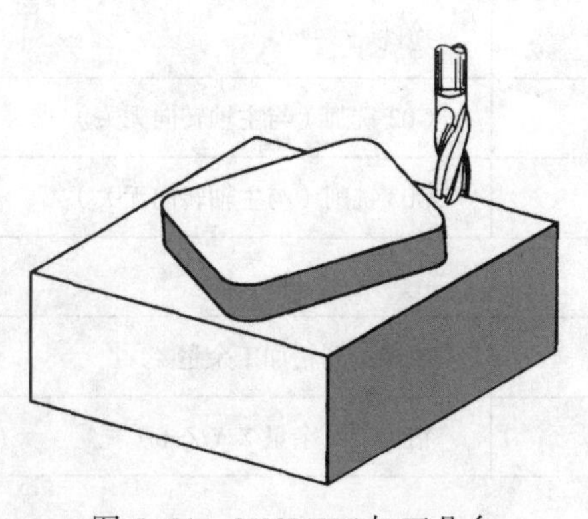

图 5–54 CYCLE76 加工凸台

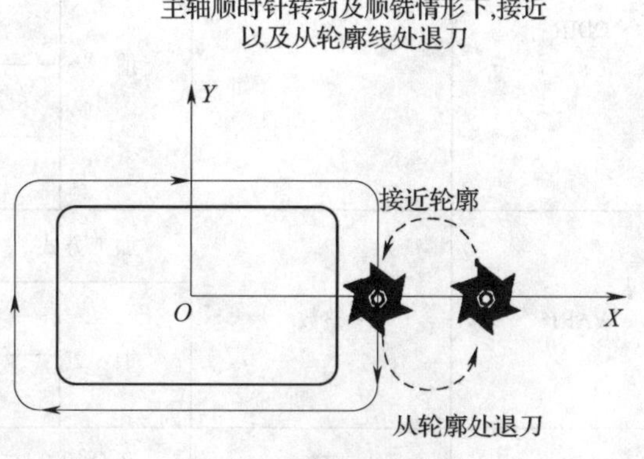

图 5–55 进 / 退刀路径

表 5-17　　　　　　　　　　　　　　**CYCLE76 参数**

<table>
<tr><th>参数</th><th>数型</th><th colspan="3">说明</th></tr>
<tr><td>RTP</td><td>实数</td><td colspan="3">返回平面（绝对值）</td></tr>
<tr><td>RFP</td><td>实数</td><td colspan="3">参考平面（绝对值）</td></tr>
<tr><td>SDIS</td><td>实数</td><td colspan="3">安全间隙（加工平面到参考平面的距离，无符号输入）</td></tr>
<tr><td>DP</td><td>实数</td><td colspan="3">深度（绝对值）</td></tr>
<tr><td>DPR</td><td>实数</td><td colspan="3">相对于参考平面的最后加工深度（无符号输入）</td></tr>
<tr><td>LENG</td><td>实数</td><td colspan="3">凸台长度（无符号输入）</td></tr>
<tr><td>WID</td><td>实数</td><td colspan="3">凸台宽度（无符号输入）</td></tr>
<tr><td>CRAD</td><td>实数</td><td colspan="3">凸台边角半径（无符号输入）</td></tr>
<tr><td>PA</td><td>实数</td><td colspan="3">凸台参考点，横坐标（绝对值）</td></tr>
<tr><td>PO</td><td>实数</td><td colspan="3">凸台参考点，纵坐标（绝对值）</td></tr>
<tr><td>STA</td><td>实数</td><td colspan="3">纵向轴和平面第一轴间的角度</td></tr>
<tr><td>MID</td><td>实数</td><td colspan="3">最大切削深度（增量值，无符号输入）</td></tr>
<tr><td>FAL</td><td>实数</td><td colspan="3">轮廓精加工余量（增量值）</td></tr>
<tr><td>FALD</td><td>实数</td><td colspan="3">底部精加工余量（增量值，无符号输入）</td></tr>
<tr><td>FFP1</td><td>实数</td><td colspan="3">轮廓进给率</td></tr>
<tr><td>FFD</td><td>实数</td><td colspan="3">深度进给量（无符号输入）</td></tr>
<tr><td rowspan="5">CDIR</td><td rowspan="5">整数</td><td colspan="3">铣削方向（无符号输入）</td></tr>
<tr><td rowspan="4">值</td><td>0</td><td>顺铣</td></tr>
<tr><td>1</td><td>逆铣</td></tr>
<tr><td>2</td><td>G02 铣削（与主轴转向无关）</td></tr>
<tr><td>3</td><td>G03 铣削（与主轴转向无关）</td></tr>
<tr><td rowspan="3">VARI</td><td rowspan="3">整数</td><td colspan="3">加工方式</td></tr>
<tr><td rowspan="2">值</td><td>1</td><td>粗加工到精加工余量</td></tr>
<tr><td>2</td><td>精加工（余量 X/Y/Z=0）</td></tr>
<tr><td>AP1</td><td>实数</td><td colspan="3">凸台的毛坯长度</td></tr>
<tr><td>AP2</td><td>实数</td><td colspan="3">凸台的毛坯宽度</td></tr>
</table>

（2）参数说明

1）LENG、WID 和 CRAD（凸台长度、凸台宽度和边角半径）。使用参数 LENG、WID 和 CRAD 来定义平面上凸台的形状，如图 5–56 所示。凸台一般都是从中心位置定尺寸，长度（LENG）总是参考横坐标（平面角 0°）。

2）PA、PO（参考点）。使用参数 PA 和 PO 定义沿横、纵坐标方向的凸台中心点位置。

3）STA（角）。STA 确定平面的第一轴（横坐标轴）与凸台纵向轴之间的夹角。

4）CDIR（铣削方向）。使用参数 CDIR 确定凸台的加工方向。

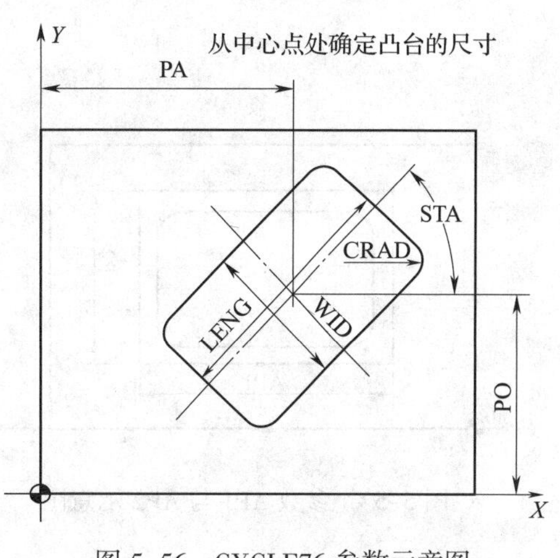

图 5–56　CYCLE76 参数示意图

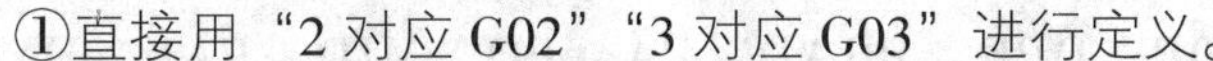

①直接用“2 对应 G02”“3 对应 G03”进行定义。

②也可以用“同步操作”或“反向旋转”。通过在调用循环前激活的主轴旋转方向，可在循环内部确定同步操作或是反向旋转，见表 5–18。

表 5–18　激活主轴旋转方向

操作方式	同步操作	反向旋转
主轴转向	M03 → G03	M03 → G02
	M04 → G02	M04 → G03

5）VARI（加工种类）。使用参数 VARI 定义加工种类，其值为：1 表示粗加工；2 表示精加工。

6）AP1、AP2（毛坯尺寸）。当加工凸台时，可以考虑毛坯尺寸（例如加工预制零件）。毛坯尺寸的长度和宽度（AP1 和 AP2）的定义是无符号的，计算后通过围绕凸台中心点对称地设置，如图 5–57 所示。

【例 5–25】 加工一个 *XY* 平面内的凸台，长为 60 mm，宽为 40 mm，圆角半径为 15 mm，深度为 17.5 mm。该凸台与 *X* 轴夹角为 10°，长度的加工余量为 80 mm，宽度的加工余量为 50 mm，如图 5–58 所示。编写其加工程序。

程序：

```
N10 G90 G17 G00 X100 Y100 T20 D1 S3000 M03
N20 M06
N30 CYCLE76（10，0，2，–17.5，，60，40，15，80，60，10，11，，，900，800，0，1，80，50）    循环调用
N40 M30                                                                                    程序结束
```

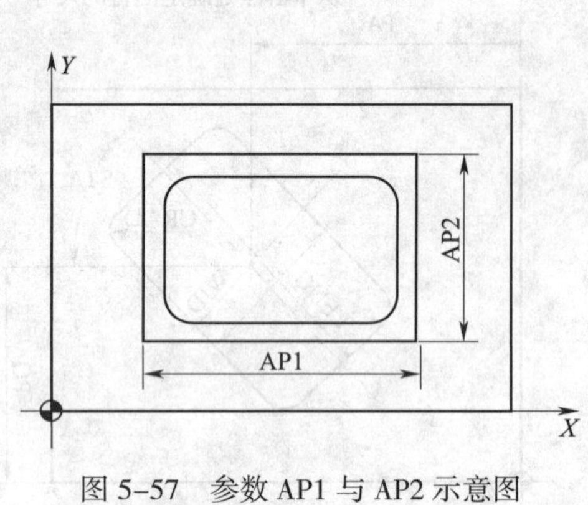

图 5-57　参数 AP1 与 AP2 示意图

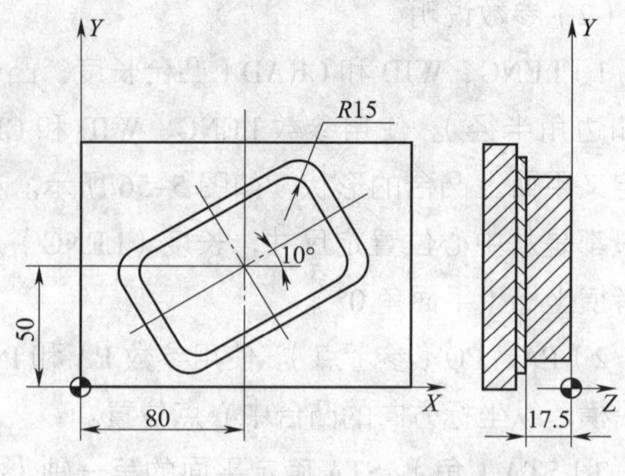

图 5-58　CYCLE76 编程示例

2. 圆形凸台铣削

指令格式：

CYCLE77（RTP，RFP，SDIS，DP，DPR，PRAD，PA，PO，MID，FAL，FALD，FFP1，FFD，CDIR，VARI，AP1）

（1）功能

使用该循环加工平面上的圆形凸台。对于精加工，需要使用键槽铣刀，如图 5-59 所示。

在某一深度平面内，为了接近圆台轮廓，刀具沿着半圆路径移动，如图 5-60 所示。轮廓切削时，以主轴方向为参考，铣削方向可以是顺铣或是逆铣。沿半圆路径从轮廓退出，刀具进到下一个加工深度。接着以半圆方式再一次以切向接近轮廓，然后加工轮廓，这一过程将不断地重复，直到达到定义的圆台深度。随后，快速移动到返回平面（RTP）。CYCLE77 参数见表 5-19。

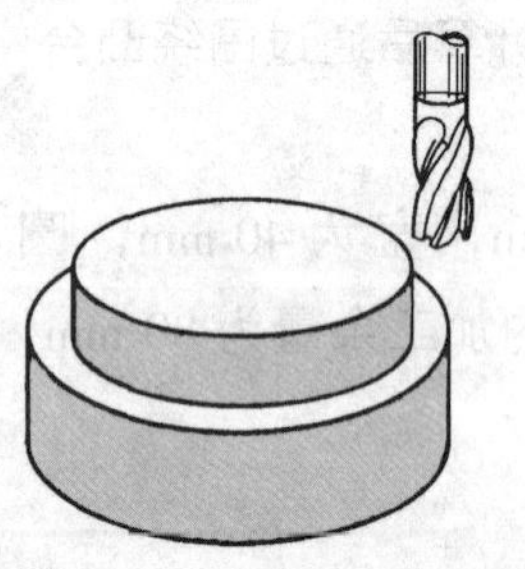

图 5-59　CYCLE77 加工圆台

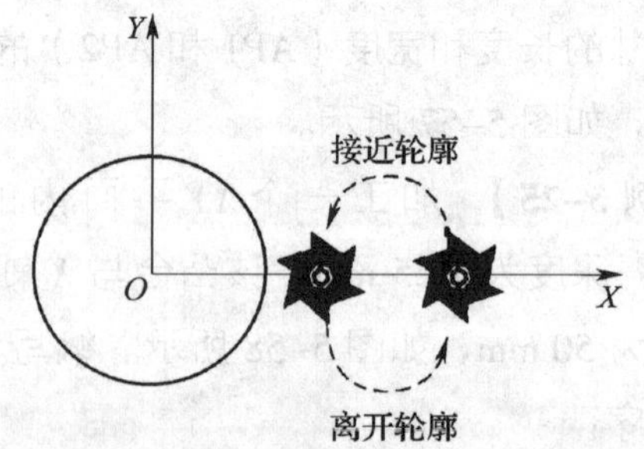

图 5-60　进 / 退刀半圆路径

表 5-19　CYCLE77 参数

参数	数型	说明
RTP	实数	返回平面（绝对值）
RFP	实数	参考平面（绝对值）

续表

<table>
<tr><th>参数</th><th>数型</th><th colspan="3">说明</th></tr>
<tr><td>SDIS</td><td>实数</td><td colspan="3">安全间隙（加工平面到参考平面的距离，无符号输入）</td></tr>
<tr><td>DP</td><td>实数</td><td colspan="3">深度（绝对值）</td></tr>
<tr><td>DPR</td><td>实数</td><td colspan="3">相对于参考平面的最后加工深度（无符号输入）</td></tr>
<tr><td>PRAD</td><td>实数</td><td colspan="3">凸台直径（无符号输入）</td></tr>
<tr><td>PA</td><td>实数</td><td colspan="3">凸台圆心点，横坐标（绝对值）</td></tr>
<tr><td>PO</td><td>实数</td><td colspan="3">凸台圆心点，纵坐标（绝对值）</td></tr>
<tr><td>MID</td><td>实数</td><td colspan="3">最大切削深度（增量值，无符号输入）</td></tr>
<tr><td>FAL</td><td>实数</td><td colspan="3">轮廓精加工余量（增量值）</td></tr>
<tr><td>FALD</td><td>实数</td><td colspan="3">底部精加工余量（增量值，无符号输入）</td></tr>
<tr><td>FFP1</td><td>实数</td><td colspan="3">轮廓进给量</td></tr>
<tr><td>FFD</td><td>实数</td><td colspan="3">深度进给量（无符号输入）</td></tr>
<tr><td rowspan="5">CDIR</td><td rowspan="5">整数</td><td colspan="3">铣削方向（无符号输入）</td></tr>
<tr><td rowspan="4">值</td><td>0</td><td>顺铣</td></tr>
<tr><td>1</td><td>逆铣</td></tr>
<tr><td>2</td><td>G02 铣削（与主轴转向无关）</td></tr>
<tr><td>3</td><td>G03 铣削（与主轴转向无关）</td></tr>
<tr><td rowspan="3">VARI</td><td rowspan="3">整数</td><td colspan="3">加工方式</td></tr>
<tr><td rowspan="2">值</td><td>1</td><td>粗加工到精加工余量</td></tr>
<tr><td>2</td><td>精加工（余量 X/Y/Z=0）</td></tr>
<tr><td>AP1</td><td>实数</td><td colspan="3">凸台的毛坯直径</td></tr>
</table>

（2）参数说明

1）PA、PO（凸台中心）。使用参数 PA 和 PO 定义凸台的参考点。

2）CDIR（铣削方向）。使用该参数确定凸台的加工方向。

①可直接用“2 对应 G02”“3 对应 G03”进行定义。

②也可以用“同步操作”或“反向旋转”。通过在调用循环前激活的主轴旋转方向，可在循环内部确定同步操作或是反向旋转，见表 5-20。

表 5-20　　激活主轴旋转方向

<table>
<tr><th>操作方式</th><th>同步操作</th><th>反向旋转</th></tr>
<tr><td rowspan="2">主轴转向</td><td>M03 → G03</td><td>M03 → G02</td></tr>
<tr><td>M04 → G02</td><td>M04 → G03</td></tr>
</table>

3）VARI（加工类型）。使用参数 VARI 定义加工类型，其值为：1 表示粗加工；2 表示精加工。

4）AP1（未加工凸台的直径）。使用该参数定义凸台的毛坯尺寸（无符号），内部计算的半圆形的接近路径由该尺寸确定。

【例 5-26】 加工图 5-61 所示工件。*Z* 向最大切削深度为 10 mm，试编写加工程序。

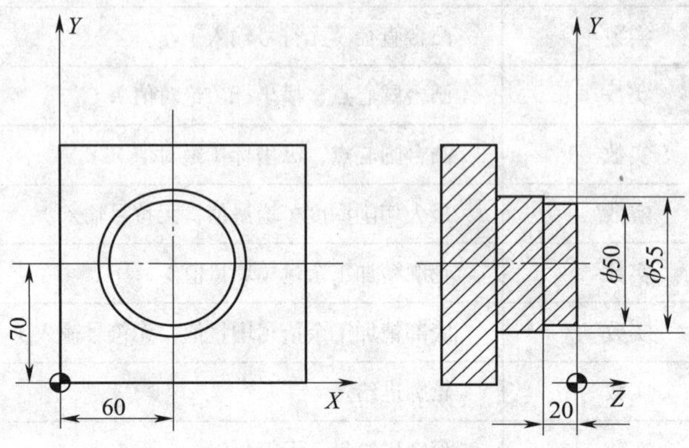

图 5-61　CYCLE77 编程示例

程序：

```
N10 G90 G17 G00 S1800 M03 D01 T01
N11 M06
N20 CYCLE77（10，0，3，-20，，50，60，70，10，0.5，0，900，800，1，1，55）
                                        调用粗加工循环
N30 D01 T02 M06                         换精加工刀具
N40 S2400 M03
N50 CYCLE77（10，00，3，-20，，50，60，70，10，00，0，800，800，00，2，55）
                                        调用精加工循环
N60 M30                                 程序结束
```

四、铣槽循环

1. 圆弧形排列键槽铣削　LONGHOLE

指令格式：LONGHOLE（RTP，RFP，SDIS，DP，DPR，NUM，LENG，CPA，CPO，RAD，STA1，INDA，FFD，FFP1，MID）

（1）功能

使用此循环可以加工按圆弧排列的槽。槽的纵向轴通过圆心，槽的宽度由刀具直径确定。在循环内部，会计算出最优化的刀具进给路径，排除不必要的空行程。如果加工一个槽需要几次深度切削，则在终点交替进行切削。沿槽纵向轴的进给路径在每次切削后改变方向，如图 5-62 所示。进行下一个槽的切削时，循环会搜索最短的路径。

（2）刀具动作顺序

1）使用 G00 到达循环中的起始点位置，即高度为返回平面内第一个槽的加工起始点，然后移动到安全间隙前的参考平面。

2）每个槽以来回动作铣削。使用 G01 和 FFP1 下编程的进给速度在平面中加工。在每个反向点，使用 G01 和进给速度 FFD 切削到下一个加工深度，直到到达最后的加工深度，如图 5–62 所示。

3）使用 G00 回到返回平面，然后按最短的路径移动到下一个槽的位置，如图 5–63 所示。

4）最后的槽加工完以后，刀具按 G00 移动到返回平面，然后回到循环加工前的位置，循环结束。

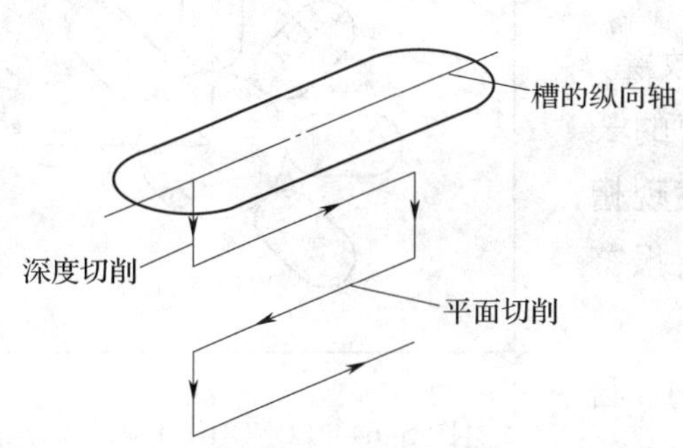

图 5–62 LONGHOLE 中深度切削与平面切削

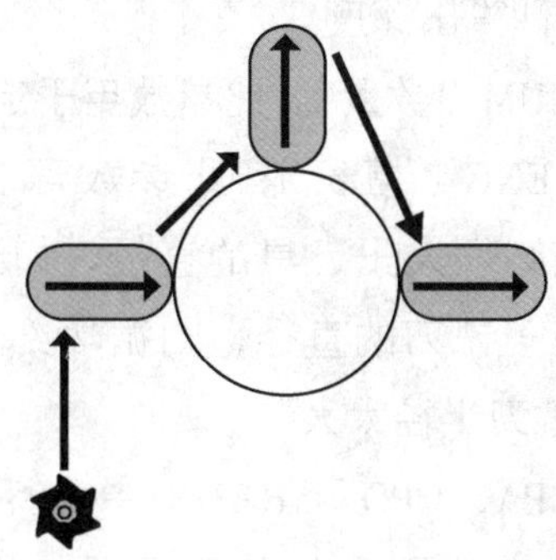

图 5–63 相邻槽间最短路径移动

（3）参数说明

LONGHOLE 参数见表 5–21 和图 5–64。

表 5–21 LONGHOLE 参数

参数	数型	说明
RTP	实数	返回平面（绝对值）
RFP	实数	参考平面（绝对值）
SDIS	实数	安全间隙（无符号输入）
DP	实数	槽深（绝对值）
DPR	实数	相对于参考平面的槽深（无符号输入）
NUM	整数	槽的数量
LENG	实数	槽长（无符号输入）
CPA	实数	圆弧中心点（绝对值），平面的第一轴
CPO	实数	圆弧中心点（绝对值），平面的第二轴
RAD	实数	圆弧半径（无符号输入）
STA1	实数	起始角

续表

参数	数型	说明
INDA	实数	增量角
FFD	实数	深度加工进给速度
FFP1	实数	端面加工进给速度
MID	实数	最大切削深度（无符号输入）

1）DP 和 DPR（槽深）。槽深可以定义为绝对值（DP）或相对于参考平面的相对值（DPR）。相对值定义时，循环将使用参考平面和返回平面的位置自动计算出深度。

2）NUM（数量）。此参数用于定义槽的数量。

3）LENG（槽长）。此参数可以定义槽的长度。槽长必须大于刀具的直径，如果循环发现槽的长度小于铣刀的直径，则循环终止并产生报警 61105“铣刀半径太大”。

4）CPA、CPO 和 RAD（中心点和半径）。圆形孔在加工平面中的位置是通过中心点（CPA、CPO）和半径（RAD）来决定的。半径只允许是正值。

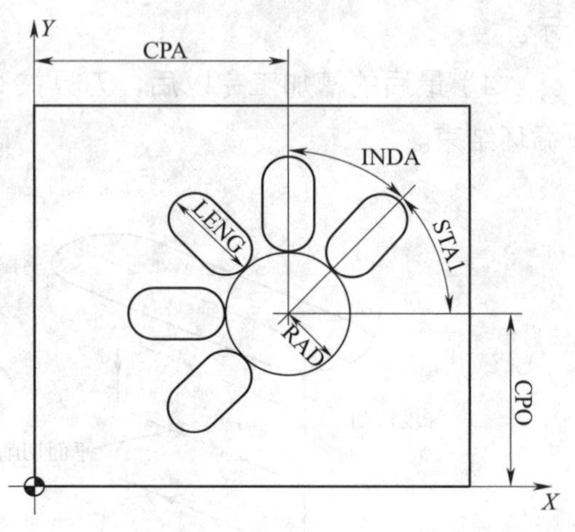

图 5-64　LONGHOLE 参数示意图

5）STA1 和 INDA（起始角和增量角）。这些参数定义圆弧槽的分布。如果 INDA=0，则根据槽的数量计算增量角，以便使槽在圆弧上平均分布。

6）FFD 和 FFP1（深度和端面的进给速度）。FFP1 适用于平面中粗加工时的所有动作，FFD 适用于垂直于此平面的切削。

7）MID（最大切削深度）。此参数可以定义最大的切削深度。实际加工过程中，深度进给由循环按相同大小的进给量进行。根据 MID 和整个深度，循环自动计算出位于 50% 最大切削深度和最大切削深度间的进给量，以最少允许的进给次数为基础。MID=0 表示一次切削完成槽深切削。深度切削从安全间隙前的参考平面开始。

（4）注意事项

1）循环调用前必须编程刀具补偿。否则，循环终止并产生报警 61000“无有效的刀具补偿”。

2）确定槽的分布和大小的参数值定义不正确会导致槽轮廓相互碰撞，循环将不会执行加工，在产生错误信息 61104“槽 / 键槽的轮廓碰撞”后循环终止。

3）循环运行过程中，工件坐标系偏置并旋转。工件坐标系中显示的实际值表示刚加工的槽的纵向轴为当前加工平面的第一轴。循环结束后，工件坐标系又回到循环调用前的位置。

【例 5–27】 如图 5–65 所示，加工 4 个长为 30 mm、宽为 15 mm 的槽，相对深度为 23 mm（槽底到参考平面的距离）。这些槽分布在圆心点为（Y40，Z45），半径为 20 mm 的 *YZ* 平面的圆上，起始角为 45°，相邻角为 90°。最大切削深度为 6 mm，安全间隙为 1 mm。编写其加工程序。

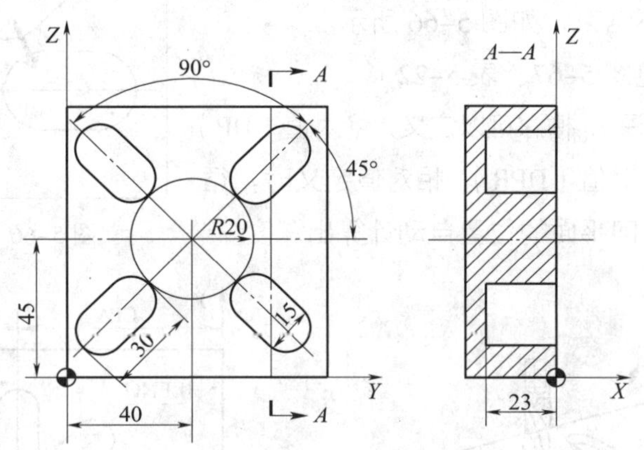

图 5–65　LONGHOLE 编程示例

程序：

N10 G19 G90 D09 T10 S600 M03

N20 G00 Y50 Z25 X5　　移动到起始位置

N30 LONGHOLE（5，0，1，，23，4，30，40，45，20，45，90，100，320，6）　　循环调用

N40 M02　　程序结束

2. 圆弧槽铣削 SLOT1

指令格式：

SLOT1（RTP，RFP，SDIS，DP，DPR，NUM，LENG，WID，CPA，CPO，RAD，STA1，INDA，FFD，FFP1，MID，CDIR，FAL，VARI，MIDF，FFP2，SSF）

（1）功能

SLOT1 循环是一个综合的粗加工和精加工循环。使用该循环可以加工环形排列槽，槽的纵向轴按放射状排列。与 LONGHOLE 不同，SLOT1 循环定义了槽宽的值。该循环要求使用钻铣刀。

（2）刀具动作顺序

1）起始位置可以是任何位置，只要刀具能够到达每个槽而不发生碰撞即可。

2）使用 G00 回到安全间隙前的参考平面。

3）使用 G01 以及 FFD 中定义的进给速度进给至下一加工深度。

4）使用 FFP1 中定义的进给速度在槽边缘上进行连续加工，直到精加工余量；然后使用 FFP2 定义的进给速度和主轴转速 SSF，按 CDIR 定义的加工方向沿轮廓进行精加工。

5）始终在加工平面中的相同位置进行深度进给，直至到达槽的底部。

6）将刀具退回到返回平面并使用 G00 移到下一个槽。

7）加工完所有的槽后，刀具使用 G00 移至加工平面中的终点位置，循环结束，如图 5-66 所示。

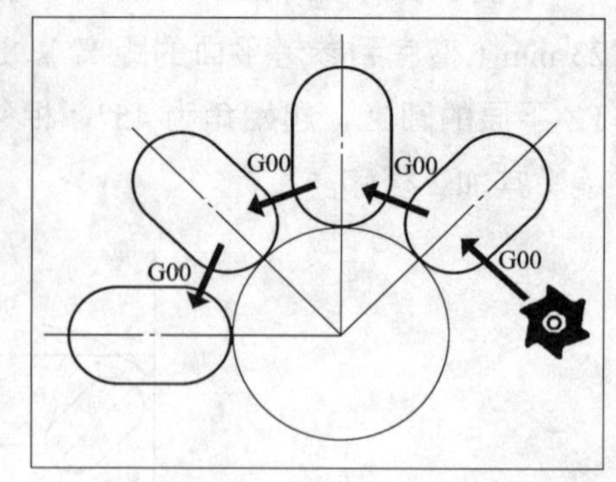

图 5-66　SLOT1 的加工顺序

（3）参数说明（见图 5-67、表 5-22）

1）DP 和 DPR（槽深）。槽深可以定义为绝对值（DP）或相对于参考平面的相对值（DPR）。相对值定义时，循环将使用参考平面和返回平面的位置自动计算出深度。

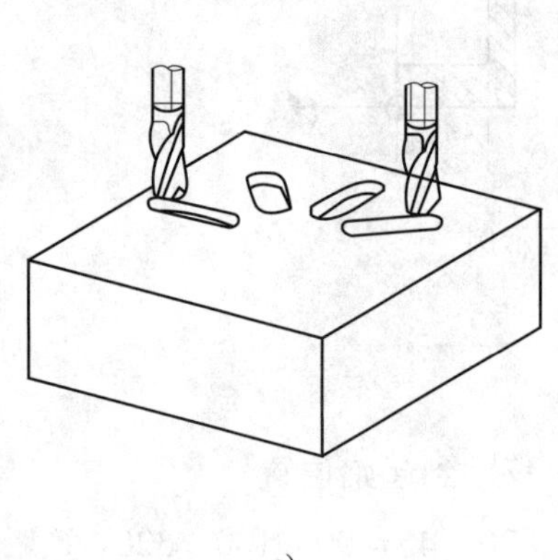

a)

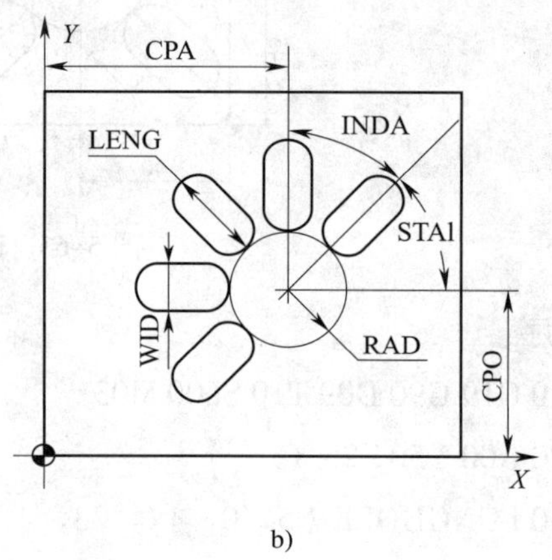

b)

图 5-67　SLOT1 参数示意图

表 5-22　SLOT1 参数

参数	数型	说明
RTP	实数	返回平面（绝对值）
RFP	实数	参考平面（绝对值）
SDIS	实数	安全间隙（无符号输入）
DP	实数	槽深（绝对值）
DPR	实数	相对于参考平面的槽深（无符号输入）
NUM	整数	槽的数量
LENG	实数	槽长（无符号输入）
WID	实数	槽宽（无符号输入）
CPA	实数	圆弧中心点（绝对值），平面的第一轴
CPO	实数	圆弧中心点（绝对值），平面的第二轴
RAD	实数	圆弧半径（无符号输入）
STA1	实数	起始角
INDA	实数	增量角
FFD	实数	深度加工进给速度

续表

参数	数型	说明
FFP1	实数	端面（平面）加工进给速度
MID	实数	最大切削深度（无符号输入）
CDIR	整数	加工槽的铣削方向，值：2（用于 G02）；3（用于 G03）
FAL	实数	槽边缘的精加工余量（无符号输入）
VARI	整数	加工类型，值：0= 完整加工；1= 粗加工；2= 精加工
MIDF	实数	精加工时的最大切削深度
FFP2	实数	精加工进给速度
SSF	实数	精加工主轴转速

2）NUM（数量）。此参数用于定义槽的数量。

3）LENG 和 WID（槽长和槽宽）。使用参数 LENG 和 WID 定义平面中的槽的形状。铣刀直径必须小于槽宽，否则，会产生报警 61105“刀具半径太大”且循环终止。铣刀直径不能小于槽宽的一半。

4）CPA、CPO 和 RAD（中心点和半径）。圆形孔在加工平面中的位置是通过中心点（CPA、CPO）和半径（RAD）来决定的。半径只允许是正值。

5）STA1 和 INDA（起始角和增量角）。这些参数定义了槽在圆周上的分布。参数 STA1 定义了在循环调用前有效工件坐标系中第一轴（横坐标轴）的正方向与第一槽间的角度。参数 INDA 定义了槽和槽之间的角度。如果 INDA=0，增量角可以通过槽的数量来得出，因为它们是平均分布在圆弧上的。

6）FFD 和 FFP1（深度和端面的进给速度）。进给速度 FFD 用于所有垂直于加工平面的进给动作，进给速度 FFP1 用于定义平面中所有在粗加工时使用此进给速度的动作。

7）MID（切削深度）。此参数可以定义最大的切削深度。循环将切削深度分成相同的进给量进行加工。根据 MID 和整个深度，循环自动计算出位于 50% 最大切削深度和最大切削深度间的进给量，以最少允许的进给次数作为基数。MID=0 表示一次切削到槽深。深度切削从安全间隙前的参考平面开始。

8）CDIR（铣削方向）。此参数用来定义槽的加工方向。允许值有：“2”用于 G02；“3”用于 G03。如果参数值不正确，对话栏中将显示信息“铣削方向错误，将执行 G03”。此时，循环继续且 G03 自动生效。

9）FAL（精加工余量）。此参数用来编程槽边缘的精加工余量。FAL 不影响切削深度。如果 FAL 的值大于槽宽和铣刀所允许的值，FAL 的值将自动降低到最大允许值。粗加工时，在槽的两个末端进行来回铣削和深度进给。

10）VARI、MIDF、FFP2 和 SSF（加工类型、切削深度、进给速度和主轴转速）。参数 VARI 用来定义加工类型。允许值有：

① 0：完整加工。完整加工分成两部分。

按照循环调用前所编程的主轴转速及进给速度 FFP1 进行连续槽加工（SLOT1，SLOT2）直至精加工余量。MID 定义了切削深度。

按照 SSF 定义的主轴转速和进给速度 FFP2 连续加工剩余余量。MIDF 定义了切削深度。如果 MIDF=0，切削深度等于最后深度。

如果未定义 FFP2，进给速度 FFP1 有效。如果 SSF 没有定义，进给速度 FFP1 仍然有效。

② 1：粗加工。按照循环调用前所定义的速度和进给速度 FFP1 对槽进行连续加工直至精加工余量。MID 定义了切削深度。

③ 2：精加工。循环要求槽（SLOT1，SLOT2）已经加工至剩余的精加工余量，而且只需要加工最后的精加工余量。如果未定义 FFP2 和 SSF，进给速度 FFP1 或在循环调用前定义的速度有效。MIDF 定义了切削深度。

如果参数 VARI 定义了其他值，就会产生报警 61102“加工类型定义不正确”且循环终止。

（4）注意事项

1）循环调用前必须编程刀具补偿。否则，循环终止并产生报警 61000“无有效的刀具补偿”。

2）如果对决定槽分布和大小的参数定义了不正确的值，并因此而导致槽之间的轮廓干涉（见图 5-68），循环不会启动。在产生报警 61104“槽 / 键槽的轮廓碰撞”后循环终止。

3）循环运行过程中，工件坐标系偏置并旋转。显示在实际值区域的工件坐标系的值，表示已加工的槽的纵向轴和当前加工平面的第一轴相符。循环结束后，工件坐标系又重新位于循环调用前的位置。

【例 5-28】 加工周向分布的 4 个槽，如图 5-69 所示。这些槽的尺寸：长 30 mm，宽 15 mm，深 23 mm。要求：安全间隙为 1 mm，精加工余量为 0.5 mm，铣削方向为 G02，最大切削深度是 6 mm。编写其加工程序。

N10 G17 G90 T01 D01 S600 M3　　　　参数值的定义

N20 G00 X20 Y50 Z5　　　　回到起始位置

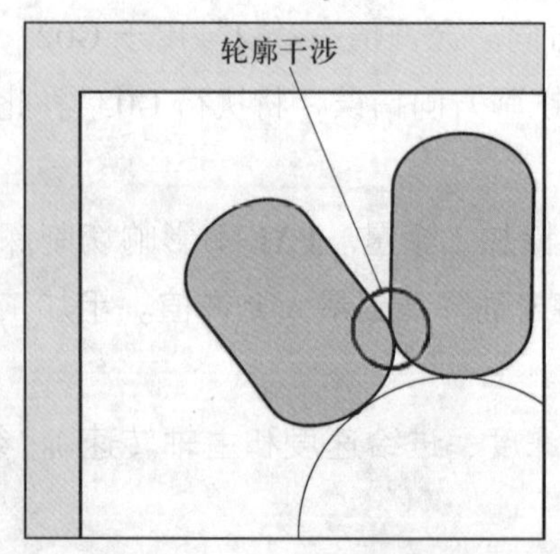

图 5-68　槽之间的轮廓干涉

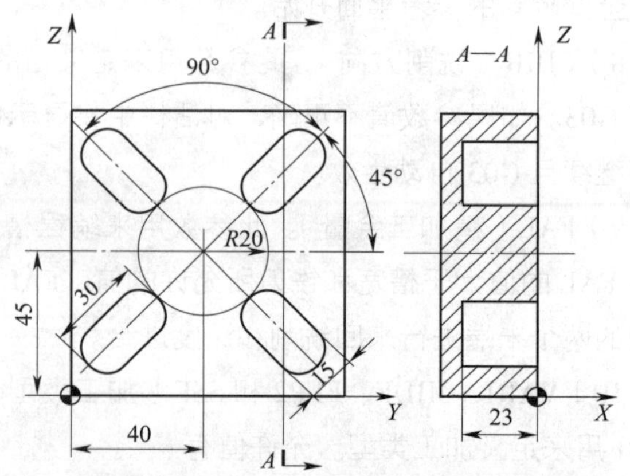

图 5-69　SLOT1 编辑举例

N30 SLOT1（5，0，1，-23，，4，30，15，40，45，20，45，90，100，320，6，2，0.5，0，，0，）

循环调用

N40 M02

3. 圆周槽铣削 SLOT2

指令格式：

SLOT2（RTP，RFP，SDIS，DP，DPR，NUM，AFSL，WID，CPA，CPO，RAD，STA1，INDA，FFD，FFP1，MID，CDIR，FAL，VARI，MIDF，FFP2，SSF）

（1）功能

1）SLOT2 循环是一个综合的粗加工和精加工循环。

2）使用此循环可以加工分布在圆上的圆周槽，如图 5-70a 所示。

（2）刀具动作顺序

1）刀具快速移至安全间隙前的参考平面内的第一槽的加工起点。

2）完整地加工完一个圆周槽后，刀具退回到返回平面并使用 G00 接着加工下一槽。

3）加工完所有的槽后，刀具使用 G00 移至加工平面中的终点位置，然后循环结束，如图 5-70b 所示。

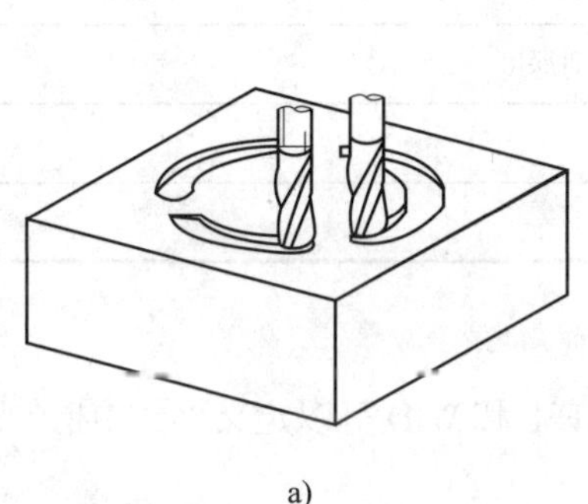

a)

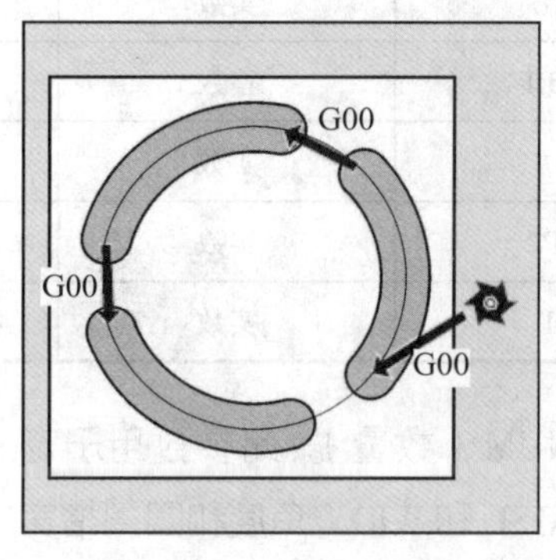

b)

图 5-70　SLOT2 加工圆周槽

（3）参数说明

参数说明见表 5-23 和图 5-71。

表 5-23　SLOT2 参数

参数	数型	说明
RTP	实数	返回平面（绝对值）
RFP	实数	参考平面（绝对值）
SDIS	实数	安全间隙（无符号输入）
DP	实数	槽深（绝对值）

续表

参数	数型	说明
DPR	实数	相对于参考平面的槽深（无符号输入）
NUM	整数	槽的数量
AFSL	实数	槽长的角度（无符号输入）
WID	实数	圆周槽宽（无符号输入）
CPA	实数	圆中心点（绝对值），平面的第一轴
CPO	实数	圆中心点（绝对值），平面的第二轴
RAD	实数	圆半径（无符号输入）
STA1	实数	起始角
INDA	实数	增量角
FFD	实数	深度加工进给速度
FFP1	实数	端面加工进给速度
MID	实数	最大切削深度（无符号输入）
CDIR	整数	加工圆周槽的铣削方向，值：2（用于 G02）；3（用于 G03）
FAL	实数	槽边缘的精加工余量（无符号输入）
VARI	整数	加工类型，值：0= 完整加工；1= 粗加工；2= 精加工
MIDF	实数	精加工时的最大切削深度
FFP2	实数	精加工进给速度
SSF	实数	精加工主轴转速

1）NUM（数量）。此参数用于定义槽的数量。

2）AFSL 和 WID（角度和圆周槽宽度）。使用参数 AFSL 和 WID 可以定义平面中槽的形状。循环会检查槽宽是否会与有效刀具发生干涉。若发生干涉，会产生报警 61105“刀具半径太大”且循环终止。

3）CPA、CPO 和 RAD（中心点和半径）。圆形槽在加工平面中的位置是通过中心点（CPA、CPO）和半径（RAD）来决定的。半径只允许是正值。

4）STA1 和 INDA（起始角和增量角）。STA1 定义了在循环调用前有效工件坐标系中第一轴（横坐标轴）的正方向与第一圆周槽间的角度。参数 INDA 定义了槽和槽之间的角度。如果 INDA=0，增量角可以通过槽的数量按均布在圆周上计算得出。

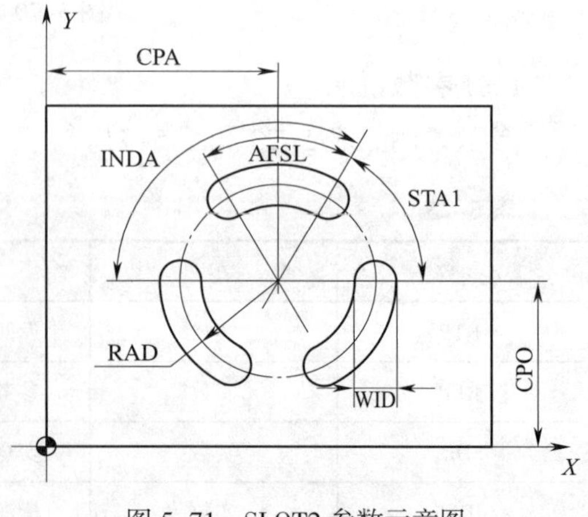

图 5-71　SLOT2 参数示意图

（4）注意事项

1）循环调用前必须编程刀具补偿。否则，循环终止并产生报警 61000“无有效的刀具补偿”。

2）如果对决定槽分布和大小的参数定义了不正确的值，并因此而导致槽之间的轮廓干涉（见图 5–72），循环不会启动。在产生报警 61104“槽 / 键槽的轮廓碰撞”后循环终止。

3）循环运行过程中，工件坐标系偏置并旋转。显示在实际值区域的工件坐标系的值，表示已加工的圆周槽从当前加工平面的第一轴开始，而且工件坐标系的原点位于圆的中心点。循环结束后，工件坐标系又重新位于循环调用前的位置。

【例 5–29】 加工分布在圆周上的 3 个圆周槽，该圆周在 *XY* 平面的中心点是 X60 Y60，半径为 42 mm。圆周槽的尺寸：宽 15 mm，槽长角度为 70°，深 23 mm。要求：起始角为 0°，增量角为 120°，精加工余量为 0.5 mm，进给轴 *Z* 的安全间隙为 2 mm，最大切削深度为 6 mm。完整加工这些槽。精加工时的进给速度相同。执行精加工时的进给至槽深。如图 5–73 所示，编写其加工程序。

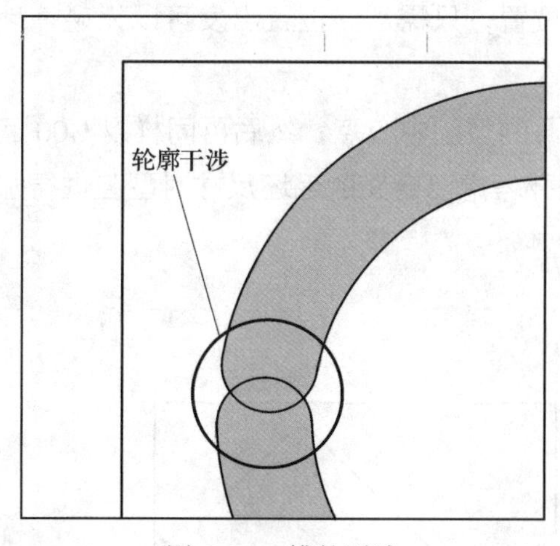

图 5–72　槽的干涉

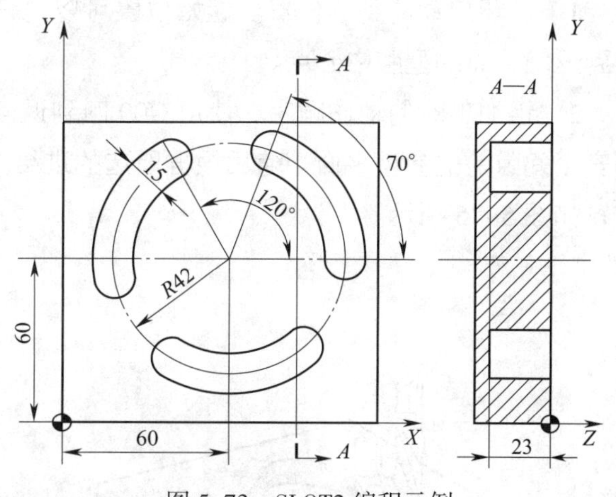

图 5–73　SLOT2 编程示例

程序：

N10 G17 G90 T01 D01 S600 M03　　参数值的定义

N20 G00 X60 Y60 Z5　　回到起始位置

N30 SLOT2（2，0，2，–23，，3，70，15，60，60，42，，120，100，300，6，2，0.5，0，，0，）　　循环调用

N40 M02　　程序结束

五、型腔铣削循环

1．矩形型腔铣削 POCKET3

指令格式：

POCKET3（RTP，RFP，SDIS，DP，LENG，WID，CRAD，PA，PO，STA，MID，

FAL，FALD，FFP1，FFD，CDIR，VARI，MIDA，AP1，AP2，AD，RAD1，DP1）

（1）功能

1）此循环可以用于粗加工和精加工，如图 5–74 所示。精加工时要求使用面铣刀。

2）深度进给始终从型腔中心点开始并在垂直方向上执行。

3）铣削方向可以通过 G 指令（G02/G03）来定义，或者顺铣或逆铣方向由主轴方向决定。

4）对于连续加工，可以定义在平面中的最大切削宽度。

5）精加工余量始终用于型腔底。

6）有以下三种不同的进给方式：

①垂直于型腔的中心。

②沿围绕型腔中心的螺旋路径。

③在型腔中心轴上摆动。

（2）刀具动作顺序

1）循环启动前到达位置。起始位置可以是任意位置，只需从该位置出发可以无碰撞地回到返回平面的型腔中心点。

2）粗加工时的动作顺序。使用 G00 回到返回平面的型腔中心点，然后再同样以 G00 回到安全间隙前的参考平面，随后根据所选的进给方式并考虑已定义的毛坯尺寸对型腔进行加工，如图 5–75 所示。

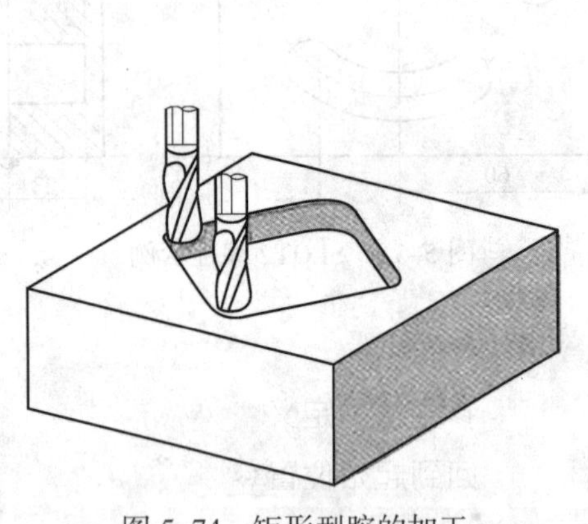
图 5–74　矩形型腔的加工

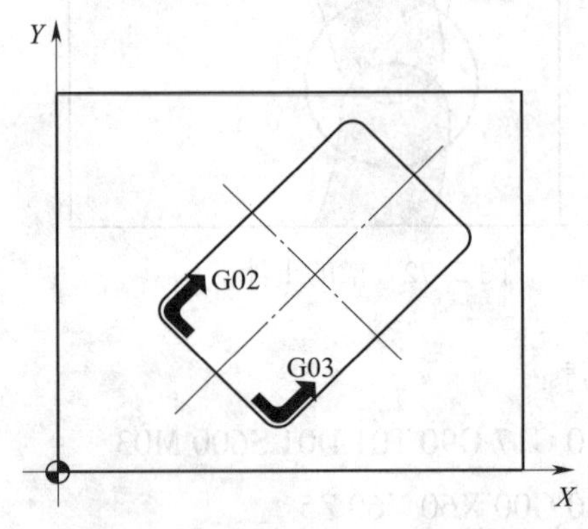

图 5–75　铣削方向示意图

3）精加工时的动作顺序。从型腔边缘开始精加工，直至到达型腔底的精加工余量，然后对型腔底进行精加工。如果其中某个精加工余量为零，则跳过此部分的精加工过程。精加工包括型腔边缘精加工和型腔底精加工。

①型腔边缘精加工。精加工型腔边缘时，刀具只沿型腔轮廓切削一次，进给路径包括一个到达拐角半径的四分之一圆。此路径的半径通常为 2 mm，但如果空间较小，半径等于拐角半径和铣刀半径的差。如果在边缘上的精加工余量大于 2 mm，则应相应增加接近半径。使用 G00 在型腔开口处朝型腔中心执行深度进给，同时使用 G00 到达接近路径的起始点。

②型腔底精加工。精加工型腔底时，机床朝型腔中心执行 G00 功能直至到达距离等于型腔深 + 精加工余量 + 安全间隙处。从该点起，刀具始终垂直进行深度进给（因为具有副切削刃的刀具用于型腔底的精加工）。型腔底端面只加工一次。

4）垂直进给方式

①垂直于型腔中心进给。表示在循环内部计算出的当前切削深度（小于等于 MID 下编程的最大切削深度），使用 G00 或 G01 指令沿深度方向单向进给。

②螺旋路径进给。表示刀具中心点沿着由半径 RAD1 和每转深度 DP1 确定的螺旋路径进给，进给速度为 FFD 的定义值。此螺旋路径的旋转方向和型腔加工的旋转方向一致。DP1 定义的深度为最大深度并始终按照螺旋路径转数的整数值计算。

如果已到达进给所需的当前深度（可以是螺旋路径上的几转），仍需加工一个完整的圆来消除插入的倾斜路径，然后在此平面上对型腔进行连续加工，直至精加工余量，如图 5–76 所示。螺旋路径的起始点位于型腔的纵向轴的正方向上，并使用 G01 回到该起始点。

③使用型腔中心轴的摆动进给。表示刀具中心点沿斜线进给并来回摆动，直至到达下一当前深度。RAD1 下定义了最大的插入角，在循环中计算出摆动行程的长度。如果到达了当前深度，再一次执行行程而不进行深度进给，以便可以消除倾斜的进给路径。FFD 定义了进给速度。

5）考虑毛坯尺寸。连续加工型腔时，可以考虑毛坯尺寸（如加工预制的零件时），如图 5–77 所示，长度和宽度的毛坯尺寸（AP1 和 AP2）为无符号定义，且通过计算被循环对称地置于型腔中心点周围。深度的毛坯尺寸（AD）也是无符号定义的，并由参考平面在型腔深度方向考虑。

考虑毛坯尺寸时，根据编程的类型（螺旋、摆动、垂直）进行深度进给。如果循环发现已有的毛坯轮廓和有效的刀具半径，在型腔中心有足够的空间，只要在开口处无须进给过多插入路径，则进行垂直于型腔中心的进给，从上至下对型腔进行连续加工。

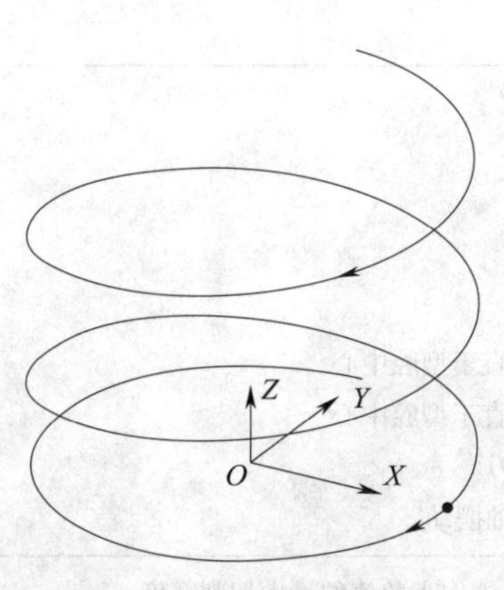

图 5–76　螺旋路径进给示意

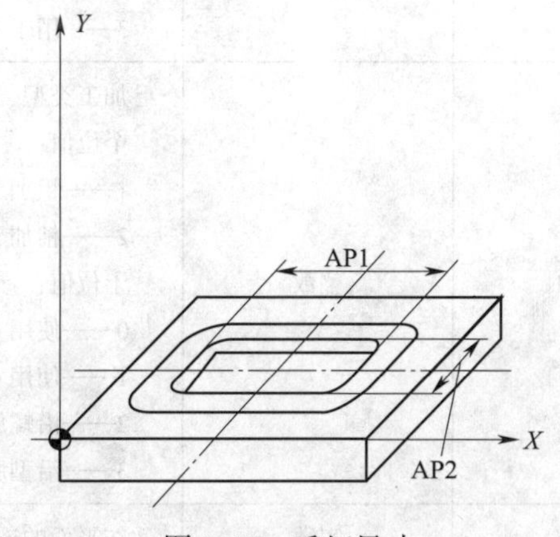

图 5–77　毛坯尺寸

（3）参数说明

POCKET3 参数说明见表 5–24 和图 5–78。

表 5-24　　POCKET3 参数

参数	数型	说明
RTP	实数	返回平面（绝对值）
RFP	实数	参考平面（绝对值）
SDIS	实数	安全间隙（无符号输入）
DP	实数	型腔深（绝对值）
LENG	实数	型腔长，带符号从拐角测量
WID	实数	型腔宽，带符号从拐角测量
CRAD	实数	型腔拐角半径（无符号输入）
PA	实数	型腔参考点（绝对值），平面的第一轴
PO	实数	型腔参考点（绝对值），平面的第二轴
STA	实数	型腔纵向轴和平面第一轴间的角度（无符号输入），范围值：0 ≤ STA<180
MID	实数	最大切削深度（无符号输入）
FAL	实数	型腔边缘的精加工余量（无符号输入）
FALD	实数	型腔底的精加工余量（无符号输入）
FFP1	实数	端面加工进给速度
FFD	实数	深度加工进给速度
CDIR	整数	铣削方向（无符号输入），值： 0——顺铣（主轴方向） 1——逆铣 2——用于 G02（独立于主轴方向） 3——用于 G03
VARI	整数	加工类型 个位值： 1——粗加工 2——精加工 十位值： 0——使用 G00 垂直于型腔中心 1——使用 G01 垂直于型腔中心 2——沿螺旋状进刀 3——沿型腔纵向轴摆动
MIDA	实数	在平面的连续加工中作为数值的最大切削宽度
AP1	实数	型腔长的毛坯尺寸
AP2	实数	型腔宽的毛坯尺寸

续表

参数	数型	说明
AD	实数	距离参考平面的毛坯型腔深尺寸
RAD1	实数	加工时螺旋路径的半径（相当于刀具中心点路径）或者摆动时的最大插入角
DP1	实数	沿螺旋路径加工时每转（360°）的插入深度

1）LENG、WID 和 CRAD（型腔长、型腔宽和拐角半径）。使用参数 LENG、WID 和 CRAD 可以定义平面中型腔的形状。型腔的测量始终从中心开始。如果铣刀半径大于型腔长或型腔宽的一半，循环将被终止并产生报警 61105“刀具半径太大”。

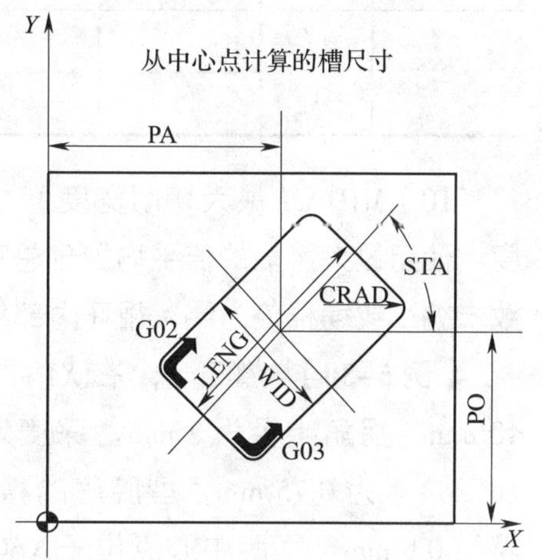

图 5-78　POCKET3 参数示意图

2）PA、PO（参考点）。使用参数 PA 和 PO 定义平面中型腔的参考点，也就是型腔的中心点。

3）STA（角度）。STA 定义了平面中第一轴（横坐标轴）和型腔的纵向轴间的角度。

4）MID（切削深度）。此参数用来定义粗加工时的最大切削深度。深度进给由循环按相同大小的进给量来执行。根据 MID 和整个深度，循环自动计算出进给量，以最少允许的进给次数为基础。MID=0 表示一次切削至型腔深。

5）FAL（型腔边缘的精加工余量）。此精加工余量只影响平面中型腔边缘的加工。当精加工余量大于等于刀具直径时无法保证型腔的完全连续加工，显示信息“注意：精加工余量≥刀具直径”，但是循环将继续。

6）FALD（型腔底的精加工余量）。粗加工时，在型腔底需考虑单独的精加工余量。

7）FFD 和 FFP1（深度和端面进给速度）。深度进给速度 FFD 在进入工件中时有效；端面进给速度 FFP1 对于平面中所有的动作都有效，粗加工时使用此进给速度。

8）CDIR（铣削方向）。使用此参数定义型腔的加工方向。

①可以直接使用“2 用于 G02”和“3 用于 G03”编程。

②使用“同步操作”或“反向旋转”进行定义。“同步操作”或“反转旋转”根据循环调用前有效的主轴方向在循环内部决定，见表 5-25。

表 5-25　　主轴转向

同步操作	反向旋转
M03 → G03	M03 → G02
M04 → G02	M04 → G03

9）VARI（加工方式）。此参数用来定义加工类型，见表 5–26。

表 5–26　　VARI 允许值

<table>
<tr><th colspan="2">个位</th><th colspan="2">十位</th><th rowspan="2">备注</th></tr>
<tr><th>允许值</th><th>含义</th><th>允许值</th><th>含义</th></tr>
<tr><td rowspan="2">1</td><td rowspan="2">粗加工</td><td>0</td><td>使用 G00 垂直于型腔中心</td><td rowspan="4">如果参数 VARI 定义了其他的值，循环将终止并产生报警 61002“加工类型定义不正确”</td></tr>
<tr><td>1</td><td>使用 G01 垂直于型腔中心</td></tr>
<tr><td rowspan="2">2</td><td rowspan="2">精加工</td><td>2</td><td>沿螺旋路径</td></tr>
<tr><td>3</td><td>沿型腔长轴摆动</td></tr>
</table>

10）MIDA（最大切削宽度）。此参数可以用来定义在平面中连续加工时的最大切削宽度。使用最大可能的值平均划分总宽度，用 MIDA 下定义的最大值平均划分宽度。如果此参数未编程或编程值为零，循环内部将使用铣刀直径的 80% 作为最大切削深度。

【例 5–30】 加工一个在 *XY* 平面内的矩形型腔，如图 5–79 所示。型腔长 60 mm，宽 40 mm；拐角半径为 8 mm，深度为 17.5 mm。该型腔和 *X* 轴的角度为 0°。型腔边缘的精加工余量为 0.75 mm，型腔底的精加工余量为 0.2 mm；添加于参考平面的 *Z* 轴的安全间隙为 0.5 mm。型腔中心点位于 X60 Y40，最大切削深度为 4 mm。加工方向取决于在同向铣削过程中的主轴旋转方向。使用半径为 5 mm 的铣刀。只进行一次粗加工。编写其加工程序。

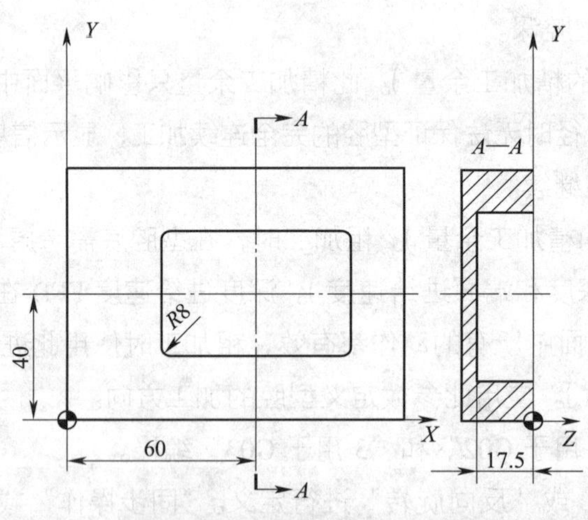

图 5–79　POCKET3 编程示例

程序：

N10 G90 T01 D01 S600 M04　　参数值的定义

N20 G17 G00 X60 Y40 Z5　　回到起始位置

N30 POCKET3（5，0，0.5，–17.5，60，40，8，60，40，0，4，0.75，0.2，1000，750，0，11，5，，，，，）　　循环调用

N40 M02　　　　　　　　　　　　　程序结束

2. 圆形型腔加工 POCKET4

指令格式:

POCKET4（RTP，RFP，SDIS，DP，PRAD，PA，PO，MID，FAL，FALD，FFP1，FFD，CDIR，VARI，MIDA，AP1，AD，RAD1，DP1）

（1）功能

1）此循环用于加工圆形型腔。精加工时要求使用面铣刀。

2）深度进给始终从型腔中心点开始并垂直执行，这样可以在此位置适当地进行预钻削。

3）铣削方向可以通过 C 命令（G02/G03）来定义，或者顺铣或逆铣方向由主轴方向决定。

4）对于连续加工，可以定义在平面中的最大切削宽度。

5）精加工余量始终用于型腔底。

6）有两种不同的进给方式，分别是垂直于型腔的中心和沿围绕型腔中心的螺旋路径。

（2）刀具动作顺序

1）循环启动前到达起始位置。起始位置可以是任意位置，只需从该位置出发可以无碰撞地回到返回平面的型腔中心点。

2）粗加工时的动作顺序。使用 G00 回到返回平面的型腔中心点，然后再同样以 G00 回到安全间隙前的参考平面，随后根据所选的进给方式并考虑已定义的毛坯尺寸对型腔进行加工。

3）精加工时的动作顺序。从型腔边缘开始精加工，直至到达型腔底的精加工余量，然后对型腔底进行精加工。如果其中某个精加工余量为零，则跳过此部分的精加工过程。精加工包括型腔边缘精加工和型腔底精加工。

①型腔边缘精加工。精加工型腔边缘时，刀具只沿型腔轮廓切削一次，进给路径包括一个到达拐角半径的四分之一圆。此路径的半径最大为 2 mm，但如果空间较小，则半径等于型腔半径和铣刀半径的差。使用 G00 在型腔开口处朝型腔中心执行深度进给，同时使用 G00 到达接近路径的起始点。

②型腔底精加工。精加工型腔底时，机床朝型腔中心执行 G00 功能直至到达距离等于型腔深 + 精加工余量 + 安全间隙处。从该点起，刀具始终垂直进行深度进给（因为具有副切削刃的刀具用于型腔底的精加工）。型腔底端面只加工一次。

（3）参数说明

POCKET4 参数说明见表 5-27 和图 5-80。

1）PRAD（型腔半径）。圆形型腔的形状是由半径决定的。如果此半径小于有效刀具的刀具半径，循环将终止并且产生报警 61105“刀具半径太大”。

表 5-27　　POCKET4 参数

参数	数型	说明
RTP	实数	返回平面（绝对值）
RFP	实数	参考平面（绝对值）
SDIS	实数	安全间隙（加工平面到参考平面的距离，无符号输入）
DP	实数	型腔深（绝对值）
PRAD	实数	型腔半径
PA	实数	型腔中心点（绝对值），平面的第一轴
PO	实数	型腔中心点（绝对值），平面的第二轴
MID	实数	最大切削深度（无符号输入）
FAL	实数	型腔边缘的精加工余量（无符号输入）
FALD	实数	型腔底的精加工余量（无符号输入）
FFP1	实数	端面加工进给速度
FFD	实数	深度加工进给速度
CDIR	整数	铣削方向（无符号输入），值： 0——顺铣（主轴方向） 1——逆铣 2——用于 G02（独立于主轴方向） 3——用于 G03
VARI	整数	加工类型 个位值： 1——粗加工 2——精加工 十位值： 0——使用 G00 垂直于型腔中心 1——使用 G01 垂直于型腔中心 2——沿螺旋状进刀
MIDA	实数	平面中连续加工时的最大切削宽度
AP1	实数	型腔半径的毛坯尺寸
AD	实数	距离参考平面的毛坯型腔深尺寸
RAD1	实数	按螺旋路径进给时的半径（相当于刀具中心点路径）
DP1	实数	沿螺旋路径进给时每转（360°）的切削深度

2）PA、PO（型腔中心点）。定义型腔的中心点。

3）VARI（加工方式）。表 5–28 为 VARI 允许值。

（4）注意事项

循环调用前必须编程刀具补偿。否则，循环终止并产生报警 61000“无有效的刀具补偿”。在循环内部，使用了一个影响实际值显示的新的当前工件坐标系，此坐标系的零点位于型腔中心点。循环结束之后，原始的坐标系恢复有效。

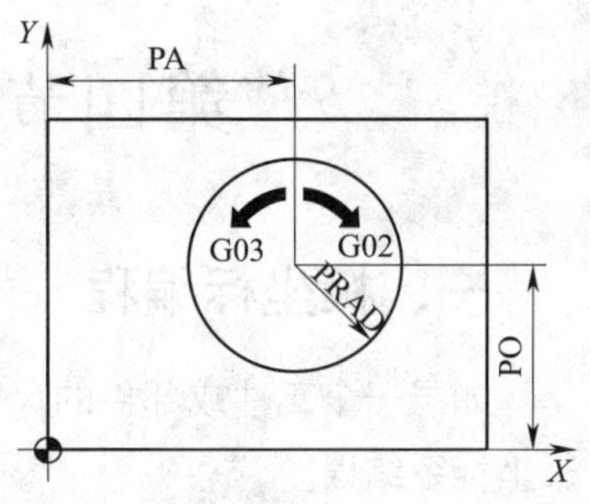

图 5–80 POCKET4 参数示意图

表 5–28 VARI 允许值

个位		十位		备注
允许值	含义	允许值	含义	如果参数 VARI 定义了其他的值，循环终止并产生报警 61002“加工类型定义不正确”
1	粗加工	0	使用 G00 垂直于型腔中心	
		1	使用 G01 垂直于型腔中心	
2	精加工	2	沿螺旋路径	

【例 5–31】 在 *YZ* 平面中加工一个圆形型腔，中心点为 Y50 Z50，深度的进给轴是 *X* 轴。未定义精加工余量和安全间隙。采用通常的铣削方式（逆铣）加工型腔。沿螺旋路径进行进给。使用半径为 10 mm 的铣刀。如图 5–81 所示，编写其加工程序。

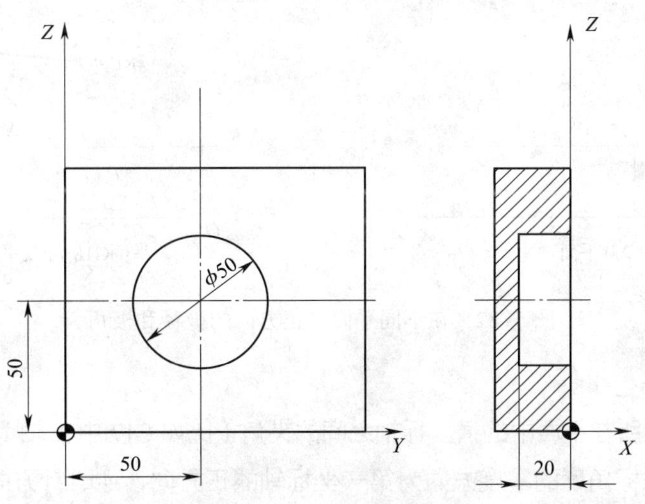

图 5–81 POCKET4 编程示例

程序：

```
N10 G17 G90 G00 S650 M03 T01 D01
N20 Y50 Z50                          回到起始位置
N30 POCKET4（3，0，0，–20，25，50，50，6，0，0，200，100，1，21，0，0，0，2，3）
N40 M02
```

第四节　极坐标编程与坐标变换

一、极坐标编程

如果一个工件或部件的尺寸是以一个固定点（极点）的半径和角度来设定时，可以使用极坐标系编程。

极坐标可以在 G17 ~ G19 平面中指定。也可以设定垂直于平面的第三轴的坐标值，在此情况下，可以作为柱面坐标系编制三维工件的加工程序。

1. 极坐标

当使用极坐标指令后，坐标值以极坐标方式指定，即以极坐标半径和极坐标角度来确定点的位置。测量半径与角度的起始点称为“极点”。

（1）极径（RP=__）

极径定义该点到极点的距离。极径一律用正值表示。该值一经指定则持续有效，只有当极点发生变化或平面更换后才需重新指定，如图 5-82 所示。极径的单位为毫米（mm）或英寸（in）。

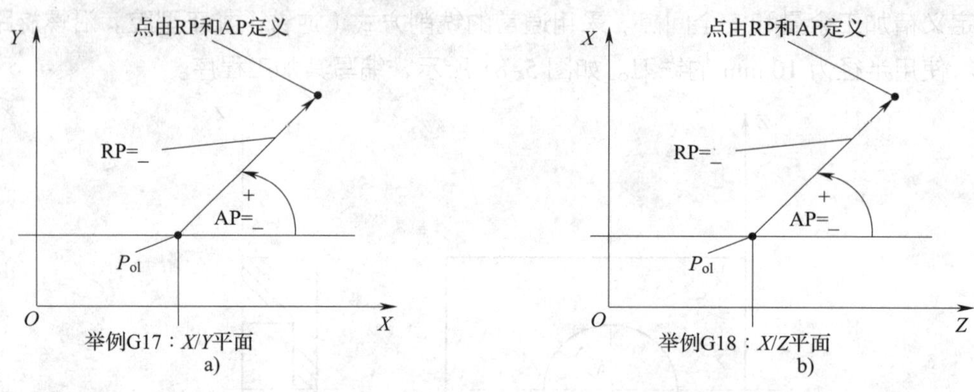

图 5-82　在不同平面中正方向的极径和极角

（2）极角（AP=__）

极角是指极径与所在平面中的横坐标轴之间的夹角（比如 G17 中 *X* 轴）。该角度可以是正角，也可以是负角。极坐标角度的零度方向为第一坐标轴的正方向，逆时针方向为角度方向的正向。该值一经指定则持续有效，只有当极点发生变化或平面更换后才需重新指定，如图 5-82 所示。

极坐标角度的数值范围为 ±0° ~ 360°，其值可以用绝对值表示，也可以用增量值表示，分别用符号“AC”与“IC”表示。

如图 5-83 所示 *A* 点与 *B* 点的坐标，相对于极点 *O* 点，用极坐标方式可描述如下。

A 点：RP=30，AP=0（极坐标半径为 30，极坐标角度为 0°）。

B 点：RP=30，AP=60（极坐标半径为 30，极坐标角度为 60°）。

2. 柱面坐标

对于与所指定极坐标平面垂直的第三根几何轴，可用笛卡儿坐标确定，这种指定方式称为柱面坐标方式。柱面坐标可编制空间几何参数。如图 5-84 所示，*C* 点的坐标可描述如下：

C 点：RP=40，AP=40，Z=50。

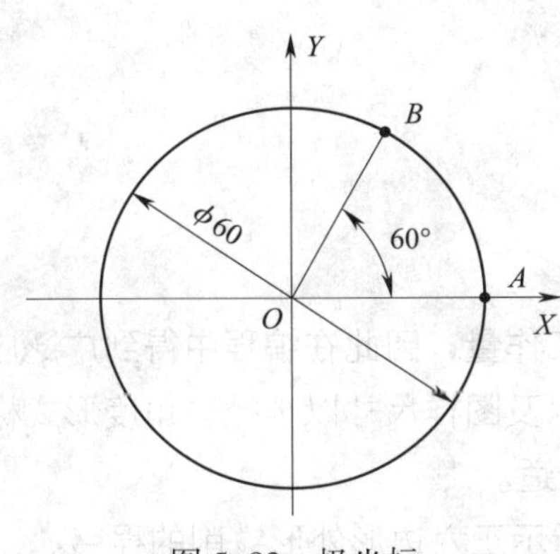

图 5-83　极坐标

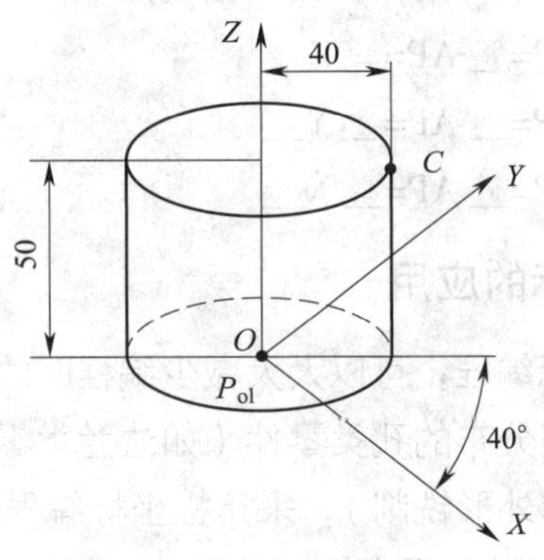

图 5-84　柱面坐标

3. 极坐标系原点

极坐标系原点指定方式有 G110、G111 和 G112 三种指定方式。其指令格式如下所示：

G110（G111，G112）X__ Y__ Z__

X__ Y__ Z__ 为相对于定义点的坐标值。

G110（G111，G112）AP=__ RP=__

G110——极坐标参数，相对于刀具最近到达的点（即刀具当前位置点）定义极坐标。

G111——极坐标参数，相对于工件坐标系原点定义极坐标。

G112——极坐标参数，相对于上一个有效的极点定义极坐标。

如图 5-85 所示，分别将 *A* 点、*B* 点与刀具中心当前位置点 *C* 点指定为极坐标系原点。

A 点：G111 X30 Y20　　　　相对于工件坐标系原点定义极坐标

B 点：G112 RP=40 AP=60　　　　相对于前一极坐标系原点定义极坐标

C 点：G110 X0 Y0　　　　相对于刀具当前位置点定义极坐标

4. 极坐标中的刀具移动方式

与笛卡儿坐标系一样，在极坐标系中用 G00/G01/G02/G03 加上 RP、AP 指令可以使刀具完成快速定位 / 直线插补 / 顺、逆时针圆弧插补动作。具体指令格式如下：

G00 RP=__ AP=__

G01 RP=__ AP=__

G02 RP=__ AP=__

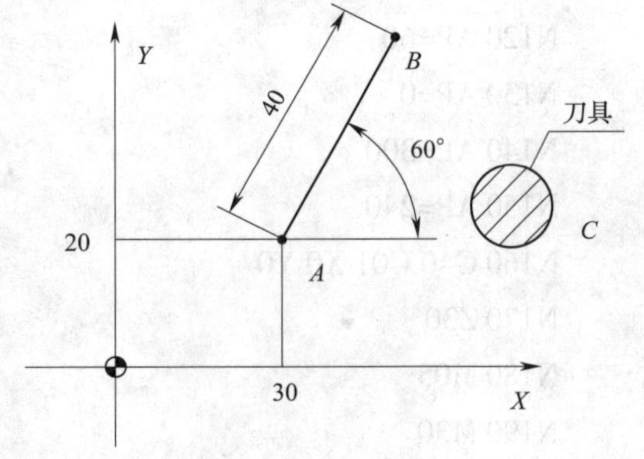

图 5-85　极点的确定

G03 RP=__ AP=__

例如：G01 RP=40 AP=30

G00/G01/G02/G03 加上 RP、AP 及与极坐标面垂直的轴的代码（如果极坐标在 G17 平面中设定，则为 Z）指令，也可以使刀具在所设定的柱面坐标系中完成快速定位 / 直线插补 / 顺、逆时针圆弧插补动作。具体格式如下：

G17 G00 RP=__ AP=__ Z__

G18 G00 RP=__ AP=__ Y__

G19 G00 RP=__ AP=__ X__

5. 极坐标的应用

采用极坐标编程，可以大大减少编程时的计算工作量，因此在编程中得到广泛应用。通常情况下，圆周分布的孔类零件（如法兰类零件）以及图样尺寸以半径与角度形式标示的零件（如正多边形外形铣削），采用极坐标编程较为合适。

【例 5-32】 试用极坐标编程来编写如图 5-86 所示正六边形外形铣削的程序。

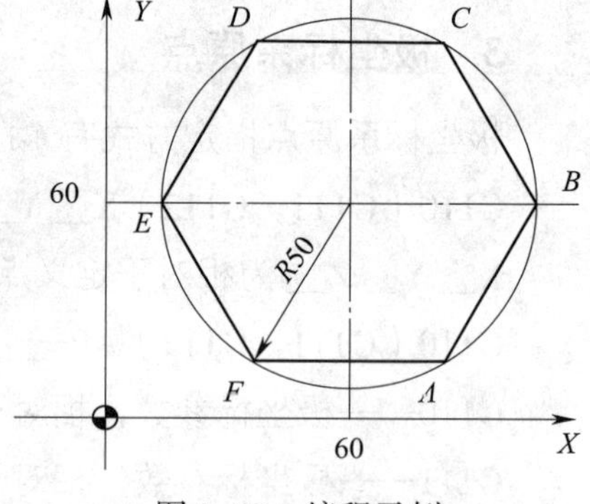

图 5-86 编程示例

```
ABCD1
N010 G90 G94 G17 G40 G71              程序初始化
N020 G75 FP=2 X1=0 Y1=0 Z1=0          返回换刀点
N030 T01 M06                          换刀
N040 G00 X0 Y0 D01                    设置刀具号与刀具偏置号，移动到工件上方
N050 Z30
N060 S600 M03
N070 G01 Z-5 F100
N080 G111 X60 Y60                     相对于工件坐标系定义极坐标
N090 G41 G01 RP=50 AP=240
N100 AP=180
N110 AP=120
N120 AP=60
N130 AP=0
N140 AP=300
N150 AP=240
N160 G40 G01 X0 Y0
N170 Z30
N180 M05
N190 M30
```

如采用 G91 方式极坐标编程，则编程如下：

……

N080 G111 X60 Y60	相对于工件坐标系定义极坐标
N090 G41 G01 RP=50 AP=240	
N100 AP=IC（–60）	增量方式编写极坐标角度
N110 AP=IC（–60）	角度增量为 –60°
N120 AP=IC（–60）	
N130 AP=IC（–60）	
N140 AP=IC（–60）	
N150 AP=IC（–60）	

……

二、坐标变换

1. 零点偏置（G53，G54 ~ G59，G500，G513）

在工作台上同时加工多个零件时，可以设定不同的编程零点，从而建立 G54 ~ G59 六个工件坐标系，其坐标原点可以设在便于编程的某一固定点上。这样建立的工件坐标系，在系统切断电源后不会被破坏（再次开机后仍有效），并与刀具的当前位置无关，只需按选择的坐标系编程即可。

可设定的零点偏置给出工件原点在机床坐标系中的位置（工件原点以机床原点为基准偏移）。当工件装夹到机床上后通过对刀求出偏置量，并通过操作面板输入到零点偏置数据区。程序可以通过选择相应的 G54 ~ G59 调用此值，如图 5–87、图 5–88 所示。也可以通过对某机床轴设定一个旋转角，使工件成一角度装夹。该旋转角可以在 G54 ~ G59 调用时同时有效。

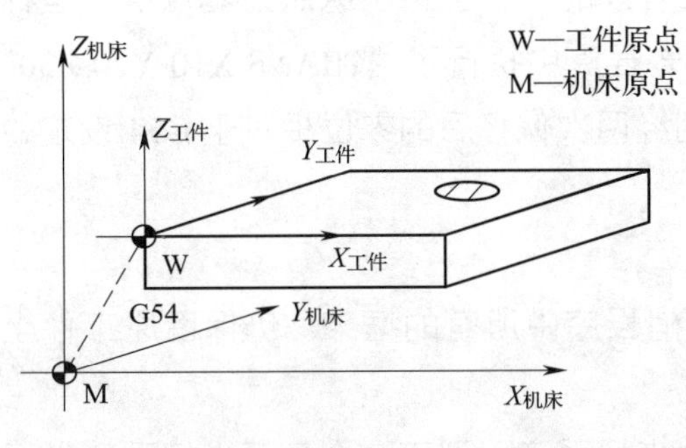

图 5–87　可设定的零点偏置

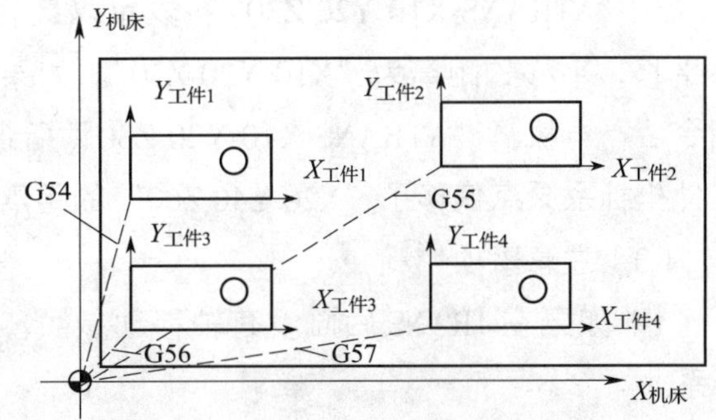

图 5–88　在钻削 / 铣削时几个工件同时装夹设置多个零点

2. 可编程的零点偏置（TRANS，ATRANS）

如果工件上有不同的位置需要加工，或者选用了一个新的参考点，在这种情况下就需要使用可编程的零点偏置，由此产生一个当前工件坐标系，新输入的尺寸均是在该坐标系中的数据尺寸。可以在所有坐标轴中进行零点偏置，如图 5-89 所示。

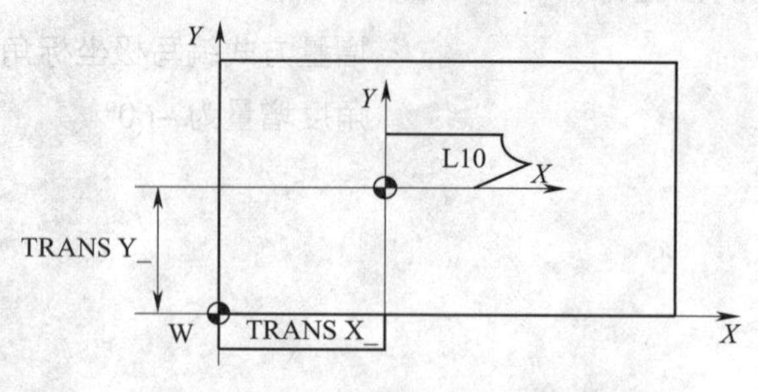

图 5-89　可编程的零点偏置

（1）指令格式

TRANS X__ Y__ Z__　可编程的零点偏置，清除所有有关偏置、旋转、比例数、镜像的指令

ATRANS X__ Y__ Z__　可编程的零点偏置，附加于当前的指令

TRANS　不带数值，清除所有有关偏置、旋转、比例系数、镜像的指令

（2）指令说明

1）TRANS 绝对可编程零点偏置，参考基准是当前设定的有效工件零位，即用 G54 ~ G59 中设定的工件坐标系。

2）ATRANS 附加可编程零点偏置，参考基准为当前设定的或最后编程的有效工件零位，该零位也可以是通过指令 TRANS 偏置的零位。

3）"X__ Y__ Z__" 是指各轴的平移量。

4）"TRANS X10 Y20 Z30"：表示以 G54 ~ G59 中设定的工件坐标系原点为基点执行坐标系平移，平移的距离为 X10 Y20 Z30。

5）"ATRANS X10 Y20 Z30"：表示以最后编程有效的工件坐标系原点为基点执行坐标系平移，平移的距离为 "X10 Y20 Z30"。如果在同一程序中执行了 "TRANS X10 Y20 Z30" 指令后，再执行 "ATRANS X10 Y20 Z30" 指令，则经两次偏移后的零位相对于 G54 设定的工件坐标系原点偏移了 "X20 Y40 Z60" 的距离。

（3）注意事项

1）如果在 TRANS 后面没有轴移动参数，将取消程序中所有的框架，仍保留原工件坐标系。

框架（FRAME）用于描述通过确定从当前工件坐标系开始到下一个目标坐标系的坐标或角度变化。常用的框架有可编程的零点偏置（TRANS，ATRANS）、坐标系旋转（ROT，AROT）、比例缩放（SCALE，ASCALE）、可编程镜像（MIRROR，AMIRROR）等。

2）以上所有的框架指令在程序中必须单独占一行。

（4）编程示例

N20 TRANS X20 Y15　　　　可编程的零点偏置
N30 L10　　　　　　　　　调用子程序，其中包含待偏置的几何量
……
N70 TRANS　　　　　　　　取消偏置
……

【例 5-33】 加工图 5-90 所示工件，试用坐标系平移指令及子程序调用指令来编写加工程序，其中该形状的加工程序编写在子程序 L10 中。

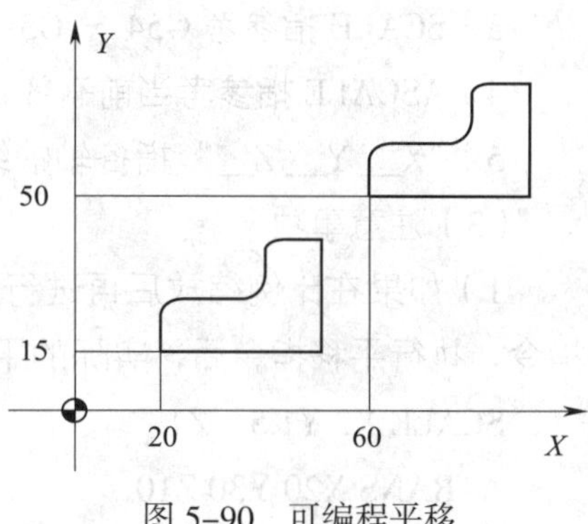

图 5-90　可编程平移

```
ABCD2
N10 G17 G90 G94 G71 G54
N20 G75 X1=0 Y1=0 Z1=0
N30 T01 M06
N40 G00 X0 Y0 D01
N50 Z30
N60 S600 M3
N70 TRANS X20 Y15                绝对平移
N80 L10                          子程序调用
N90 TRANS X60 Y50                绝对平移
N100 L10                         子程序调用
N110 TRANS                       无效平移
N120 G74 Z1=0
N130 M05
N140 M30                         程序结束
```

程序段 N90 也可以采用附加平移指令进行编程，因此，该程序段可写成“N90 ATRANS X40 Y35”。

3. 比例缩放（SCALE，ASCALE）

在数控编程中，对于一些形状相同、但尺寸不同的零件，为了达到方便编程的目的，在编程中常采用比例缩放指令。使用此功能指令进行编程之后，系统会根据比例缩放量产生一个当前坐标系，新输入的尺寸均是在当前坐标系中的数据尺寸。

使用 SCALE、ASCALE 指令，可以为所有坐标轴按编程的比例系数进行缩放，按此比例使所给定的轴放大或缩小若干倍。

（1）指令格式

SCALE X__ Y__ Z__　　　可编程的比例系数，清除所有有关偏移、旋转、比例系数、镜像的指令

ASCALE X__ Y__ Z__　　可编程的比例系数，附加于当前的指令

SCALE　　不带数值，清除所有有关偏移、旋转、比例系数、镜像的指令

（2）指令说明

1）SCALE、ASCALE 指令要求占一个独立的程序段。

2）图形为圆时，两个轴的比例系数必须一致。

3）SCALE 指参考 G54 ~ G59 设定的当前有效坐标系原点进行比例缩放。

4）ASCALE 指参考当前有效设定或工件坐标系进行附加的比例缩放。

5）“X__ Y__ Z__”指各轴的缩放参数。

（3）注意事项

1）如果在比例缩放后再进行坐标系的平移，则坐标系平移值也进行比例缩放。如以下指令，执行平移指令后，实际的平移距离为“X40 Y45 Z10”。

SCALE X2 Y1.5　Z1

ATRANS X20 Y30 Z10

2）比例缩放对刀具偏置值和刀具补偿值无效。

3）如果在 SCALE 后面没有轴缩放参数，将取消程序中所有的框架，仍保留原工件坐标系。

（4）编程示例

比例和偏置编程示例如图 5-91 所示。

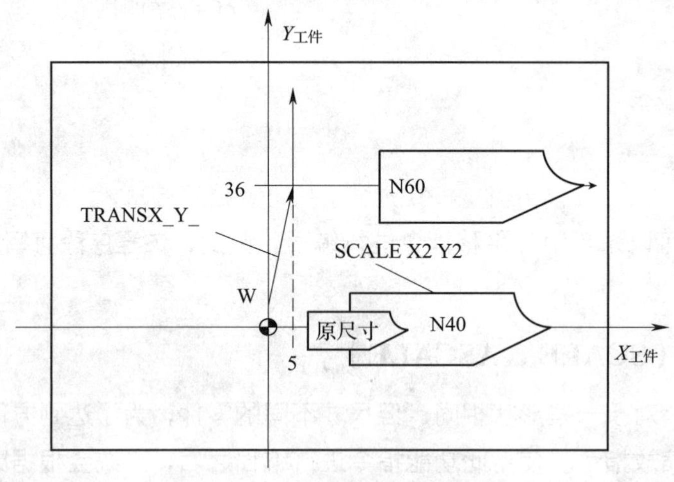

图 5-91　比例和偏置编程示例

程序：

N10 G17	XY 平面
N20 L10	编程的轮廓——原尺寸
N30 SCALE X2 Y2	X 轴和 Y 轴方向的轮廓放大 2 倍
N40 L10	
N50 ATRANS X2.5 Y18	偏值也按比例放大

N60 L10　　轮廓放大和偏置

4. 可编程镜像（MIRROR，AMIRROR）

用MIRROR和AMIRROR指令可以使工件镜像加工。编制了镜像加工的坐标轴，其所有运动都以反向运行。

（1）指令格式：

MIRROR X0 Y0 Z0　　可编程的镜像功能，清除所有有关偏置、旋转、比例系数、镜像的指令

AMIRROR X0 Y0 Z0　　可编程的镜像功能，附加于当前的指令上

MIRROR　　不带数值，清除所有有关偏移、旋转、比例系数、镜像的指令

（2）指令说明

1）MIRROR和AMIRROR指令要求占一个独立的程序段。指令对坐标轴的数值没有影响，但必须定义一个数值。

2）在镜像功能有效时，已经使用的刀具半径补偿G41/G42自动改变。

3）在镜像功能有效时，旋转方向G02/G03自动改变。在不同坐标轴中，镜像功能对使用的刀具半径补偿和G02/G03的影响不同，如图5–92所示。

4）MIRROR绝对镜像指令，相对于G54～G59设定的当前有效坐标系的绝对镜像。

5）AMIRROR，参考当前有效设定或工件坐标系的补充镜像。

6）“X0 Y0 Z0”将改变方向的坐标轴。

7）在使用镜像功能时，由于数控机床的Z轴安装有刀具，所以一般情况下不在Z轴方向执行镜像功能。

8）MIRROR后面不带任何偏置值，可以取消所有的以前激活的FRAME指令。

（3）编程示例

镜像功能示例如图5–92所示。

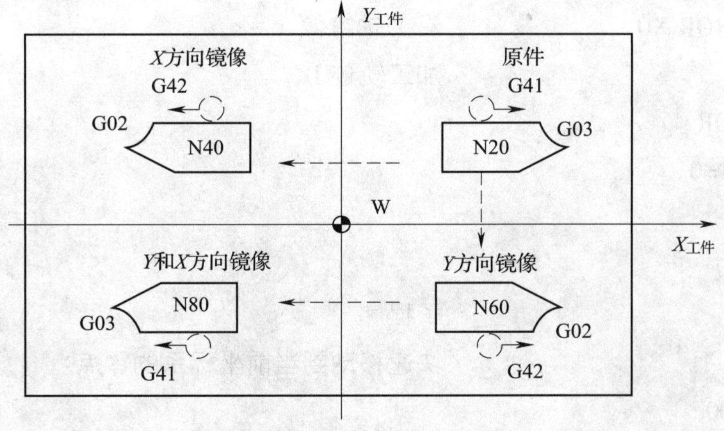

图5–92　镜像功能示例

程序：

```
……
N10 G17                     X/Y 平面，Z 轴垂直于该平面
N20 L10                     编程的轮廓，带 G41
N30 MIRROR X0               在 X 轴上改变方向加工
N40 L10                     镜像的轮廓
N50 MIRROR Y0               在 Y 轴上改变方向加工
N60 L10
N70 AMIRROR X0              在 Y 轴镜像的基础上 X 轴再镜像
N80 L10                     轮廓镜像两次加工
N90 MIRROR                  取消镜像功能
……
```

【例 5–34】 试用镜像指令编写图 5–93 所示轨迹的数控铣削加工程序（轨迹 A 的加工程序编写在子程序 L10 中）。

```
MAIN5                       主程序
N010 G90 G94 G17 G71 G54    程序初始化
N020 G00 X0 Y0 D01
N030 Z30
N040 S600 M03
N050 TRANS X60 Y60          坐标平移
N060 L10                    加工轨迹 A
N070 MIRROR X0              沿 Y 轴镜像
N080 L10                    加工轨迹 B
N090 MIRROR Y0              沿 X 轴镜像
N100 L10                    加工轨迹 C
N110 AMIRROR X0             沿 Y 轴镜像
N120 L10                    加工轨迹 D
N130 MIRROR
N140 G74 Z1=0
N150 M05
N160 M30
L10                         子程序
G00 X0 Y0                   快速移动到当前坐标系的零点
G01 Z-5 F100
G41 G01 X-5 Y0
```

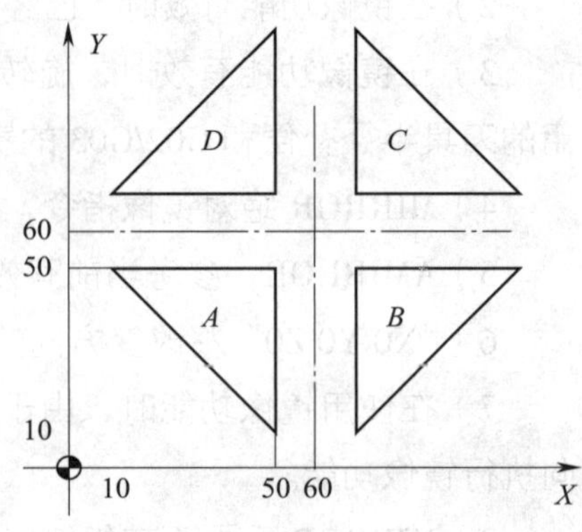

图 5–93 镜像编程示例

```
        Y-50
        X-50 Y-10
        X0
G40 G01 X0 Y0
        Z10
M17                          返回主程序
```

5. 坐标系旋转（ROT，AROT）

对于某些围绕中心旋转得到的特殊形状轮廓的加工，如果根据旋转后的实际加工轨迹进行编程，就会使坐标值计算的工作量大大增加。而通过坐标系旋转功能，可以大大简化编程计算的工作量。

在当前的平面 G17、G18、G19 中执行旋转，值为 RPL=__，单位是度（°），如图 5-94 所示。

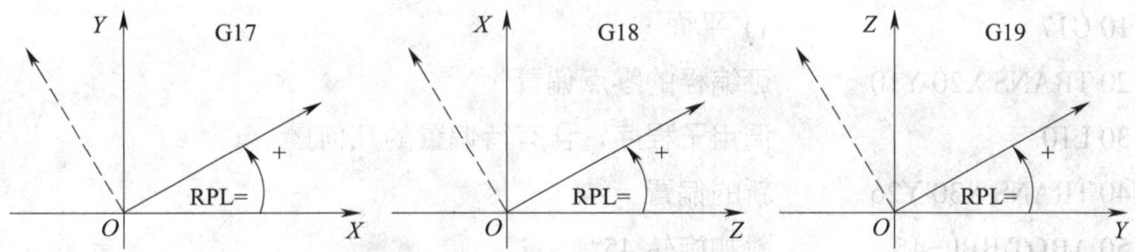

图 5-94 在不同的平面中旋转角正方向的定义

（1）指令格式

ROT RPL=__ 可编程旋转，删除以前的偏置、旋转、比例系数、镜像的指令

AROT RPL=__ 可编程旋转，附加于当前的指令

ROT 没有设定值，删除以前的偏置、旋转、比例系数、镜像的指令

（2）指令说明

1）ROT 绝对可编程零位旋转。参考基准为通过 G54 ~ G59 指令建立的工件坐标系零位。

2）AROT 附加可编程零位旋转。参考基准为当前有效的设置或编程的零点，即在原有坐标转换的基础上进行叠加。

3）RPL 在平面内的旋转角度。对于平面旋转指令，旋转轴为与该平面相垂直的轴。从旋转轴的正方向向该平面看，逆时针方向为正方向，顺时针方向为负方向。

4）如果在镜像（MIRROR）指令后用 AROT 编辑一个附加的旋转，则加工时按照相反方向旋转加工。

5）如果 ROT 后面没有轴参数，则前面所有编程的框架被取消。

6）ROT、AROT 指令要求占一个独立的程序段。

（3）编程示例

加工图 5-95 所示零件的程序如下（轨迹加工程序编写在子程序 L10 中）。

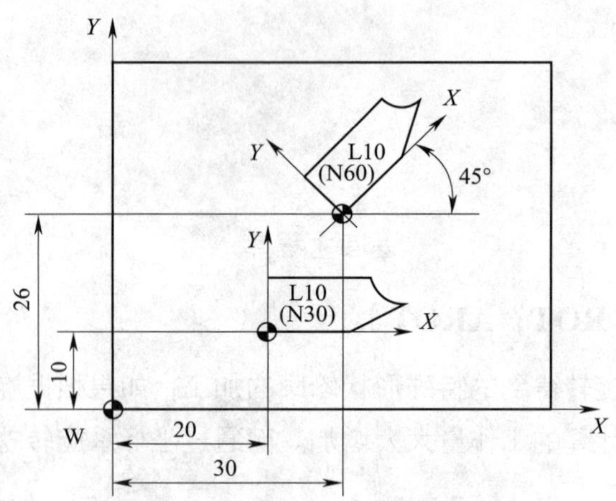

图 5-95　可编程的偏移和旋转示例

N10 G17	*XY* 平面
N20 TRANS X20 Y10	可编程的零点偏置
N30 L10	调用子程序，含有待偏置的几何量
N40 TRANS X30 Y26	新的偏置
N50 AROT RPL=45	附加旋转 45°
N60 L10	调用子程序
N70 TRANS	删除偏置和旋转

……

【例 5-35】 编写加工图 5-96 所示零件的程序，右边的图形是由左边的图形平移后旋转 45° 而得。左边图形的加工程序存储在子程序 L10 中。

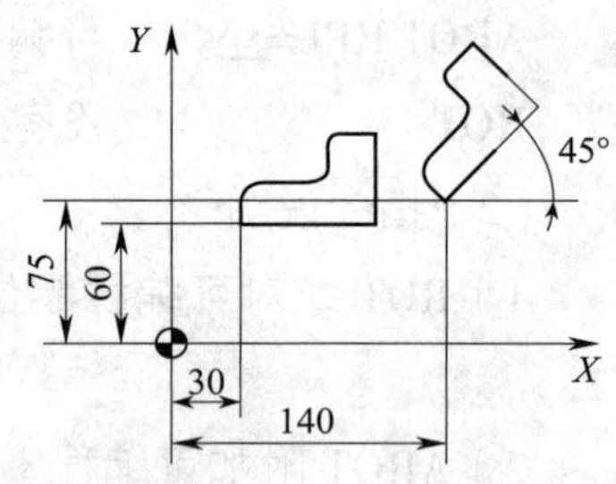

图 5-96　坐标系旋转编程

具体程序如下：

N10 G00 G17 G90 G94 G71 G54

……

N60 TRANS X30 Y60	绝对平移
N70 L10	调用子程序加工左边形状
N80 TRANS X140 Y75	绝对平移
N90 AROT RPL=45	附加旋转 45°
N100 L10	调用子程序加工右边形状

……

N150 M30	程序结束

【例 5-36】 编写如图 5-97 所示零件的加工程序。已知毛坯尺寸为 102 mm×82 mm×22 mm。本例工件中包含四个凹槽，其中一个是圆形，一个是长方形，两个是跑道形。

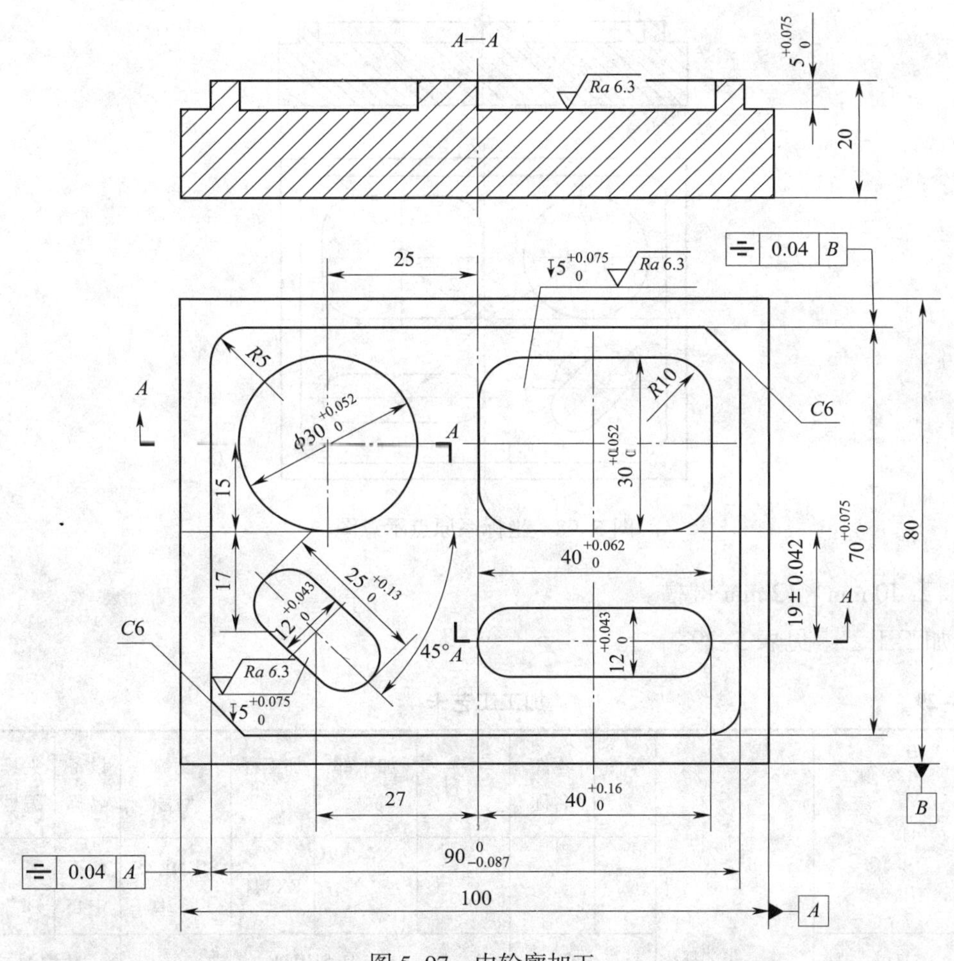

图 5–97　内轮廓加工

（1）工艺分析

1）本例中的加工内容有外形轮廓铣削和内腔轮廓铣削。外形轮廓中要倒圆角和倒直角，在内腔轮廓中有一槽的轴与 X 轴成一定的夹角。所有轮廓素线由直线段和圆弧段构成。

2）所用到的加工指令主要有 G01、G02/G03、G41、G40、CHF、RND、ROT 等。

3）根据轮廓尺寸选择所用刀具：ϕ16 mm 键槽铣刀和 ϕ10 mm 键槽铣刀。

4）坐标系原点设在零件的表面中心。在加工过程中使用坐标系偏移，如图 5–98 所示。坐标计算相对比较简单，故在此略去。

5）加工步骤如下。

①选用 ϕ16 mm 键槽铣刀加工外形轮廓。

②加工 ϕ30 mm 圆槽。

③加工 40 mm × 30 mm 长方槽。

④选用 ϕ10 mm 键槽铣刀加工 25 mm × 12 mm 键槽。

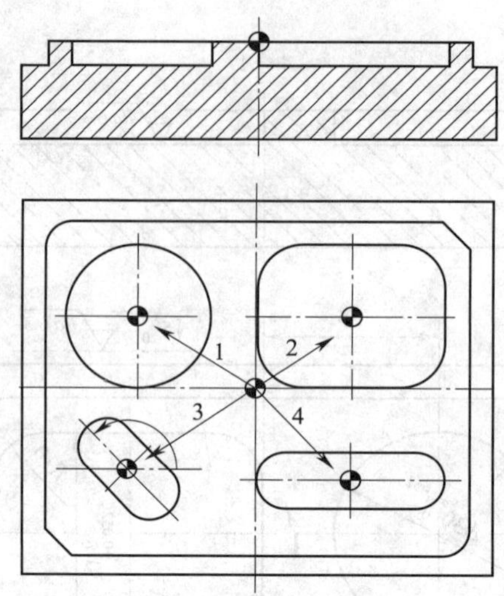

图 5–98　坐标系原点示意图

⑤加工 40 mm×12 mm 键槽。

6）加工工艺卡见表 5–29。

表 5–29　　　　　　　　　　　加工工艺卡

×× 单位				数控加工工艺卡	零件号	零件名称	材料	加工部位号	加工程序号	设备型号	设备名称	夹具编号	第 1 页
									EX341	SIEMENS 802D	加工中心		
顺序号	刀具				补偿		切削用量				数控加工参数		
	刀号	名称	直径 /mm	加工内容	长度 H	半径 D	切削速度 v_c/(m/min)	主轴转速 S/(r/min)	每转进给量 /(mm/r)	每分钟进给量 /(mm/min)	子程序号	固定循环	Z 轴切削深度 /mm
N1	T01	键槽铣刀	$\phi16$	加工外轮廓		D1		800		100			–5
N2	T01	键槽铣刀	$\phi16$	加工 $\phi30$ mm 圆槽		D1		800		100			–5
N3	T01	键槽铣刀	$\phi16$	加工 40 mm×30 mm 长方槽		Dl		800		100			–5
N4	T02	键槽铣刀	$\phi10$	加工 25 mm×12 mm 键槽		Dl		900		100			–5
N5	T02	键槽铣刀	$\phi10$	加工 40 mm×12 mm 键槽		D1		900		100			–5

（2）程序编制

EX341.mpf	程序名
T01 M06	换 1 号刀，默认刀具半径补偿为 D1
G54 G00 X60 Y50 Z10 S800 M03	设定工件坐标系原点、主轴参数，刀具移至加工起始点
G01 Z-20 F100	*Z* 轴进刀
G41 G01 X50	建立刀具半径补偿
Y-40	加工 100 mm × 80 mm 的外形尺寸
X-50	
Y40	
X60	
G00 G40 Y60	撤销刀具半径补偿
Z-5	*Z* 轴抬刀至另一轮廓加工深度
G01 G41 X45	建立刀具半径补偿
Y-35 RND=5	插入倒圆
X-45 CHF=6	CHF 指定倒角的直角边长
Y35 RND=5	
X39	
X45 Y29	
G00 G40 X60	
Z2	*Z* 轴抬刀
TRANS X-25 Y15	坐标原点偏移，如图 5-98 中的 1
G0 X0 Y0	
G01 Z-5	
G41 X5 Y-10	加工直径为 30 mm 的圆槽
G03 X15 Y0 CR=10	圆弧段切入
G03 X15 Y0 I-15 J0	整圆加工，用 I、J 参数
G03 X5 Y10 CR=10	圆弧段切出
G00 G40 X0 Y0	
Z2	
TRANS X20 Y15	坐标原点偏移，如图 5-98 中的 2
X0 Y0	
G01 Z-5	
G01 G41 X10 Y5	加工 40 mm × 30 mm 长方槽
G03 X0 Y15 CR=10	

```
G01 X-20 RND=10
Y-15 RND=10
X20 RND=10
Y15 RND=10
X0
G03 X-10 Y5 CR=10
G00 G40 X0 Y0
Z50
T02 M06                  换 2 号刀，默认刀具半径补偿为 D1。此处 D1 中的参数与上
                         面 T01 的 D1 参数不同
S900 M3
TRANS X-27 Y-17          坐标原点偏移，如图 5-98 中的 3
AROT RPL=135             坐标系旋转 135°
G00 X0 Y0 Z10
G01 Z-5 F100
G41 X6 Y0                加工长为 25 mm 的键槽
G03 X0 Y6 CR=6
G01 X-6.5
G03 Y-6 CR=6
G01 X6.5
G03 Y6 CR=6
G01 X0
G03 X-6 Y0 CR=6
G00 G40 X0 Y0
Z2
TRANS X20 Y-19           坐标原点偏移，如图 5-98 中的 4
G00 X0 Y0
G01 Z-5
G41 X6 Y0                加工长为 40 mm 的键槽
G03 X0 Y6 CR=6
G01 X-14
G03 Y-6 CR=6
G01 X14
G03 Y6 CR=6
G01 X0
```

```
G03 X-6 Y0 CR=6
G00 G40 X0 Y0
Z50
M05                     主轴停转
M02                     程序结束
```

第六章　数控电加工机床编程

第一节　数控线切割机床编程

数控线切割加工的程序有 3B、4B 代码格式和符合国际标准的 ISO 代码格式。使用较多的是 3B 代码格式，慢走丝多采用 4B 代码格式，目前也有不少系统采用 ISO 代码格式。其中应用 3B、4B 代码格式的，又称为固定程序段格式；应用 ISO 代码格式的，又称为可变程序段格式。

一、3B 代码编程

3B 代码格式是数控线切割机床上最常用的程序格式，在该程序格式中无间隙补偿，但可通过机床的数控装置或一些自动编程软件自动实现间隙补偿。

1. 3B 代码编程格式

3B 代码编程的格式：BX　BY　BJ　G　Z

其中，B：分隔符，它的作用是将 X、Y、J 数据区分隔开来；

X、Y：表示增量坐标值，一律用 μm 作单位；

J：表示加工线段的计数长度；

G：表示加工线段的计数方向；

Z：表示加工指令。

MJ 为停机符，表示程序结束（加工完毕）。

2. 程序编写方法

（1）坐标系与坐标值 X、Y 的确定

面对机床操作台，工作台平面为坐标系平面，左右方向为 *X* 轴，且右方为正，即 +X；前后方向为 *Y* 轴，前方为正，即 +Y。编程时，采用相对坐标系，即坐标系的原点随程序段的不同而变化。加工直线时，以该直线的起点为坐标系的原点，X、Y 取该直线终点的坐标值；加工圆弧时，以该圆弧的圆心为坐标系的原点，X、Y 取该圆弧起点的坐标值，不写坐标值的正负号。

（2）计数方向 G 的确定

不管是加工直线还是圆弧，计数方向均按终点的位置来确定。加工直线时，计数方向取终点靠近的轴，当加工与坐标轴成 45° 角的线段时，计数方向可任取一轴，记作 GX 或 GY，如图 6–1a 所示；加工圆弧时，计数方向取终点靠近的另一轴，当加工圆弧的终点与坐标轴成 45° 角时，计数方向可任取一轴，记作 GX 或 GY，如图 6–1b 所示。

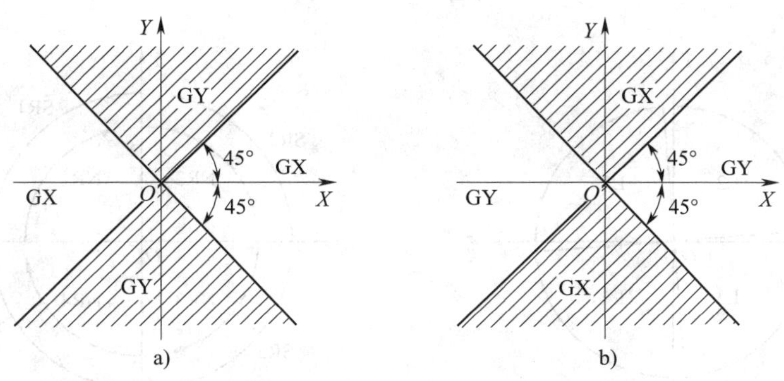

图 6-1　计数方向的确定

a）加工直线时计数方向的确定　b）加工圆弧时计数方向的确定

（3）计数长度 J 的确定

确定计数长度以计数方向为基础。计数长度是指被加工的直线或圆弧在计数方向坐标轴上投影的绝对值总和，其单位为 μm。

例如，在图 6-2 中，加工直线 *OA* 时计数方向为 GX，计数长度为 $\overline{OB}$，数值等于 *A* 点的 *X* 坐标值；在图 6-3 中，加工半径为 400 mm 的圆弧 $\widehat{MN}$ 时，计数方向为 GX，计数长度为 400 mm × 3=1 200 mm，即$\widehat{MN}$中三段 90° 圆弧在 *X* 轴上投影的绝对值总和。

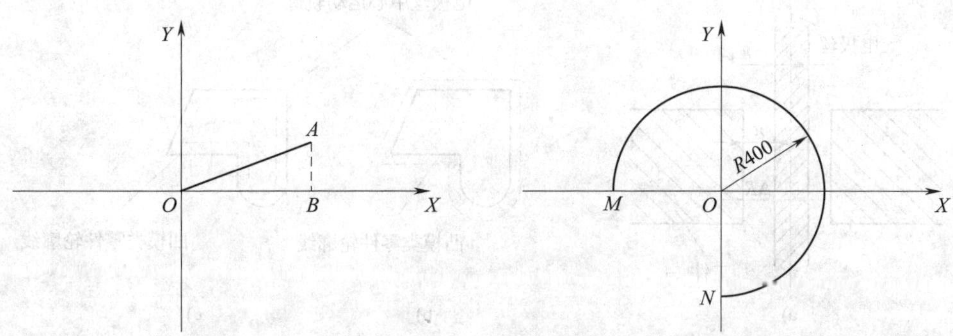

图 6-2　加工直线时计数长度的确定　　图 6-3　加工圆弧时计数长度的确定

（4）加工指令 Z 的确定

加工直线时有四种加工指令：L1、L2、L3、L4。如图 6-4a 所示，当直线在第Ⅰ象限（含 *X* 轴不含 *Y* 轴）时，加工指令记作 L1；当处于第Ⅱ象限（含 *Y* 轴不含 *X* 轴）时，记作 L2；L3、L4 以此类推。

加工顺时针圆弧时有四种加工指令：SR1、SR2、SR3、SR4。如图 6-4b 所示，当圆弧的起点在第Ⅰ象限（含 *Y* 轴不含 *X* 轴）时，加工指令记作 SR1；当起点在第Ⅱ象限（含 *X* 轴不含 *Y* 轴）时，记作 SR2；SR3、SR4 以此类推。

加工逆时针圆弧时有四种加工指令：NR1、NR2、NR3、NR4。如图 6-4b 所示，当圆弧的起点在第Ⅰ象限（含 *X* 轴不含 *Y* 轴）时，加工指令记作 NR1；当起点在第Ⅱ象限（含 *Y* 轴不含 *X* 轴）时，记作 NR2；NR3、NR4 以此类推。

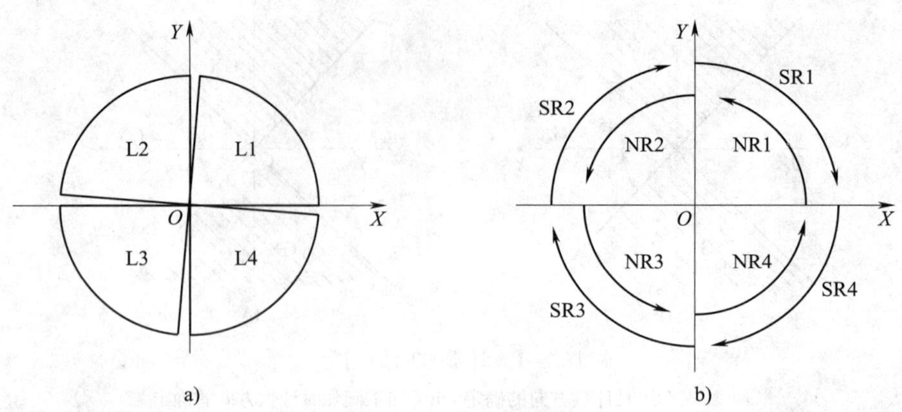

图 6–4　加工指令的确定

a）加工直线　b）加工圆弧

3. 有关补偿问题

在实际加工中，数控线切割机床是通过控制电极丝的中心轨迹来加工的，而电极丝的中心轨迹不能与零件的实际轮廓线重合（见图 6–5）。在进行线切割加工手工编程时，要加工出符合图样要求的零件，需要考虑因电极丝直径及放电间隙导致的补偿量。

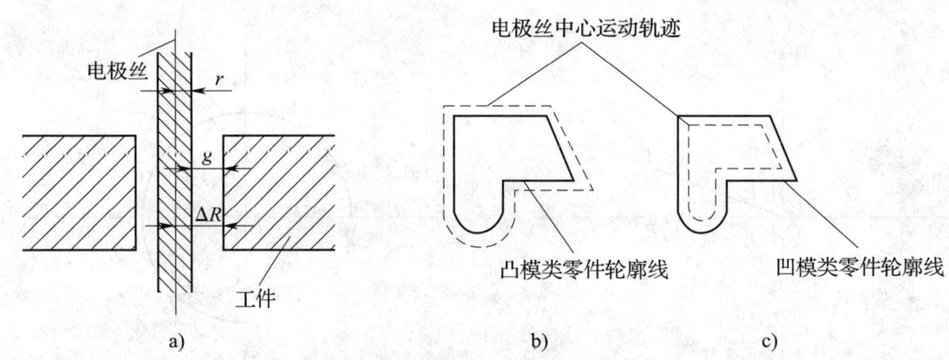

图 6–5　电极丝中心运动轨迹与零件轮廓线的关系

a）电极丝直径与放电间隙　b）加工凸模类零件时　c）加工凹模类零件时

加工中程序的执行是以电极丝中心轨迹来计算的，要加工出合格的零件，必须计算出电极丝中心轨迹的基点坐标，并按电极丝中心轨迹编程。电极丝中心轨迹与零件轮廓相距一个 ΔR 值，ΔR 值称为间隙补偿值，计算公式如下：

（1）切割凹模或样板零件

$$\Delta R=|r+g|$$

式中，r 是电极丝半径；g 是单边放电间隙，约为 0.01 mm。

（2）切割凸模

$$\Delta R=|r+g-\Delta|$$

式中，Δ 是模具配合单边间隙。

（3）切割镶板

$$\Delta R=|r+g+\varDelta+\Delta g|$$

式中，Δg 是镶板凸模的单边过盈量。

（4）切割卸料板

$$\Delta R=|r+g-\Delta s|$$

式中，Δs 是卸料板与凹模相比的单边扩大量。

【例 6–1】 按 3B 格式编写如图 6–6 所示的图形轮廓的线切割加工程序。

（1）确定加工路线

起始点为 A，加工路线按顺时针方向进行。

（2）分别计算各段曲线的坐标值

（3）按 3B 格式编写程序单

程序如下：

B5000 B0 B5000 GX L1

B25000 B20000 B25000 GX L1

B25000 B20000 B25000 GX L4

B15000 B0 B15000 GX L3

B0 B10000 B10000 GY L4

B0 B10000 B20000 GX SR1

B20000 B0 B20000 GX L3

B0 B10000 B20000 GX SR3

B0 B10000 B10000 GY L2

B15000 B0 B15000 GX L3

B5000 B0 B5000 GX L3

MJ

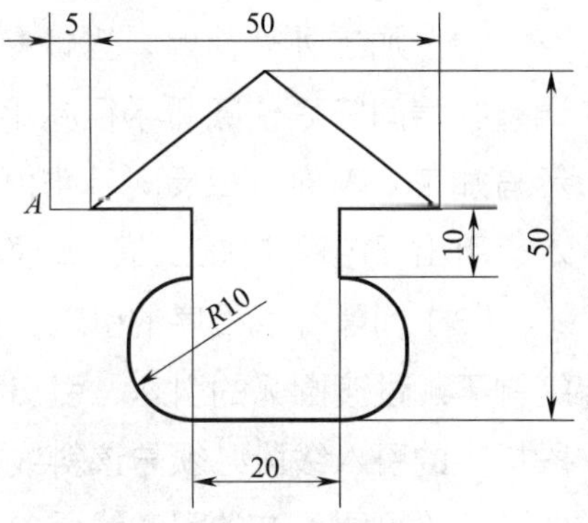

图 6–6　图形轮廓编程

二、4B 代码编程

1. 4B 代码编程格式

4B 代码的编程格式：BX　BY　BJ　BR　G（D 或 DD）Z

其中，B：分隔符，它的作用是将 X、Y、J 数据区分隔开来；

X、Y：增量（相对）坐标值，一律用 μm 作单位；

J：加工线段的计数长度；

R：圆弧半径或公切圆半径；

G：加工线段的计数方向；

D 或 DD：曲线形式，D 为凸圆弧，DD 为凹圆弧；

Z：加工方向。

MJ 为停机符，表示程序结束（加工完毕）。

2. 4B 代码编程特点

4B 代码格式是有间隙补偿的程序，与 3B 格式相比，4B 格式增加了 R 和 D（或 DD）两项功能。编程时应注意以下几方面：

（1）因 4B 格式不能处理尖角的自动间隙补偿，故当加工图形出现尖角时，应取圆弧半径大于间隙补偿量的圆弧过渡。

（2）加工外表面时，当调整补偿间隙后使圆弧半径增大的称为凸圆弧，用 D 表示；当调整补偿间隙后使圆弧半径减小的称为凹圆弧，用 DD 表示。加工内表面时，D 和 DD 的表示与加工外表面时相反。用 4B 代码编写加工相互配合的凸、凹模程序时，只要适当改变引入、引出程序段（加工凸、凹模的起始点对称）和补偿间隙，其他程序段是相同的。

（3）间隙补偿程序的引入、引出程序段。利用间隙补偿功能，可以用特殊的编程方式来编制不加过渡圆弧的引入、引出程序段。若图形的第一道加工程序加工的是斜线，引入程序段指定的引入线段必须与该斜线垂直；若是圆弧，引入程序段指定的引入线段应沿圆弧的法向进行（见图 6–7 的引入线段 O_1A）。

【例 6–2】 图 6–7 所示为凸模设计图，图中的所有尺寸都为名义尺寸，现要求凹模按凸模配作，保证双边配合间隙 Z=0.04 mm，试编制凸模和凹模的电火花线切割加工程序（电极丝为 ϕ0.12 mm 的钼丝，单边放电间隙为 0.01 mm）。

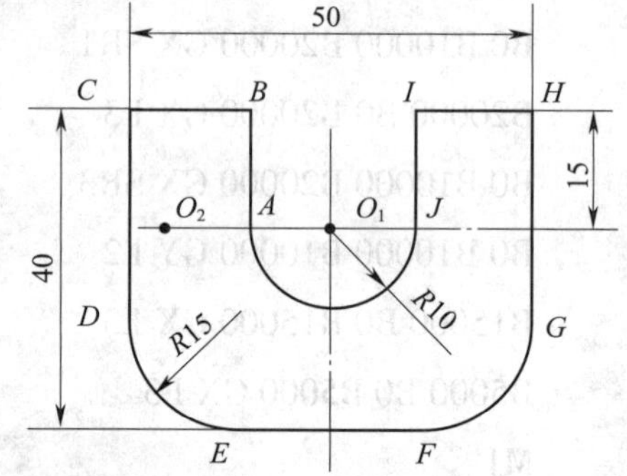

图 6–7 凸模的名义尺寸

（1）编制凸模加工程序

建立坐标系并计算出尺寸后，选取穿丝孔为 O_1 点，加工顺序为：

$$O_1 \rightarrow A \rightarrow B \rightarrow C \rightarrow D \rightarrow E \rightarrow F \rightarrow$$
$$G \rightarrow H \rightarrow I \rightarrow J \rightarrow A \rightarrow O_1$$

确定间隙补偿量：

$$\Delta R=（0.12/2 + 0.01）\text{mm}=0.07 \text{ mm}$$

加工前将间隙补偿量输入数控装置。图形上 B、C、H、I 各点处需加过渡圆弧，其半径应大于间隙补偿量（取 r=0.10 mm）。

凸模加工程序单见表 6–1。

表 6–1 凸模加工程序单（4B 程序格式）

序号	B	X	B	Y	B	J	B	R	G	D（DD）	Z	备注
1	B		B		B	10000	B		GX		L3	引入程序段
2	B		B		B	14900	B		GY		L2	

续表

序号	B	X	B	Y	B	J	B	R	G	D（DD）	Z	备注
3	B	100	B		B	100	B	100	GX	D	NR1	过渡圆弧
4	B		B		B	14800	B		GX		L3	
5	B		B	100	B	100	B	100	GY	D	NR2	过渡圆弧
6	B		B		B	24900	B		GY		L4	
7	B	15000	B		B	15000	B	15000	GX	D	NR3	
8	B		B		B	20000	B		GX		L1	
9	B		B	15000	B	15000	B	15000	GY	D	NR4	
10	B		B		B	24900	B		GY		L2	
11	B	100	B		B	100	B	100	GX	D	NR1	过渡圆弧
12	B		B		B	14800	B		GX		L3	
13	B		B	100	B	100	B	100	GY	D	NR2	过渡圆弧
14	B		B		B	14900	B		GY		L4	
15	B	10000	B		B	20000	B	10000	GY	DD	SR4	
16			B		B	10000	B		GX		L1	引出程序段

（2）编制凹模加工程序

因为 4B 代码格式有间隙补偿，所以凹模加工程序只需修改引入、引出程序段（引入点选在 O_2 点），其他程序段与凸模加工程序相同。

加工凹模时的间隙补偿量为：

$$\Delta R=（0.12/2+0.01-0.04/2）\text{mm}=0.05\text{ mm}$$

三、ISO 代码编程

1. 准备功能与辅助功能

数控线切割机床常用的准备功能与辅助功能代码见表 6–2。

表 6–2　　数控线切割机床常用的准备功能与辅助功能代码

代码	功能	代码	功能	代码	功能
G00	快速定位	G02	顺时针圆弧插补	G05	*X* 轴镜像
G01	直线插补	G03	逆时针圆弧插补	G06	*Y* 轴镜像

续表

代码	功能	代码	功能	代码	功能
G07	X、Y轴交换	G51	锥度左偏	G90	绝对尺寸
G08	X轴镜像，Y轴镜像	G52	锥度右偏	G91	增量尺寸
G09	X轴镜像，X、Y轴交换	G54	工件坐标系 1	G92	定起点
G10	Y轴镜像，X、Y轴交换	G55	工件坐标系 2	M00	程序暂停
G11	X轴镜像，Y轴镜像，X、Y轴交换	G56	工件坐标系 3	M02	程序结束
		G57	工件坐标系 4	M05	解除接触感知
G12	取消镜像	G58	工件坐标系 5	M96	调用子程序开始
G40	取消间隙补偿	G59	工件坐标系 6	M97	调用子程序结束
G41	间隙左补偿	G80	接触感知	W	工作台面到下导轮高度
G42	间隙右补偿	G82	半程移动	H	工件厚度
G50	取消锥度	G84	微弱放电校正	S	上导轮到工作台面高度

2. T 功能

表 6–3 为数控线切割机床常用的 T 功能代码。

表 6–3　　数控线切割机床常用的 T 功能代码

T 代码	功能	T 代码	功能
T80	电极丝送进	T86	加工介质喷淋
T81	电极丝停止送进	T87	加工介质停止喷淋
T82	加工介质排液	T90	切断电极丝
T83	保持加工介质	T91	电极丝穿丝
T84	液压泵打开	T96	向加工槽送液
T85	液压泵关闭	T97	停止向加工槽送液

3. 常用指令简介

（1）快速定位 G00

G00 指令可使指定的某轴以最快速度移动到指定位置，不进行加工。

程序段格式：G00 X__ Y__；

注意

如果程序段中有了 G01 或 G02 指令，则 G00 指令无效。

（2）直线插补 G01

该指令可使机床在各个坐标平面内加工任意斜率的直线轮廓和用直线段逼近的曲线轮廓。

程序段格式：G01 X__ Y__ ；

例如，图 6-8 中直线插补的程序段为：

G92 X20000 Y20000；

G01 X80000 Y80000；

目前，可加工锥度的电火花线切割数控机床具有 *X*、*Y* 坐标轴及 *U*、*V* 附加轴工作台，程序段格式：

G01 X__ Y__ U__ V__ ；

（3）圆弧插补 G02/G03

G02 为顺时针圆弧插补指令，G03 为逆时针圆弧插补指令。

用圆弧插补指令编写的程序段格式为：

G02　X__ Y__ I__ J__ ；

G03　X__ Y__ I__ J__ ；

其中，X、Y 分别表示圆弧终点坐标；I、J 分别表示圆心相对于圆弧起点的增量尺寸。

例如，图 6-9 中圆弧插补的程序段为：

G92　X10000　Y10000；　　　　起切点 *A*

G02　X30000　Y30000　I20000　J0；*AB* 段圆弧

G03　X45000　Y15000　I15000　J0；*BC* 段圆弧

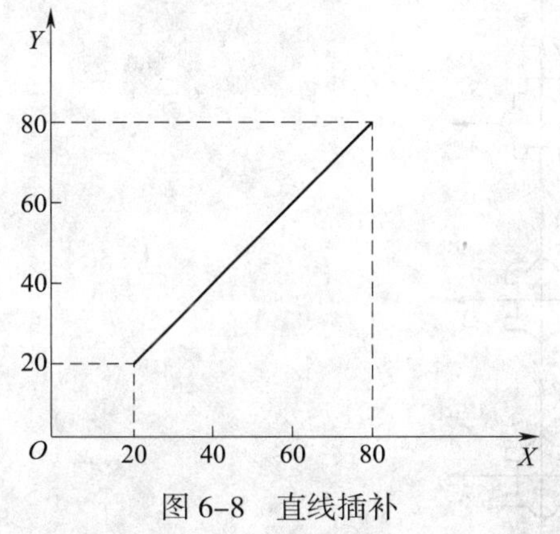

图 6-8　直线插补

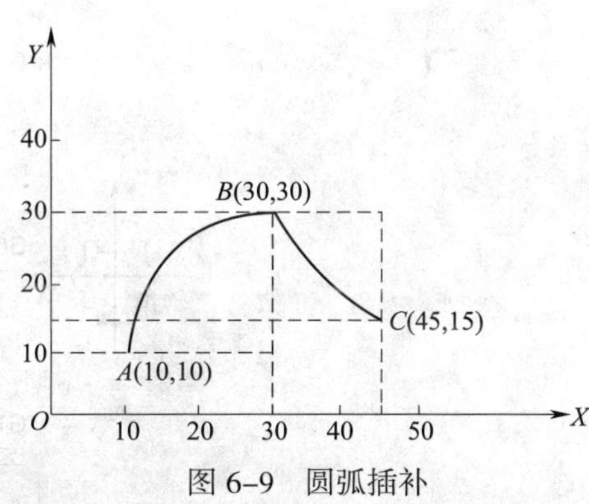

图 6-9　圆弧插补

（4）镜像和交换 G05、G06、G07、G08、G09、G10、G11、G12

对于加工一些对称性好的工件，利用原来的程序加上上述指令，很容易产生一个与之对应的新程序，如图 6-10 所示。

G05（*X* 轴镜像）　　　　函数关系式：Y=−Y

G06（*Y* 轴镜像）　　　　函数关系式：X=−X

G07（*X*、*Y* 轴交换）　　函数关系式：X=Y，Y=X

G08（*X*、*Y* 轴镜像）　　函数关系式：X=−X，Y=−Y，即 G08=G05+G06

G09（*X* 轴镜像，*X*、*Y* 轴交换）即 G09=G05+G07

G10（Y 轴镜像，X、Y 轴交换）即 G10=G06+G07

G11（X 轴镜像，Y 轴镜像，X、Y 轴交换）即 G11=G05+G06+G07

G12（取消镜像），每个程序镜像结束后都要加上该指令。

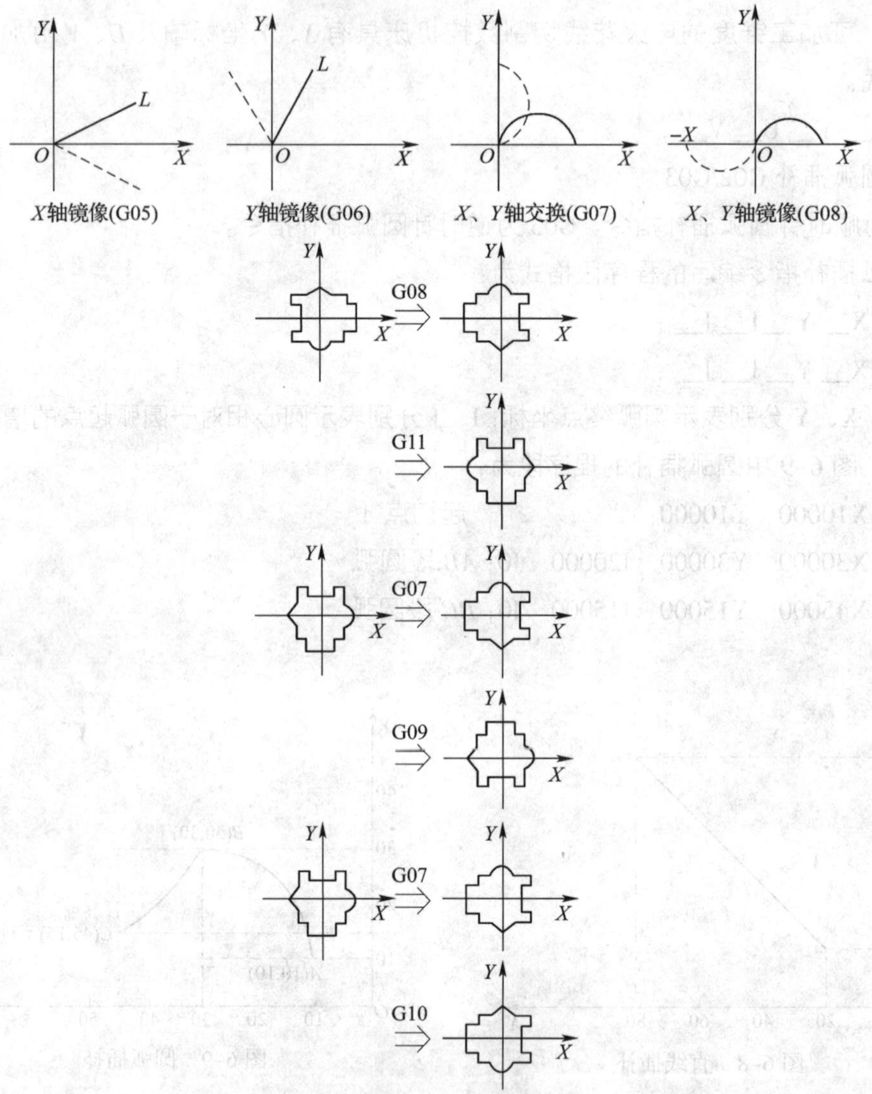

图 6-10　镜像和交换举例

【例 6-3】 要在一个毛坯上加工如图 6-11 所示两个相同的凸模，可以利用镜像加工指令进行编程（见图 6-12）。程序如下：

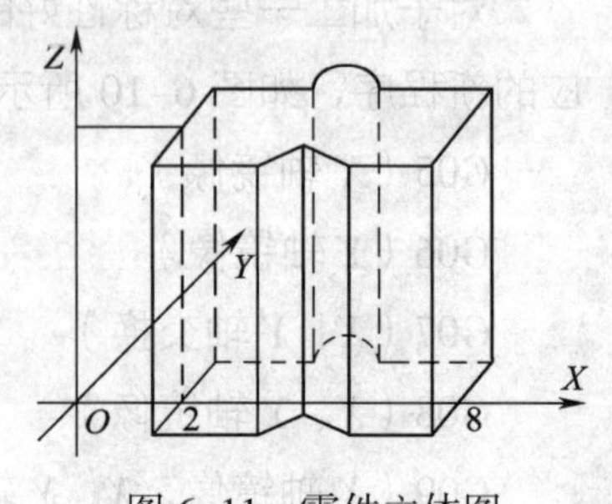

图 6-11　零件立体图

```
G05;
G92 X0 Y0;
G01 X2000 Y0;
G01 X2000 Y2000;
G01 X4000 Y2000;
```

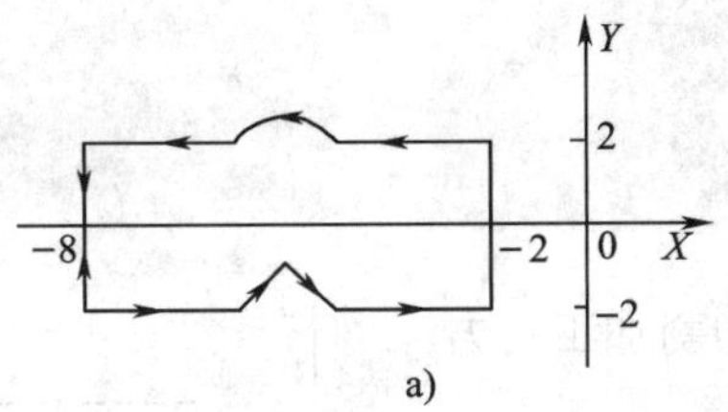

a)

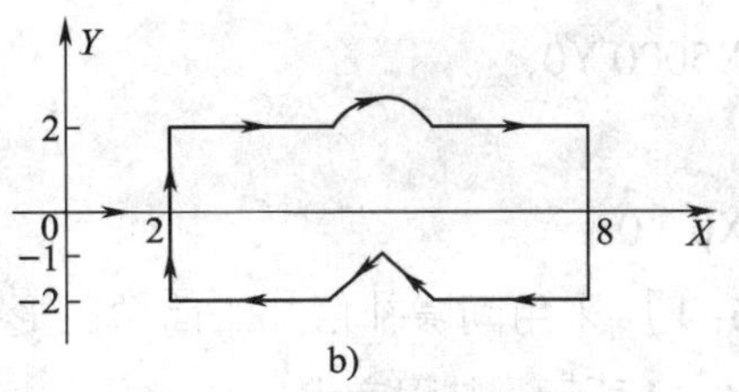

b)

图 6-12 镜像编程

a）镜像后的图形轨迹 b）原始图形轨迹

G02 X6000 Y2000 I1000 J0；

G01 X8000 Y2000；

G01 X8000 Y-2000；

G01 X6000 Y-2000；

G01 X5000 Y-1000；

G01 X4000 Y-2000；

G01 X2000 Y-2000；

G01 X2000 Y0；

G01 X0 Y0；

G12；

M02；

（5）间隙补偿 G40、G41、G42

G41 为间隙左补偿指令，其程序段格式为：G41 D_；

G42 为间隙右补偿指令，其程序段格式为：G42 D_；

程序段中的 D 表示间隙补偿量，而不是补偿号，其计算方法与前面的方法相同。

间隙左补偿、间隙右补偿是沿加工方向看，电极丝在加工图形左边为间隙左补偿；电极丝在加工图形右边为间隙右补偿，如图 6-13 所示。

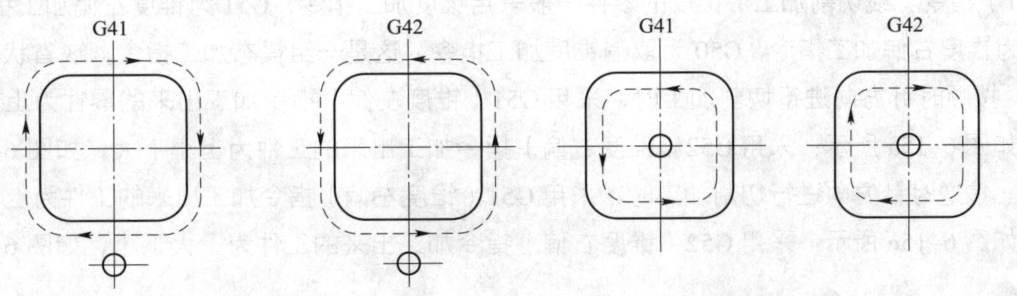

图 6-13 间隙补偿方向

例如：

G92 X0 Y0；

```
G41 D100;
G01 X5000 Y0;
G40;
G01 X0 Y0;
```

【例 6-4】 采用间隙补偿加工简单图形，即线切割加工正方形，如图 6-14 所示。其程序为：

```
G92 X0 Y0;
G41 D100;
G01 X5000 Y0;
G01 X5000 Y5000;
G01 X15000 Y5000;
G01 X15000 Y-5000;
G01 X5000 Y-5000;
G01 X5000 Y0;
G40;
G01 X0 Y0;
M02;
```

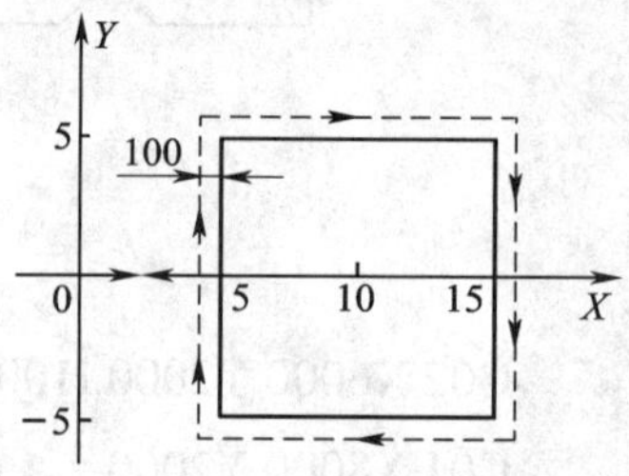

图 6-14 采用间隙左补偿线切割加工正方形

注意

1）此例加工的零件为凸模。

2）采用间隙补偿切割时，进刀线和退刀线不能与程序的第一条边或最后一条边重合或平行。切多边形时，进刀线应该选择 45° 方向或垂直进刀，如果选择平行或重合或极小角度进刀，则容易出错。

（6）锥度加工 G50、G51、G52

1）指令。线切割加工带锥度的零件一般采用锥度加工指令，G51 为锥度左偏加工指令，G52 为锥度右偏加工指令，G50 为取消锥度加工指令。这是一组模态加工指令，缺省状态为 G50。按顺时针方向进行切割加工时，采用 G51（锥度左偏）指令加工出来的零件为上大下小，如图 6-15a 所示；采用 G52（锥度右偏）指令加工出来的工件为上小下大，如图 6-15b 所示。按逆时针方向进行切割加工时，采用 G51（锥度左偏）指令加工出来的工件为上小下大，如图 6-15c 所示；采用 G52（锥度右偏）指令加工出来的工件为上大下小，如图 6-15d 所示。

格式：

G52A__ ；

G50；

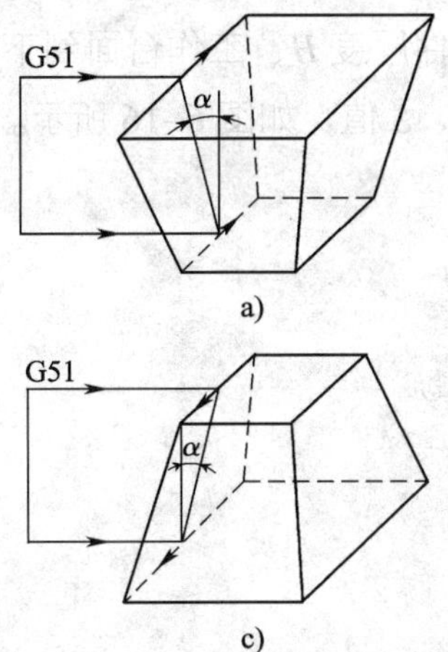

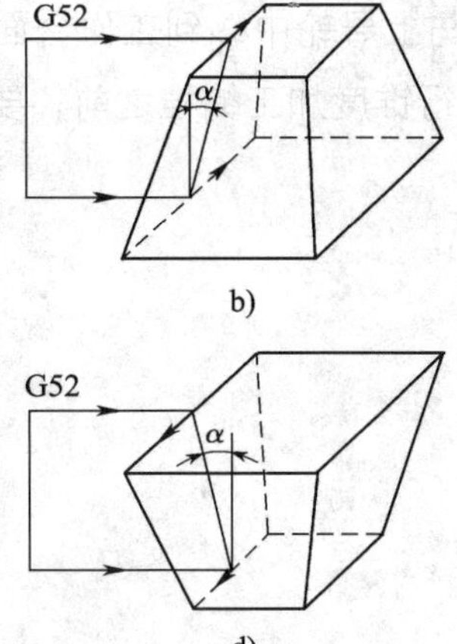

图 6-15　锥度加工指令的意义

a）顺时针方向加工 G51　b）顺时针方向加工 G52

c）逆时针方向加工 G51　d）逆时针方向加工 G52

2）锥度加工的条件。进行锥度线切割加工，首先必须输入下列参数，如图 6-16 所示。

①上导轮中心到工作台面的距离 S。

②工作台面到下导轮中心的距离 W。

③工件厚度 H。

图 6-16　锥度线切割加工中的参数定义

3）锥度加工的建立和退出。锥度加工的建立和退出过程如图 6-17 所示，建立锥度加工（G51 或 G52）和退出锥度加工（G50）程序段必须是 G01 直线插补程序段，分别在进刀线和退刀线中完成。

锥度加工的建立是从建立锥度加工直线插补程序段的起始点开始偏摆电极丝，到该程序段的终点时电极丝偏摆到指定的锥度值，如图 6-17a 所示。图中的程序面为待加工工件的下表面，与工作台面重合。

锥度加工的退出是从退出锥度加工直线插补程序段的起始点开始偏摆电极丝，到该程序段的终点时电极丝摆回 0° 位置（垂直状态），如图 6-17b 所示。

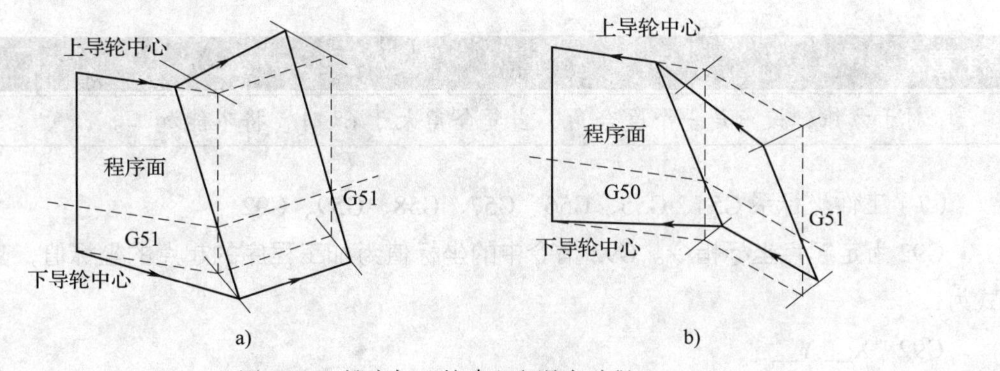

图 6-17　锥度加工的建立和退出过程

a）建立锥度加工　b）退出锥度加工

锥度加工与上导轮中心到工作台面的距离 *S*、工件厚度 *H*、工作台面到下导轮中心的距离 *W* 有关。进行锥度加工编程之前，要求给出 *W*、*H*、*S* 值，如图 6–16 所示。

格式：

```
G92 X0 Y0;
W60000;
H40000;
S100000;
G52 A4;
……
G50;
M02;
```

【例 6–5】 线切割加工带锥度的正方棱锥体工件，如图 6–18 所示。其程序为：

```
G92 X0 Y0;
W60000;
H40000;
S100000;
G52 A4;
G01 X5000 Y0;
G01 X5000 Y5000;
G01 X15000 Y5000;
G01 X15000 Y-5000;
G01 X5000 Y-5000;
G01 X5000 Y0;
G50;
G01 X0 Y0;
M02;
```

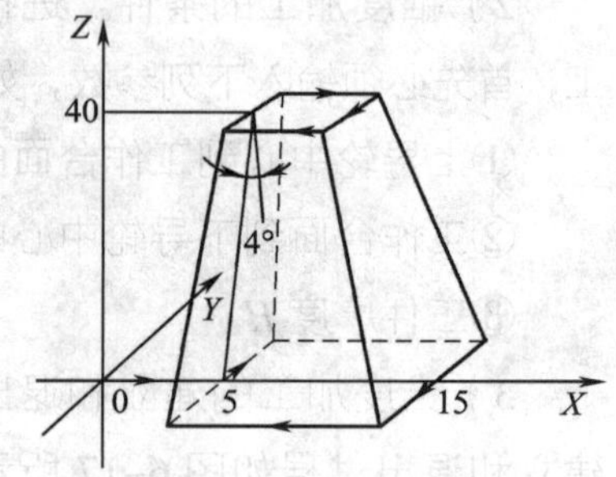

图 6–18 线切割锥度加工

注意

对于方锥，棱角是一个复合角，当复合角大于 6° 时，将不能加工。

（7）工件坐标系 G54、G55、G56、G57、G58、G59、G92

G92 为定起点坐标指令。G92 指令中的坐标值为加工程序的起点的坐标值，其程序段格式为：

G92 X__ Y__；

【例 6–6】 加工图 6–19 所示零件，按图样尺寸编程。

用 G90 指令编程：

A1；	程序名
N01 G92 X0 Y0；	确定加工程序起点 O 点
N02 G01 X10000 Y0；	$O \to A$
N03 G01 X10000 Y20000；	$A \to B$
N04 G02 X40000 Y20000 I15000 J0；	$B \to C$
N05 G01 X30000 Y0；	$C \to D$
N06 G01 X0 Y0；	$D \to O$
N07 M02；	程序结束

在采用 G92 设定起始点坐标之前，可以用 G54 ~ G59 选择工件坐标系，如图 6-20 所示。

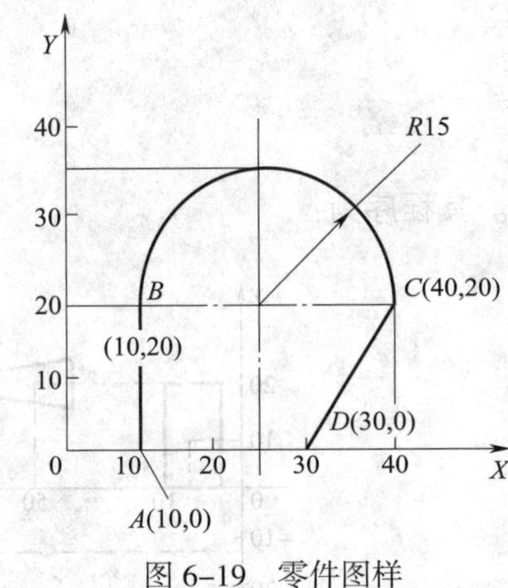

图 6-19　零件图样

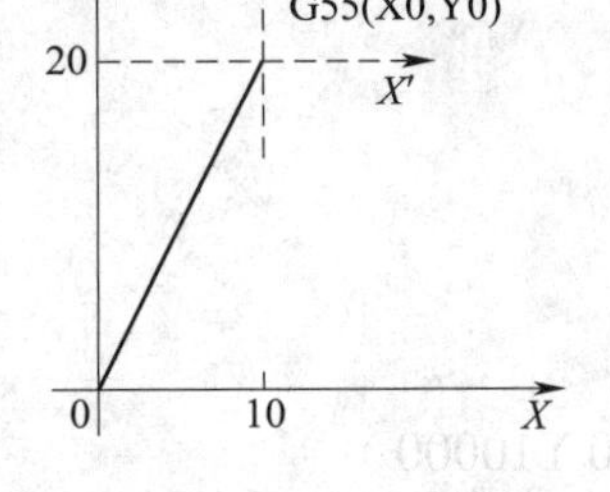

图 6-20　工件坐标系

G92 X0 Y0；

G54；

G00 X10000 Y20000，

G55；

G92 X0 Y0；

如果不选择工件坐标系，则当前坐标系被自动设定为本程序的工件坐标系。

（8）接触感知 G80

利用接触感知 G80 指令，可以使电极丝从当前位置沿某个坐标轴运动，接触工件，然后停止。该指令只在手动加工方式时有效。

（9）半程移动 G82

利用半程移动 G82 指令，使电极丝沿指定坐标轴移动指令路径一半的距离。该指令只在手动加工方式时有效。

（10）校正电极丝 G84

校正电极丝 G84 指令的功能是通过微弱放电校正电极丝，使之与工作台垂直。在进行加工之前，一般要先进行校正。此功能有效后，开丝筒，高频电极丝接近导电体会产生微弱放电。该指令只在手动加工方式时有效。

（11）程序暂停 M00

执行 M00 以后，程序停止，机床信息将被保存，按“回车”键继续执行下面的程序。

（12）程序结束 M02

主程序结束，加工完毕，返回菜单。

（13）解除接触感知 M05

解除接触感知 G80。

（14）子程序调用 M96

调用子程序。

格式：M96 SUB1.；

调用子程序 SUB1，程序名后面要求加圆点。

（15）子程序结束 M97

主程序调用子程序结束。

【例 6–7】 子程序调用编程，如图 6–21 所示。其程序为：

主程序

G90；

G54；

G92 X0 Y0；

G00 X10000 Y10000；

M00；

M96 B：TU111.；

M00；

G54；

G00 X50000 Y20000；

M00；

M96 B：TU112.；

M00；

G54；

G00 X70000 Y–13000；

M00；

M96 B：TU113.；

M97；

M02；

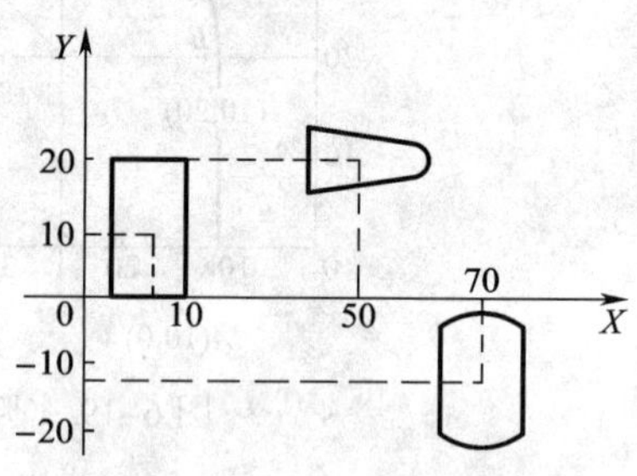

图 6–21 跳步模加工

子程序①（程序名 TU111）：加工第一个图形四方形凹模，如图 6–22 所示。

G55；

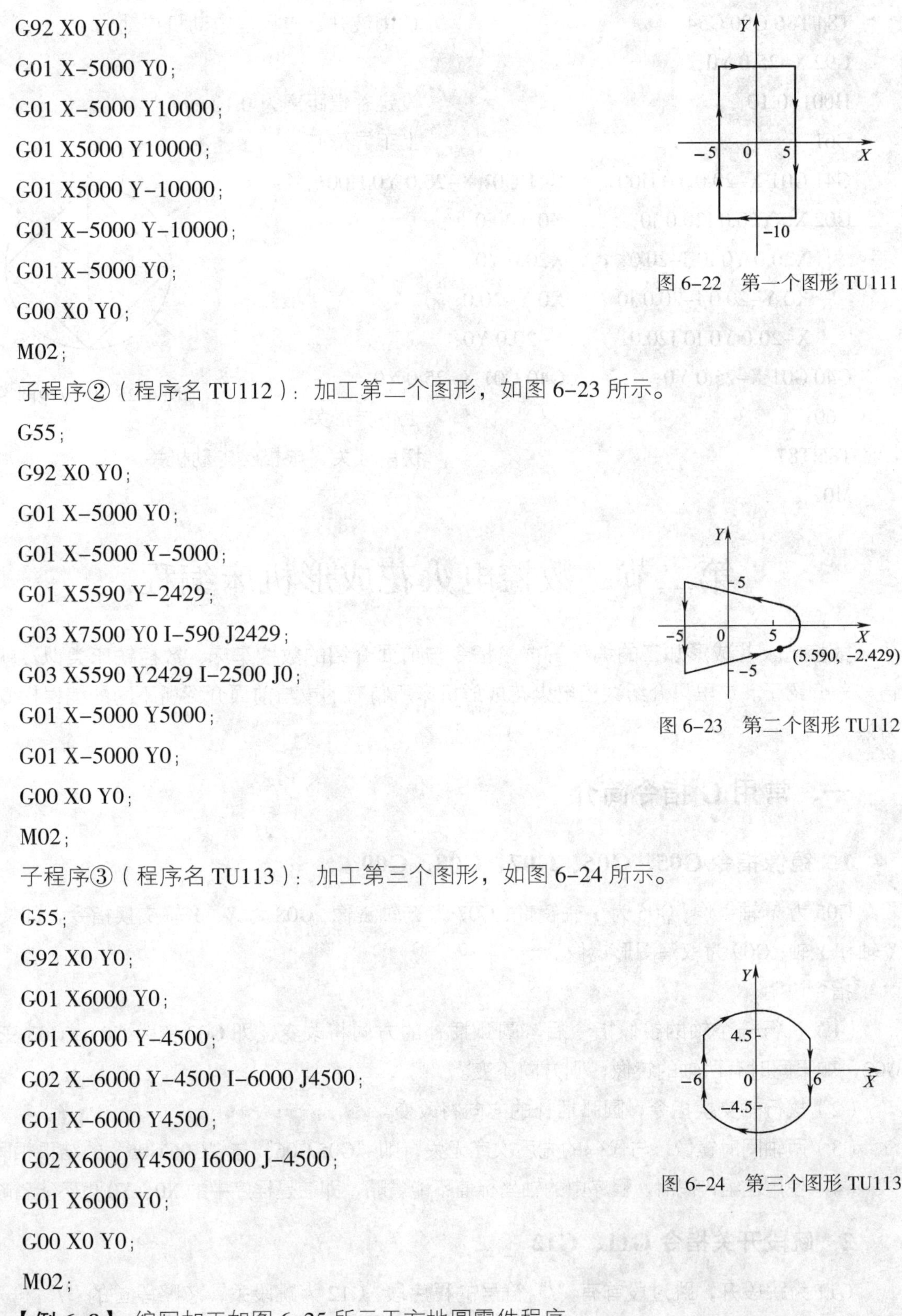

```
G92 X0 Y0;
G01 X-5000 Y0;
G01 X-5000 Y10000;
G01 X5000 Y10000;
G01 X5000 Y-10000;
G01 X-5000 Y-10000;
G01 X-5000 Y0;
G00 X0 Y0;
M02;
```

图 6-22　第一个图形 TU111

子程序②（程序名 TU112）：加工第二个图形，如图 6-23 所示。

```
G55;
G92 X0 Y0;
G01 X-5000 Y0;
G01 X-5000 Y-5000;
G01 X5590 Y-2429;
G03 X7500 Y0 I-590 J2429;
G03 X5590 Y2429 I-2500 J0;
G01 X-5000 Y5000;
G01 X-5000 Y0;
G00 X0 Y0;
M02;
```

图 6-23　第二个图形 TU112

子程序③（程序名 TU113）：加工第三个图形，如图 6-24 所示。

```
G55;
G92 X0 Y0;
G01 X6000 Y0;
G01 X6000 Y-4500;
G02 X-6000 Y-4500 I-6000 J4500;
G01 X-6000 Y4500;
G02 X6000 Y4500 I6000 J-4500;
G01 X6000 Y0;
G00 X0 Y0;
M02;
```

图 6-24　第三个图形 TU113

【例 6-8】 编写加工如图 6-25 所示天方地圆零件程序。

```
O0620
```

```
T84 T86 G90 G54;                                              切削液开，电极丝电动机启动
G92 X-25.0 Y0;
H001=0.10;                                                    设定补偿距离为 0.10 mm
G61;                                                          上下异形开
G41 G01 X-20.0 Y0 H001;       G41 G01 X-20.0 Y0 H001;
G02 X0 Y20.0 I20.0 J0;        X0 Y20.0;
    X20.0 Y0 I0 J-20.0;       X20.0 Y0;
    X0 Y-20.0 I-20.0 J0;      X0 Y-20.0;
    X-20.0 Y0 I0 J20.0;       X-20.0 Y0;
G40 G01 X-25.0 Y0;            G40 G01 X-25.0 Y0;
G60;                                                          上下异形关
T85 T87;                                                      切削液关，电极丝电动机关
M02;                                                          程序结束
```

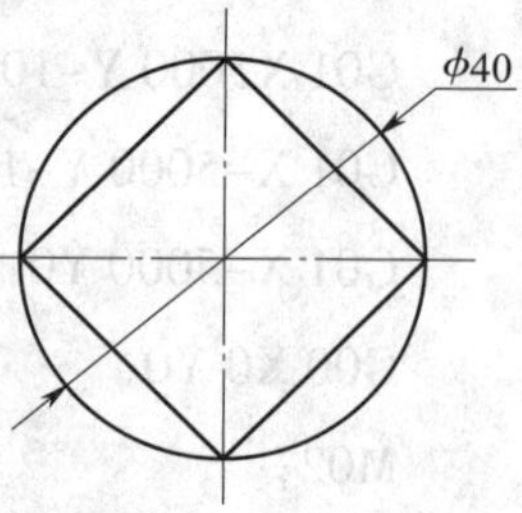

ϕ40

图 6-25 天方地圆零件

第二节 数控电火花成形机床编程

数控电火花成形加工的编程有很多指令与前面介绍的数控车床、数控铣床类似，就不再一一介绍了。这里只介绍数控电火花成形机床所特有的或与前面介绍所不同的编程指令和方法。

一、常用 G 指令简介

1. 镜像指令 G05、G06、G07、G08、G09

G05 为 *X* 轴镜像；G06 为 *Y* 轴镜像；G07 为 *Z* 轴镜像；G08 为 *X*、*Y* 轴交换指令，即交换 *X* 轴和 *Y* 轴；G09 为取消图形镜像。

指令说明：

（1）执行一个轴的镜像指令后，圆弧插补的方向将改变，即 G02 变为 G03，G03 变为 G02，如果同时有两轴的镜像，则方向不变。

（2）执行轴交换指令，圆弧插补的方向将改变。

（3）两轴同时镜像，与代码的先后次序无关，即“G05 G06”与“G06 G05”的结果相同。

（4）使用这组代码时，程序中的轴坐标值不能省略，即使是程序中的 X0、Y0 也不能省略。

2. 跳段开关指令 G11、G12

G11 为跳段开，跳过段首有“/”符号的程序段；G12 为跳段关，忽略段首的“/”符号，照常执行该程序段。

3. 返回 *C* 轴零点指令 G15

执行 G15 代码后，*C* 轴返回到零点，这时 G54 ~ G59 坐标系中的 U 值将会为零。

4. 图形旋转指令 G26、G27

图形旋转是指编程轨迹绕 G54 坐标系原点旋转一定的角度。G26 为旋转打开，G27 为旋转取消。其旋转角度由两种方式给出：

（1）由 RX、RY 给出（见图 6-26a），即通过给出 RX、RY 来决定旋转角度，这时 θ=arctan（RY/RX）。例如“G26　RX1.RY1.；”表示图形旋转 45°。

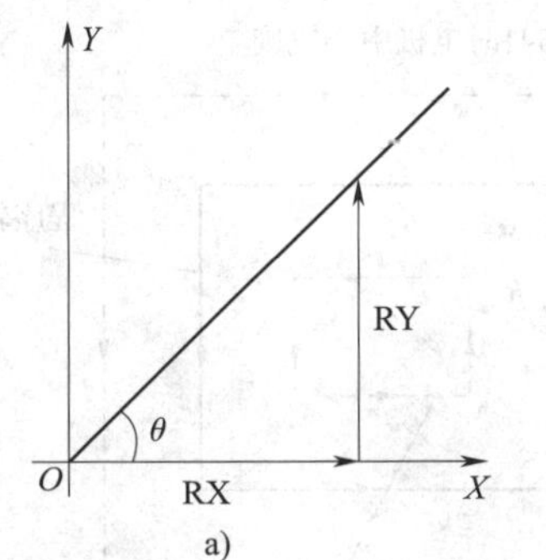

a)

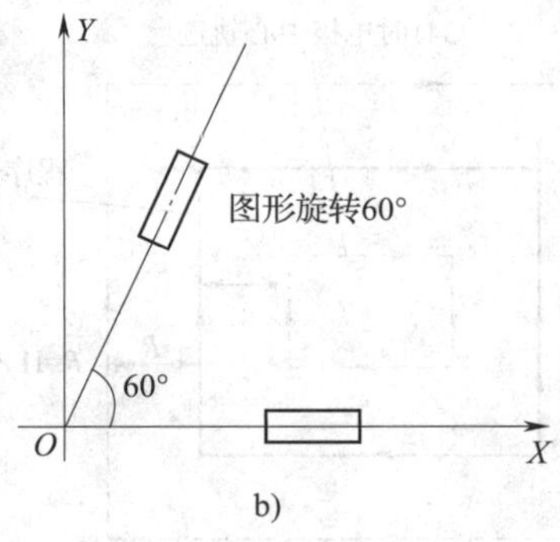

b)

图 6-26　图形旋转方式

（2）由 RA 直接给出旋转角度，单位为“°”（见图 6-26b）。例如“G26　RA60.；”表示图形旋转 60°。

取消图形旋转用 G27 代码。

注意

图形旋转功能只能在 G54 坐标系下，并且平面为 G17 时有效，否则出错。

5. 尖角过渡指令 G28、G29

G28 为尖角圆弧过渡，在尖角处加一个过渡圆，缺省为 G28。G29 为尖角直线过渡，在尖角处加工过渡直线，以避免尖角损伤。尖角圆弧过渡和尖角直线过渡如图 6-27 所示（虚线为刀具中心轨迹）。当补偿值为 0 时，尖角过渡无效。

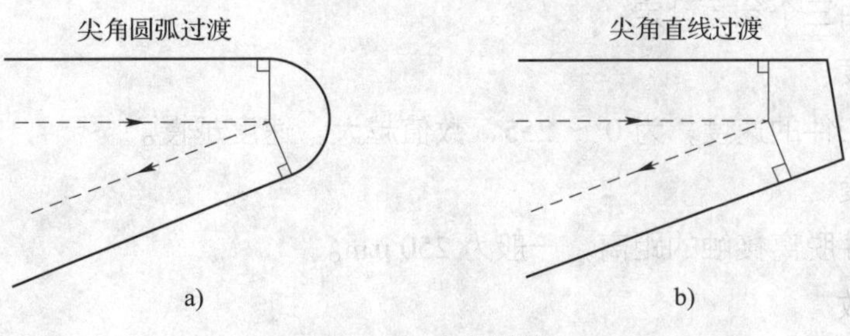

a)　b)

图 6-27　尖角过渡

6. 抬刀控制指令 G30、G31

G30 为抬刀方向按用户指定的轴向进行，如“G30 Z+”即抬刀方向为 Z 轴正向。G31 为按指定加工路径的反方向抬刀。

7. 电极半径补偿指令 G40、G41、G42

电极半径补偿功能是电极中心轨迹在编程轨迹上进行一个偏移。G41 为电极半径左补偿，G42 为电极半径右补偿，如图 6–28 所示。它是在电极中心轨迹的前进方向上向左或右偏移一定量，偏移量由“H×××”确定，如“G41 H×××”。

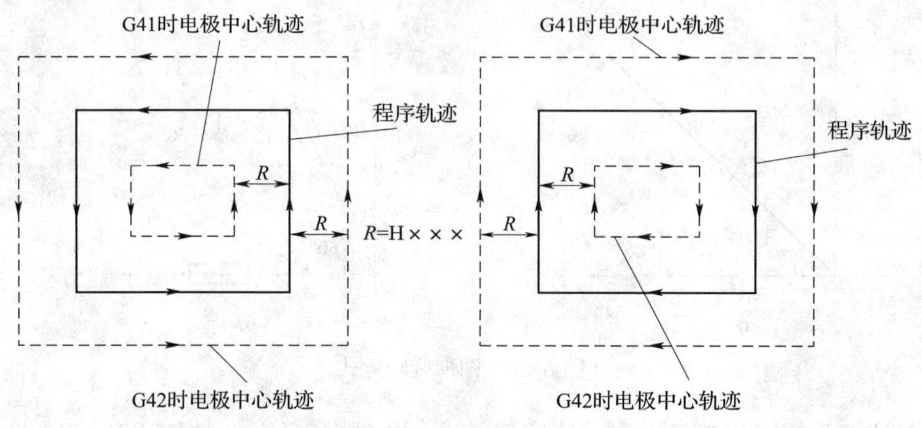

图 6–28　电极半径左、右补偿

补偿值可以通过三位十进制的补偿值代号来进行指定，每一个补偿值代号对应一个具体的补偿值，它存储在 Offset 文件中，一开机自动调入机器中，补偿值代号从 H000 ~ H999 共 1 000 种，范围为 0.001 ~ 99 999.999 mm，用户可以通过“H×××=______”的格式为某一补偿值代号赋予一个定值。

8. 感知指令 G80

执行该代码可以命令指定轴沿给定方向前进，直到和工件接触为止。方向用“+”“–”号表示（“+”“–”号均不能省略）。如“G80 Z–；”使电极沿 Z 轴负方向以感知速度前进，接触到工件后，回退一小段距离，再接触工件，再回退，上述动作重复数次后停止，确认已找到了接触感知点，并显示“接触感知”。

接触感知可由三个参数设定：

（1）感知速度

即电极接近工件的速度，为 0 ~ 255，数值越大，速度越慢。

（2）回退长度

即电极与工件脱离接触的距离，一般为 250 μm。

（3）感知次数

即重复次数，为 0 ~ 127 次，一般为 4 次。

9. 回极限位置指令 G81

该指令使指定的轴回到极限位置停止。如“G81 Y-；”使机床 *Y* 轴快速移动到负极限后减速，有一定过冲，然后回退一段距离，再以低速到达极限位置停止，如图 6–29 所示。

10. 回到当前位置与零点间距离的一半指令 G82

执行该指令，电极移动到工作台当前位置与零点间距离一半处。例如：

N001 G92 G54 X0 Y0；

N002 G00 X100 Y100；

N003 G82 X；

G82 指令的运动过程如图 6–30 所示。

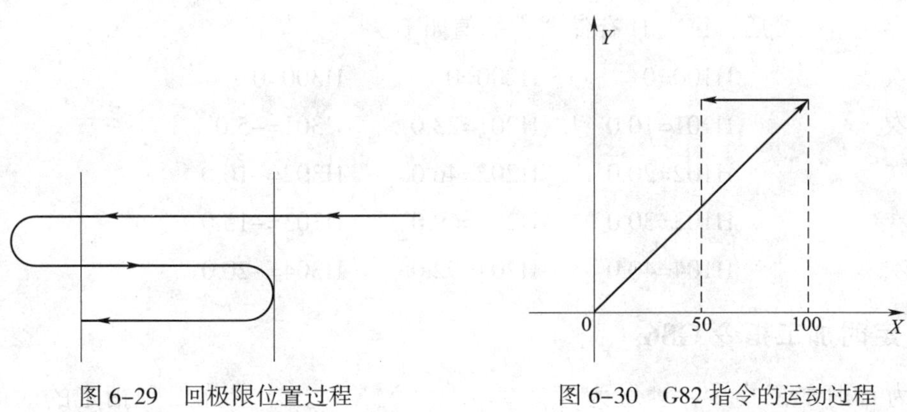

图 6–29 回极限位置过程　　图 6–30 G82 指令的运动过程

11. 读坐标值指令 G83

G83 把指定轴的当前坐标值读到指定的 H 存储器中，H 存储器地址范围为 000 ~ 890。例如“G83 X102；”把当前 *X* 坐标值读到存储器 H102 中；“G83 Z503；”把当前 *Z* 坐标值读到存储器 H503 中。

12. 定义存储器起始地址指令 G84

G84 为 G85 定义一个 H 存储器的起始地址。

13. 读坐标值指令 G85

该指令把当前坐标值读到由 G84 指定了起始地址的 H 存储器中，同时 H 存储器地址加 1。例如：

G90 G92 X0 Y0 Z0；

G84 X100；　　*X* 坐标值放入 H100 开始的地址

G84 Y200；　　*Y* 坐标值放入 H200 开始的地址

G84 Z300；　　*Z* 坐标值放入 H300 开始的地址

```
M98 D0010 L5；
M02；
N0010；
G91；
G85 X；
G85 Y；
G85 Z；
G00 X10.0；
G00 Y23.0；
G00 Z-5.0；
M99；
```

子程序执行完成后，每次 H 存储器内的值如下：

第一次	H100=0	H200=0	H300=0
第二次	H101=10.0	H201=23.0	H301=-5.0
第三次	H102=20.0	H202=46.0	H302=-10.0
第四次	H103=30.0	H203=69.0	H303=-15.0
第五次	H104=40.0	H204=92.0	H304=-20.0

14. 定时加工指令 G86

G86 为定时加工指令，地址为 X 或 T，地址为 X 时，本段加工到指定的时间后结束（不管加工深度是否达到设定值）；地址为 T 时，在加工到设定深度后，启动定时加工，再持续加工指定的时间，但加工深度不会超过设定值。G86 仅对其后的第一个加工代码有效。时分秒各 2 位，共 6 位数，不足补 0。

格式为：G86 ×（地址）××（时）××（分）××（秒）；

例如：G86 X001000；

G01 Z-20；

加工 10 min，不管 *Z* 向是否达到深度 -20 mm 均结束。

二、M 指令简介

1. 忽略接触感知指令 M05

M05 代码忽略接触感知，当电极与工件接触感知并且停在此处后，若要把电极移走，需使用此代码，注意 M05 代码只在本段程序起作用。

2. *R* 轴旋转指令 M08/M09

M08 是 *R* 轴旋转开指令，其后可跟一个旋转速度。执行此代码，能使 *R* 轴以指定的速度旋转。M09 代码是 R 轴旋转关指令，使 R 轴停止旋转。

三、R 转角功能

R 转角功能是在两条曲线的连接处加一段过渡圆弧，圆弧的半径由 R 指定，圆弧与两条曲线均相切，如图 6–31 所示。程序指定 R 转角功能的格式为：

G01 X__ Y__ R__ ；

G02 X__ Y__ I__ J__ R__ ；

G03 X__ Y__ I__ J__ R__ ；

R 转角功能的几点说明：

（1）R 及半径值必须和第一段曲线的运动代码在同一程序段内。

（2）R 转角功能仅在有补偿的状态下（G41、G42）才有效。

（3）当用 G40 取消补偿后，程序中 R 转角指定无效。

（4）在 G00 代码后加 R 转角功能无效。

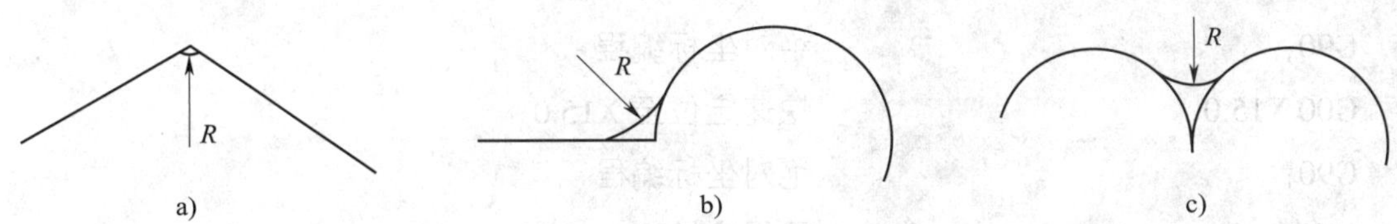

图 6–31　R 转角功能

a）直线接直线　b）直线接圆弧　c）圆弧接圆弧

【例 6–9】 如图 6–32 所示，要加工 9 个孔，这里采用调用子程序的方式进行编程，编程时工件坐标系的位置如图 6–33 所示。

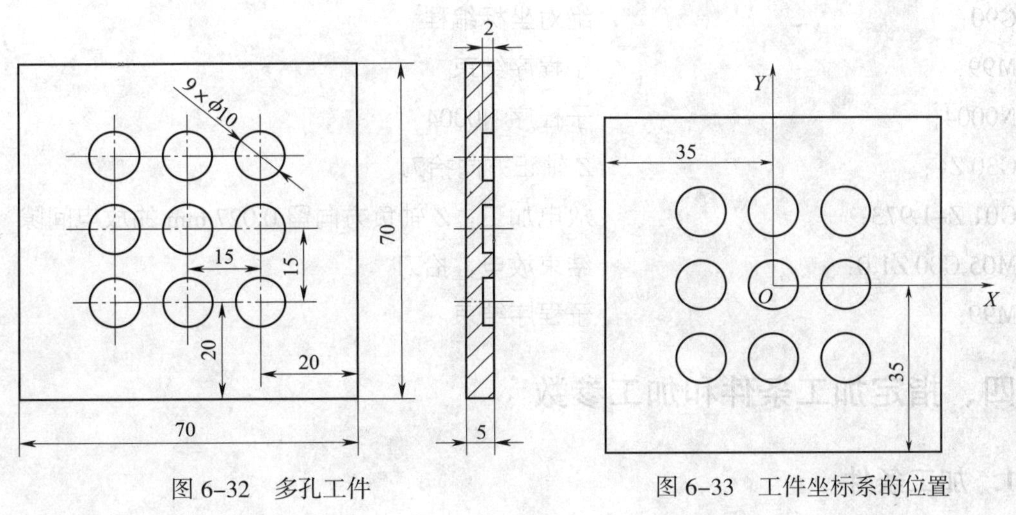

图 6–32　多孔工件　　图 6–33　工件坐标系的位置

加工程序如下：

G54；	选择坐标系
G90；	绝对坐标编程
G17；	选择 *XOY* 平面作为加工平面
T84；	启动工作液泵
G00 Z1.0；	快速定位至安全高度，安全高度为 1
G00 X15.0 Y15.0；	快速定位至 X15.0 Y15.0
M98 P0002 L3；	调用子程序 N0002
T85；	关闭工作液泵
M02；	程序结束
N0002；	子程序 N0002
M98 P0003 L3；	调用子程序 N0003
G91；	增量坐标编程
G00 Y–15.0；	沿 *Y* 轴负方向移动 15 mm
G90；	绝对坐标编程
G00 X15.0；	快速定位至 X15.0
G90；	绝对坐标编程
M99；	子程序结束
N0003；	子程序 N0003
M98 P0004；	调用子程序 N0004
G91；	增量坐标编程
G00 X–15.0；	沿 *X* 轴负方向移动 15 mm
G90；	绝对坐标编程
M99；	子程序结束
N0004；	子程序 N0004
G30 Z+；	*Z* 轴正方向抬刀
G01 Z–1.973；	放电加工，*Z* 轴负方向留 0.027 mm 的放电间隙
M05 G00 Z1.0；	结束放电，抬刀
M99；	子程序结束

四、指定加工条件和加工参数

1. 加工条件

在程序中，若要指定或更改加工条件的某种参数，需使用表 6–4 中的代码。

表 6–4　　加工条件代码

更改项	所用代码	格式	功能
POL ±	POL	POL+/POL–	选择极性
PW	PW	PW**	设置放电脉冲时间
PG	PG	PG**	设置不放电脉冲时间
PI	PI	PI**	设置主电源电流峰值
VS	VS	VS**	设置辅助电路
CC	CC	CC*	设置充放电电容
SV	SV	SV*	设置伺服基准电压
CV	CV	CV*	设置主电源供应电压
SF	SF	SF*	设置伺服速度
EX	EX	EX*	调节［OFF］脉冲宽度
JP	JP	JP*	设置抬刀时间
DC	DC	DC*	设置放电时间
OBT	OBT	OBT***	选择平动方式
STEP	STEP	STEP****	设置平动半径

（1）指定或更改加工条件的各参数，只在本程序中有效，不会对该程序以外的加工构成影响。

（2）格式一栏中地址后的“*”表示一位十进制数，有几个“*”表示接几位十进制数，除地址［STEP］外，位置不够的用“0”补齐。

（3）地址［STEP］后接的数据为平动量，最大可以是 9 999 μm，即 9.999 mm。如果［STEP］后接的数全为零时，不执行平动动作。［STEP］后的平动量指定可以用运算符来表示。

（4）地址［OBT］用来指定平动类型，由三位十进制数组成，电极平动类型代码见表 6–5。

表 6–5　　电极平动类型代码

伺服平面		图形					
		不平动	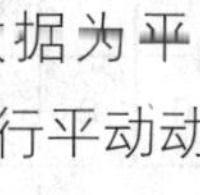		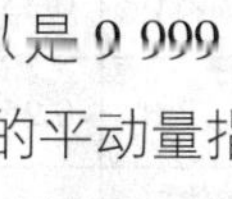	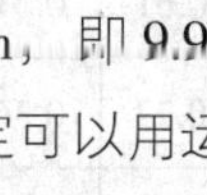	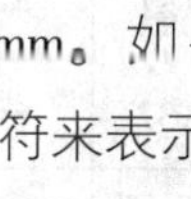
自由平动	XOY 平面	000	001	002	003	004	005
	XOZ 平面	010	011	012	013	014	015
	YOZ 平面	020	021	022	023	024	025

2. 加工参数（C 代码）

在程序中，C 代码用于选择加工条件，格式为“C”后跟三位十进制数，“C”和数字之间不能有别的字符，数字也不能省略，不够三位要补“0”，如 C006。各参数显示在加工条件显示区中，加工中可随时更改。加工条件的范围是 C000 ~ C999，共 1 000 种加工条件。不同的电极、不同的工件材料其参数也不同。表 6–6 为铜打钢的标准型参数。

表 6–6　铜打钢的标准型参数

条件号（C 代码）	面积 /cm²	安全间隙 /mm	放电间隙 /mm	加工速度 /（mm³/min）	损耗 /%	表面粗糙度 *Ra*/μm		极性	电容	高压管数	管数	脉冲间隙	脉冲宽度	模式	损耗类型	伺服基准	伺服速度	极限值	
						侧面	底面											脉冲间隙	伺服基准
121		0.045	0.040			1.1	1.2	+	0	0	2	4	8	8	0	80	8		
123		0.070	0.045			1.3	1.4	+	0	0	3	4	8	8	0	80	8		
124		0.10	0.050			1.6	1.6	+	0	0	4	6	10	8	0	80	8		
125		0.12	0.055			1.9	1.9	+	0	0	5	6	10	8	0	75	8		
126		0.14	0.060			2.0	2.6	+	0	0	6	7	11	8	0	75	10		
127		0.22	0.11	4.0		2.8	3.5	+	0	0	7	8	12	8	0	75	10		
128	1	0.28	0.165	12.0	0.40	3.7	5.8	+	0	0	8	11	15	8	0	75	10	5	52
129	2	0.38	0.22	17.0	0.25	4.4	7.4	+	0	0	9	13	17	8	0	75	12	6	52
130	3	0.46	0.24	26.0	0.25	5.8	9.8	+	0	0	10	13	18	8	0	70	12	6	50
131	4	0.61	0.31	46.0	0.25	7.0	10.2	+	0	0	11	13	18	8	0	70	12	5	48
132	6	0.72	0.36	77.0	0.25	8.2	12.0	+	0	0	12	14	19	8	0	65	15	5	48
133	8	1.00	0.53	126.0	0.15	12.2	15.2	+	0	0	13	14	22	8	0	65	15	5	45
134	12	1.06	0.544	166.0	0.15	13.4	16.7	+	0	0	14	14	23	8	0	58	15	7	45
135	20	1.581	0.84	261.0	0.15	15.0	18.0	+	0	0	15	16	25	8	0	58	15	8	45

【例 6–10】 编写加工如图 6–34 所示零件的程序，材料为硬质合金。图 6–35 为电极的设计，材料为纯铜。

（1）加工条件的选择

1）电极直径为 19.41 mm。

2）电极横截面尺寸为 3.14 cm²，根据表 6–6 可选择初始加工条件 C131，但采用 C131 时电极的最大直径为 19.39 mm（型腔尺寸减去安全间隙：20–0.61=19.39）。现有电极直径大于 19.39 mm，则只能选下一个条件 C130 为初始加工条件。当选 C130 为初始加工条件时，电极的最大直径为 20−0.46=19.54（mm）。现电极直径为 19.41 mm，因此，最终选择初始加工条件为 C130。

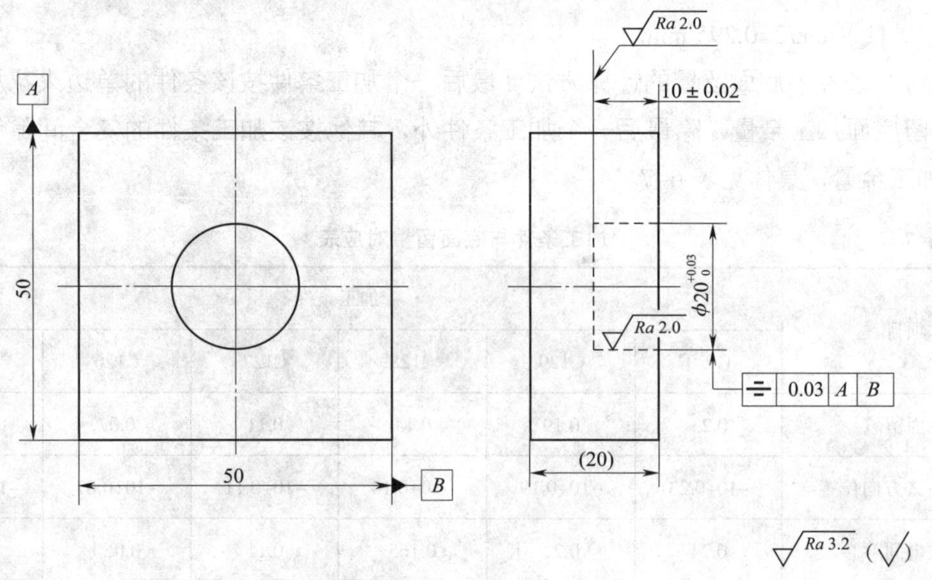

图 6-34　零件图

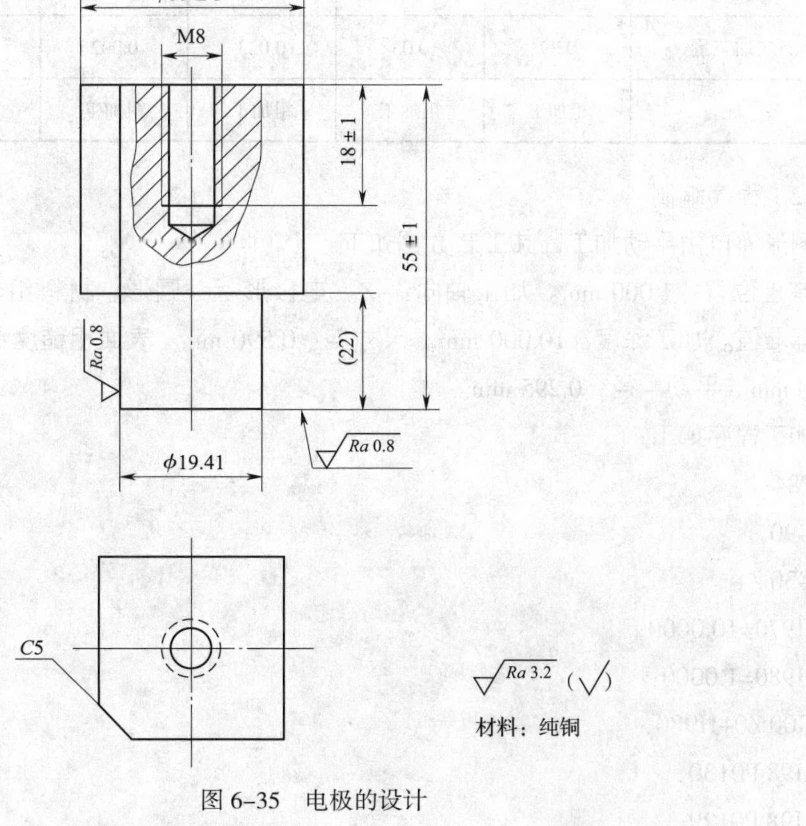

图 6-35　电极的设计

3）根据图 6–34 所示型腔加工的最终表面粗糙度为 *Ra* 2.0 μm，由表 6–6 选择最终加工条件 C125。因此，工件最终的加工条件为 C130 → C129 → C128 → C127 → C126 → C125。

4）平动半径的确定。平动半径为电极直径收缩量的一半，即（型腔尺寸 – 电极直径）/2=（20–19.41）mm/2=0.295 mm。

5）每个条件的底面留量的计算方法。最后一个加工条件按该条件的单边火花放电间隙值（δ）留底面加工余量，除最后一个加工条件外，其他按该加工条件的安全间隙值的一半留底面加工余量，具体见表 6–7。

表 6–7　　加工条件与底面留量对应表　　mm

项目	加工条件					
	C130	C129	C128	C127	C126	C125
底面留量	0.23	0.19	0.14	0.11	0.07	0.0275
电极在 *Z* 方向位置	–10+0.23	–10+0.19	–10+0.14	–10+0.11	–10+0.07	–10+0.0275
放电间隙	0.24	0.22	0.165	0.11	0.060	0.055
该条件加工完后孔深	–10+0.23–0.24/2=–9.89	–10+0.19–0.22/2=–9.92	–10+0.14–0.165/2=–9.943	–10+0.11–0.11/2=–9.945	–10+0.07–0.060/2=–9.96	–10+0.027 5–0.055/2=–10
Z 方向加工量	9.89	0.03	0.023	0.002	0.015	0.04
备　注	粗加工	粗加工	粗加工	粗加工	粗加工	精加工

（2）程序编制

图形为自由平动加工，其工艺数据如下：

停止位置：1.000 mm。加工轴向：–*Z*。电极形状：圆形。材料组合：铜 – 钢。工艺选择：标准值。加工深度：10.000 mm。尺寸差：0.590 mm。表面粗糙度：2.0 μm。电极直径：19.410 mm。平动半径：0.295 mm。

加工程序如下：

```
T84；
G90；
G30 Z+；
H970=10.0000；
H980=1.0000；
G00 Z0+H980；
M98 P0130；
M98 P0129；
```

```
M98 P0128;
M98 P0127;
M98 P0126;
M98 P0125;
T85 M02;
N0130;
G00 Z+0.5;
C130 OBT001 STEP0065;
G01 Z+0.2300-H970;
M05 G00 Z0+H980;
M99;
N0129;
G00 Z+0.5;
C129 OBT001 STEP0143;
G01 Z+0.190-H970;
M05 G00 Z0+H980;
M99;
N0128;
G00 Z+0.5;
C128 OBT001 STEP0183;
G01 Z+0.140-H970;
M05 G00 Z0+H980;
M99;
N0127;
G00 Z+0.5;
C127 OBT001 STEP0207;
G01 Z+0.110-H970;
M05 G00 Z0+H980;
M99;
N0126;
G00 Z+0.5;
C126 OBT001 STEP0239;
G01 Z+0.070-H970;
M05 G00 Z0+H980;
M99;
```

N0125；

G00 Z+0.5；

C125 OBT001 STEP0268；

G01 Z+0.0270–H970；

M05 G00 Z0+H980；

M99；

五、T 代码

T 代码与机床操作面板上的手动开关相对应。在程序中使用这些代码，可以不必由人工操作面板上的手动开关。常用 T 代码见表 6–8。

表 6–8　　常用 T 代码

代码	功能	代码	功能
T01 ~ T24	指定要调用的电极号	T86	加工介质喷淋
T82	加工介质排液	T87	加工介质停止喷淋
T83	保持加工介质	T96	向加工槽送液
T84	液压泵打开	T97	停止向加工槽送液
T85	液压泵关闭		

第七章　用于数控机床上下料的工业机器人编程

第一节　认识工业机器人的编程

机器人运动和控制在机器人的程序编制上得到有机结合，机器人程序设计是实现人与机器人通信的主要方法，也是研究机器人系统最困难和关键的问题之一。

一、示教编程

如图 7–1 所示，示教编程又叫作在线编程或示教再现编程，用于示教再现机器人中，它是目前大多数工业机器人的编程方式，在机器人作业现场进行。所谓示教编程，即操作者根据机器人作业的需要把机器人末端执行器送到目标位置，且处于相应的姿态，然后把这一位置、姿态所对应的关节角度信息记录到存储器保存。对机器人作业空间的各点重复以上操作，就把整个作业过程记录下来，再通过适当的软件系统，自动生成整个作业过程的程序代码，这个过程就是示教过程。

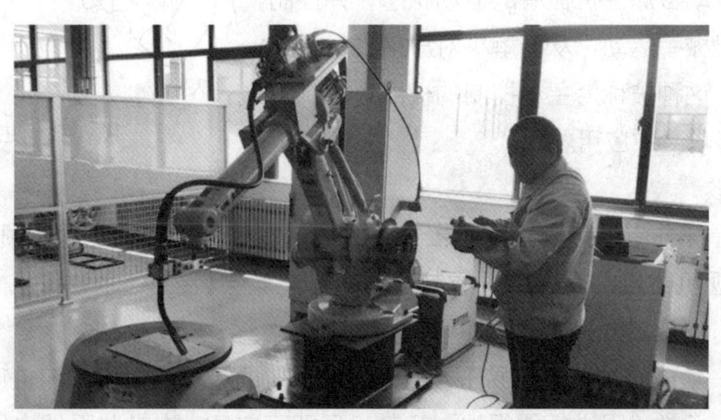

图 7–1　示教编程

机器人示教后可以立即应用，在再现时，机器人重复示教时存入存储器的轨迹和各种操作，如果需要，过程可以重复多次。机器人实际作业时，再现示教时的作业操作步骤就能完成预定工作。机器人示教产生的程序代码与机器人编程语言的程序指令形式非常类似。

目前，企业引入的以第一代工业机器人为主，其基本工作原理是“示教 – 再现”。

“示教”也称导引，即由操作者直接或间接导引机器人，一步步按实际作业要求告知机器人应该完成的动作和作业的具体内容，机器人在导引过程中以程序的形式将其记忆下来，并存储在机器人控制装置内。

“再现”则是通过存储内容的回放，机器人就能在一定精度范围内按照程序展现所示教的动作和赋予的作业内容。程序是把机器人的作业内容用机器人语言加以描述的文件，用于保存示教操作中产生的示教数据和机器人指令。

示教编程的优点是操作简单，不需要环境模型；易于掌握，操作者不需要具备专门知识，不需要复杂的装置和设备；轨迹修改方便，再现过程快；对实际的机器人进行示教时，可以修正机械结构带来的误差。示教编程的缺点是功能编辑比较困难，难以使用传感器，难以表现条件分支，对实际的机器人进行示教时，要占用机器人。

1. 示教方法的种类

示教方法有很多种，有主从示教、直接示教、示教器示教等多种。

（1）主从示教

第二次世界大战期间，由于核工业和军事工业的发展，美国原子能委员会的阿贡实验室研制了“遥控机械手”，用于代替人生产和处理放射性材料。1948 年，这种较简单的机械装置被改进，开发出了机械式的主从机械手（见图 7–2）。它由两个结构相似的机械手组成，主机械手在控制室，从机械手在有辐射的作业现场，两者之间有透明的防辐射墙相隔。操作者用手操纵主机械手，控制系统会自动检测主机械手的运动状态，并控制从机械手跟随主机械手运动，从而解决对放射性材料的远距离操作问题。这种被称为主从控制的机器人控制方式，至今仍在很多场合中应用。

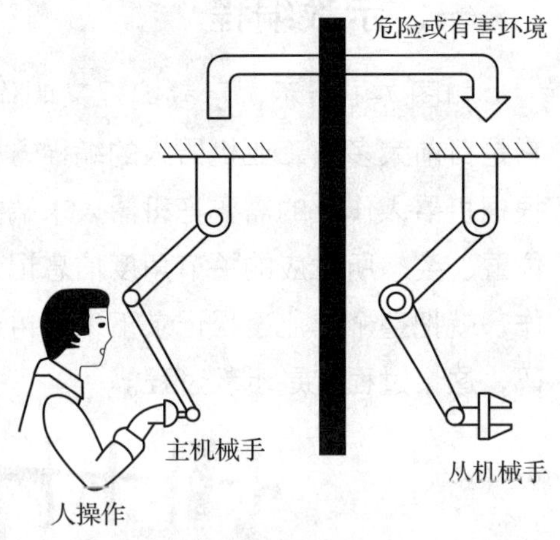

图 7–2　主从机械手

（2）直接示教

直接示教就是操作者操纵安装在机器人手臂内的操纵杆，按规定动作顺序示教动作内容。主要用于示教再现机器人，通过引导或其他方式，先教会机器人动作，输入工作程序，机器人则自动重复进行作业。

直接示教是一项成熟的技术，易于被熟悉工作任务的人员所掌握，而且用简单的设备和控制装置即可进行。示教过程进行得很快，示教过后即可应用。在某些系统中，还可以用与示教时不同的速度再现。

如果能够从一个运输装置获得使机器人的操作与搬运装置同步的信号，就可以用示教的方法来解决机器人与搬运装置配合的问题。

直接示教方式编程也有一些缺点：只能在人所能达到的速度下工作；难以与传感器的信息相配合；不能用于某些危险的情况；在操作大型机器人时，这种方法不实用；难以获得高速度和直线运动；难以与其他操作同步。

（3）示教器示教

示教器示教是操作者利用示教器上的按钮驱动机器人一步一步运动。它主要用于数控型机器人，不必使机器人动作，通过数值、语言等对机器人进行示教，利用装在示教器上的按钮可以驱动机器人按需要的顺序进行操作。机器人根据示教后形成的程序进行作业。

如图 7–3 所示，在示教器中，每一个关节都有一对按钮，分别控制该关节在两个方向

正面

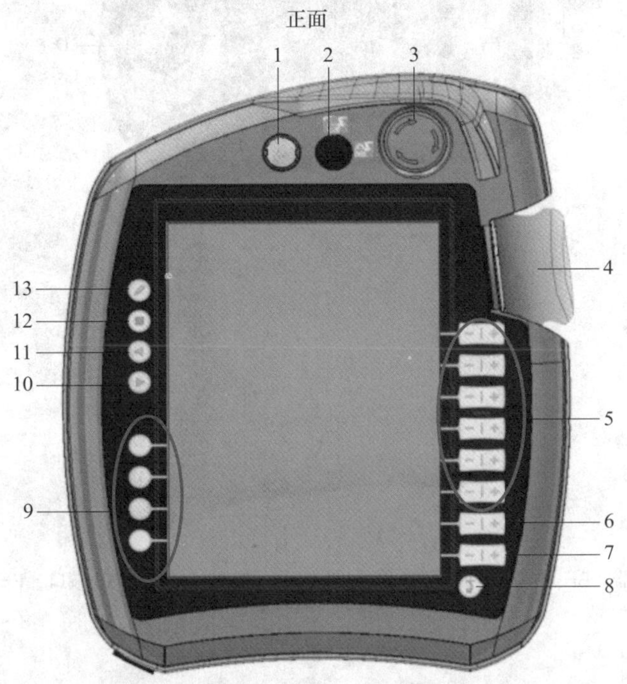

1—smartPAD 按钮　2—模式旋钮　3—急停按钮　4—3D 鼠标　5—移动键　6、7—倍率键
8—主菜单键　9—状态键　10—启动键　11—逆向启动键　12—停止键　13—键盘键

背面

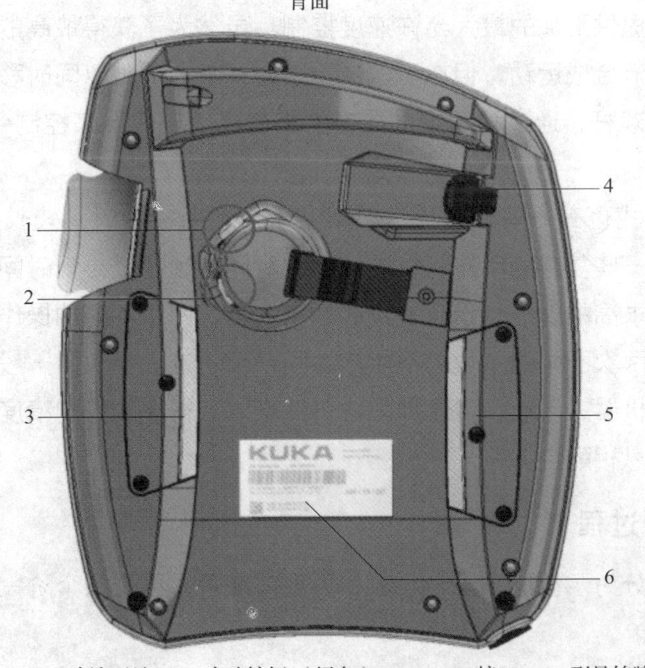

1、3、5—确认开关　2—启动按钮（绿色）　4—USB 接口　6—型号铭牌

a)

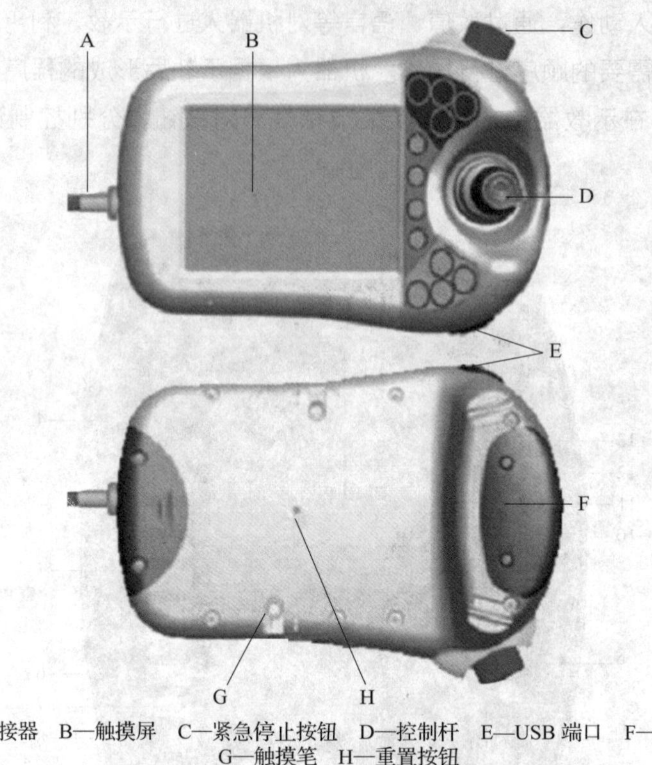

A—连接器　B—触摸屏　C—紧急停止按钮　D—控制杆　E—USB 端口　F—使动装置
G—触摸笔　H—重置按钮

b)

图 7–3　示教器
a）KUKA 工业机器人示教器　b）ABB 工业机器人示教器

上的运动。有时还提供附加的最大允许速度控制。虽然为了获得最高的运行效率，人们希望机器人能实现多关节合成运动，但在示教器示教方式下，却难以同时移动多个关节。类似于电子游戏机上的游戏杆，通过移动示教器中的编码器或电位器来控制各关节的速度和方向，但难以实现精确控制。

示教器示教方式也有一些缺点：示教相对于再现所需的时间较长，即机器人的有效工作时间短，尤其对一些复杂的动作和轨迹，示教时间远远超过再现时间；很难示教复杂的运动轨迹及准确度要求高的直线；示教轨迹的重复性差，两个不同的操作者示教不出同一个轨迹，即使同一个人两次不同的示教也不能产生同一个轨迹。示教器一般用于对大型机器人或危险作业条件下的机器人示教，但这种方法仍然难以获得高的控制精度，也难以与其他设备同步和与传感器信息相配合。

2. 示教再现过程

示教再现过程分为示教前准备、示教、再现前准备、再现四个阶段。工业机器人的在线示教如图 7–4 所示。

（1）示教前准备

1）接通主电源。把控制柜的主电源开关扳转到接通的位置，接通主电源并进入系统。

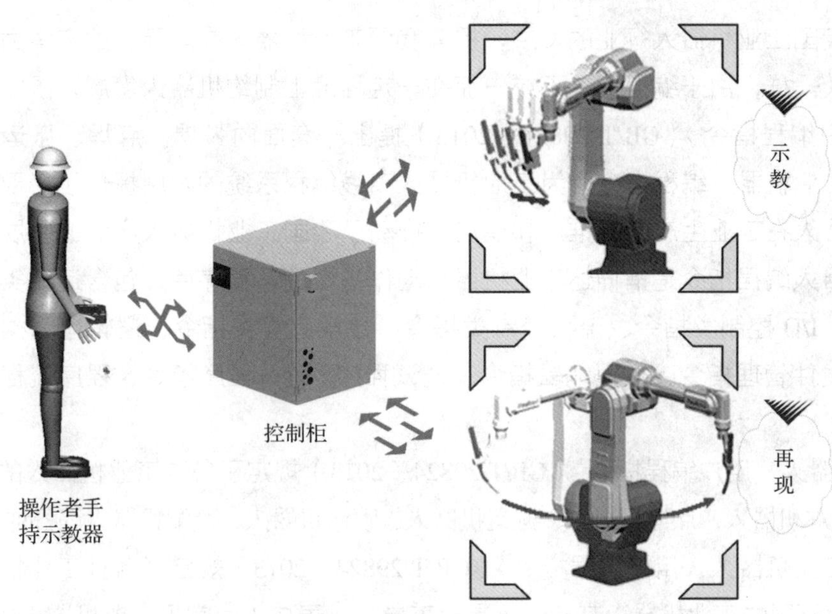

图 7–4　工业机器人的在线示教

2）选择示教模式。示教模式分为手动模式和自动模式，示教阶段选择手动模式。

3）接通伺服电源。

（2）示教

1）创建示教文件。在示教器上创建一个未曾示教过的文件名称，用于储存后面的示教文件。

2）示教点的设置。示教作业是一种工作程序，它表示机械手将要执行的任务。

3）保存示教文件。

（3）再现前准备

1）选择示教文件。选择已经示教好的文件，并将光标移到程序开头。

2）回初始位置。手动操作机器人移到步骤 1 位置。

3）示教路径确认。在手动模式下，使工业机器人沿着示教路径执行一个循环，确保示教运行路径正确。

4）选择再现模式。示教模式选择为自动模式。

5）接通伺服电源。

（4）再现

设置好再现循环次数，确保没有人在机器人的工作区域里。启动机器人自动模式，使机器人按示教过的路径循环运行程序。

3. 示教编程指令

工业机器人示教编程也需要编程指令，编程指令功能决定了机器人的适应性和方便性。目前，机器人编程还没有公认的国际标准，各制造商有各自的机器人编程语言。在世界范围内，机器人大多采用封闭的体系结构，没有统一的标准和平台，无法实现软件的重复使用以及硬件的互换性。产品开发周期长，效率低，这些因素阻碍了机器人产业化发展。

为促进我国工业机器人行业的发展，提高我国工业机器人在国际上的竞争力，避免像国外工业机器人一样，由于编程指令不统一而在一定程度上制约机器人发展，国家标准《工业机器人　用户编程指令》（GB/T 29824—2013）提出一套面向弧焊、点焊、搬运、喷涂、装配等作业的工业机器人编程指令，为工业机器人离线编程系统的发展提供了必要的基础，促进了工业机器人在工业生产中的推广和应用，推动了我国工业机器人产业的发展。

工业机器人编程指令是指描述工业机器人动作指令的子程序库，包含运动类指令、信号处理类指令、I/O 控制类指令、流程控制类指令、数学运算类指令、逻辑运算类指令、操作符类指令、文件管理指令、数据编辑指令、调试程序 / 运行程序指令、程序流程命令、手动控制指令等。

《工业机器人　用户编程指令》（GB/T 29824—2013）规定了各种工业机器人的编程基本指令，适用于弧焊机器人、点焊机器人、搬运机器人、喷涂机器人、装配机器人等各种工业机器人。

虽然《工业机器人　用户编程指令》（GB/T 29824—2013）规定了各种工业机器人的编程基本指令，但不同的工业机器人其指令还是有差异的。表 7–1 为常见工业机器人的移动指令。

表 7–1　　常见工业机器人的移动命令

运动形式	移动方式	移动命令					
		ABB	FANUC	YASKAWA	KUKA	时代	GSK
点位运动	PTP	MoveJ	J	MOVJ	PTP	MOVJ	MOVJ
连续路径运动	直线	MoveL	L	MOVL	LIN	MOVL	MOVL
	圆弧	MoveC	C	MOVC	CIRC	MOVC	MOVC

4. 示教编程信息

机器人完成作业所需的信息包括运动轨迹、作业条件和作业顺序。

（1）运动轨迹

运动轨迹是机器人为完成某一作业，工具中心点（TCP）所掠过的路径，是机器示教的重点，如图 7–5 所示。从运动方式上看，工业机器人具有点到点（PTP）运动和连续路径（CP）运动 2 种形式。按运动路径种类区分，工业机器人具有直线和圆弧 2 种动作类型；按插补方式分类，工业机器人分为关节插补、直线插补和圆弧插补 3 种方式，见表 7–2。

示教时，直线轨迹示教 2 个程序点（直线起始点和直线结束点）；圆弧轨迹示教 3 个程序点（圆弧起始点、圆弧中间点和圆弧结束点）。在具体操作过程中，通常 PTP 示教各段运动轨迹端点，而 CP 运动由机器人控制系统的路径规划模块经插补运算产生。机器人运动轨迹的示教主要是确认程序点的属性。每个程序主要包含以下内容。

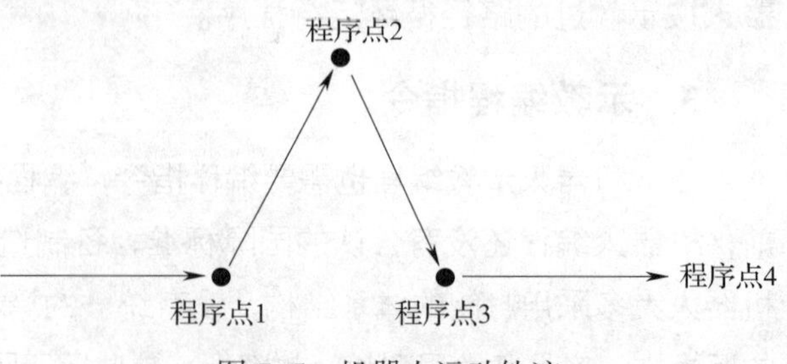

图 7–5　机器人运动轨迹

表 7–2　　工业机器人常见插补方式

插补方式	动作描述	动作图示
关节插补	机器人在未规定采取何种轨迹移动时，默认采用关节插补。出于安全考虑，通常在程序点 1 用关节插补示教	结束点 起始点
直线插补	机器人从前一程序点到当前程序点运行一段直线，即直线轨迹仅示教 1 个程序点（直线结束点）即可。直线插补主要用于直线轨迹的作业示教	结束点 起始点
圆弧插补	机器人沿着用圆弧插补示教的 3 个程序点执行圆弧轨迹移动。圆弧插补主要用于圆弧轨迹的作业示教	中间点 结束点 起始点

1）位置坐标。描述机器人 TCP 的 6 个自由度（3 个平动自由度和 3 个转动自由度）。

2）插补方式。机器人再现时，从前一程序点移动到当前程序点的动作类型。

3）再现速度。机器人再现时，从前一程序点移动到当前程序点的速度。

4）空走点。指从当前程序点移动到下一程序点的整个过程不需要实施作业，用于示教除作业起始点和作业中间点之外的程序点。

5）作业点。指从当前程序点移动到下一程序点的整个过程需要实施作业，用于示教作业起始点和作业中间点。

注意

1）空走点和作业点决定从当前程序点移动到下一程序点是否实施作业。

2）作业区间的再现速度一般按作业参数中指定的速度移动，而空走区间的移动速度则按移动命令中指定的速度移动。

3）登录程序点时，程序点属性值也将一同被登录。

（2）作业条件

工业机器人作业条件的登录方法有 3 种。

1）使用作业条件文件。输入作业条件的文件称为作业条件文件。使用这些文件，可使作业命令的应用更简便。

2）在作业命令的附加项中直接设定。首先需要了解机器人指令的语言形式，或程序编辑画面的构成要素。程序语句一般由行标号、命令及附加项三部分组成，如图 7–6 所示。

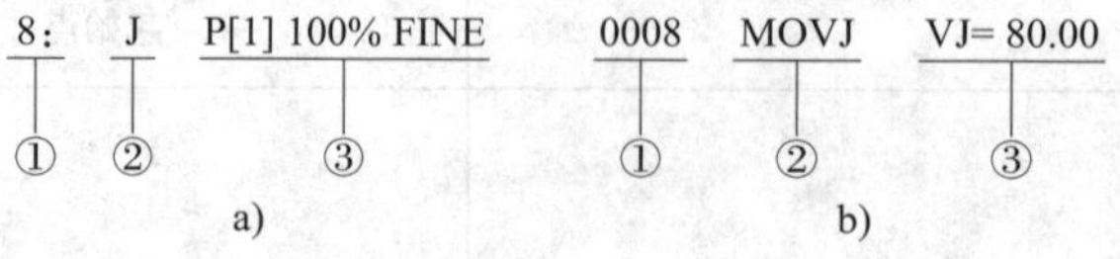

图 7–6　程序语句的主要构成要素

a）FANUC 机器人　b）YASKAWA 机器人

3）手动设定。在某些应用场合下，有关作业参数的设定需要手动进行。

（3）作业顺序

作业顺序不仅可保证产品质量，而且可提高效率。作业顺序的设置主要涉及以下两点。

1）作业对象的工艺顺序。在某些简单作业场合，作业顺序的设定同机器人运动轨迹的示教合二为一。

2）机器人与外围周边设备的动作顺序。在完整的工业机器人系统中，除机器人本身外，还包括一些周边设备，如变位机、移动滑台、自动工具快换装置等。

5. 示教编程特点

1）机器人具有较高的重复定位精度，降低了系统误差对机器人运动绝对精度的影响。

2）要求操作者具备专业知识和熟练的操作技能，近距离示教操作有一定的危险性，安全性较差。

3）示教过程烦琐、费时，需要根据作业任务反复调整末端执行器的位姿，占用了大量时间，时效性较差。

4）机器人在线示教精度完全靠操作者的经验目测决定，对于复杂运动轨迹难以取得令人满意的示教效果。

5）机器人示教时关闭与外围设备的联系功能，对需要根据外部信息进行实时决策的应用会显得无能为力。

6）在柔性制造系统中，这种编程方式无法与 CAD 数据库相连接。

6. 在线示教示例

通过在线方式输入从 A 到 B 作业点程序，如图 7–7 所示。在线示教基本流程如图 7–8 所示。程序点说明见表 7–3。

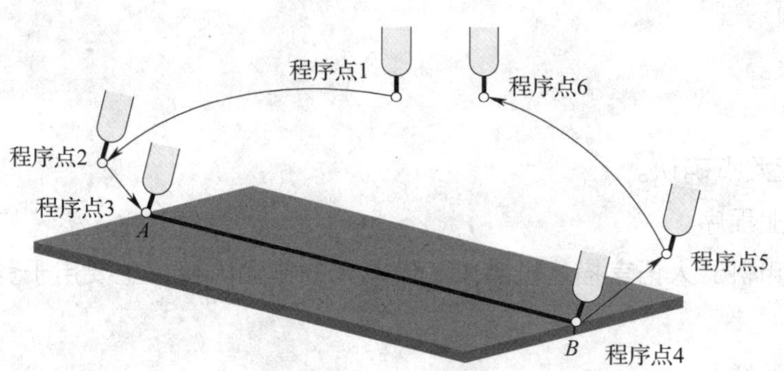

图 7–7　机器人运动轨迹

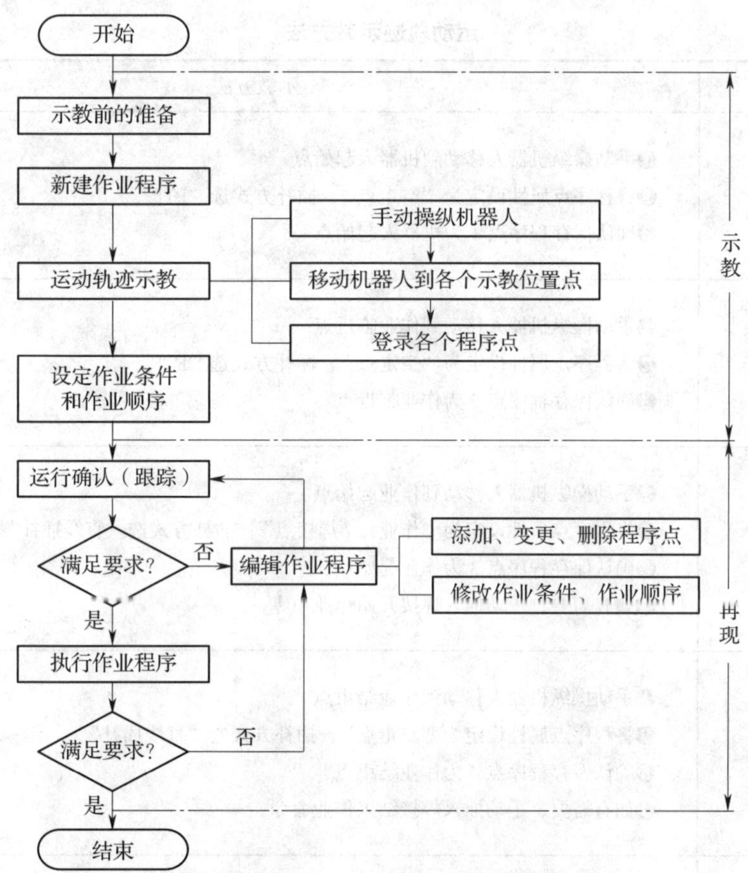

图 7–8　在线示教基本流程

表 7–3　　图 7–7 程序点说明

程序点	说明	程序点	说明	程序点	说明
程序点 1	机器人起始点	程序点 3	作业起始点	程序点 5	作业规避点
程序点 2	作业临近点	程序点 4	作业结束点	程序点 6	机器人起始点

（1）示教前的准备

1）工件表面清理。

2）工件装夹。

3）安全确认。

4）机器人起始点确认。

（2）新建作业程序

作业程序是用机器人语言描述机器人工作单元的作业内容，主要用于登录示教数据和机器人指令。

（3）程序点的登录

运动轨迹示教方法见表 7–4。

表 7–4 运动轨迹示教方法

程序点	示教方法
程序点 1 （机器人起始点）	❶手动操纵机器人移动到机器人起始点 ❷将程序点属性设定为“空走点”，插补方式选“PTP” ❸确认保存程序点 1 为机器人起始点
程序点 2 （作业临近点）	❶手动操纵机器人移动到作业临近点 ❷将程序点属性设定为“空走点”，插补方式选“PTP” ❸确认保存程序点 2 为作业临近点
程序点 3 （作业起始点）	❶手动操纵机器人移动到作业起始点 ❷将程序点属性设定为“作业点 / 焊接点”，插补方式选“直线插补” ❸确认保存程序点 3 为作业起始点 ❹如有需要，手动插入焊接开始作业命令
程序点 4 （作业结束点）	❶手动操纵机器人移动到作业结束点 ❷将程序点属性设定为“空走点”，插补方式选“直线插补” ❸确认保存程序点 4 为作业结束点 ❹如有需要，手动插入焊接结束作业命令
程序点 5 （作业规避点）	❶手动操纵机器人移动到作业规避点 ❷将程序点属性设定为“空走点”，插补方式选“直线插补” ❸确认保存程序点 5 为作业规避点
程序点 6 （机器人起始点）	❶手动操纵机器人移动到机器人起始点 ❷将程序点属性设定为“空走点”，插补方式选“PTP” ❸确认保存程序点 6 为机器人起始点

（4）设定作业条件

1）在作业开始命令中设定工作开始规范及工作开始动作次序。

2）在工作结束命令中设定工作结束规范及工作结束动作次序。

3）手动设置作业条件，例如，手动调节保护气体流量。

（5）检查试运行

确认机器人附近无人后，按以下顺序执行作业程序的测试运转：

1）打开要测试的程序文件。

2）移动光标至期望跟踪程序点所在命令行。

3）持续按住示教器上的移动键，实现机器人的单步或连续运转。跟踪的主要目的是检查示教生成的动作以及末端工具指向位置是否已登录，跟踪方式如图 7–9 所示。

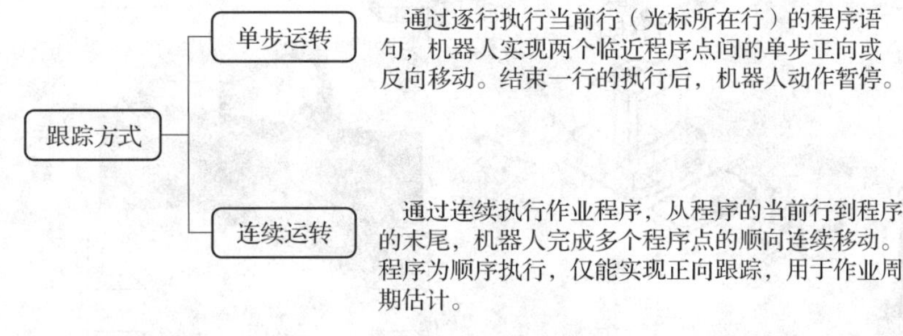

图 7–9　跟踪方式

工厂经验

1）当机器人 TCP 当前位置与光标所在行不一致时，按下移动键，机器人将从当前位置移动到光标所在程序点位置；当机器人 TCP 当前位置与光标所在行一致时，机器人将从当前位置移动到下一临近示教点位置。

2）执行检查运行时，不执行起弧、喷涂等作业命令，只执行空再现。

3）利用跟踪操作可快速实现程序点的变更、增加和删除。

（6）再现

工业机器人程序的启动分为以下两种方式。

1）手动启动。使用示教器上的启动按钮来启动程序的方式。适用于作业任务及测试阶段。

2）自动启动。利用外部设备输入信号来启动程序的方式。该方式在实际生产中经常用到。在确认机器人的运行范围内没有其他人员或障碍物后进行以下操作。

①打开要再现的作业程序，并移动光标到程序开头。

②切换模式旋钮至“再现 / 自动”状态。

③按示教器上的启动键，接通伺服电源。

④按启动按钮，机器人开始运行。

二、离线编程方式

1. 离线编程的组成

基于CAD/CAM的机器人离线编程示教是利用计算机图形学的成果，建立起机器人及其工作环境的模型，使用某种机器人编程语言，通过对图形的操作和控制，离线计算和规划出机器人的作业轨迹，然后对编程的结果进行三维图形仿真，以检验编程的正确性。最后在确认无误后，生成机器人可执行代码，并将其下载到机器人控制器中，用以控制机器人作业，如图7-10所示。

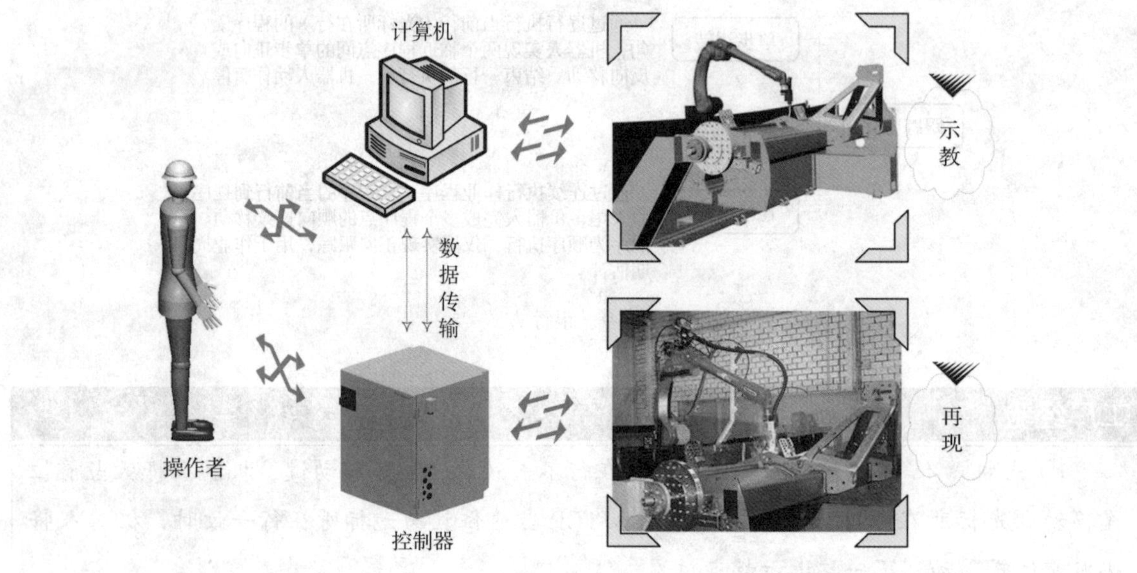

图7-10　机器人的离线编程

离线编程系统主要由用户接口、机器人系统的三维几何构型、运动学计算、轨迹规划、三维图形动态仿真、通信接口和误差校正等部分组成。

（1）用户接口

工业机器人一般提供两个用户接口，一个用于示教编程，另一个用于语言编程。

示教编程可以用示教器直接编制机器人程序。语言编程则是用机器人语言编制程序，使机器人完成给定的任务。

（2）机器人系统的三维几何构型

离线编程系统中的一个基本功能是利用图形描述对机器人和工作单元进行仿真，这就要求对工作单元中的机器人所有的卡具、零件和刀具等进行三维几何构型。目前，用于机器人系统三维几何构型的主要方法有结构的立体几何表示、扫描变换表示和边界表示。

（3）运动学计算

运动学计算是利用运动学方法在给出机器人运动参数和关节变量的情况下，计算出机器人的末端位姿，或者是在给定末端位姿的情况下，计算出机器人的关节变量。

（4）轨迹规划

在离线编程系统中，除需要对机器人的静态位置进行运动学计算之外，还需要对机器人的空间运动轨迹进行仿真。

（5）三维图形动态仿真

三维图形动态仿真是离线编程系统的重要组成部分，能逼真地模拟机器人的实际工作过程，为编程者提供直观的可视图形，进而可以检验编程的正确性和合理性。

（6）通信接口

在离线编程系统中，通信接口起着连接软件系统和机器人控制柜的桥梁作用。

（7）误差校正

离线编程系统中的仿真模型和实际的机器人之间存在误差。产生误差的原因主要包括机器人本身结构上的误差、工作空间内难以准确确定物体（机器人、工件等）的相对位置和离线编程系统的数字精度等。

2. 离线编程的优点

离线编程系统相对于示教再现系统具有以下优点：

1）可减少机器人停机时间，当对机器人下一个任务进行编程时，机器人仍可在生产线上工作，不占用机器人的工作时间。

2）让程序员脱离潜在的危险环境。

3）一套编程系统可以给多台机器人、多种工作对象编程。

4）便于修改机器人程序，若机器人程序格式不同，只要采用不同的后置处理即可。

5）可使用高级计算机编程语言对复杂任务进行编程，能完成示教编程难以完成的复杂、精确的编程任务。

6）通过图形编程系统的动画仿真可验证和优化程序。

7）便于和 CAD/CAM 系统结合，做到 CAD/CAM/Robotics 一体化。

3. 基于虚拟现实的离线编程

随着计算机学及相关学科的发展，特别是机器人遥操作、虚拟现实、传感器信息处理等技术的进步，为准确、安全、高效的机器人示教提供了新的思路，尤其是为用户提供了一种崭新友好的人机交互操作环境的虚拟现实技术，引起了众多机器人与自动化领域学者的注意。这里，虚拟现实作为高端的人机接口，允许用户通过声、像、力以及图形等多种交互设备实时地与虚拟环境交互，如图 7–11 所示。根据用户的指挥或动作提示，示教或监控机器人进行复杂的作业，例如，瑞典的 ABB 公司研发的 RobotStudio 虚拟现实系统。

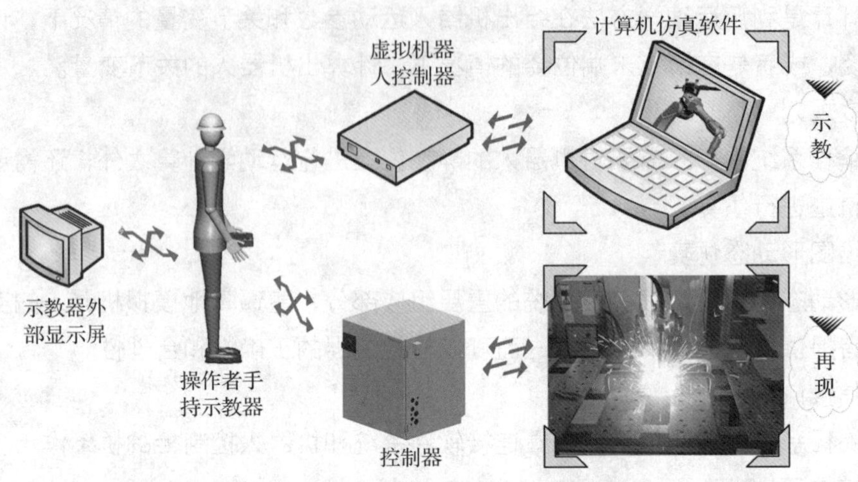

图 7–11　机器人的虚拟示教

注意

1）在离线编程软件中，机器人和设备模型均为三维显示，可直观设置、观察机器人的位置、动作与干涉情况。在购买机器人设备之前，通过预先分析机器人工作站的配置情况，可使选型更加准确。

2）离线编程软件使用的力学、工程学等计算公式和实际机器人完全一致。因此，模拟精度很高，可准确无误地模拟机器人的动作。

3）离线编程软件中的机器人设置、操作和实际机器人上的几乎完全相同，程序的编辑画面也与在线示教相同。

4）利用离线编程软件做好的模拟动画可输出为视频格式，便于学习和交流。

第二节　工业机器人编程的基础

一、工业机器人坐标系

工业机器人在生产中一般需要配备外围设备，如转动工件的回转台、移动工件的移动台等。这些外围设备的运动和位置控制需要与工业机器人相配合，并要求具备相应的精度。机器人运动轴按其功能可划分为机器人轴、基座轴和工装轴，基座轴和工装轴统称为外轴，如图 7–12 所示。

图 7–12　机器人系统中各运动轴

机器人轴是指操作本体的轴，属于机器人本身，目前商用的工业机器人以 8 轴为主。基座轴是使机器人移动的轴，主要指行走轴（移动滑台或导轨）。工装轴是除机器人轴、基座轴以外的轴，指使工件、工装夹具翻转和回转的轴，如回转台、翻转台等。实际生产中常用的是 6 关节工业机器人，即有 6 个可活动的关节（轴）。表 7–5 与图 7–13 为常见工业机器人本体运动轴的定义，不同的工业机器人本体运动轴的定义是不同的，KUKA 机器人 6 轴分别定义为 A1、A2、A3、A4、A5 和 A6；ABB 工业机器人则定义为轴 1、轴 2、轴 3、轴 4、轴 5 和轴 6。其中 A1、A2 和 A3 轴（轴 1、轴 2 和轴 3）称为基本轴或主轴，用于保证末端执行器达到工作空间的任意位置；A4、A5 和 A6 轴（轴 4、轴 5 和轴 6）称为腕部轴或次轴，用于实现末端执行器的任意空间姿态。图 7–14 是 YASKAWA 工业机器人各运动轴的关系。

表 7–5　常见工业机器人本体运动轴的定义

轴类型	轴名称				动作说明
	KUKA	ABB	FANUC	YASKAWA	
主轴（基本轴）	A1	轴 1	J1	S 轴	本体回旋
	A2	轴 2	J2	L 轴、E 轴	下臂运动
	A3	轴 3	J3	U 轴	上臂运动
次轴（腕部轴）	A4	轴 4	J4	R 轴	上臂旋转运动
	A5	轴 5	J5	B 轴	手腕上下摆动
	A6	轴 6	J6	T 轴	手腕旋转运动

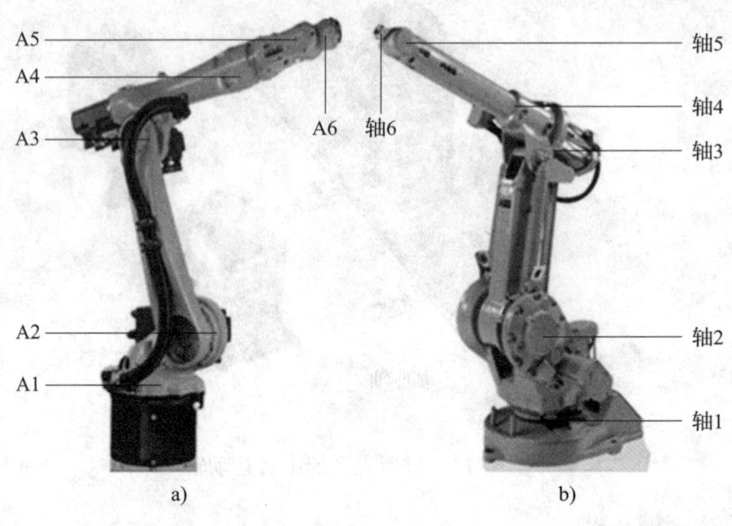

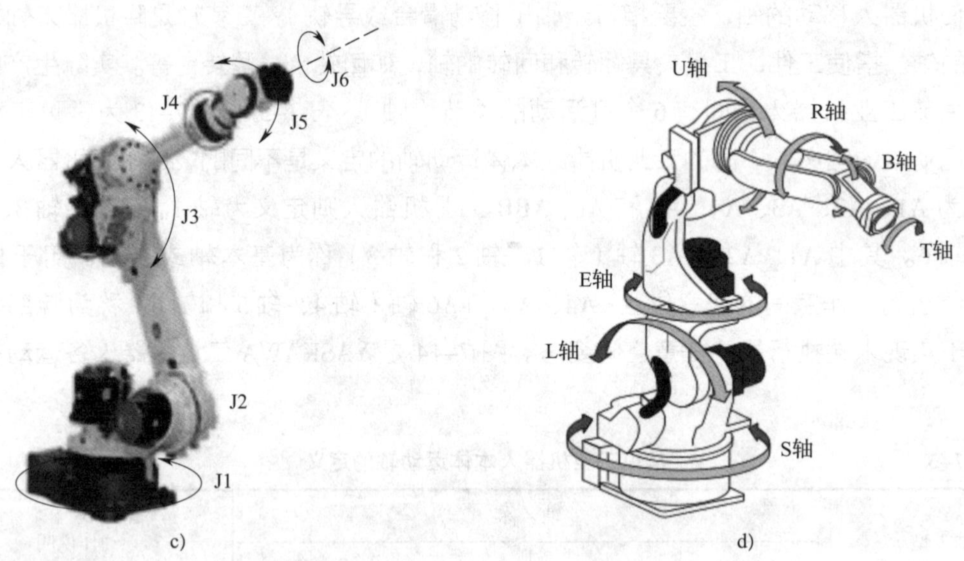

图 7-13 典型工业机器人各运动轴

a）KUKA 工业机器人 b）ABB 工业机器人

c）FANUC 工业机器人 d）YASKAWA 工业机器人

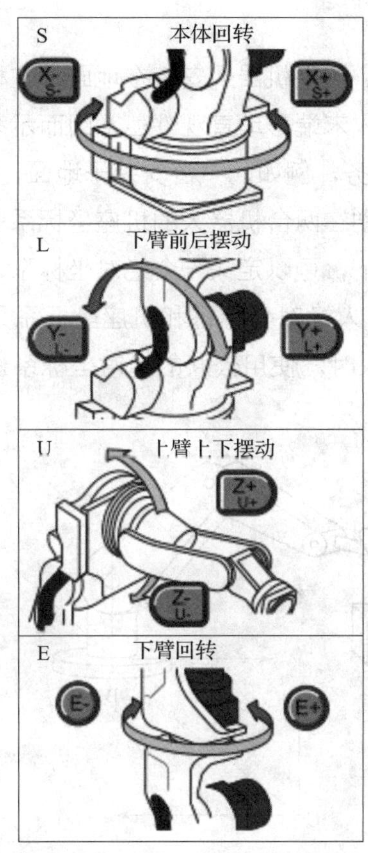

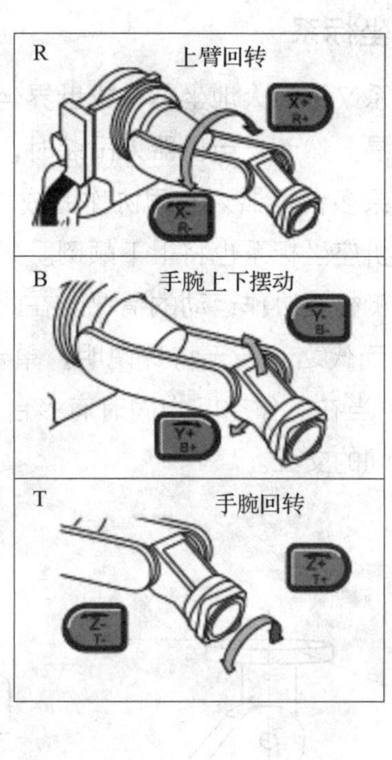

图 7-14　YASKAWA 工业机器人各运动轴的关系

常用的坐标系是绝对坐标系、机座坐标系、机械接口坐标系和工具坐标系，如图 7-15 所示。在不引起歧义的情况下，可省略下标。

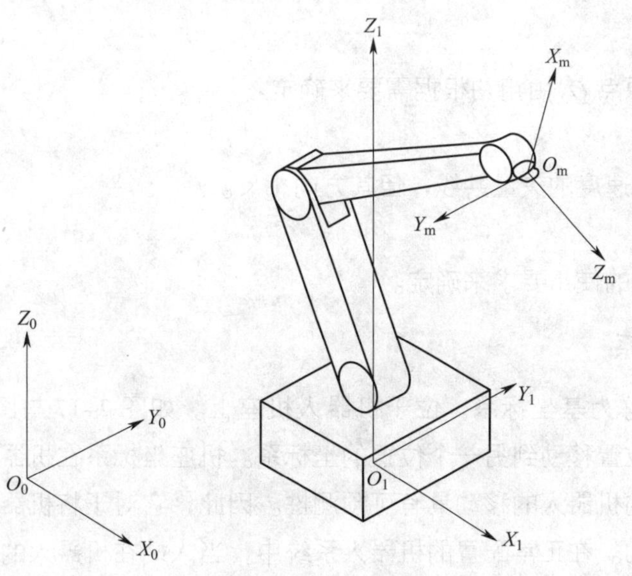

图 7-15　坐标系示例

1. 绝对坐标系

绝对坐标系又称为大地坐标系或世界坐标系。如果机器人安装在地面，在机座坐标系下示教编程很容易。然而，当机器人吊装时，机器人末端移动直观性差，因而示教编程较为困难。另外，如果多台机器人共同协作完成一项任务，例如，一台安装于地面，另一台倒置，倒置机器人的机座坐标系也将上下颠倒。如果分别在两台机器人的机座坐标系中进行运动控制，则很难预测相互协作运动的情况。在此情况下，可以定义一个绝对坐标系，选择共同的绝对坐标系取而代之。若无特殊说明，单台机器人绝对坐标系和机座坐标系是重合的。如图 7–16 所示，当在工作空间内同时有多台机器人时，使用公共的绝对坐标系进行编程有利于机器人程序间的交互。

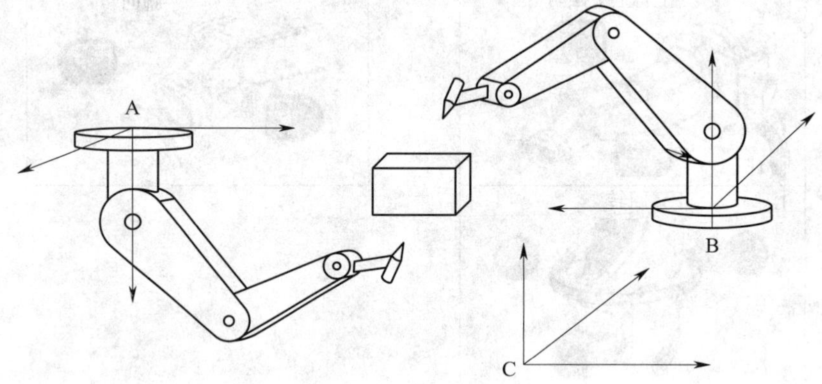

图 7–16 绝对坐标系

A、B—机座坐标系 C—绝对坐标系

绝对坐标系与机器人的运动无关，是以地球为参照系的固定坐标系。其符号为 O_0–X_0–Y_0–Z_0。

（1）原点 O_0

绝对坐标系的原点 O_0 由用户根据需要来确定。

（2）$+Z_0$ 轴

$+Z_0$ 轴与重力加速度的矢量共线，但其方向相反。

（3）$+X_0$ 轴

$+X_0$ 轴根据用户的使用要求来确定。

2. 机座坐标系

机座坐标系又称为基坐标系，位于机器人机座上。如图 7–17 与图 7–18 所示，它是最便于机器人从一个位置移动到另一个位置的坐标系。机座坐标系在机器人机座中有相应的零点，这使固定安装的机器人的移动具有可预测性。因此，它对于将机器人从一个位置移动到另一个位置很有帮助。在正常配置的机器人系统中，当人站在机器人的前方并在机座坐标系中微动控制，将控制杆拉向自己一方时，机器人将沿 X 轴移动；向两侧移动控制杆时，机

器人将沿 Y 轴移动，扭动控制杆时，机器人将沿 Z 轴移动。

机座坐标系是以机器人机座安装平面为参照系的坐标系。其符号为 O_1–X_1–Y_1–Z_1。

（1）原点 O_1

机座坐标系的原点由机器人制造商规定。

（2）Z_1 轴

Z_1 轴垂直于机器人机座安装面，指向机器人机体。

（3）X_1 轴

X_1 轴的方向是由原点指向机器人工作空间中心点，如图 7–18 所示。

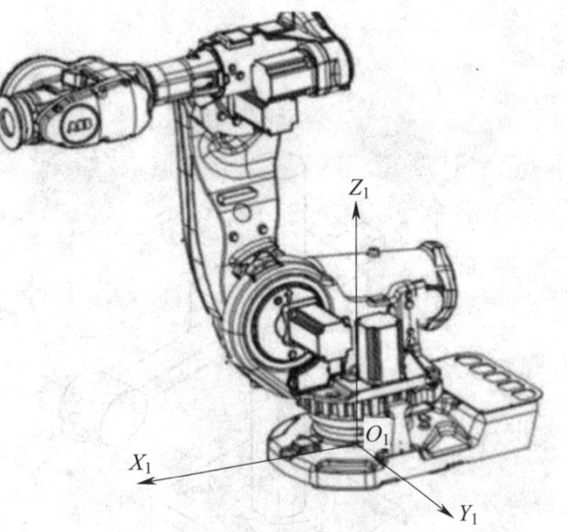

图 7–17　机器人的机座坐标系

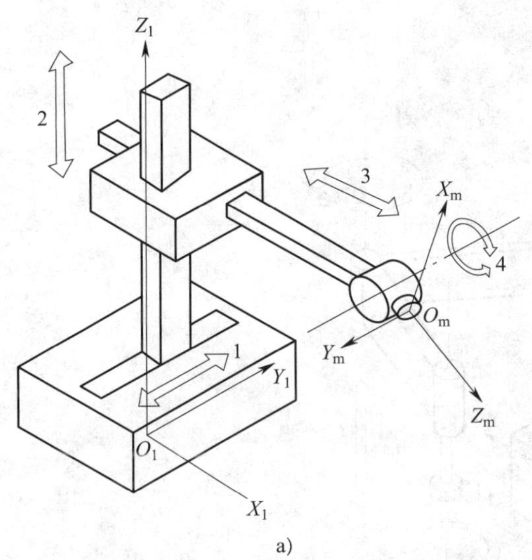

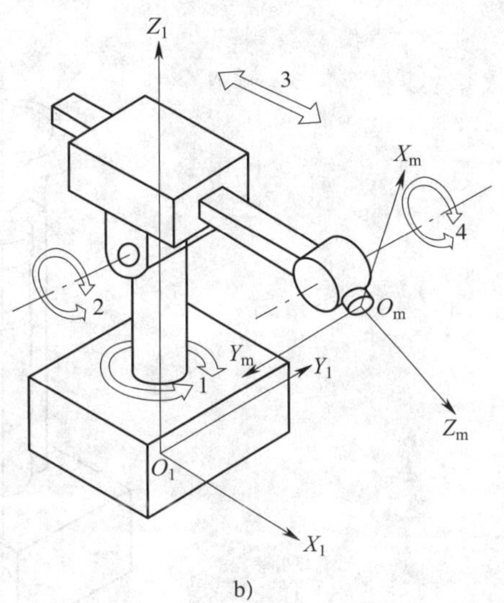

图 7–18　机座坐标系

a）直角坐标机器人　b）极坐标机器人

3. 机械接口坐标系

如图 7–19 所示，机械接口坐标系是以机械接口为参照系的坐标系。其符号为 O_m–X_m–Y_m–Z_m。

（1）原点 O_m

机械接口坐标系的原点 O_m 是机械接口的中心。

（2）$+Z_m$ 轴

$+Z_m$ 轴的方向垂直于机械接口中心所在平面，并由此指向末端执行器。

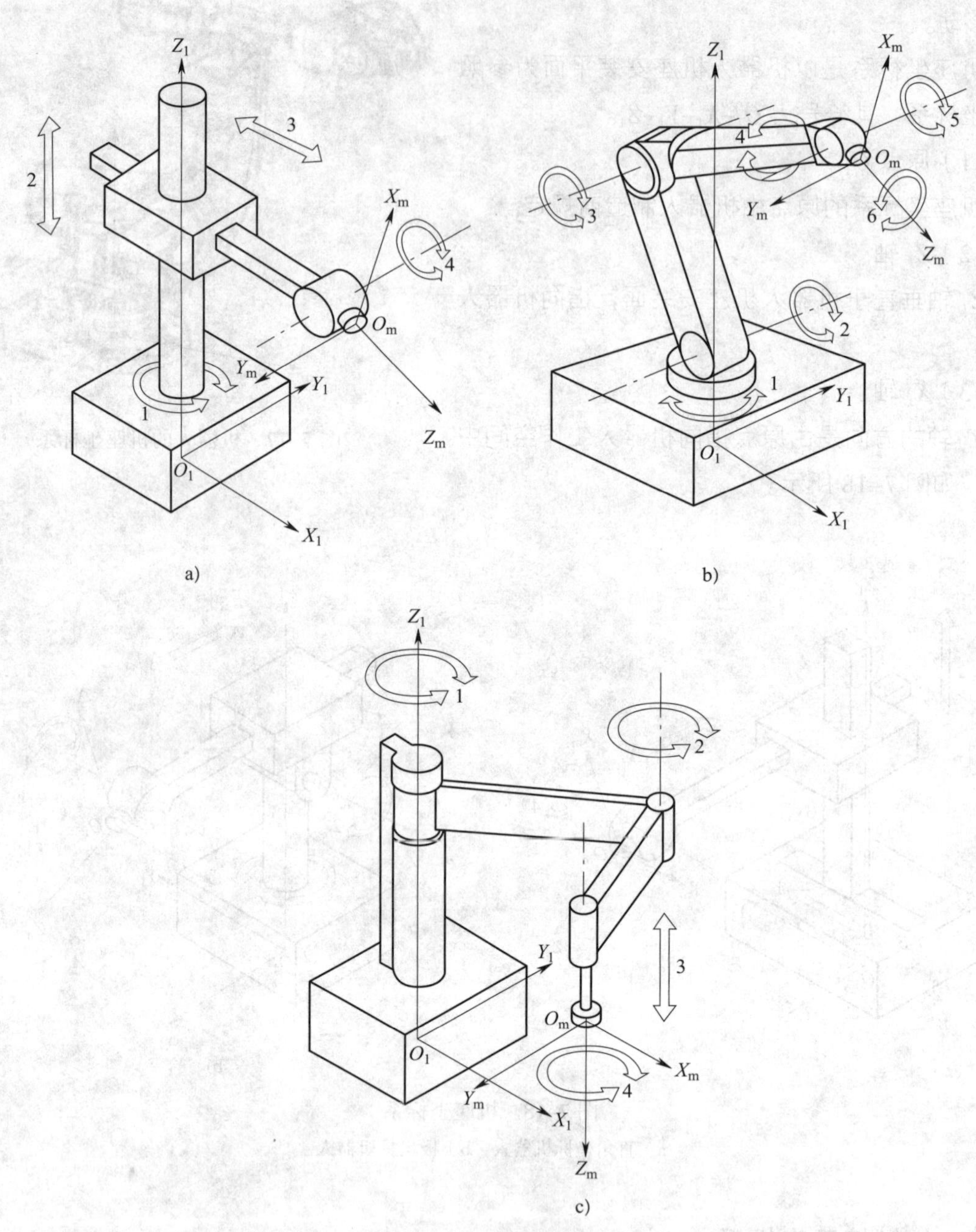

图 7–19　机械接口坐标系

a）圆柱坐标机器人　b）关节坐标机器人　c）SCARA 机器人

（3）$+X_m$ 轴

$+X_m$ 轴是由机械接口平面和 $X_1O_1Z_1$ 平面（或平行于 $X_1O_1Z_1$ 的平面）的交线来定义的。同时机器人的主、副关节轴处于运动范围的中间位置。当机器人的构造不能实现此约定时，应由制造商规定主关节轴的位置。X_m 轴的指向是远离 Z_1 轴。

4. 工具坐标系

安装在末端法兰盘上的工具需要在其中心点定义一个工具坐标系，通过坐标系的转换，可以操作机器人在工具坐标系下运动，以方便操作。如果工具磨损或更换，只需重新定义工具坐标系，而不用更改程序。工具坐标系建立在腕坐标系下，即两者之间的相对位置和姿态是确定的。图 7–20 所示为不同工具的工具坐标系。

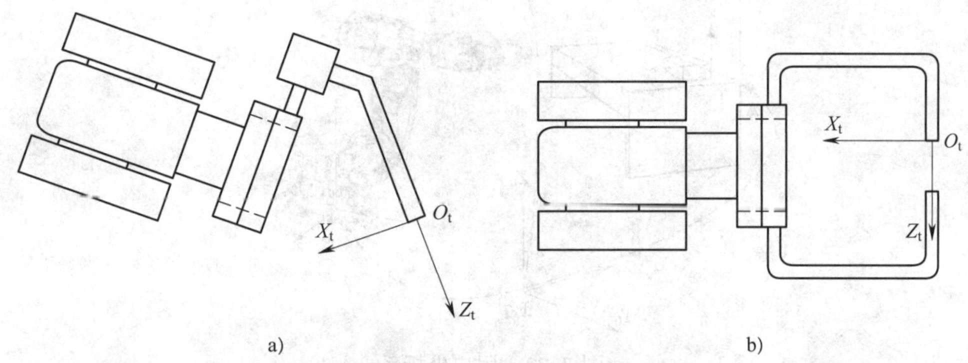

图 7–20　工具坐标系

a）弧焊枪坐标系　b）点焊枪坐标系

工具坐标系是以安装在机械接口上的末端执行器为参照系的坐标系。其符号为 O_t–X_t–Y_t–Z_t。

（1）原点 O_t

原点 O_t 是工具中心点（TCP），如图 7–21 所示。

（2）$+Z_t$ 轴

$+Z_t$ 轴与工具有关，通常是工具的指向。

（3）$+Y_t$ 轴

采用平板式夹爪型夹持器夹持时，$+Y_t$ 是在手指运动平面的方向。

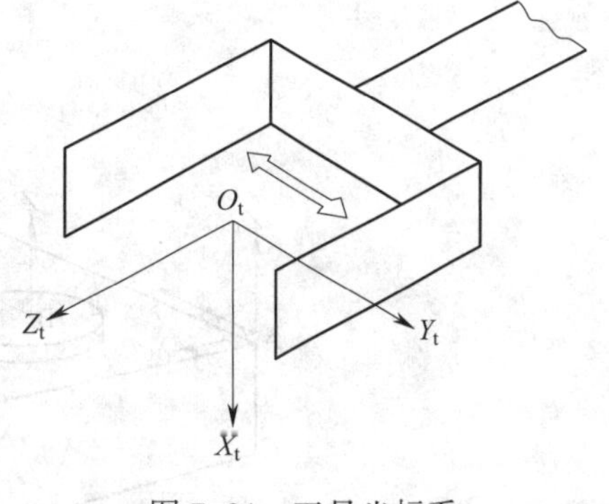

图 7–21　工具坐标系

5. 用户坐标系

机器人可以和不同的工作台或夹具配合工作，在每个工作台上建立一个用户坐标系。机器人大部分采用示教编程的方式，步骤烦琐，对于相同的工件，如果放置在不同的工作台上，在一个工作台上完成工件加工示教编程后，如果用户的工作台发生变化，不必重新编程，只需相应地变换到当前的用户坐标系下。用户坐标系是在机座坐标系或者绝对坐标系下建立的。如图 7–22 所示，用两个用户坐标系来表示不同的工作平台。

6. 工件坐标系

工件坐标系与工件相关，通常是最适于对机器人进行编程的坐标系。

工件坐标系定义工件相对于绝对坐标系（或其他坐标系）的位置，如图 7–23 所示。

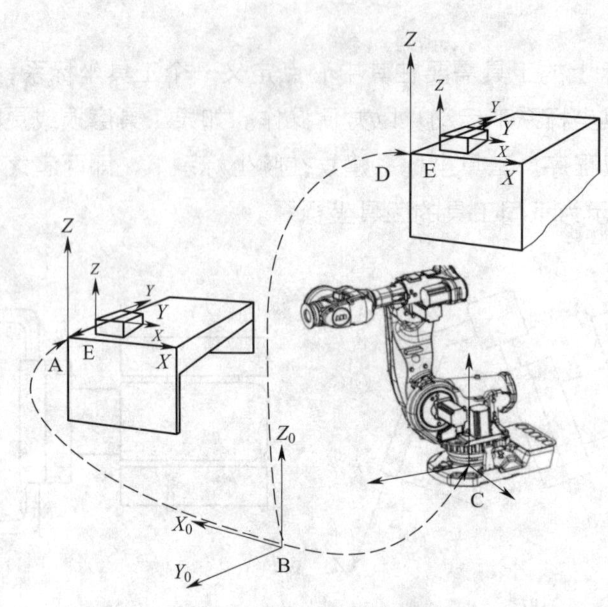

图 7–22 用户坐标系

A—用户坐标系 B—绝对坐标系 C—机座坐标系 D—移动用户坐标系 E—工件坐标系

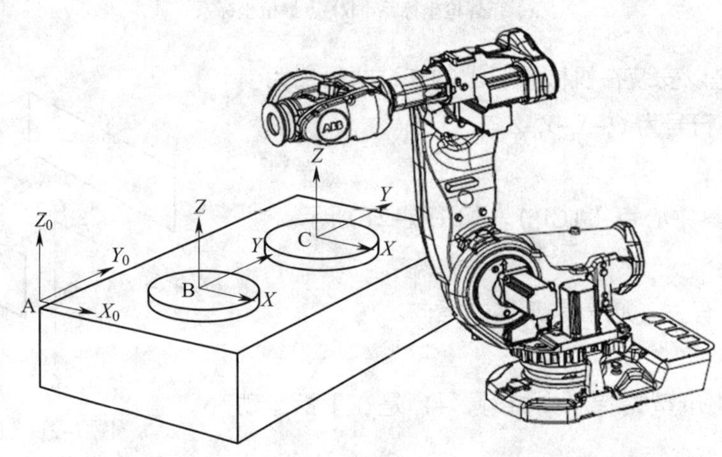

图 7–23 工件坐标系

A—绝对坐标系 B—工件坐标系 1 C—工件坐标系 2

工件坐标系是拥有特定附加属性的坐标系。它主要用于简化编程，工件坐标系拥有两个框架：用户框架（与大地基座相关）和工件框架（与用户框架相关）。机器人可以拥有多个工件坐标系，或者表示不同工件，或者表示同一工件在不同位置的若干副本。对机器人进行编程时就是在工件坐标系中创建目标和路径。重新定位工作站中的工件时，只需更改工件坐标系的位置，所有路径将即刻随之更新。允许操作以外轴或传送导轨移动的工件，因为整个工件可连同其路径一起移动。

7. 腕坐标系

腕坐标系和工具坐标系都是用来定义工具方向的。在简单的应用中，腕坐标系可以定义为工具坐标系，即腕坐标系和工具坐标系重合。腕坐标系的 Z 轴和机器人的第 6 根轴重合，如图 7–24 所示，腕坐标系的原点位于末端法兰盘的中心，X 轴的方向与法兰盘上标识孔的方向相同或相反，Z 轴垂直向外，Y 轴符合右手法则。

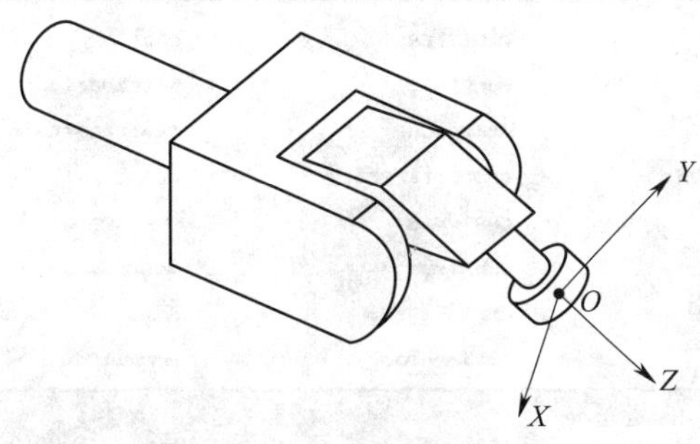

图 7–24　腕坐标系

二、程序数据

1. 程序数据的类型

ABB 机器人的程序数据约有 100 个，程序数据可以根据实际情况进行创建，为 ABB 机器人的程序设计提供了良好的数据支持。

根据不同的数据用途，可定义不同类型的程序数据。常用的程序数据见表 7–6。

表 7–6　常用的程序数据

程序数据	说明	程序数据	说明
bool	逻辑值数据	byte	整数数据 0 ~ 255
num	数值数据	pose	坐标转换数据
clock	计时数据	robjoint	机器人轴角度数据
dionum	数字输入 / 输出信号	robtarget	机器人与外轴的位置数据
intnum	中断标志符	speeddata	机器人与外轴的速度数据
extjoint	外轴位置数据	string	字符串数据
jointtarget	关节位置数据	tooldata	工具数据
orient	姿态数据	trapdata	中断数据
mecunit	机械装置数据	wobjdata	工件数据
pos	位置数据（只有 X、Y 和 Z）	zonedata	转角区域数据
loaddata	负荷数据		

数据类型可以利用示教器主菜单中的“程序数据”窗口进行查看，也可以在该目录下创建所需要的程序数据，程序数据界面如图 7–25 所示。

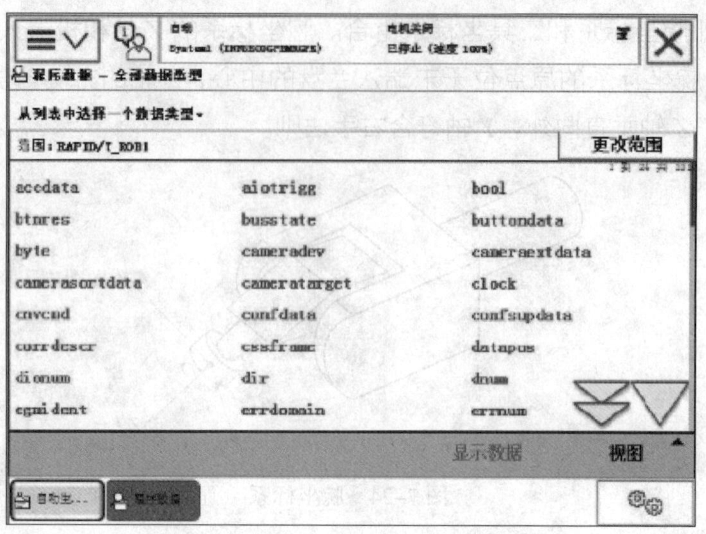

图 7–25 程序数据界面

按照存储类型，程序数据主要包括变量 VAR、可变量 PERS、常量 CONST 三种类型。

（1）变量 VAR

变量型数据在程序执行的过程中和停止时会保持当前的值。但如果程序指针被移到主程序后，当前数值会丢失。以图 7–26 中变量型数据为例：

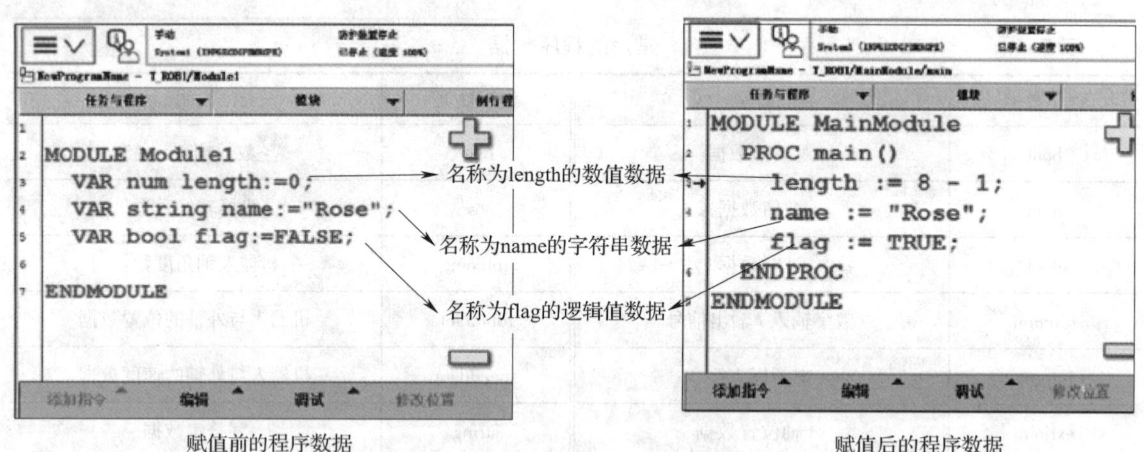

图 7–26 程序数据赋值前后对比

其中 VAR 表示存储类型为变量，num 表示程序数据类型。在定义数据时，可以定义变量数据的初始值，如 length 的初始值为 0，name 的初始值为 Rose，flag 的初始值为 FALSE。

在程序中执行变量型数据的赋值，在指针复位后将恢复为初始值。

（2）可变量 PERS

可变量最大的特点是无论程序的指针如何，都会保持最后赋予的值。可变量程序数据的赋值如图 7–27 所示。

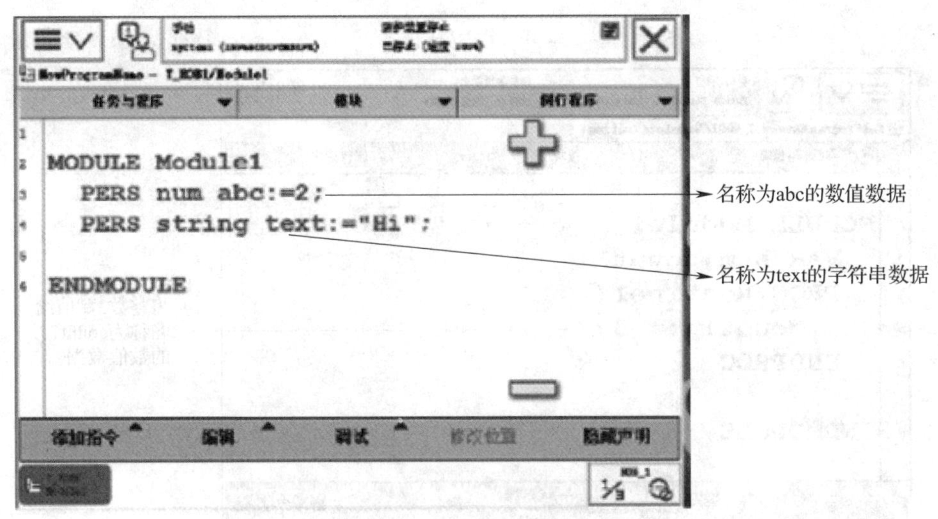

图 7-27　可变量程序数据的赋值

在机器人执行的 RAPID 程序中也可以对可变量存储类型的程序数据进行赋值操作，PERS 表示存储类型为可变量。需要注意的是在程序执行完成后，赋值的结果会一直保持不变，直到对其进行重新赋值。

（3）常量 CONST

常量的特点是在定义时已赋予了数值，不允许在程序编辑中进行修改，需要手动修改。常量程序数据的赋值如图 7-28 所示。

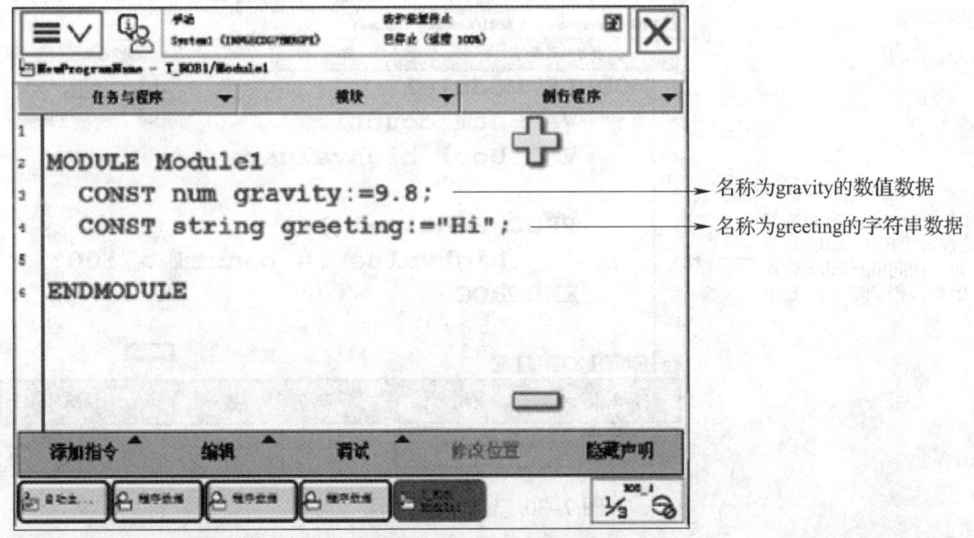

图 7-28　常量程序数据的赋值

2. 常用程序数据举例

（1）数值数据 num

num 用于存储数值数据，分为整数（见图 7-29）、小数；也可以指数的形式写入，例如，2E3（$=2\times10^3=2\,000$），2.5E-2（$=2.5\times10^{-2}=0.025$）。

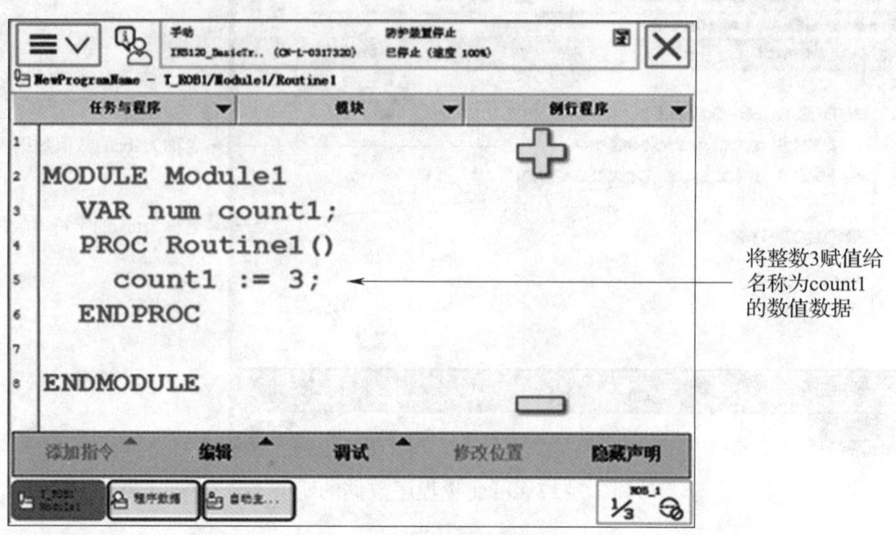

图 7-29 数值数据

（2）逻辑值数据 bool

bool 用于存储逻辑值（真 / 假）数据，即 bool 型数据值可以为 TRUE 或 FALSE，如图 7-30 所示。

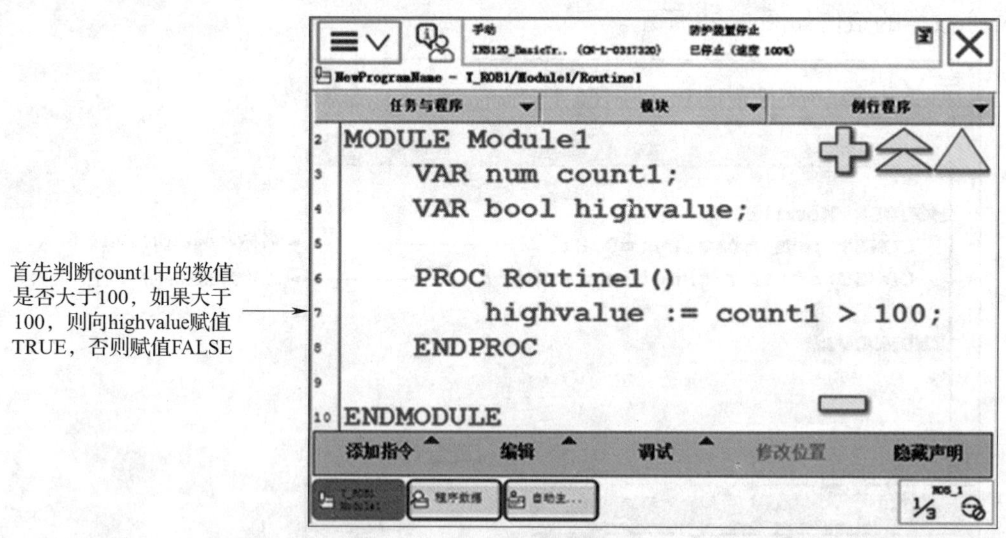

图 7-30 逻辑值数据

（3）字符串数据 string

string 用于存储字符串数据。

字符串是由一串前后附有引号（“”）的字符（最多 80 个）组成，例如，“This is a character string”。如果字符串中包括反斜线（\），则必须写两个反斜线符号，例如，“This string contains a \\ character”，如图 7-31 所示。

将 start welding pipe 1 赋值给 text，运行程序后，在示教器中的操作员窗口将会显示 start welding pipe 1 这段字符串

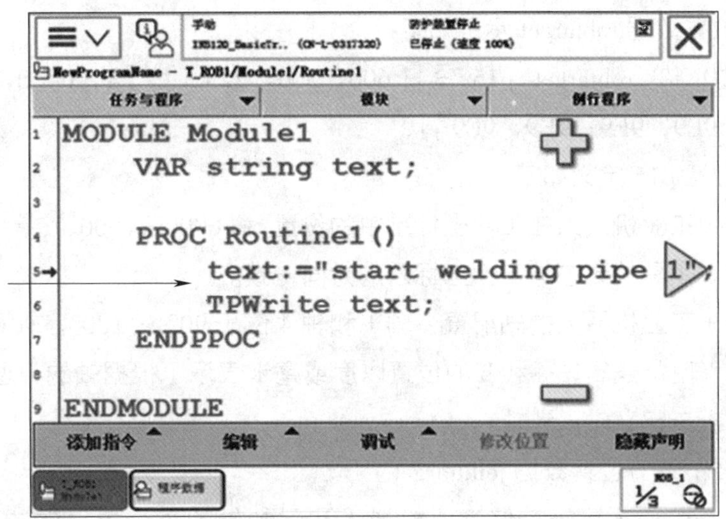

图 7–31　字符串数据

（4）位置数据 robtarget

robtarget（robot target）用于存储机器人和附加轴的位置数据。位置数据的内容是在运动指令中机器人和外轴将要移动到的位置。位置数据由 4 个部分组成，见表 7–7。

表 7–7　　位置数据

组件	说明
trans	1）translation 2）数据类型：pos 3）工具中心点的所在位置（*x*、*y* 和 *z*），单位为 mm 4）存储当前工具中心点在当前工件坐标系的位置。如果未指定任何工件坐标系，则当前工件坐标系为绝对坐标系
rot	1）rotation 2）数据类型：orient 3）工具姿态，以四元数的形式表示（q1、q2、q3 和 q4） 4）存储相对于当前工件坐标系方向的工具姿态。如果未指定任何工件坐标系，则当前工件坐标系为绝对坐标系
robconf	1）robot configuration 2）数据类型：confdata 3）工业机器人的轴配置（cf1、cf4、cf6 和 cfx）。以轴 1、轴 4 和轴 6 当前四分之一旋转的形式进行定义。将第一个正四分之一旋转 0° ~ 90° 定义为 0。组件 cfx 的含义取决于工业机器人的类型
extax	1）external axes 2）数据类型：extjoint 3）附加轴的位置 4）对于旋转轴，其位置定义为从校准位置起旋转的度数 5）对于线性轴，其位置定义为与校准位置的距离（mm）

位置数据 robtarget 示例如下：

CONST robtarget p15：=［［600，500，225.3］，［1，0，0，0］，［1，1，0，0］，［11，12.3，9E9，9E9，9E9，9E9］］；

位置 p15 定义如下：

1）工业机器人在工件坐标系中的位置：x=600、y=500、z = 225.3。

2）工具的姿态与工件坐标系的方向一致。

3）工业机器人的轴配置：轴 1 和轴 4 位于 90° ~ 180°，轴 6 位于 0° ~ 90°。

4）附加逻辑轴 a 和 b 的位置以度或毫米表示（根据轴的类型）。

5）未定义轴 c 到轴 f。

（5）关节位置数据 jointtarget

jointtarget 用于存储工业机器人和附加轴的每个单独轴的角度位置。通过 MoveAbsJ 指令可以使工业机器人和附加轴运动到关节位置处。关节位置数据由 2 个部分组成，见表 7–8。

表 7–8　关节位置数据

组件	说明
robax	1）robot axes 2）数据类型：robjoint 3）工业机器人轴的角度，单位为（°） 4）将轴位置定义为各轴（臂）从轴校准位置沿正方向或反方向旋转的度数
extax	1）external axes 2）数据类型：extjoint 3）附加轴的位置 4）对于旋转轴，其位置定义为从校准位置起旋转的度数 5）对于线性轴，其位置定义为与校准位置的距离（mm）

关节位置数据 jointtarget 示例如下：

CONST jointtarget calib_pos：=［［0，0，0，0，0，0］，［0，9E9，9E9，9E9，9E9，9E9，］］；

通过数据类型 jointtarget 在 calib_pos 存储了工业机器人的机械原点位置，同时定义外轴 a 的原点位置 0（度或毫米），未定义外轴 b 到 f。

（6）速度数据 speeddata

speeddata 用于存储工业机器人和附加轴运动时的速度数据。速度数据定义了工具中心点移动时的速度、工具的重定位速度、线性或旋转外轴移动时的速度。速度数据由 4 个部分组成，见表 7–9。

表 7–9 速度数据

组件	说明
v_tcp	1）velocity tcp 2）数据类型：num 3）工具中心点（TCP）的速度，单位为 mm/s 4）如果使用固定工具或协同的外轴，则是相对于工件的速度
v_ori	1）velocity orientation 2）数据类型：num 3）工具的重定位速度，单位为 °/s 4）如果使用固定工具或协同的外轴，则是相对于工件的速度
v_leax	1）velocity linear external axes 2）数据类型：num 3）线性外轴的速度，单位为 mm/s
v_reax	1）velocity rotational external axes 2）数据类型：num 3）旋转外轴的速度，单位为 °/s

速度数据 speeddata 示例如下：

VAR speeddata vmedium：=［1000，30，200，15］；

使用以下速度，定义了速度数据 vmedium：

1）TCP 速度为 1 000 mm/s。

2）工具的重定位速度为 30°/s。

3）线性外轴的速度为 200 mm/s。

4）旋转外轴的速度为 15°/s。

（7）转角区域数据 zonedata

zonedata 用于规定如何结束一个位置，也就是在朝下一个位置移动之前，工业机器人必须如何接近编程位置。

可以以停止点或飞越点的形式来终止一个位置。停止点意味着工业机器人和外轴必须在使用下一个指令来继续程序执行之前到达指定位置（静止不动）。飞越点意味着从未达到编程位置，而是在到达该位置之前改变运动方向。转角区域数据由 7 个部分组成，见表 7–10。

表 7–10 转角区域数据

组件	说明
finep	（1）fine point （2）数据类型：bool （3）规定运动是否以停止点（fine 点）或飞越点结束 1）TRUE：运动随停止点而结束，且程序执行将不再继续，直至工业机器人达到停止点。未使用区域数据中的其他组件数据 2）FALSE：运动随飞越点而结束，且程序执行在工业机器人到达区域之前继续进行大约 100 ms

续表

组件	说明
pzone_tcp	1）path zone TCP 2）数据类型：num 3）TCP 区域的尺寸（半径），单位为 mm 4）根据组件 pzone_ori、pzone_eax、zone_ori、zone_leax、zone_reax 和编程运动，将扩展区域定义为区域的最小相对尺寸
pzone_ori	1）path zone orientation 2）数据类型：num 3）有关工具重新定位的区域半径。将半径定义为 TCP 距编程点的距离，单位为 mm 4）数值必须大于 pzone_tcp 的对应值，如果低于该值，则数值自动增加，以使其与 pzone_tcp 相同
pzone_eax	1）path zone external axes 2）数据类型：num 3）有关外轴的区域半径。将半径定义为 TCP 距编程点的距离，单位为 mm 4）数值必须大于 pzone_tcp 的对应值，如果低于该值，则数值自动增加，以使其与 pzone_tcp 相同
zone_ori	1）zone orientation 2）数据类型：num 3）工具重定位的区域半径，单位为（°） 4）如果工业机器人正夹持着工件，则是指工件的旋转角度
zone_leax	1）zone linear external axes 2）数据类型：num 3）线性外轴的区域半径，单位为 mm
zone_reax	1）zone rotational external axes 2）数据类型：num 3）旋转外轴的区域半径，单位为（°）

转角区域数据 zonedata 示例如下：

VAR zonedata path：=［FALSE，25，40，40，10，35，5］；

通过以下数据，定义转角区域数据 path：

1）TCP 路径的区域半径为 25 mm。

2）工具重定位的区域半径为 40 mm（TCP 运动）。

3）外轴的区域半径为 40 mm（TCP 运动）。

如果 TCP 静止不动，或存在大幅度重新定位，或存在外轴大幅度运动，则应用以下规定：

1）工具重定位的区域半径为 10°。

2）线性外轴的区域半径为 35 mm。

3）旋转外轴的区域半径为 5°。

第三节 工业机器人上下料程序的编制

一、加工单元的种类

由搬运机器人组成的加工单元或柔性化生产可完全代替人工实现物料自动搬运，因此，搬运机器人工作站布局是否合理将直接影响搬运速度和生产节拍。根据车间场地面积，在有利于提高生产节拍的前提下，搬运机器人工作站可采用L型、环状、“一”字等布局。

1. L型布局

将搬运机器人安装在龙门架上，使其行走在机床上方，能够节约地面资源，如图7–32所示。

图7–32 L型布局

2. 环状布局

环状布局的搬运机器人工作站又称“岛式加工单元”，如图7–33所示，以关节式搬运机器人为中心，机床围绕其周围形成环状，进行工件搬运加工，可提高生产率，节约空间，适合小空间厂房作业。

3. “一”字布局

如图7–34所示，直角桁架机器人通常要求设备呈“一”字排列，对厂房高度、长度有一定要求，因其工作运动方式为直线编程，故不适于对放置位置、相位等有特别要求工件的上下料作业。

图 7-33　环状布局

图 7-34　“一”字布局

二、常用运动指令

1. 绝对位置运动指令（MoveAbsJ）

绝对位置运动指令是指机器人的运动使用六个轴及外轴的角度值来定义目标位置数据。MoveAbsJ 常用于机器人六个轴回到原点（0°）的位置，如图 7-35 所示。指令解析见表 7-11。当然，也有六轴不回到原点的，例如，搬运机器人可设置为第五轴为 90°，其他轴为 0°。

2. 线性运动指令（MoveL）

线性运动指令也称为直线运动指令。工具中心点（TCP）按照设定的姿态从起始点匀速移动到目标点，TCP 运动路径是三维空间中 P10 点到 P20 点的直线运动，如图 7-36 所示。直线运动的起始点是前一运动指令的示教点，目标点是当前指令的示教点。运动特点如下：①运动路径可预见。②在指定的坐标系中实现插补运动。③机器人以线性方式运动至目标点，起始点与目标点两点决定一条直线，机器人运动状态可控，运动路径保持唯一，可能出现死点，常用于机器人在工作状态移动。

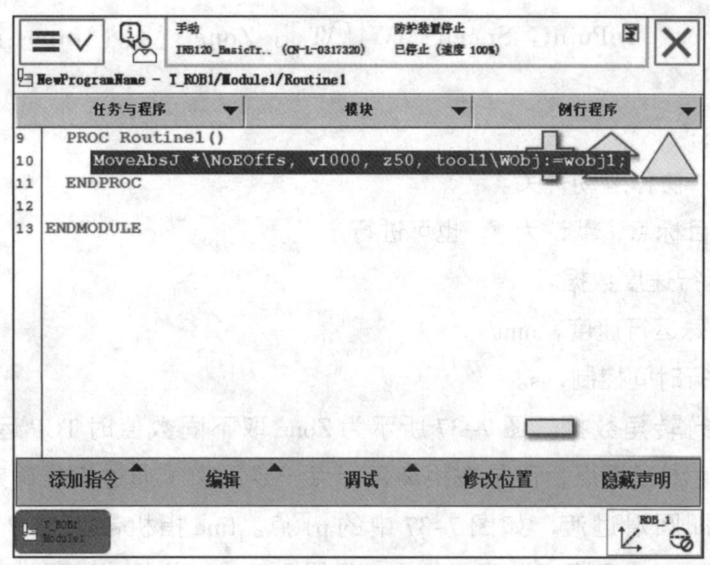

图 7-35　绝对位置运动指令

表 7-11　指令解析

序号	参数	定义
1	*	目标点名称，位置数据。也可进行定义，如定义为 jpos10。
2	\NoEOffs	外轴不带偏移数据
3	v1000	运动速度数据，1 000 m/s
4	z50	转弯区数据，转弯区的数值越大，机器人的动作越圆滑与流畅
5	tool1	工具坐标数据
6	wobj1	工件坐标数据

注意

运动指令后 +DO，其功能为到达目标点触发 DO 信号。如果有转弯区数据 z，则在转弯中间点触发；如果 z 为 fine，则到达目标点触发 DO。

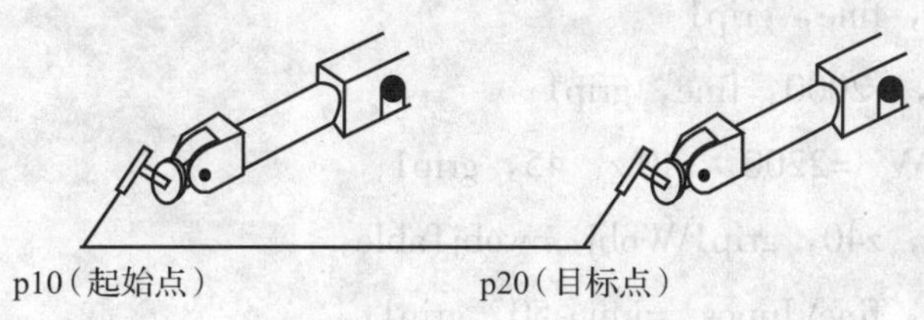

图 7-36　直线运动指令示例

（1）标准指令格式

MoveL [\Conc,] ToPoint, Speed [\V] [\T], Zone [\Z] [\Inpos], Tool [\Wobj] [\Corr];

指令格式说明：

1）[\Conc,]：协作运动开关。

2）ToPoint：目标点，默认为 *，也可进行定义。

3）Speed：运行速度数据。

4）[\V]：特殊运行速度，mm/s。

5）[\T]：运行时间控制，s。

6）Zone：运行转角数据。图 7–37 所示为 Zone 取不同数值时 TCP 运行的轨迹。Zone 指机器人 TCP 不达到目标点，而是在距离目标点一定距离（通过编程确定，如 z10）处圆滑绕过目标点，即圆滑过渡，如图 7–37 中的 p1 点。fine 指机器人 TCP 达到目标点（见图 7–37 中的 p2 点），在目标点速度降为零。机器人动作有停顿，编程结束时，必须用 fine 参数。

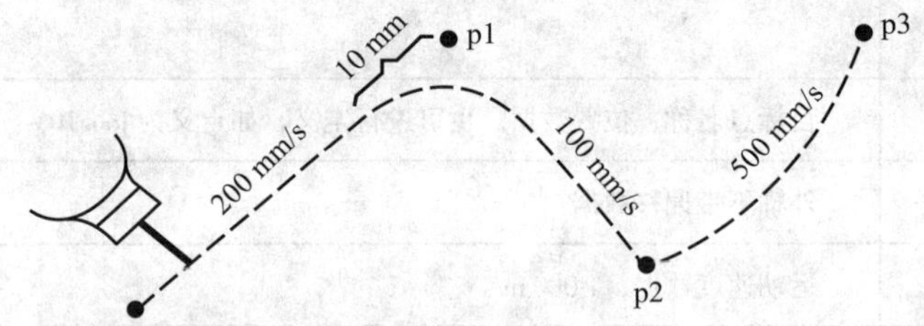

图 7–37 不同转弯半径时 TCP 轨迹示意图

7）[\Z]：特殊运行转角，mm。

8）[\Inpos]：运行停止点数据。

9）Tool：工具中心点（TCP）。根据机器人使用工具的不同选择合适的工具坐标系。机器人示教时，首先要确定好工具坐标系。

10）[\Wobj]：工件坐标系。

11）[\Corr]：修正目标点开关。

例如：

```
MoveL p1, v2000, fine, grip1;
MoveL \Conc, p1, v2000, fine, grip1;
MoveL p1, v2000\V: =2200, z40\z: 45, grip1;
MoveL p1, v2000, z40, grip1\Wobj: =wobjTable;
MoveL p1, v2000, fine\ Inpos: =inpos50, grip1;
MoveL p1, v2000, z40, grip1\corr;
```

（2）常用指令格式

直线运动指令的常用格式如图 7–38 所示。

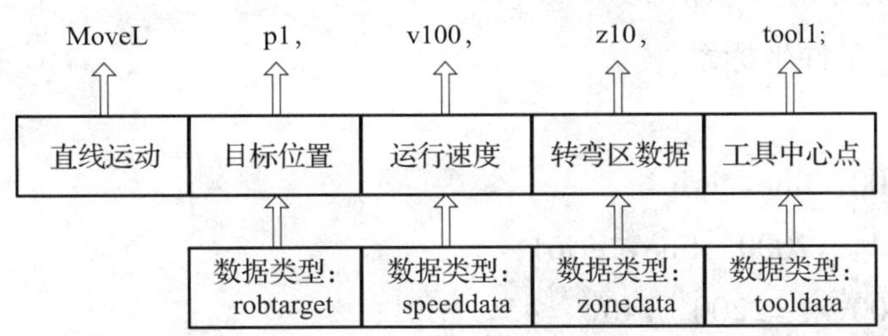

图 7–38　直线运动指令的常用格式

在图 7–38 中，MoveL 表示直线运动指令；p1 表示一个空间点，即直线运动的目标位置；v100 表示机器人运行速度为 100 mm/s；z10 表示转弯半径为 10 mm；tool1 表示选定的工具坐标系。

3. 关节运动指令（MoveJ）

程序一般起始点使用 MoveJ 指令。机器人将 TCP 沿最快速轨迹送到目标点，机器人的姿态会随意改变，TCP 路径不可预测。机器人最快速的运动轨迹通常不是最短的轨迹，因而关节轴的运动轨迹不是直线。由于机器人轴的旋转运动，弧形轨迹要比直线轨迹快。运动指令示意图如图 7–39 所示。运动特点如下：①运动的具体过程是不可预见的。②六个轴同时启动并且同时停止。③机器人以最快速的方式运动至目标点，机器人运动状态不完全可控，但运动路径保持唯一，常用于机器人在空间大范围移动。

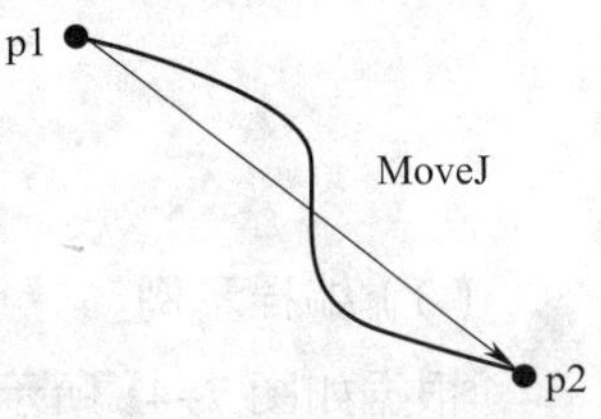

图 7–39　运动指令示意图

使用 MoveJ 指令可以使机器人的运动更加高效、快速，也可以使机器人的运动更加柔和，但是关节轴运动轨迹是不可预见的，因此，使用该指令时务必确认机器人与周边设备不会发生碰撞。

（1）标准指令格式

MoveJ［\Conc，］ToPoint，Speed［\V］［\T］，Zone［\Z］［\Inpos］，Tool［\Wobj］；

指令格式说明：

1）［\Conc，］：协作运动开关。

2）ToPoint：目标点，默认为 *。

3）Speed：运行速度数据。

4）［\V］：特殊运行速度，mm/s。

5）［\T］：运行时间控制，s。

6）Zone：运行转角数据。

7）[\Z]：特殊运行转角，mm。

8）[\Inpos]：运行停止点数据。

9）Tool：工具中心点（TCP）。

10）[\Wobj]：工件坐标系。

例如：

MoveJ p1，v2000，fine，grip1；

MoveJ\Conc，p1，v2000，fine，grip1；

MoveJ p1，v2000\V：=2200，z40\z：45，grip1；

MoveJ p1，v2000，z40，grip1\Wobj：=wobjTable；

MoveJ\Conc，p1，v2000，fine\ Inpos：=inpos50，grip1；

（2）常用指令格式

关节运动指令的常用格式如图 7–40 所示。

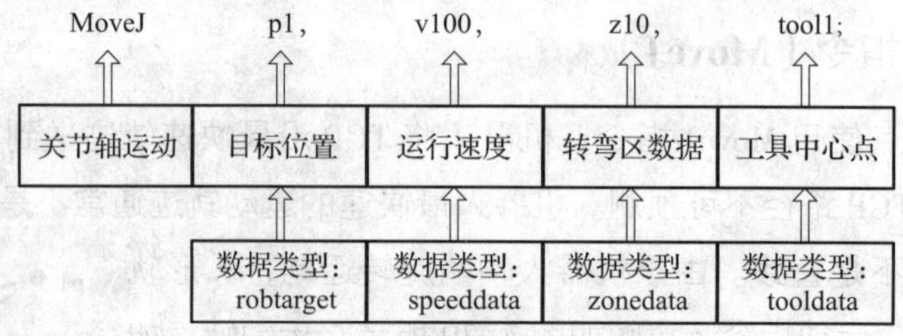

图 7–40　关节运动指令的常用格式

（3）编程示例

根据如图 7–41 所示的运动轨迹，写出其关节运动指令程序。

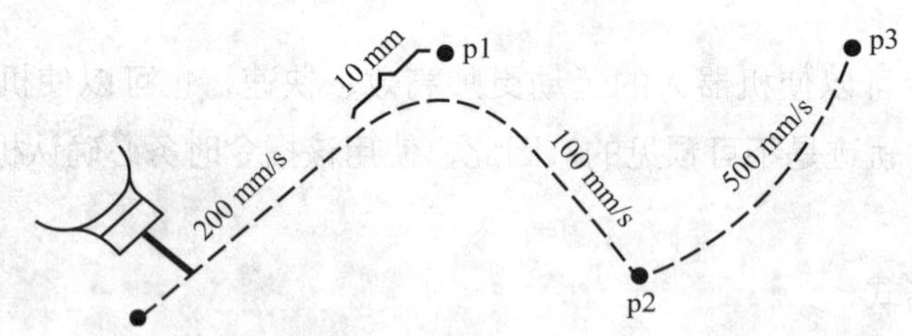

图 7–41　运动轨迹

图 7–41 所示运动轨迹的指令程序如下：

MoveL p1，v200，z10，tool1；

MoveL p2，v100，fine，tool1；

MoveJ p3，v500，fine，tool1；

4. 圆弧运动指令（MoveC）

圆弧运动指令也称为圆弧插补运动指令。三点确定唯一圆弧，因此，圆弧运动需要示教三个圆弧运动点，起始点 p1 是上一条运动指令的末端点，p2 是中间点，p3 是目标点，如图 7–42 所示。机器人通过中心点以圆弧移动方式运动至目标点，起始点、中间点与目标点三点决定一段圆弧，机器人运动状态可控，运动路径保持唯一，常用于机器人在工作状态移动。

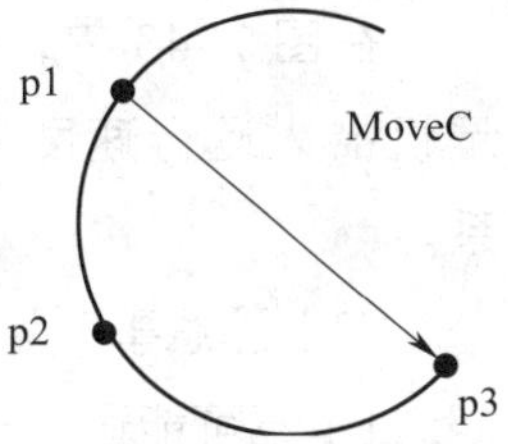

图 7–42　圆弧运动轨迹

（1）标准指令格式

MoveC [\Conc，] CirPoint，ToPoint，Speed [\V][\T]，Zone [\Z][\Inpos]，Tool [\Wobj][\Corr]；

指令格式说明：

1）[\Conc，]：协作运动开关。

2）CirPoint：中间点，默认为 *。

3）ToPoint：目标点，默认为 *。

4）Speed：运行速度数据。

5）[\V]：特殊运行速度，mm/s。

6）[\T]：运行时间控制，s。

7）Zone：运行转角数据。

8）[\Z]：特殊运行转角 mm。

9）[\Inpos]：运行停止点数据。

10）Tool：工具中心点（TCP）。

11）[\Wobj]：工件坐标系。

12）[\Corr]：修正目标点开关。

例如：

```
MoveC p1，p2，v2000，fine，grip1；
MoveC \Conc，p1，p2，v200，\V：=500，z1\zz：=5，grip1；
MoveC p1，p2，v2000，z40，grip1\Wobj：=wobjTable；
MoveC p1，p2，v2000，fine\ Inpos：= 50，grip1；
MoveC p1，p2，v2000，fine，grip1\corr；
```

（2）常用指令格式

圆弧运动指令的常用格式如图 7–43 所示。

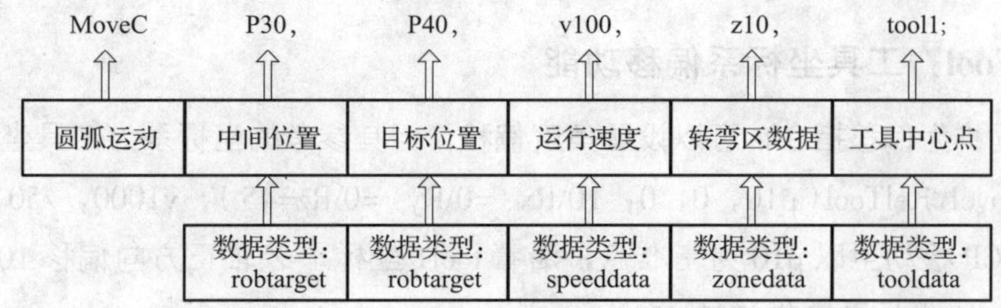

图 7–43　圆弧运动指令的常用格式

在图 7-43 中，MoveC 表示圆弧运动指令；p30 表示中间点；p40 为目标点；v100 表示机器人运行速度为 100 mm/s；z10 表示转弯半径为 10 mm；tool1 表示选定的工具坐标系。

（3）注意事项

1）不可能通过一个 MoveC 指令完成一个圆，如图 7-44 所示。

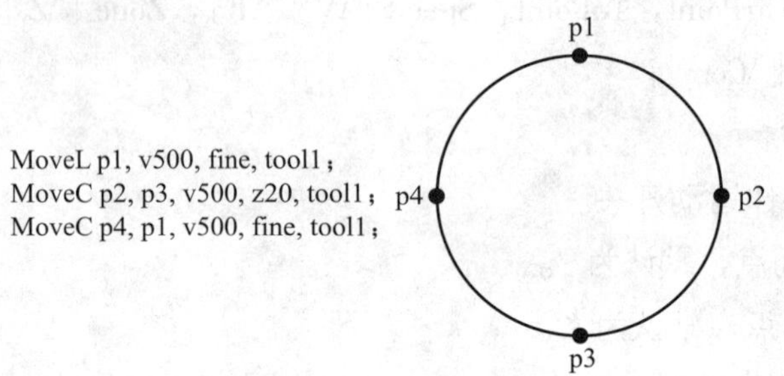

图 7-44　MoveC 指令的限制

2）Singarea：位置调整指令。可选变量 Wrist 允许改变工具的姿态；Off 不允许改变工具姿态。

注意：只对 MoveL 和 MoveC 有效。

示例：

Singarea Wrist

MoveL……

MoveC……

Singarea Off

三、功能

1. Offs：工件坐标系偏移功能

以选定的目标点为基准，沿着选定工件坐标系的 *X*、*Y*、*Z* 轴方向偏移一定的距离。

例如：

MoveL Offs（p10，0，0，10），v1000，z50，tool0\Wobj：=wobj1；

将机器人 TCP 移动至以 p10 为基准点，沿着 wobj1 的 *Z* 轴正方向偏移 10 mm 的位置。

2. RelTool：工具坐标系偏移功能

RelTool 同样为偏移指令，可以设置角度偏移，但其参考的坐标系为工具坐标系。

例如，MoveL RelTool（p10，0，0，10\Rx：=0\Ry：=0\Rz=45），v1000，z50，tool1；

机器人 TCP 移动至以 p10 为基准点，沿着 tool1 坐标系 *Z* 轴正方向偏移 10 mm 的位置，且 TCP 沿着 tool1 坐标系 *Z* 轴旋转 45°。

3. CRobT 功能

CRobT 的功能是读取当前机器人目标点的位置数据。

例如：

PERS robtarget p10；

p10：= CRobT（\Tool：=tool1\Wobj：=wobj1）；

读取当前机器人目标点的位置数据，指定工具数据为 tool1，工件坐标系数据为 wobj1（若不设定，则默认工具数据为 tool0），之后将读取的目标点数据赋值给 p10。

工厂经验

CJointT 为读取当前机器人各关节轴度数的功能，程序数据 robtarget 与 jointtarget 之间可以相互转换。

p1：= CalcRobT（jointpos1，tool1\Wobj：=wobj1）；

将 jointtarget 转换为 robtarget。

jointpos1：= CalcJointT（p1，tool1\Wobj：=wobj1）；

将 robtarget 转换为 jointtarget。

【例 7-1】 如图 7-45 所示，要求机器人沿长 100 mm、宽 50 mm 的长方形路径运动，机器人从起始点 p1，经过 p2、p3、p4 点，回到起始点 p1。

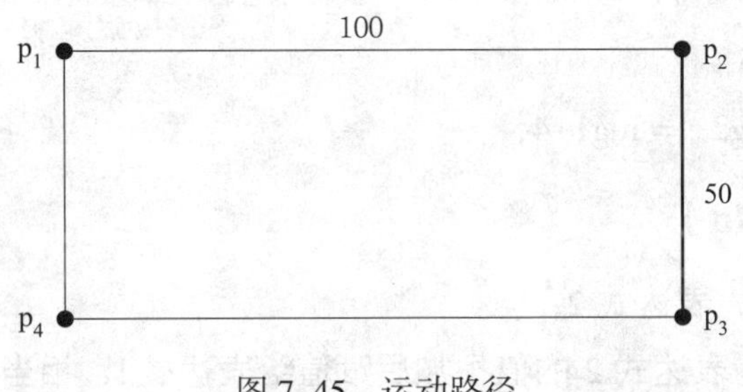

图 7-45　运动路径

为了精确确定 p1、p2、p3、p4 点，可以采用 offs 函数，通过确定参变量的方法进行点的精确定位。offs（p，x，y，z）代表一个离 p1 点 *X* 轴偏差量为 x，*Y* 轴偏差量为 y，*Z* 轴偏差量为 z 的点。

机器人长方形路径的程序如下：

```
"……
MoveL Offsp1，V100，fine，tool1；                    p1 点
MoveL Offs（p1，100，0，0），V100，fine，tool1；     p2 点
MoveL Offs（p1，100，50，0），V100，fine，tool1；    p3 点
MoveL Offs（p1，0，50，0），V100，fine，tool1；      p4 点
```

MoveL Offsp1，V100，fine，tool1；　　　　　p1 点

……"。

【例 7–2】 如图 7–46 所示为一个整圆路径，要求 TCP 沿圆心为 *P* 点、半径为 80 mm 的圆运动一周。

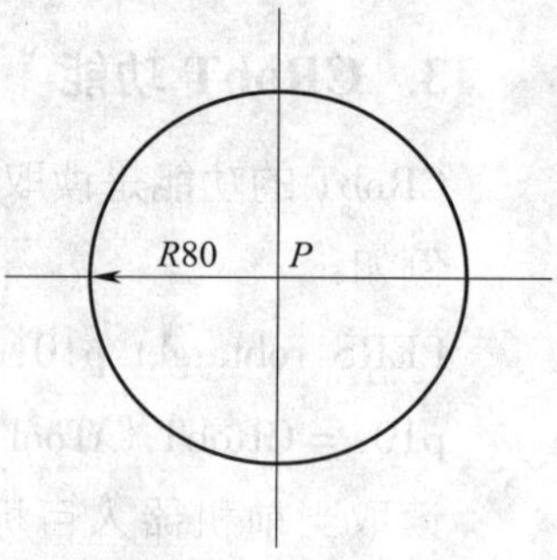

R80　P

图 7–46　整圆路径

其示教程序如下：

"……

MoveJ　p，v500，z1，tool1；

MoveJ　offs（p，80，0，0），v500，z1，tool1；

MoveC　offs（p，40，40，0），offs（p，0，80，0），v500，z1，tool1；

MoveC　offs（p，40，–40，0），offs（p，0，–80，0），v500，z1，tool1；

MoveC　offs（p，–40，–40，0），offs（p，0，–80，0），v500，z1，tool1；

MoveC　offs（p，–40，40，0），offs（p，0，80，0），v500，z1，tool1；

MoveJ　p，v500，z1，tool1；

……"。

四、简单运算指令

1. 赋值指令（：=）

赋值指令"：="用于对程序数据进行赋值，赋值可以是一个常量或数学表达式。

例如：

常量赋值：reg1 ：= 5；

数学表达式赋值：reg2 ：= reg1+4；

2. 相加指令（Add）

格式：Add 表达式 1，表达式 2；

作用：将表达式 1 与表达式 2 的值相加后赋值给表达式 l，相当于赋值指令。即：

表达式 l：= 表达式 1+ 表达式 2；

例如：

Add regl，3；等价于 regl：=regl+3；

Add regl，–reg2；等价于 regl：=regl–reg2；

3. 清零指令（Clear）

格式：Clear 表达式 1；

作用：将表达式 1 的值清零。即：

表达式 1：=0；

例如：

Clear regl；等价于 regl：=0；

五、常用 I/O 指令

I/O 指令用于控制 I/O 信号，以达到与机器人周边设备进行通信的目的。

1. Set 指令

Set 指令是将数字输出信号置为 1。

例如：

Set DO1；

将数字输出信号 DO1 置为 1。

2. Reset 指令

Reset 指令是将数字输出信号置为 0。

例如：

Reset DO1；

将数字输出信号 DO1 置为 0。

如果在 Set、Reset 指令前有运动指令 MoveJ、MoveL、MoveC、MoveAbsJ 的转弯区数据，必须使用 fine 才可以准确到达目标点后输出 I/O 信号状态的变化。

六、等待指令

1. WaitTime 指令

WaitTime 是指等待指定时间，单位为秒。

例如：

WaitTime 0.8；

程序运行到此处暂时停止 0.8 s 后继续执行。

2. WaitUntil 指令

指令作用：等待条件成立，并可设置最大等待时间以及超时标识。

应用举例：WaitUntil reg1=5\MaxTime：=6\TimeFlag：=bool1；

执行结果：等待数值型数据 reg1 变为 5，最大等待时间为 6s，若超时则 bool1 被赋值为 TRUE，程序继续执行下一条指令；若不设最大等待时间，则指令一直等待直至条件成立。

WaitUntil 指令可用于布尔量、数字量和 I/O 信号值的判断，如果条件到达指令中的设定值，程序继续往下执行，否则就一直等待，除非设定了最大等待时间。

3. WaitDI 指令

WaitDI 指令的功能是等待一个输入信号状态为设定值。

例如：

WaitDI　DI1，1；

等待数字输入信号 DI1 为 1，之后才执行下一条指令。

也可设置最大等待时间以及超时标识。

应用举例：WaitDI DI1，1\MaxTime：=5\TimeFlag：=bool1；

执行结果：等待数字输入信号 DI1 变为 1，最大等待时间为 5 s，若超时则 bool1 被赋值为 TRUE，程序继续执行下一条指令；若不设最大等待时间，则指令一直等待直至信号变为指定数值。

说明

WaitDI DI1，1；等同于：WaitUntil DI1=1；

另外，WaitUntil 应用更为广泛，其等待的后面条件为 TRUE 才继续执行，如：

WaitUntil bRead=False；

WaitUntil numl=1；

4. WaitDO 指令

WaitDO 数字输出信号判断指令用于判断数字输出信号的值是否与目标一致。

指令格式：WaitDO DO1，1；

执行此指令时，等待 DO1 的值为 1，如果 DO1 为 1，则程序继续往下执行；如果到达最大等待时间（如 300 s，此时间可根据实际进行设定）以后，DO1 的值还不为 1，则机器人报警或进行出错处理程序。

七、逻辑控制指令

1. IF 指令

IF 指令的功能是满足不同条件，执行对应程序。

例如：

IF regl ＞ 5THEN

Set DOl；

ENDIF

如果 regl ＞ 5 条件满足，则执行 Set DOl 指令。

IF 条件判断指令就是根据不同的条件去执行不同的指令。条件判定的条件数量可以根据实际情况进行增加或减少。如图 7-47 所示，如果 num1 为 1，则 flag1 会赋值为 TRUE；如果 num1 为 2，则 flag1 会赋值为 FALSE，除了以上两种条件之外，则执行 DO1 置为 1。

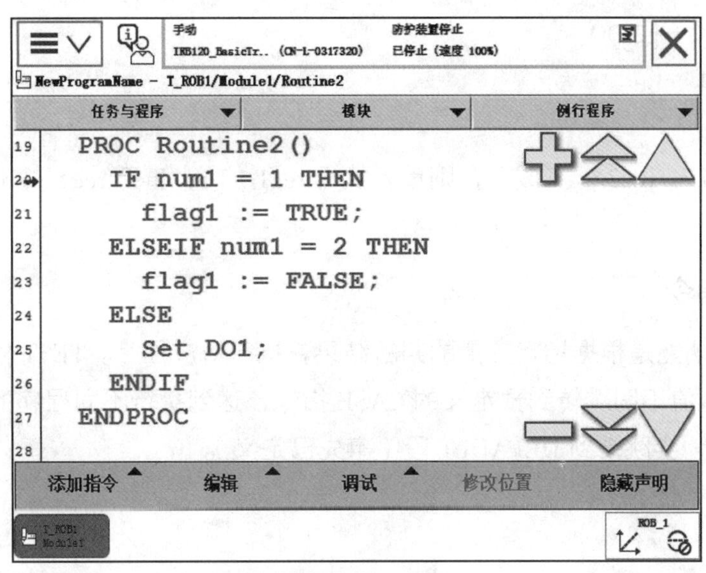

图 7-47　条件判断指令

2. Compact IF 紧凑型条件判断指令

Compact IF 紧凑型条件判断指令用于当一个条件满足了以后，就执行一句指令。

指令格式：

IF flag1=TRUE Set DO1

如果 IF flag1 的状态为 TRUE，则 DO1 被置为 1。

3. FOR 指令

FOR 指令的功能是根据指定的次数，重复执行对应程序。

例如：

```
FOR i FORM 1 TO 10 DO
routinel;
ENDFOR
```

重复执行 10 次 routinel 里的程序。

工厂经验

FOR 指令后面跟的是循环计数值，其不用在程序数据中定义，每运行一遍 FOR 循环中的指令后会自动执行加 1 操作。

4. WHILE 指令

WHILE 指令的功能是如果条件满足，则重复执行对应程序。

例如：

WHILE reg1 ＜ reg2 DO

reg1：= reg1+1；

END WHILE

如果变量 reg1 ＜ reg2 一直成立，则重复执行 reg1 加 1，直至 reg1 ＜ reg2 条件不成立为止。

5. TEST 指令

TEST 指令的功能是根据指定变量的判断结果，执行对应程序。TEST 指令传递的变量用作开关，根据变量值不同跳转到预定义的 CASE 指令，达到执行不同程序的目的。如果未找到预定义的 CASE，会跳转到 DEFAULT 段（事先已定义）。

例如：

```
TEST  reg1
CASE  1；
routine1；
CASE  2；
routine2；
DEFAULT；
Stop；
ENDTEST
```

判断 reg1 数值，若为 1 则执行 routine1；若为 2 则执行 routine2；否则执行 Stop。

工厂经验

若多种条件下执行同一操作，则可合并在同一 CASE 中。

```
TEST  reg1
CASE  1，2，3；
      routine1；
CASE  4；
      routine2；
DEFAULT；
      Stop；
ENDTEST
```

6. GOTO 指令

GOTO 指令用于跳转到例行程序内标签的位置，配合 Label 指令（跳转标签）使用。在如下的 GOTO 指令应用示例中，执行 Routine1 程序过程中，当判断条件 DI1=1 时，程序指针会跳转到带跳转标签 rHome 的位置，开始执行 Routine2 的程序。

```
MODULE Module1
PROC Routine1（ ）
rHome:                          跳转标签 Label 的位置
Routine2;
IF DI1=1 THEN
GOTO rHome;
ENDIF
ENDPROC
PROC Routine2（ ）
MoveJ p10，V1000，z50，tool0;
ENDPROC
ENDMODULE
```

八、调用指令

ProcCall 调用例行程序指令。

RETURN 返回例行程序指令。当此指令被执行时，马上结束本例行程序的执行，返回程序指针到调用此例行程序的位置。

九、指令设置

以设置直线运动指令 MoveL 为例来介绍指令设置，在程序编辑中插入运动指令 MoveL 的操作方法见表 7-12。

表 7-12　　插入 MoveL 指令

操作说明	操作界面
1. 在 ABB 主菜单中单击“手动操纵”，确认关键参数（坐标系、工具坐标、工件坐标等）设置是否正确，确认无误后关闭页面	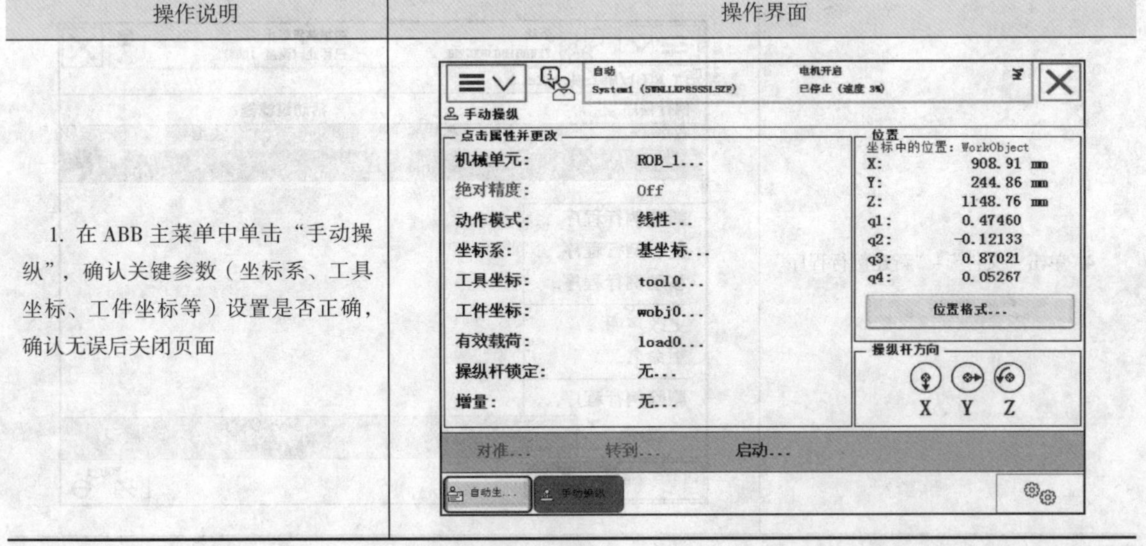

续表

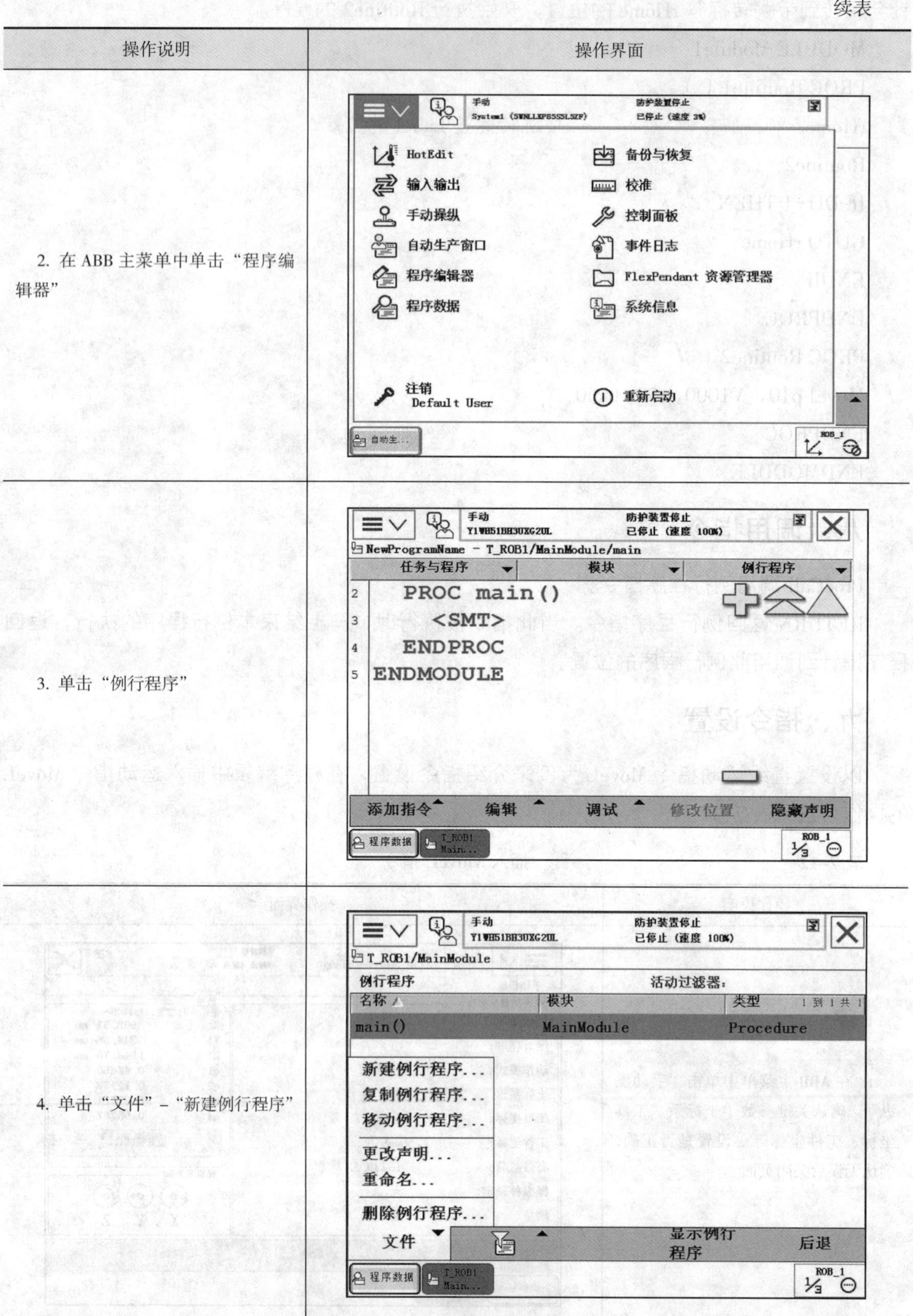

操作说明	操作界面
2. 在 ABB 主菜单中单击“程序编辑器”	
3. 单击“例行程序”	
4. 单击“文件”–“新建例行程序”	

续表

操作说明	操作界面
5. 单击“ABC...”，命名新程序“tiaoshi”，单击“确定”	手动 Y1WH51BH3UXG2UL 防护装置停止 已停止（速度 100%） 新例行程序 - NewProgramName - T_ROB1/MainModule 例行程序声明 名称：Routine1 ABC... 类型：程序 参数：无 ... 数据类型：num ... 模块：MainModule 本地声明： 撤消处理程序： 错误处理程序： 向后处理程序： 结果... 确定 取消 程序数据 T_ROB1 Main... ROB_1 1/3
6. 双击“tiaoshi（ ）”，打开例行程序	手动 Y1WH51BH3UXG2UL 防护装置停止 已停止（速度 100%） T_ROB1/MainModule 例行程序 活动过滤器： 名称 模块 类型 1 到 2 共 2 main() MainModule Procedure tiaoshi() MainModule Procedure 文件 显示例行程序 后退 程序数据 T_ROB1 Main... ROB_1 1/3
7. 选中“<SMT>”，单击“添加指令”，单击“MoveL”	手动 System1 (5WNLLEP85SSL5ZF) 防护装置停止 已停止（速度 3%） NewProgramName - T_ROB1/MainModule/main 任务与程序 模块 例行程序 4 PROC main() 5 <SMT> 6 ENDPROC 剪切 至顶部 复制 至底部 粘贴 在上面粘贴 更改选择内容... 删除 ABC... 镜像... 更改为 MoveL 备注行 撤消 重做 编辑 选择一项 添加指令 编辑 调试 修改位置 显示声明 手动操纵 T_ROB1 MainMo ROB_1

续表

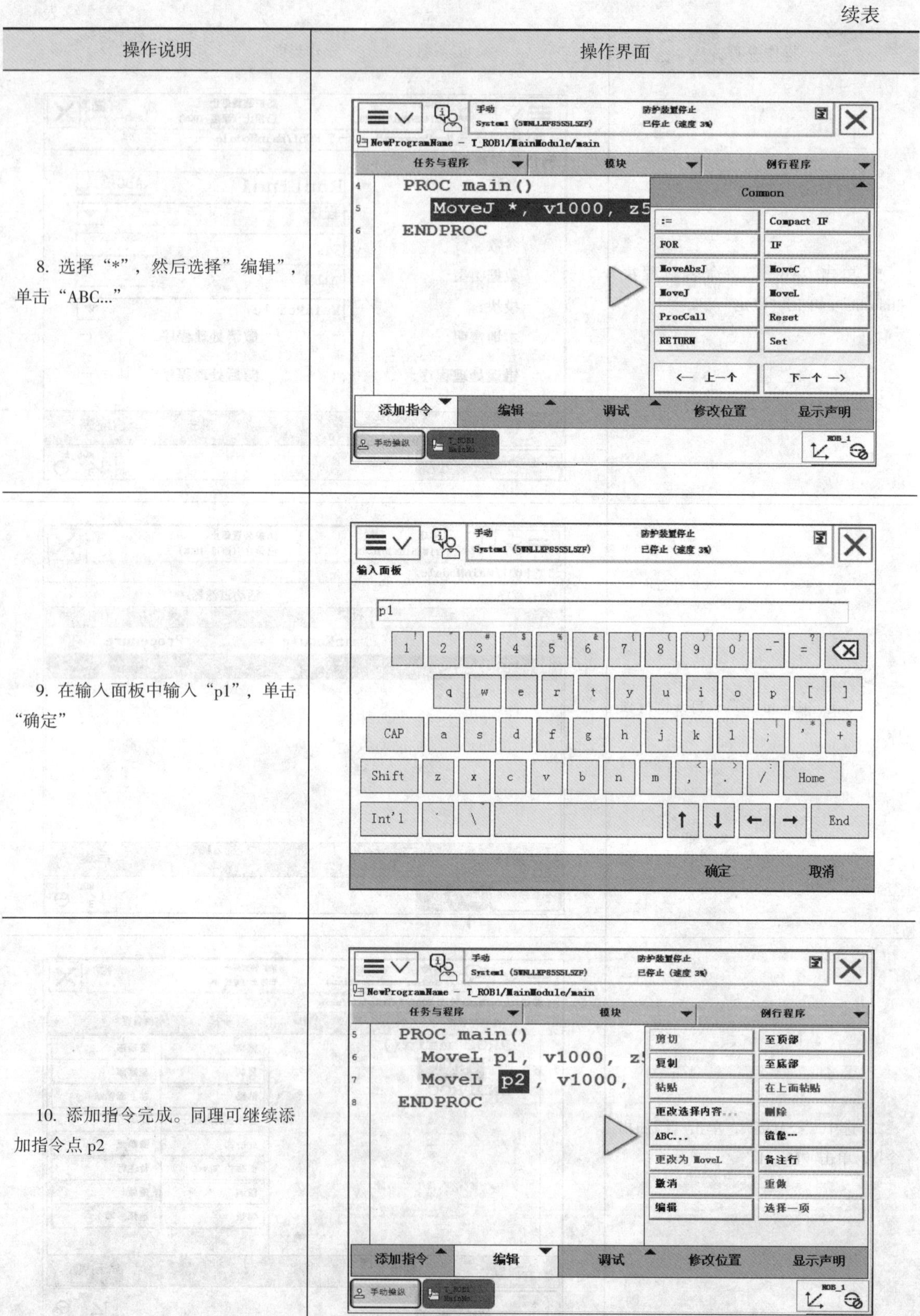

操作说明	操作界面
8. 选择“*”，然后选择“编辑”，单击“ABC...”	
9. 在输入面板中输入“p1”，单击“确定”	
10. 添加指令完成。同理可继续添加指令点 p2	

续表

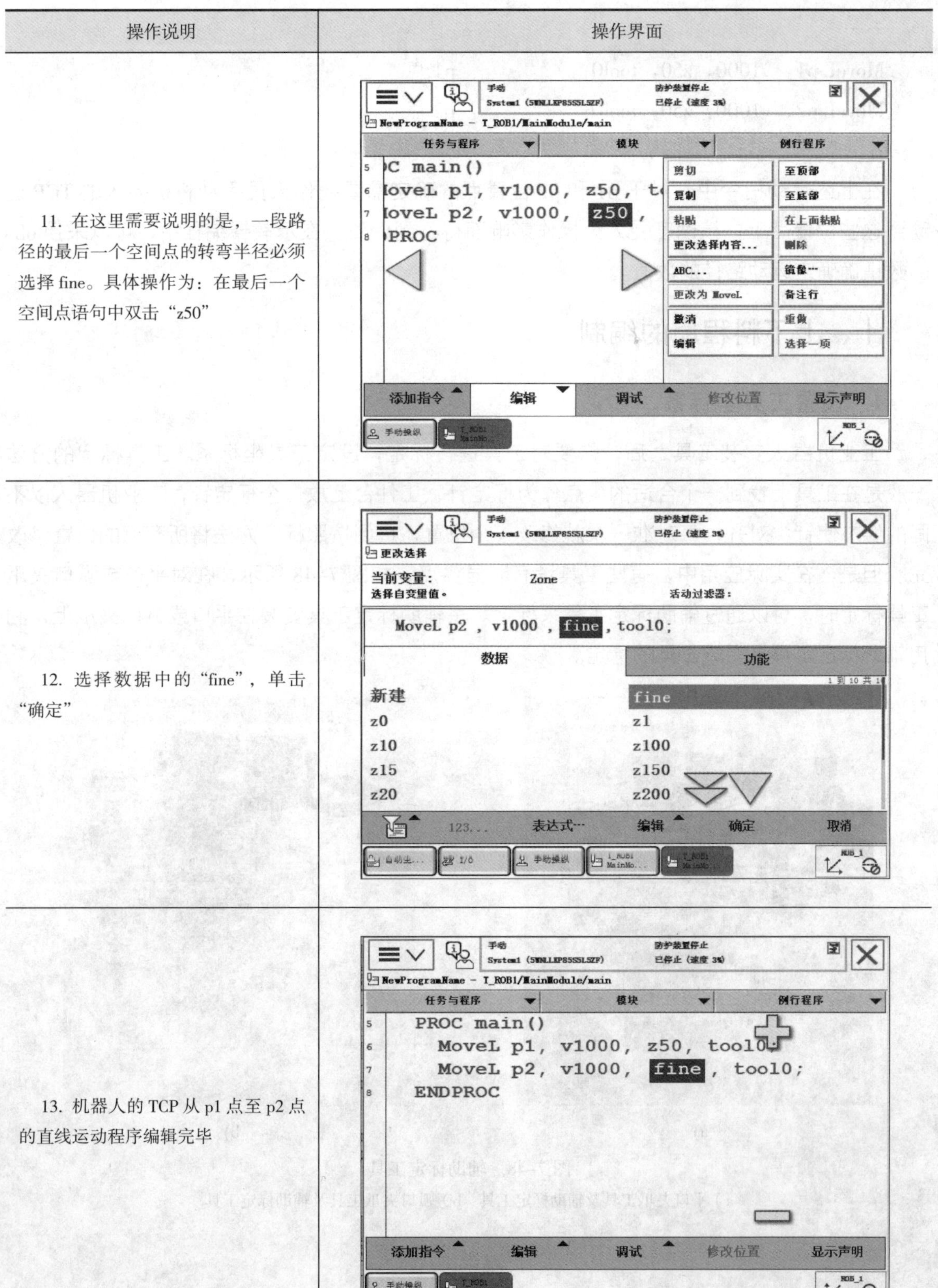

操作说明	操作界面
11. 在这里需要说明的是，一段路径的最后一个空间点的转弯半径必须选择 fine。具体操作为：在最后一个空间点语句中双击“z50”	手动 System1 (5WNLLEP85S5LSZF) 防护装置停止 已停止 (速度 3%) NewProgramName - T_ROB1/MainModule/main 任务与程序 模块 例行程序 C main() loveL p1, v1000, z50, t loveL p2, v1000, z50 , PROC 剪切 至顶部 复制 至底部 粘贴 在上面粘贴 更改选择内容... 删除 ABC... 镜像… 更改为 MoveL 备注行 撤消 重做 编辑 选择一项 添加指令 编辑 调试 修改位置 显示声明
12. 选择数据中的“fine”，单击“确定”	手动 System1 (5WNLLEP85S5LSZF) 防护装置停止 已停止 (速度 3%) 更改选择 当前变量： Zone 选择自变量值。 活动过滤器： MoveL p2 , v1000 , fine , tool0; 数据 功能 1 到 10 共 1 新建 fine z0 z1 z10 z100 z15 z150 z20 z200 123... 表达式… 编辑 确定 取消
13. 机器人的 TCP 从 p1 点至 p2 点的直线运动程序编辑完毕	手动 System1 (5WNLLEP85S5LSZF) 防护装置停止 已停止 (速度 3%) NewProgramName - T_ROB1/MainModule/main 任务与程序 模块 例行程序 PROC main() MoveL p1, v1000, z50, tool0; MoveL p2, v1000, fine , tool0; ENDPROC 添加指令 编辑 调试 修改位置 显示声明

插入 MoveL 指令的程序如下：

"……

MoveL p1，v1000，z50，tool0；　　　　　　p1 点

MoveL p2，v1000，z50，tool0；　　　　　　p2 点

……"。

在上述运动指令中，对于 p1 和 p2 位置点的确定需要操作人员手动将机器人的 TCP 运动到这些位置点上，精确度受人为操作影响而得不到保障。在示教器编程中，可以采用 offs 函数精确确定运动路径的数值。

十、上下料程序的编制

1. 设置工具坐标系

工业机器人安装工具之后，需要对工具进行标定，设定工具坐标系。工具标定的方法一般是在工具上找到一个合适的尖点作为标定针，工件台上放一个标定针，工业机器人以不同的姿态使针尖对齐，每对准一次就修改一个位置，直到按照标定方法将所有点的位置修改完。但是，在实际应用中，有些工具没有明显尖点，如图 7-48 所示，在对平口或弧口夹爪工具标定时，可以通过辅助标定工具来标定。将辅助标定工具安装在平口或弧口夹爪上，利用辅助标定工具来完成工具的标定。

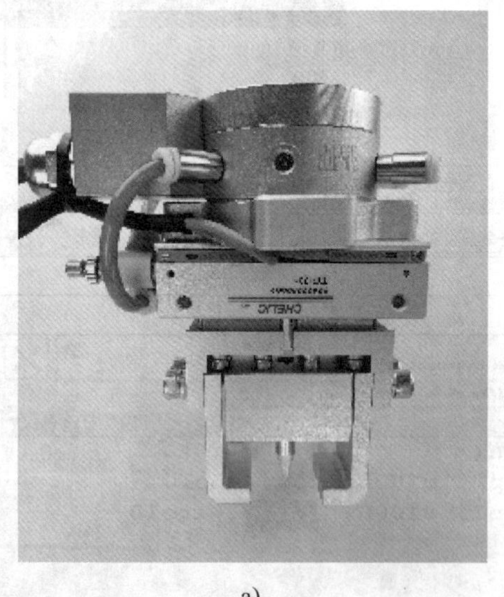

a)

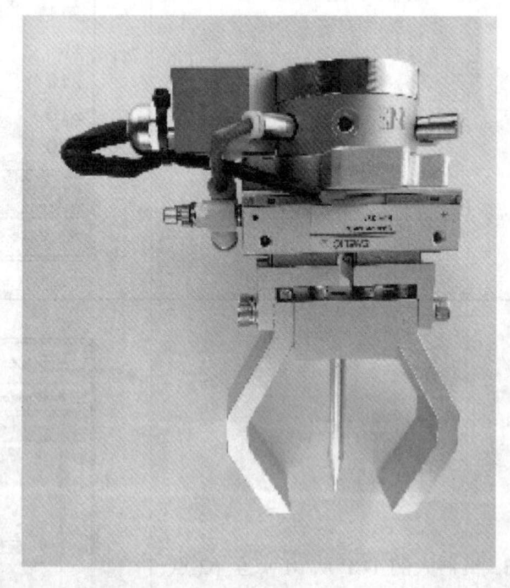

b)

图 7-48　辅助标定工具

a）平口夹爪工具及辅助标定工具　b）弧口夹爪工具及辅助标定工具

2. 直口夹爪工具负载测算（见表 7–13）

表 7–13　　直口夹爪工具负载测算

步骤	说明	图示
1	手动操纵机器人运动到各轴零点位置	
2	手动操纵界面，加载需要测算的工具“zhikoutool”	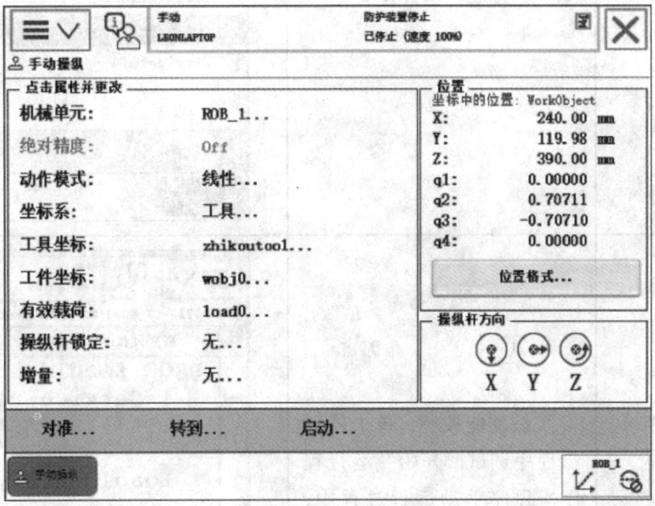
3	进入“程序编辑器”界面，单击“调试”，在菜单中单击“PP 移至 Main”，待“调用例行程序”被激活后，单击“调用例行程序”	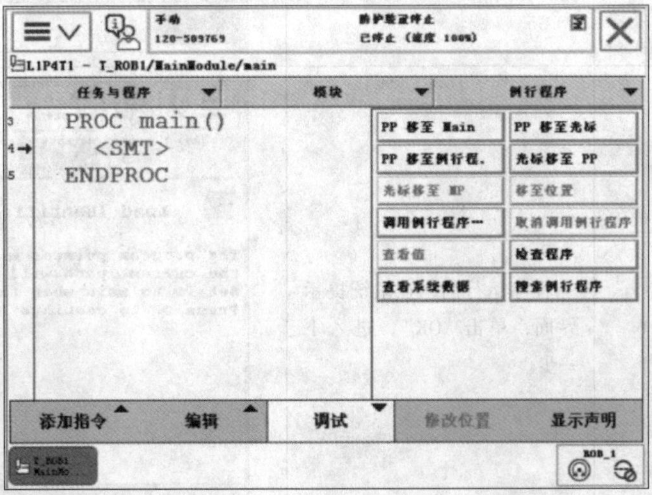

续表

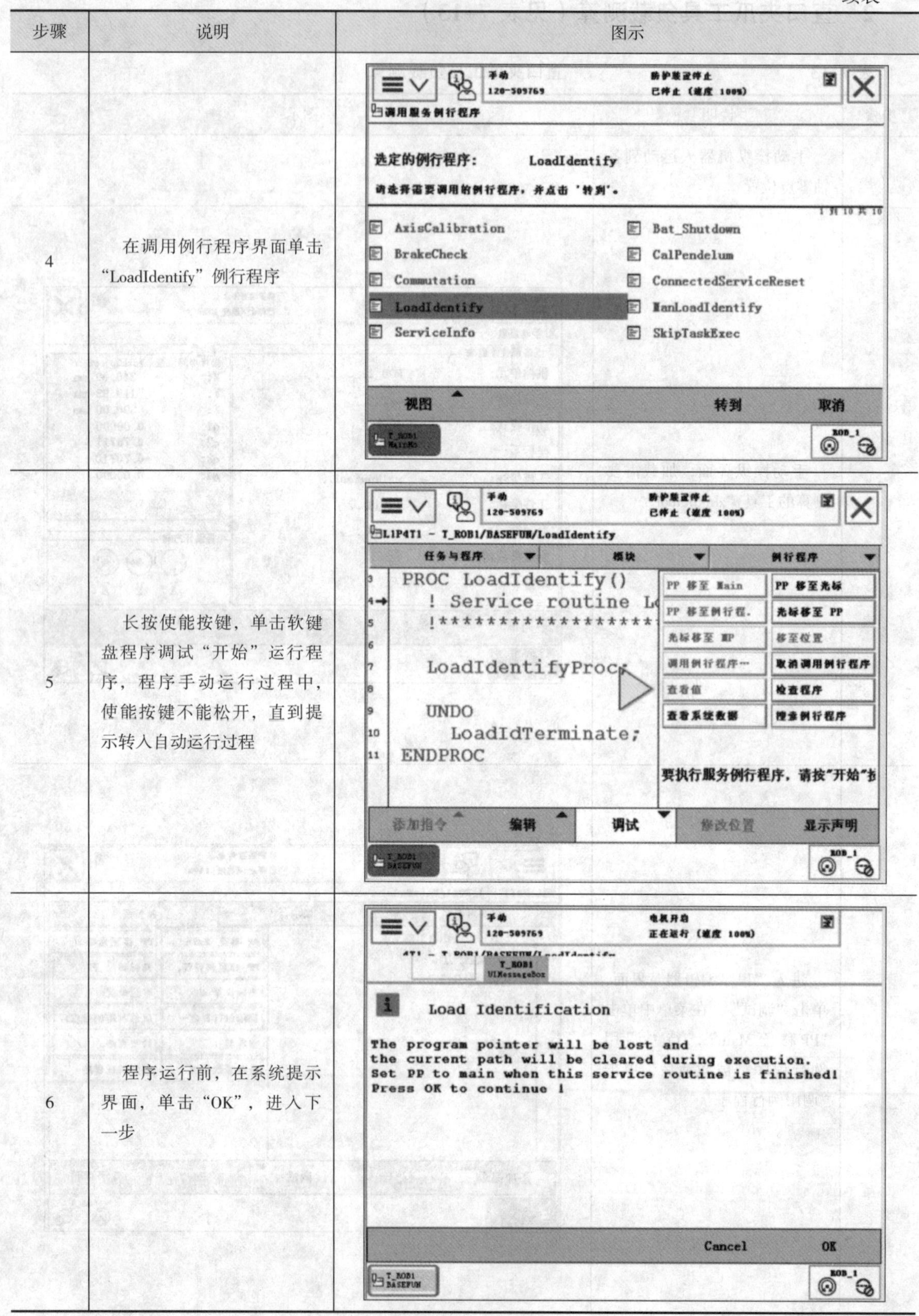

步骤	说明	图示
4	在调用例行程序界面单击“LoadIdentify”例行程序	
5	长按使能按键，单击软键盘程序调试“开始”运行程序，程序手动运行过程中，使能按键不能松开，直到提示转入自动运行过程	
6	程序运行前，在系统提示界面，单击“OK”，进入下一步	

续表

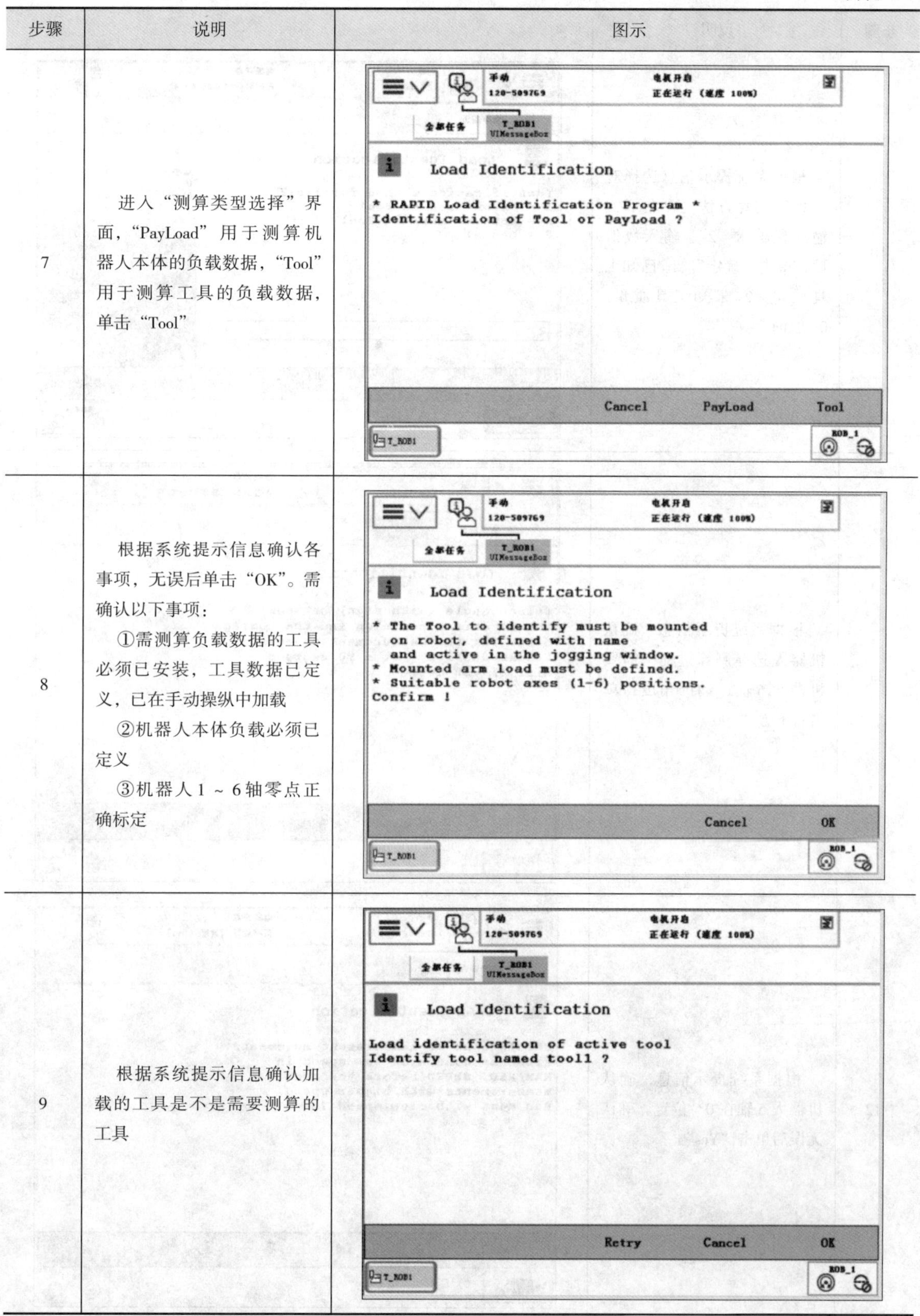

步骤	说明	图示
7	进入“测算类型选择”界面，“PayLoad”用于测算机器人本体的负载数据，“Tool”用于测算工具的负载数据，单击“Tool”	手动 120-509769 电机开启 正在运行（速度 100%） 全部任务 T_ROB1 UIMessageBox Load Identification * RAPID Load Identification Program * Identification of Tool or PayLoad ? Cancel PayLoad Tool T_ROB1 ROB_1
8	根据系统提示信息确认各事项，无误后单击“OK”。需确认以下事项： ①需测算负载数据的工具必须已安装，工具数据已定义，已在手动操纵中加载 ②机器人本体负载必须已定义 ③机器人 1 ~ 6 轴零点正确标定	手动 120-509769 电机开启 正在运行（速度 100%） 全部任务 T_ROB1 UIMessageBox Load Identification * The Tool to identify must be mounted on robot, defined with name and active in the jogging window. * Mounted arm load must be defined. * Suitable robot axes (1-6) positions. Confirm ! Cancel OK T_ROB1 ROB_1
9	根据系统提示信息确认加载的工具是不是需要测算的工具	手动 120-509769 电机开启 正在运行（速度 100%） 全部任务 T_ROB1 UIMessageBox Load Identification Load identification of active tool Identify tool named tool1 ? Retry Cancel OK T_ROB1 ROB_1

续表

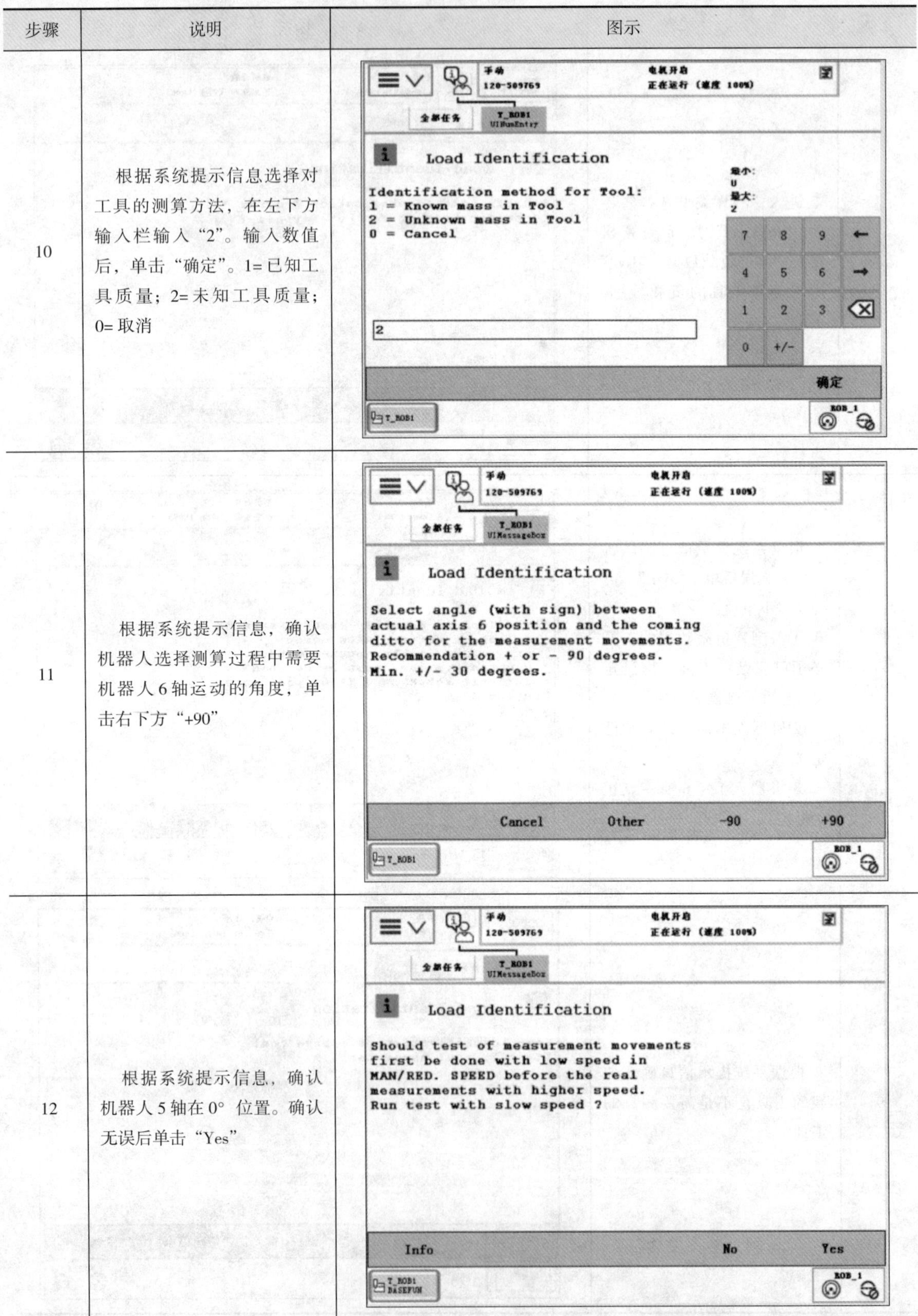

步骤	说明	图示
10	根据系统提示信息选择对工具的测算方法，在左下方输入栏输入“2”。输入数值后，单击“确定”。1= 已知工具质量；2= 未知工具质量；0= 取消	手动 120-509769 电机开启 正在运行（速度 100%） 全部任务 T_ROB1 UIBumEntry Load Identification Identification method for Tool: 1 = Known mass in Tool 2 = Unknown mass in Tool 0 = Cancel 最小: 0 最大: 2 2 确定 T_ROB1 ROB_1
11	根据系统提示信息，确认机器人选择测算过程中需要机器人 6 轴运动的角度，单击右下方“+90”	手动 120-509769 电机开启 正在运行（速度 100%） 全部任务 T_ROB1 UIMessageBox Load Identification Select angle (with sign) between actual axis 6 position and the coming ditto for the measurement movements. Recommendation + or - 90 degrees. Min. +/- 30 degrees. Cancel Other -90 +90 T_ROB1 ROB_1
12	根据系统提示信息，确认机器人 5 轴在 0° 位置。确认无误后单击“Yes”	手动 120-509769 电机开启 正在运行（速度 100%） 全部任务 T_ROB1 UIMessageBox Load Identification Should test of measurement movements first be done with low speed in MAN/RED. SPEED before the real measurements with higher speed. Run test with slow speed ? Info No Yes T_ROB1 BASEFUN ROB_1

续表

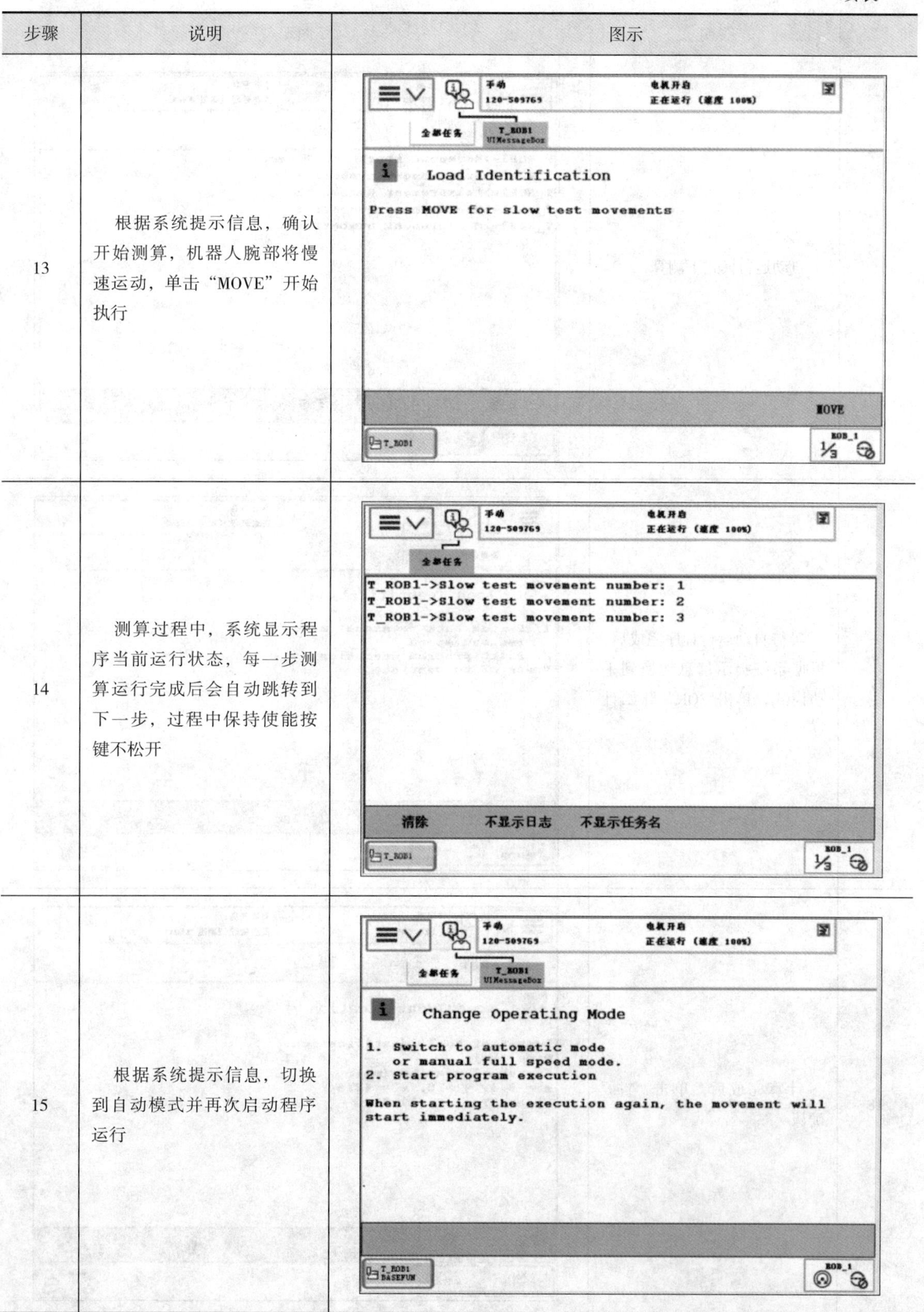

步骤	说明	图示
13	根据系统提示信息，确认开始测算，机器人腕部将慢速运动，单击“MOVE”开始执行	
14	测算过程中，系统显示程序当前运行状态，每一步测算运行完成后会自动跳转到下一步，过程中保持使能按键不松开	
15	根据系统提示信息，切换到自动模式并再次启动程序运行	

续表

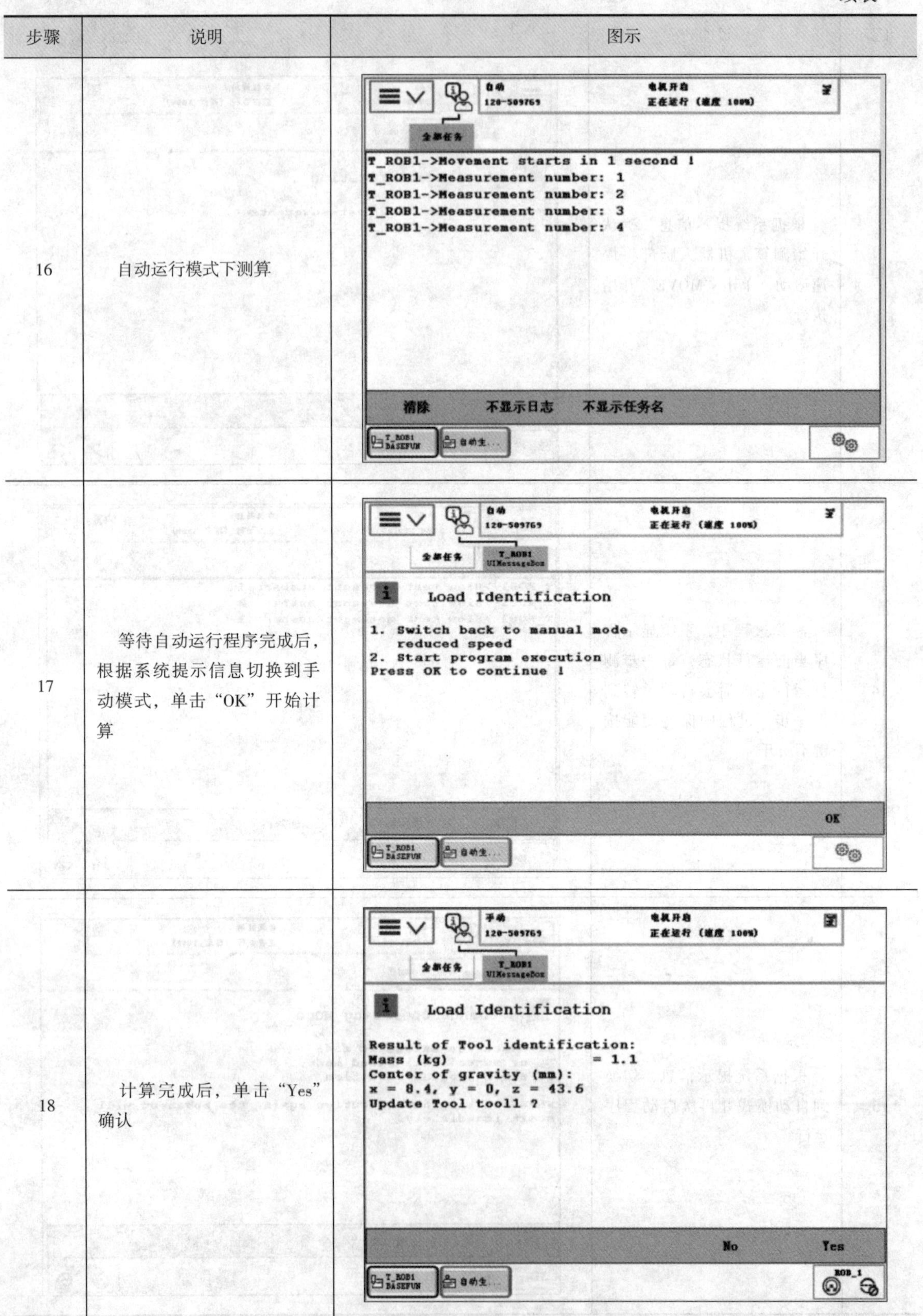

步骤	说明	图示
16	自动运行模式下测算	
17	等待自动运行程序完成后，根据系统提示信息切换到手动模式，单击“OK”开始计算	
18	计算完成后，单击“Yes”确认	

3. 上下料

（1）设备

图 7–49　井式供料模块

井式供料模块是储存物料的装置，如图 7–49 所示，通过气缸的运动从料仓底部推出物料，实现供料功能。可以通过数字量输入输出信号控制，实现料仓物料的监控以及物料的供给。井式供料模块可以和其他模块进行组合，实现不同的作业任务。井式供料模块数字量输入输出信号及其说明见表 7–14。

物料暂存模块用于暂时存放从井式供料模块推出的物料，安装有光电传感器，当物料到达暂存模块，模块检测到有物料时，工业机器人接收到信号即从暂存模块取走物料。物料暂存模块如图 7–50 所示。

表 7–14　井式供料模块的数字量输入输出信号及其说明

信号名称	类型	功能	信号状态
D652_DI1	数字量输入	推料气缸伸出状态	未伸出状态为 0，伸出状态为 1
D652_DI2	数字量输入	料仓有无工件	无料状态为 0，有料状态为 1
D652_DO1	数字量输出	推料气缸控制信号	默认为 0，气缸伸出为 1

棋盘格模块由 7 行 7 列共 49 个格子组成，每个格子大小为 32 mm×32 mm，用于在指定位置摆放工业机器人搬运的物料，如图 7–51 所示。

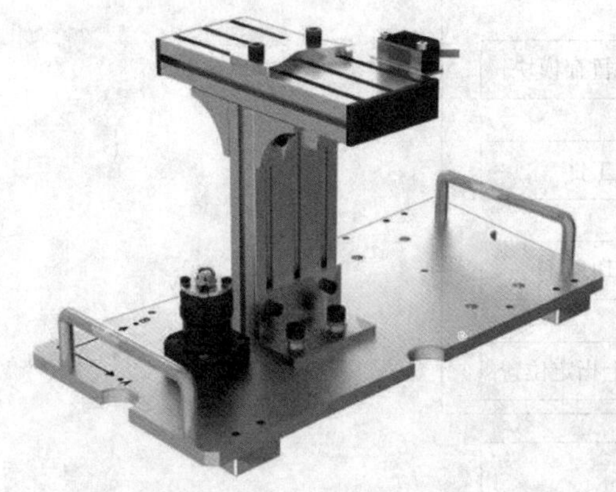
图 7–50　物料暂存模块

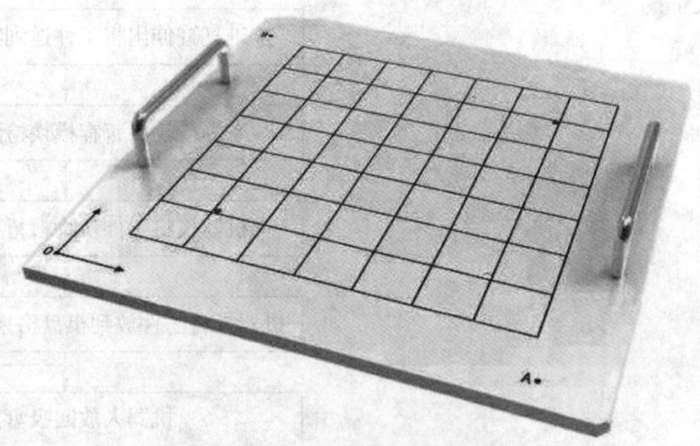
图 7–51　棋盘格模块

设定井式供料模块推头气缸电磁阀信号 EXDO2，设定推头后限信号 EXDI2。当传感器检测到井式供料仓中有工件时，信号 EXDO2 置为 1，电磁阀控制气缸推头推出工件，等待

2 s 后，气缸推头缩回，当 EXDI2 为 0 时，表示气缸推头缩回到位，完成一次井式供料模块推出工件的任务，如图 7-52 所示。

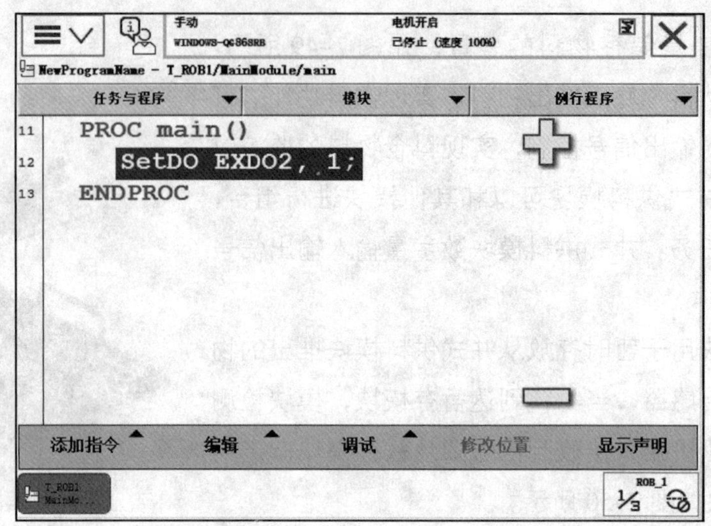

图 7-52　EXDO2 置为 1

（2）上下料流程

上下料流程如图 7-53 所示。

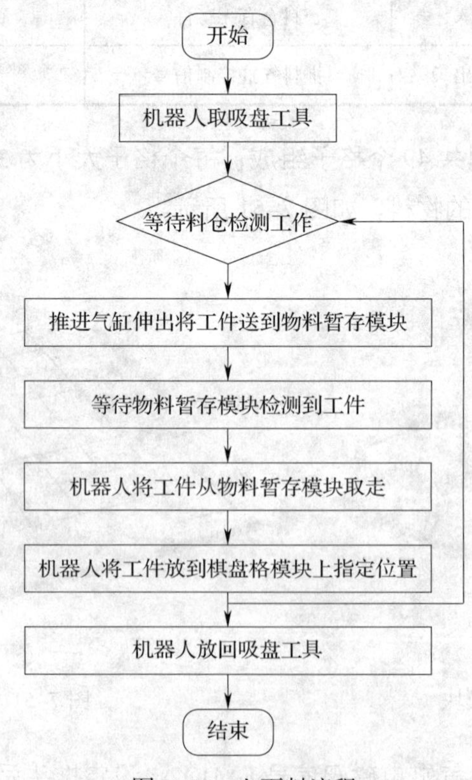

图 7-53　上下料流程

创建新程序并保存为 L1P4T2，创建例行程序“Qu_GongJu”“Fang_GongJu”用于工具的取放，“banyun1”对应第 1 个工件的上下料，其他工件的上下料程序可在 banyun1 基础上修改，需要编写的例行程序如图 7–54 所示，其操作步骤见表 7–15。

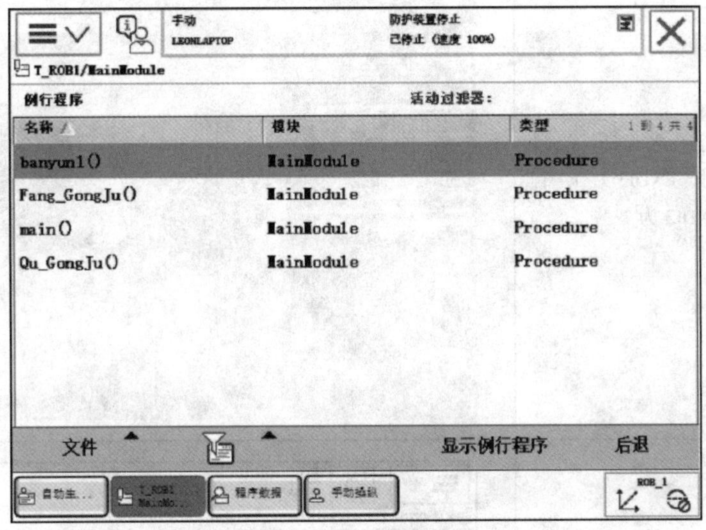

图 7–54　例行程序

表 7–15　　操作步骤

步骤	说明	图示
1	打开 banyun1 例行程序，添加 WaitDI 指令，等待信号 EXDI3 状态为 1	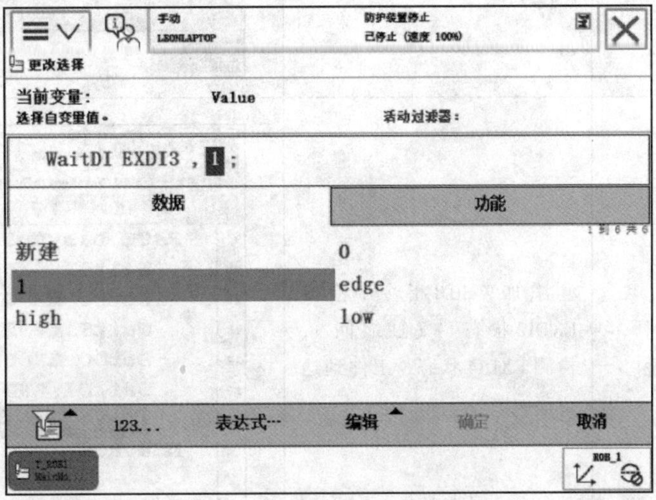

续表

步骤	说明	图示
2	检测料仓有无工件，当料仓无工件时，EXDI3 为 0，有工件时，EXDI3 为 1	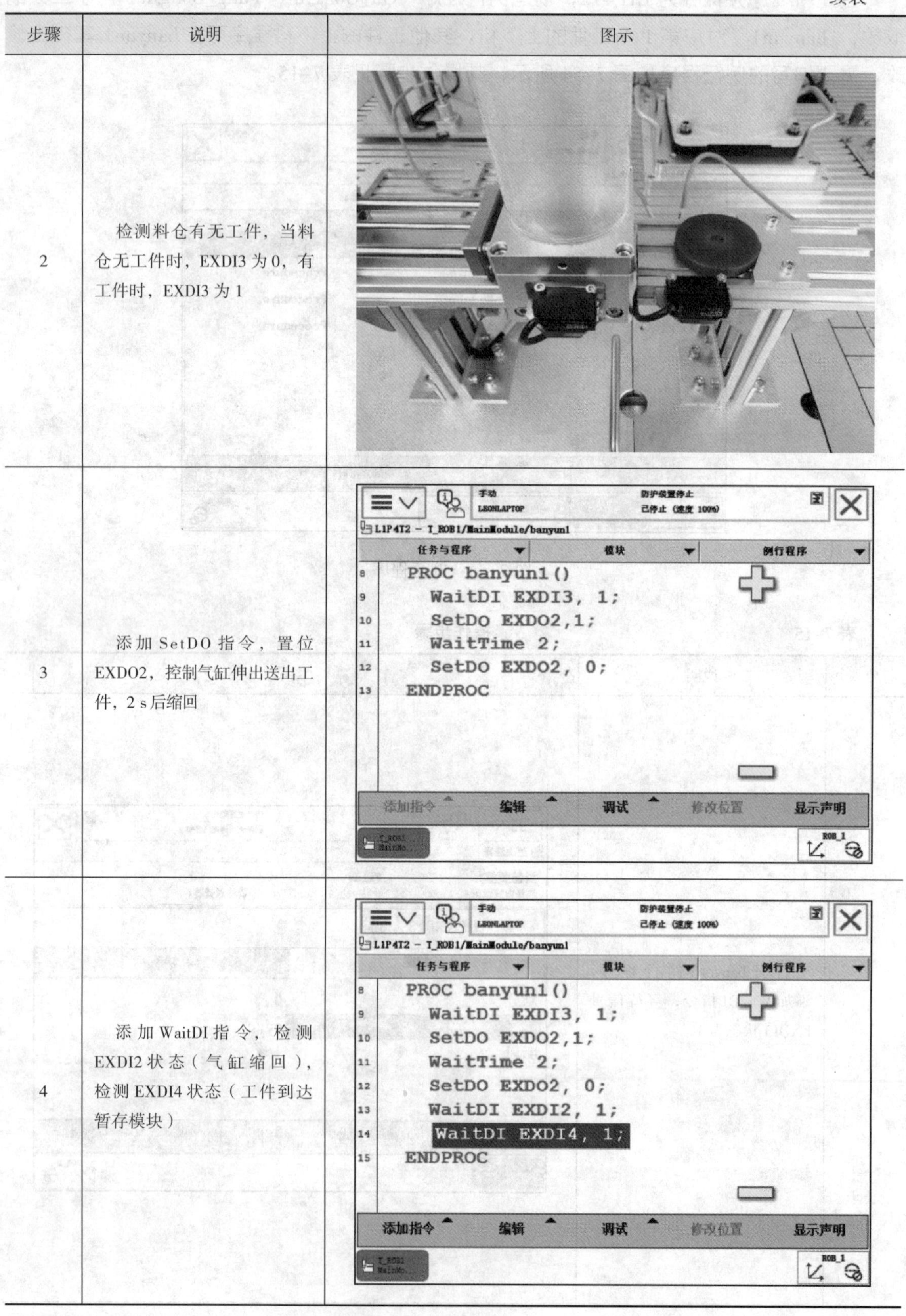
3	添加 SetDO 指令，置位 EXDO2，控制气缸伸出送出工件，2 s 后缩回	手动 LEONLAPTOP 防护装置停止 已停止（速度 100%） L1P4T2 - T_ROB1/MainModule/banyun1 任务与程序 模块 例行程序 PROC banyun1() WaitDI EXDI3, 1; SetDO EXDO2,1; WaitTime 2; SetDO EXDO2, 0; ENDPROC 添加指令 编辑 调试 修改位置 显示声明 ROB_1
4	添加 WaitDI 指令，检测 EXDI2 状态（气缸缩回），检测 EXDI4 状态（工件到达暂存模块）	手动 LEONLAPTOP 防护装置停止 已停止（速度 100%） L1P4T2 - T_ROB1/MainModule/banyun1 任务与程序 模块 例行程序 PROC banyun1() WaitDI EXDI3, 1; SetDO EXDO2,1; WaitTime 2; SetDO EXDO2, 0; WaitDI EXDI2, 1; WaitDI EXDI4, 1; ENDPROC 添加指令 编辑 调试 修改位置 显示声明 ROB_1

续表

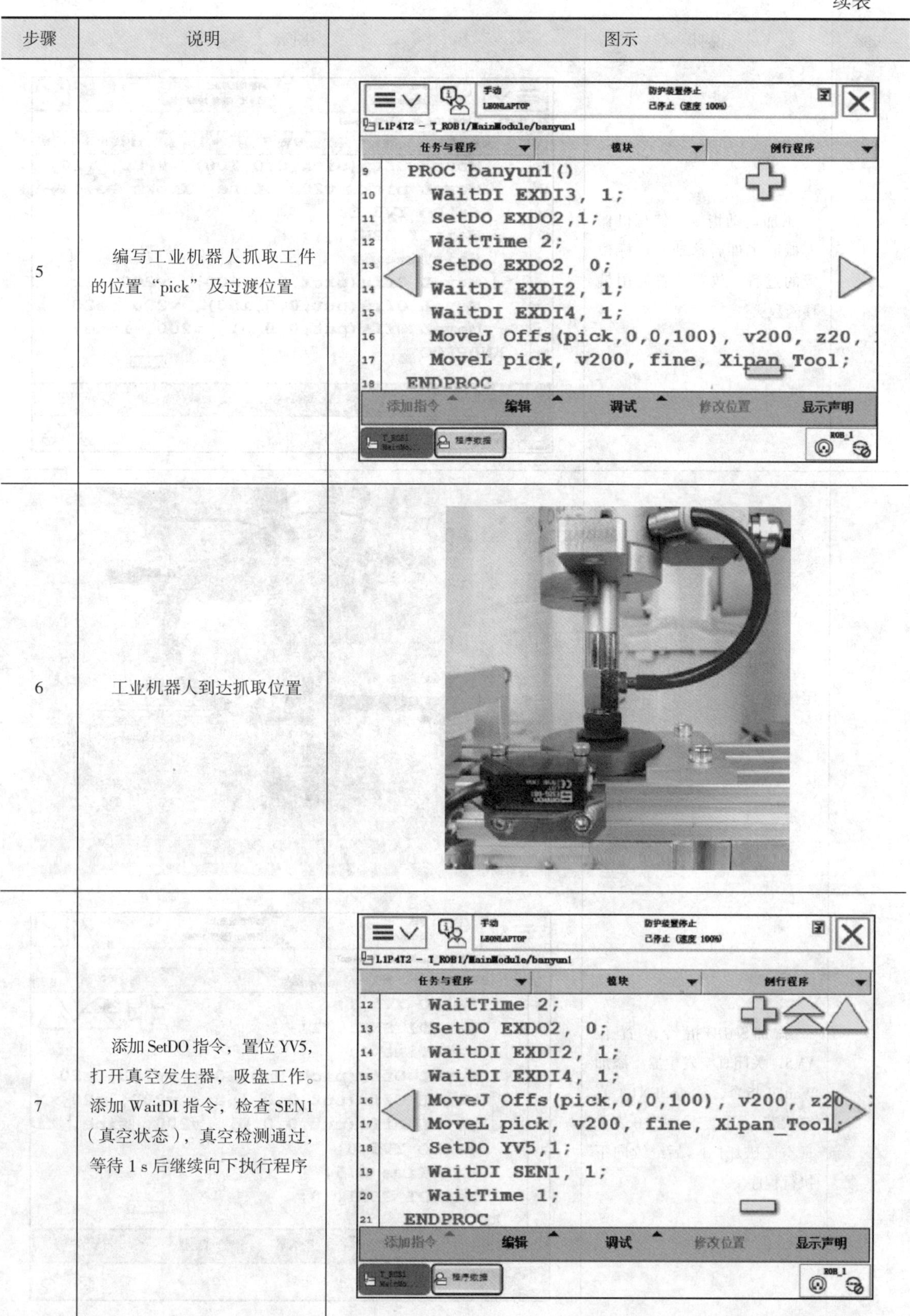

步骤	说明	图示
5	编写工业机器人抓取工件的位置“pick”及过渡位置	手动 LEONLAPTOP 防护装置停止 已停止（速度 100%） L1P4T2 - T_ROB1/MainModule/banyun1 任务与程序 模块 例行程序 PROC banyun1() WaitDI EXDI3, 1; SetDO EXDO2,1; WaitTime 2; SetDO EXDO2, 0; WaitDI EXDI2, 1; WaitDI EXDI4, 1; MoveJ Offs(pick,0,0,100), v200, z20, MoveL pick, v200, fine, Xipan_Tool; ENDPROC 添加指令 编辑 调试 修改位置 显示声明
6	工业机器人到达抓取位置	
7	添加 SetDO 指令，置位 YV5，打开真空发生器，吸盘工作。添加 WaitDI 指令，检查 SEN1（真空状态），真空检测通过，等待 1 s 后继续向下执行程序	手动 LEONLAPTOP 防护装置停止 已停止（速度 100%） L1P4T2 - T_ROB1/MainModule/banyun1 任务与程序 模块 例行程序 WaitTime 2; SetDO EXDO2, 0; WaitDI EXDI2, 1; WaitDI EXDI4, 1; MoveJ Offs(pick,0,0,100), v200, z20, MoveL pick, v200, fine, Xipan_Tool; SetDO YV5,1; WaitDI SEN1, 1; WaitTime 1; ENDPROC 添加指令 编辑 调试 修改位置 显示声明

续表

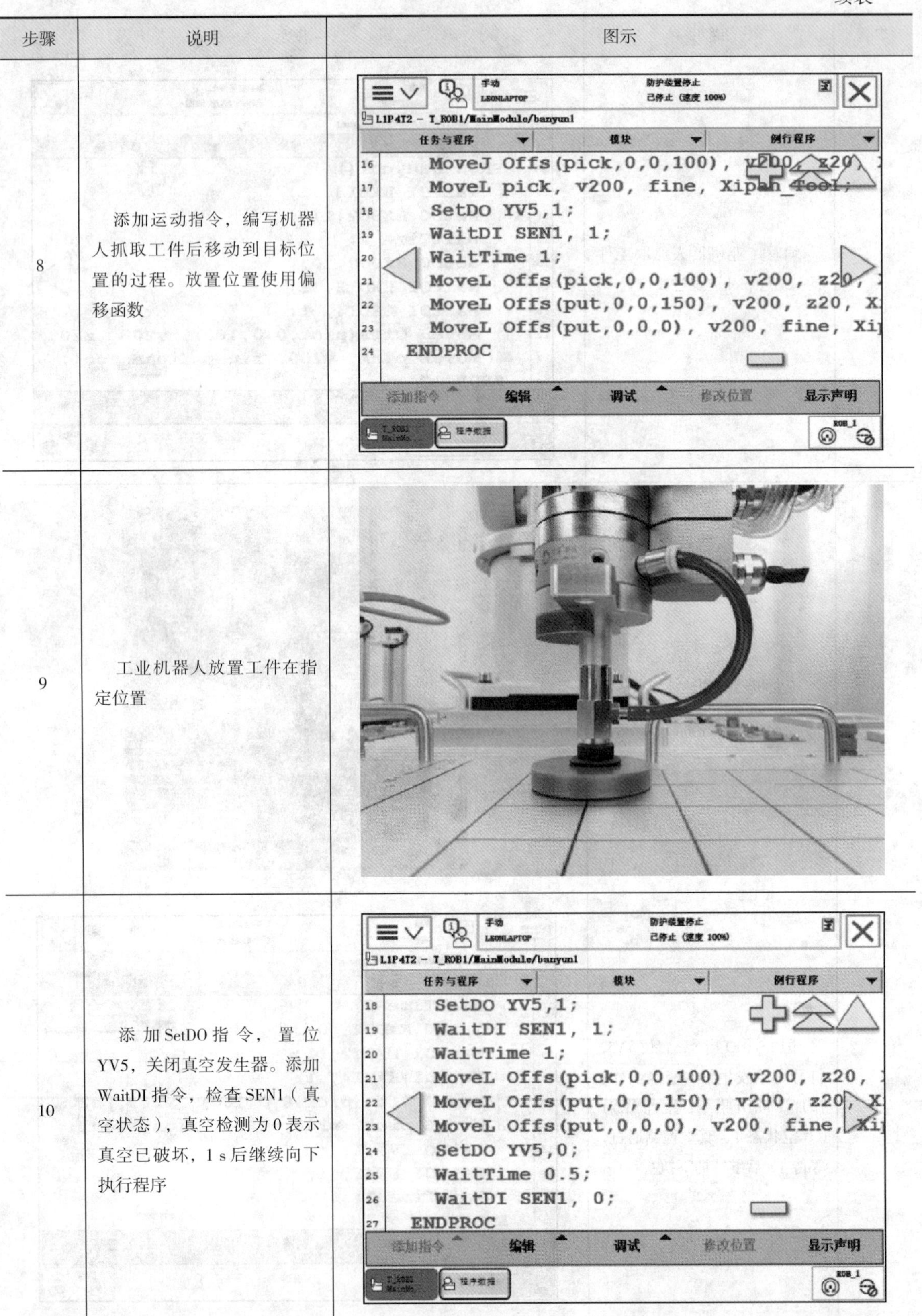

步骤	说明	图示
8	添加运动指令，编写机器人抓取工件后移动到目标位置的过程。放置位置使用偏移函数	
9	工业机器人放置工件在指定位置	
10	添加 SetDO 指令，置位 YV5，关闭真空发生器。添加 WaitDI 指令，检查 SEN1（真空状态），真空检测为 0 表示真空已破坏，1 s 后继续向下执行程序	

续表

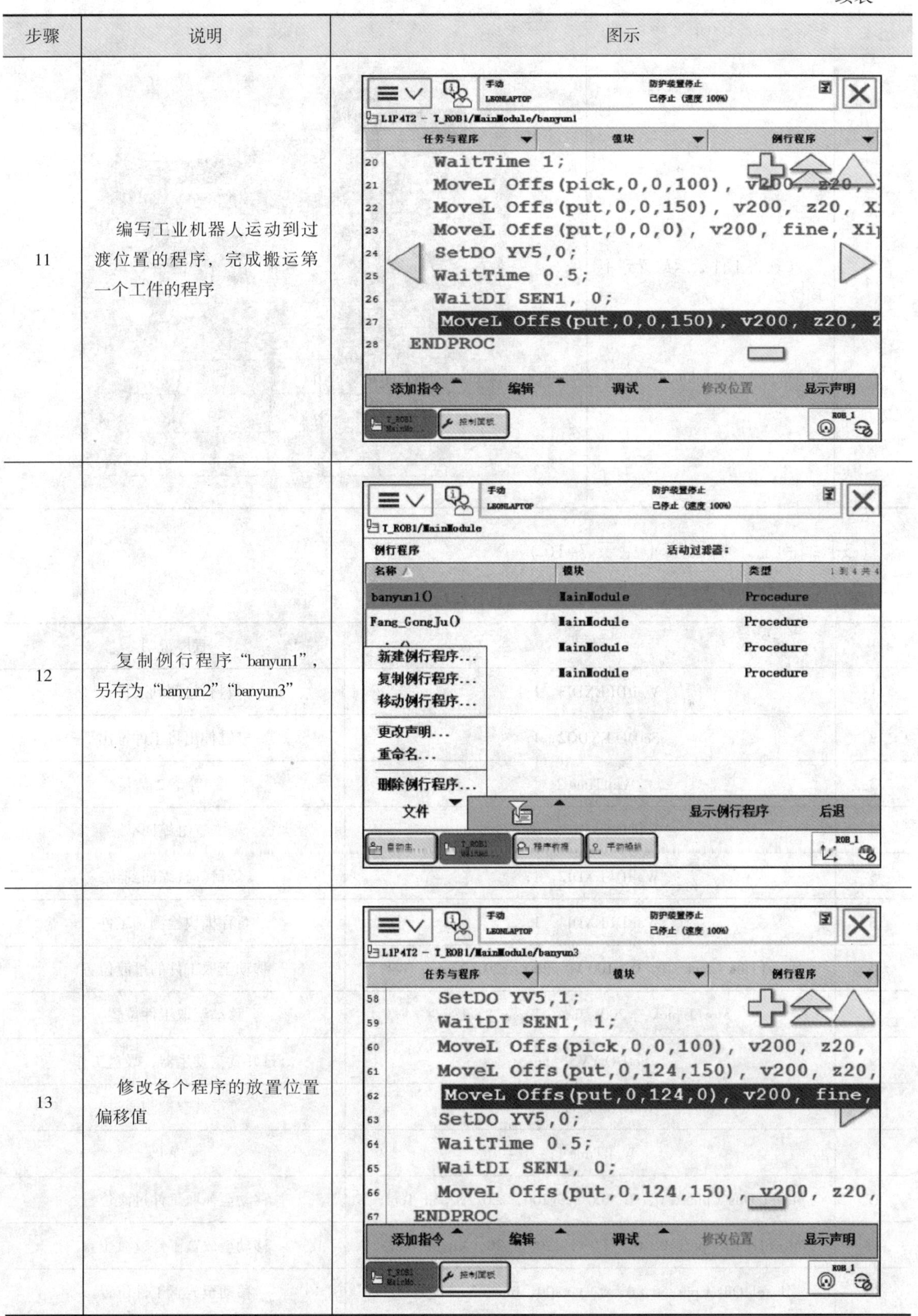

步骤	说明	图示
11	编写工业机器人运动到过渡位置的程序，完成搬运第一个工件的程序	
12	复制例行程序“banyun1”，另存为“banyun2”“banyun3”	
13	修改各个程序的放置位置偏移值	

续表

步骤	说明	图示
14	实现将工件搬运放置到不同位置	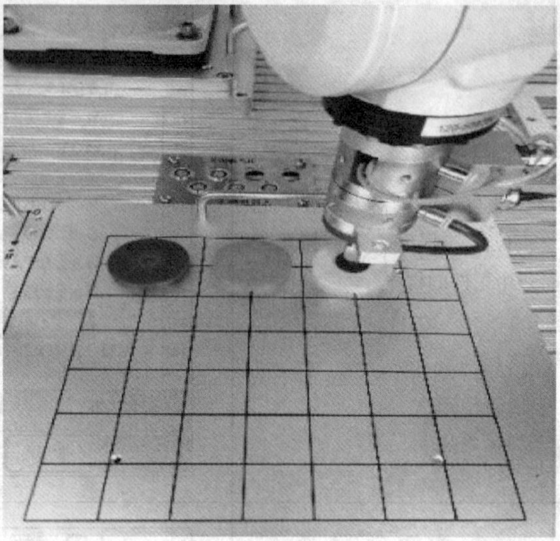

（3）编制上下料程序（见表 7–16）

表 7–16　　上下料程序

序号	程序	程序说明
1	WaitDI EXDI3，1；	料仓检测到工件
2	SetDO EXDO2，1；	气缸伸出将工件推出
3	WaitTime 2；	等待 2 s
4	SetDO EXDO2，0；	气缸缩回
5	WaitDI EXDI2，1；	等待气缸缩回到位
6	WaitDI EXDI4，1；	暂存模块检测到工件
7	MoveJ Offs（pick，0，0，100），v200，z20，Xipan_Tool；	移动至取工件的过渡位置
8	MoveL pick，v200，fine，Xipan_Tool；	移动至取工件位置
9	SetDO YV5，1；	打开真空发生器，吸盘工作
10	WaitDI SEN1，1；	等待真空检测通过
11	WaitTime 1；	等待 1 s
12	MoveL Offs（pick，0，0，100），v200，z20，Xipan_Tool；	移动至抓取工件过渡位置
13	MoveL Offs（put，0，0，150），v200，z20，Xipan_Tool；	移动至放置工件过渡位置
14	MoveL Offs（put，0，0，0），v200，fine，Xipan_Tool；	移动至放置工件位置

续表

序号	程序	程序说明
15	SetDO YV5，0；	关闭真空发生器
16	WaitTime 0.5；	等待 0.5 s
17	WaitDI SEN1，0；	等待真空检测
18	MoveL Offs（put，0，0，150），v200，z20，Xipan_Tool；	移动至放置工件过渡位置